高等职业教育水利类新形态一体化教材
乡村振兴全科水利人才培养教材

水处理运行与管理

主　编　周　坤　闵志华　雷安建
副主编　杨连新　欧阳尔璘

中国水利水电出版社
www.waterpub.com.cn
·北京·

内 容 提 要

本书为新形态一体化教材。本书以工作过程为导向，以任务驱动教学法为主要教学方法，将水处理运行与管理的主要内容分为 5 个项目，全面介绍了水处理管网运行与管理、给水处理工艺运行与管理、污水处理工艺运行与管理、污泥处理与处置系统运行与管理、水处理厂（站）的自动控制与在线监控系统等内容，同时配备有大量的微课、动画、图片等数字资源，供读者学习。

本书是国家级高技能人才培训基地水处理工程技术专业的一门核心培训教材，可作为高等职业院校水务管理、水环境监测与治理、环境工程技术、水利工程等专业的教学用书，也可供从事水处理运行管理的技术人员参考。

图书在版编目（CIP）数据

水处理运行与管理 / 周坤，闵志华，雷安建主编
. -- 北京：中国水利水电出版社，2021.8(2025.1重印).
高等职业教育水利类新形态一体化教材　乡村振兴全
科水利人才培养教材
　　ISBN 978-7-5170-9406-7

　Ⅰ. ①水… Ⅱ. ①周… ②闵… ③雷… Ⅲ. ①水处理
－高等职业教育－教材 Ⅳ. ①TU991.2

中国版本图书馆CIP数据核字(2021)第024519号

书　名	高等职业教育水利类新形态一体化教材 乡村振兴全科水利人才培养教材 **水处理运行与管理** SHUICHULI YUNXING YU GUANLI
作　者	主　编　周　坤　闵志华　雷安建 副主编　杨连新　欧阳尔璘
出版发行	中国水利水电出版社 （北京市海淀区玉渊潭南路 1 号 D 座　100038） 网址：www.waterpub.com.cn E-mail：sales@mwr.gov.cn 电话：（010）68545888（营销中心）
经　售	北京科水图书销售有限公司 电话：（010）68545874、63202643 全国各地新华书店和相关出版物销售网点
排　版	中国水利水电出版社微机排版中心
印　刷	清淞永业（天津）印刷有限公司
规　格	184mm×260mm　16 开本　23.75 印张　578 千字
版　次	2021 年 8 月第 1 版　2025 年 1 月第 2 次印刷
印　数	3001—6000 册
定　价	**75.00 元**

前　言

　　教材事关国家和民族的前途命运，教材建设必须坚持正确的政治方向和价值导向。本书坚持党的二十大精神，全面贯彻党的教育方针，落实立德树人根本任务，为党育人，为国育才，弘扬劳动光荣、技能宝贵、创造伟大的时代风尚。

　　水是生命之源，维系着人类生存和社会经济发展的命脉。随着人口的增长、经济的发展，世界用水量在大幅度增长，同时污水的排放量与日俱增。水污染严重使可供利用的水资源减少，更加剧了水资源的供需矛盾，严重制约着我国社会经济的发展。

　　水处理工程主要包括给水处理工程、污水处理工程等。给水处理是生产符合要求的生活饮用水、工业用水；污水处理是对排放的污（废）水进行有效的处理，使处理水满足排放或回用标准，从而控制水体污染、节约水资源。水处理运行与管理主要是指给水处理厂、污水处理厂的运行管理，使水处理厂正常运转，确保处理水符合给水水质标准和污水排放（回用）标准，同时尽可能降低生产运行成本，提高经济效益，并实现安全生产。

　　本书根据水处理运行与管理岗位职业能力要求，以工作过程为导向，以任务驱动教学法为主要教学方法，将水处理运行与管理的主要内容分为5个项目，全面介绍了水处理管网运行与管理、给水处理工艺运行与管理、污水处理工艺运行与管理、污泥处理与处置系统运行与管理、水处理厂（站）的自动控制与在线监控系统等内容。每个任务按照"任务引入→相关知识→任务实施→思考练习题"的结构编写。本书本着必需、够用、实用的原则精简内容，同时配有大量的图表，通俗易懂。相关知识中有大量的微课、动画、图片等数字化教学资源链接，读者可通过扫描二维码方便查看有关资源，实现立体化教学。此外，每个任务都有练习题，以便学生边学边做边练习。建议使用本教材时，以任务驱动教学法、行动导向教学法的方式开展教学，使学生在完成学习任务过程中，掌握相关知识和技能。

本书由重庆水利电力职业技术学院周坤、闵志华和重庆市渝西水利电力勘测设计院有限公司雷安建任主编，重庆市渝西水利电力勘测设计院有限公司杨连新、欧阳尔璘任副主编。编写人员及分工为：重庆水利电力职业技术学院闵志华编写项目一、周坤和徐晶编写项目二、康忠利编写项目三、高芳和徐晶编写项目四，永川区水务局张洪编写项目二，重庆市渝西水利电力勘测设计院有限公司雷安建和欧阳尔璘编写项目三、杨连新编写项目五，重庆市渝西水务有限公司吴畏编写项目三、柳顺海编写项目五，重庆水投集团黄俊杰编写项目四。本书由重庆工业职业技术学院李静教授任主审，提出了很多宝贵的建议，在此深表谢意。本书在编写过程中参考了一些有关著作，在此一并表示衷心感谢。

本书是国家级高技能人才培训基地水处理工程技术专业的一门核心培训教材，可作为高等职业院校水务管理、水环境监测与治理、环境工程技术、水利工程等专业的教学用书，也可供从事水处理运行管理的技术人员参考。

限于编者的水平，书中欠妥之处在所难免，恳请各位读者批评指正，不胜感谢。

编者

2020 年 11 月

"行水云课" 数字教材使用说明

　　"行水云课"水利职业教育服务平台是中国水利水电出版社立足水电、整合行业优质资源全力打造的"内容"＋"平台"的一体化数字教学产品。平台包含高等教育、职业教育、职工教育、专题培训、行水讲堂五大版块，旨在提供一套与传统教学紧密衔接、可扩展、智能化的学习教育解决方案。

　　本套教材是整合传统纸质教材内容和富媒体数字资源的新型教材，将大量图片、视频、动画等教学素材与纸质教材内容相结合，用以辅助教学。读者可通过扫描纸质教材二维码查看与纸质内容相对应的知识点多媒体资源，完整数字教材及其配套数字资源可通过移动终端 APP、"行水云课"微信公众号或中国水利水电出版社"行水云课"平台查看。

　　内页二维码具体标识如下：

- Ⓕ为动画
- ▶为视频
- ⓅⓅⓉ为课件
- Ⓟ为图片
- 🗐为资料

多媒体知识点索引

序号	编号	二 维 码	标识	页码
89	3.2.3	初沉池的运行与管理	㉟	170
90	3.3	中心进水的辐流式沉淀池	㉟	170
91	3.4	周边进水周边出水的辐流式沉淀池	㉟	170
92	3.3.1	活性污泥法的运行与管理	▶	171
93	3.3.1	活性污泥法的运行与管理	㉟	172
94	3.3.2	活性污泥法工艺流程及运行中常见故障分析	㉟	172
95	3.5	AAO 同步脱氮除磷工艺	㉟	172
96	3.6	AO 工艺流程	㉟	172
97	3.3.2	AAO 法城市污水处理模拟装置好氧池介绍	▶	181
98	3.3.3	鼓风机的原理及使用	▶	181
99	3.3.4	氨氮标准系列的配制	▶	189
100	3.3.5	水样氨氮测定	▶	189
101	3.3.6	污水中总氮含量的测定	▶	189
102	3.3.7	污水水样的保存、预处理和分析方法	▶	194
103	3.7	BOD 的测定	㉟	194
104	3.8	COD 的测定	㉟	194
105	3.3.8	AAO 脱氮除磷工艺流程	▶	202
106	3.3.3	AAO 工艺流程	㉟	202
107	3.3.9	AAO 法城市污水处理模拟装置的操作方法	▶	202
108	3.3.10	主要生物处理工艺 AAO 的自动控制	▶	202
109	3.3.4	污水处理厂的水质检测	㉟	202
110	3.9	帕斯维尔氧化沟	㉟	204
111	3.2	表面曝气机曝气现状	◉	205
112	3.10	奥贝尔氧化沟的构造	㉟	210
113	3.1	奥贝尔氧化沟	Ⓟ	210
114	3.3	某污水处理厂氧化沟工艺运行与管理应用案例	◉	213
115	3.11	间歇式活性污泥法（SBR）	㉟	215
116	3.2	SBR 池滗水器	Ⓟ	218
117	3.12	SBR 工艺	㉟	220
118	3.3.5	ICEAS 工艺运行与管理	㉟	221
119	3.3.11	CASS 工艺运行与管理	▶	223

序号	编号	二 维 码	标识	页码
151	4.1.1	污泥重力浓缩	PPT	273
152	4.2	重力浓缩池工艺	⊘	273
153	4.1.2	气浮浓缩	▶	276
154	4.1.2	气浮浓缩	PPT	276
155	4.2	气浮浓缩工艺流程	P	276
156	4.3	蛋形厌氧消化罐	P	279
157	4.2.1	污泥厌氧消化运行与管理	PPT	281
158	4.4	转筒真空过滤机工作原理	P	285
159	4.5	转筒真空过滤机	P	285
160	4.6	带式压滤机	P	288
161	4.3.1	带式压滤机	▶	292
162	4.3.1	带式压滤机	PPT	292
163	4.1	带式压滤机运行过程	▣	292
164	4.3	带式压滤机	⊘	292
165	4.3.2	离心脱水机	▶	292
166	4.3.2	离心脱水机	PPT	292
167	4.4	离心脱水机	⊘	292
168	4.2	污泥干化机	▣	292
169	4.7	逆流回转焚烧炉	P	304
170	5.1.1-1	液位检测仪表运行与管理	▶	308
171	5.1.1-2	给水自动控制系统	▶	313
172	5.1.1	给水自动控制系统	PPT	313
173	5.1.2	一般检测仪表运行管理	PPT	313
174	5.1.2-1	给水厂水质检测实验室配置	▶	315
175	5.1.2-2	给水水质在线监控系统运行与管理	▶	329
176	5.1.3	给水水质在线监控系统运行与管理	PPT	329
177	5.1.4	水质检测实验室管理	PPT	329
178	5.2.1-1	预处理的自动控制	▶	338
179	5.2.1-2	主要生物处理工艺AAO的自动控制	▶	340
180	5.2.1-3	沉淀池及污泥回流系统的自动控制	▶	343
181	5.2.1-4	排水自动控制系统	▶	347

目　　录

项目一　水处理管网运行与管理

【知识目标】

熟悉并掌握取水水源和取水构筑物运行与管理方法，掌握给水、污水管网运行与管理的方法。

【技能目标】

能够进行取水水源、取水构筑物的运行与管理；能够进行水处理管网的运行与维护，能解决水处理管网运行中的常见问题。

【重点难点】

重点：给水管网和污水管网运行与管理的方法和相关技能。

难点：取水构筑物的运行与管理。

子项目一　取水水源与取水构筑物运行与管理

任务一　取水水源运行与管理

【任务引入】

给水工程通常包括水源工程和给水处理工程两部分。该部分内容的主要任务是学习给水工程中取水水源的分类和选择，以及取水水源运行与管理的方法和注意事项。

欲掌握取水水源的运行与管理，首先需要了解取水水源的类型以及特点，熟悉取水水源运行与管理的方法，然后才能进行取水水源的管理工作。

【相关知识】

一、取水水源种类

取水水源是指能为人们所开采，经过一定的处理或不经处理即能为人们所利用的自然水体。水源选择是保证居民生活饮用水安全卫生的措施之一。取水水源可分为地下水源和地表水源。地下水源包括上层滞水、潜水、承压水、裂隙水、岩溶水和泉水等；地表水源包括江河水、湖泊水、水库水和海水等。

二、取水水源管理

取水水源的管理主要包括水量管理和水质管理两个方面。

（一）地表水源的管理

1. 水量管理

（1）水位和流量观测。观察和记录取水口附近的河流流量和水位，每日一次，洪水期间适当增加次数。对于湖泊和水库水源，可测绘出水位-水量曲线，在水塔附近设置水位标尺或水位计，根据水位变化，推算出进水量、出水量和库容（图1-1）。

图1-1 水位观测设施

（2）记录当天总取水量和取水流量。

（3）记录当天气温和降雨情况。

（4）汛期应及时了解上游水文变化和洪水情况。

（5）地表水水源的水量管理由进水泵房或取水设施值班人员负责观察和记录，每月由管生产、技术的人员进行汇总，每年进行一次分析整理，绘制河水流量与水位的变化曲线，以逐步掌握水源的变化规律，发现异常情况时，要及时查清原因、寻求对策。

2．水质管理

（1）每日分析和记录取水口附近水源的浊度、pH值和水温，在水质变化频繁的季节，应适当增加分析次数和内容。

（2）每月或每季对取水口附近的河（湖、库）水质选择有代表性的重要指标进行一次常规分析，在水质变化频繁的季节，还要增加检测次数。

（3）每季或每半年对取水口附近的河（湖、库）水按照国家标准规定的项目进行一次全分析。

（4）每年对取水口上游进行水源污染调查，调查内容与要求根据当地实际情况确定。

（5）水库和湖泊水源每3个月还应对不同深度的水温、浊度、藻类与浮游生物含量进行一次检测，在水质变化频繁的季节，应适当增加监测次数。

（6）每日的浊度、pH值及水温可由进水泵房或净水操作工人进行测定。

（7）常规分析、全分析与其他检测都应由厂（公司）化验室负责，没有化验室的由厂部责成水质管理人员委托当地卫生部门或其他有条件的水厂进行，水源污染调查由厂部负责。

所有分析资料都要指定专人进行分析、整理。发现异常情况，要立即分析研究，查找原因，寻找对策。每年还要写出水源水质分析书面总结材料，所有资料都要存档保存。

（二）地下水源的管理

地下水源管理的主要内容和地表水源类似，应重点注意以下事项。

1. 水量管理

（1）记录每日出水量、井内水位和水温。

（2）经常关注周围水井水位变化，研究由于抽水造成的地下水位降漏斗的范围。

（3）靠近河流的地下水源应注意河水流量与水位变化对地下水源取水量的影响，及时预测取水量的变化趋势。

2. 水质管理

地下水源的水质管理同地表水质管理。应注意每日做一次细菌项目分析，每月做一次常规分析，每年做一次全分析，并应严格做好水源的卫生防护工作。

视频1.1.1 ▶
取水水源运行
与管理

课件1.1.1
取水水源运行
与管理

【任务实施】

一、实训准备

选择所在城市的典型地表水源，模拟或到水源管理处进行取水水源的运行与管理。

二、实训内容

（1）对地表水或地下水水量、水位、水温等的变化进行详细、完整的记录。

（2）对出现水量或水质异常，能分析原因并提出解决对策。

【思考与练习题】

（1）如何保护取水水源地？

（2）如何管理地表水和地下水？

任务二　取水构筑物运行与管理

【任务引入】

取水构筑物是给水工程中一个重要的组成部分，它的任务是从水源取水并输送至水厂或用户。通过本任务的学习，应了解主要的取水构筑物，掌握地表水取水构筑物和地下水取水构筑物运行与管理的方法，并能进行取水构筑物日常运行和管理。

欲掌握取水构筑物的运行与管理，首先必须熟悉取水构筑物有哪些，它们的构造和组成如何，它们的适用条件如何，知道这些后，还应熟悉常见的取水构筑物运行与管理的主要内容，运行中经常遇到的问题，如何解决这些问题。另外，某些取水构筑物的运行与管理也有一些特殊的地方，这也是需要注意的。

【相关知识】

取水构筑物按照取水水源的不同可分为地表水取水构筑物和地下水取水构筑物。

一、地表水取水构筑物运行与管理

（一）常见地表水取水构筑物

地表水取水构筑物（图1-2）按照水源划分有河流取水构筑物、湖泊取水构筑物、水库取水构筑物、海水取水构筑物；按构造形式划分，则有固定式（岸边式、河床式、斗槽式等）和移动式（浮船式和缆车式）两种。而在山区河流上，则有带低坝的取水构筑物和低栏栅式取水构筑物。

（a）固定式（岸边式）　　　（b）移动式（浮船式）　　　（c）低坝式

图1-2　地表水取水构筑物

1—进水间；2—进水室；3—吸水室；4—进水孔；5—格栅；6—格网；7—泵房；8—阀门井；
9—溢流坝；10—冲砂闸；11—进水闸；12—引水明渠；13—导流堤；14—护坦

（二）地表水取水构筑物的运行与管理

地表水取水构筑物的运行与管理主要包括地表水源水质的监测、取水构筑物的维护以及取水泵站的运行和维护。

地表水源的监测项目主要有浊度、pH值、水温等，可参考取水水源运行与管理这部分。

取水泵站的主要运行控制参数有取水泵站吸水井水位、水泵机组进口真空度及出口压力、总管压力、流量等。

该部分的重点是取水构筑物的运行和维护。

1. 固定式地表水取水构筑物运行与管理

地表水取水构筑物，特别是固定式取水构筑物在运行中经常遇到的问题主要有泥沙淤塞、取水口和管路被漂浮物等杂质或水生物堵塞、取水口冻结、设备故障等。在实际运行中应经常进行检修，以便及时发现和解决这些问题。

（1）漂浮物堵塞。地表水取水构筑物，特别是江河取水构筑物，水流中往往含有漂浮物。这些漂浮物很容易聚集在进水口、取水头部的格栅和格网上，甚至会堵塞进水孔和取水头部，造成断流。在取水构筑物管理中，应注意以下事项：

1）加强管理。实施巡回检查制度，每天至少检查一次，汛期增加检查次数，以及时发现堵塞现象。

2）防草措施。在取水口附近的河面上，通常设置防草浮堰、挡草木排以及在压力管道中设置除草器等，以阻止漂浮在水面上的杂物靠近取水头部和进入水泵。

3）格栅和格网的管理。格栅用以拦截水中粗大的悬浮物和鱼类等。而格网则拦截更细小的漂浮物。格网堵塞后应及时冲洗，以免格网前后水位差引起格网破裂。格网的冲洗一般采用200～400kPa的高压水通过穿孔管或喷嘴来进行，冲洗后的污水沿排水槽流走。而格栅则可采取机械或水力方法冲洗。

（2）泥沙淤塞。湖泊、水库由于水流速度缓慢，泥沙容易沉积，因此建在其上的取水构筑物需要特别注意泥沙淤积的问题。泥沙含量较多的河水进入取水构筑物进水间后，由于流速降低，也会有大量泥沙沉积，如不及时排除，将影响取水构筑物的正常运行。

排除泥沙常用排沙泵、排污泵、射流泵、压缩空气提升器等设备。一般大型进水间多用排沙泵、排污泵或压缩空气提升器排泥。小型进水间，或者泥沙淤塞不严重时，可采用高压水带动的射流泵排泥。此外，一般在井底设有穿孔冲洗管或冲洗喷嘴，利用高压水对进水间和吸水井进行冲洗。因此，冲洗和排泥过程可同时进行，以提高排泥效率。

（3）进水管维护。对于河床式取水构筑物而言，其运行和管理的重要任务就是进水管的维护。

河床式取水构筑物的进水管主要有自流管、虹吸管、进水暗渠等。自流管一般采用钢管、铸铁管或钢筋混凝土管，虹吸管通常采用钢管或铸铁管。

当进水管内水流流速过小时，可能产生淤积。自流管长期停用后，由于异重流的原因，也有可能造成淤积。此外，漂浮物也可能堵塞取水头部。这时，应采取一定的冲洗措施。冲洗方法有顺冲洗和反冲洗两种。

1）顺冲洗。可采取两种方法：一是关闭部分进水管，使全部水量通过待冲的一根进水管，以加大流速的方法来冲洗；二是在河流高水位时，先关闭进水管阀门，从该格集水间抽水至最低水位，然后迅速开启进水管阀门，利用河流与进水间的水位差来冲洗进水管。

2）反冲洗。当河流水位较低时，先关闭进水管末端阀门，将该格集水间充水至高水位，然后迅速开启阀门，利用集水间与河流的水位差进行反冲洗。也可将泵房内水泵的压水管与进水管连接，利用水泵压力水或高压水池来水实现反冲洗。

此外，对于虹吸管，还可在河流低水位时，利用破坏真空的方法进行反冲洗。

（4）防冰冻、冰凌。在有冰冻的河流上，为防止水内冰堵塞进水孔，影响取水安全，此时，可采取降低进水孔流速、加快江河水流速度、加热格栅、在进水孔前引入热沸水、通入压缩空气、采用渠道引水等措施。此外还可采取设置导凌设备、降低格栅导热性能、机械清除、反冲洗等防止进水孔冰冻的措施。具体详见给水工程相关书籍。

（5）防洪、防汛。为防止洪水对取水构筑物和取水泵房的危害，应采取如下必要的措施：

1）及时掌握水情，并巡查堤防。

2）进行防汛前的检查，并准备好防汛物资。

3）采取防漫顶和防风浪冲击的措施。当水位越过警戒水位时，堤防可能出现漫顶前，应修筑子堤。而当堤防迎水面护坡受风浪冲击较严重时，可采用草袋防浪措施。

4）及时发现并处理防洪漏洞。

2. 移动式取水构筑物的运行与管理

移动式取水构筑物的运行管理比较麻烦和复杂，有其特殊性。下面分别介绍浮船式和缆车式取水构筑物运行与管理应注意的问题。

（1）浮船式取水构筑物。浮船式取水构筑物在运行时应注意以下问题：

1）防止浮船被撞击。浮船式取水构筑物受风浪、航运、漂木及浮筏、河流流量、水位急剧变化的影响较大，应采取必要措施防止其被航船、木排等撞击，如进行浮船警戒等，以免影响供水安全。

2）浮船应随河流水位的涨落拆换接头，移动船位，收放锚链，紧固缆绳及电线电缆。移船的方法有人工移船和机械移船两种。机械移船是利用船上的电动绞盘，收放船首尾的锚链和缆索，使浮船向岸边或江心移动，较为方便。人工移船则用人力移动绞盘，耗费较多劳动。

3）浮船在运行时，应注意设备重量在浮船工作面上的分配和设备的固定。必要时可专门设置平衡水箱和重物调整平衡。而一般应在船体中设置水密隔舱，以防止发生沉船事故。

（2）缆车式取水构筑物。

缆车式取水构筑物是将水泵安装在可沿坡道上下移动的缆车上以适应水位的变化，它主要由泵车、坡道、输水管和牵引设备四个部分组成（图1-3）。缆车移动较浮船方便，且比浮船稳定，适宜在水位变幅较大、涨落速度不大、漂浮物较少的河流上使用。

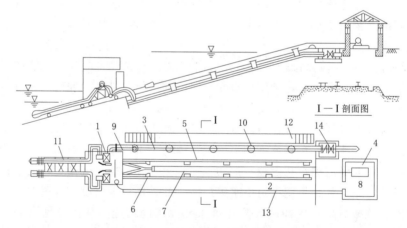

图1-3 缆车式取水构筑物

1—泵车；2—坡道；3—输水管；4—绞车房；5—钢轨；6—挂钩座；7—钢丝绳；8—绞车；
9—联络管；10—叉管；11—尾车；12—人行道；13—电缆沟；14—阀门井

视频1.1.2 ▶
取水构筑物运行与管理

课件1.1.2
取水构筑物运行与管理

动画1.1
自来水厂取水工艺流程

缆车式取水构筑物运行管理的注意事项主要有：

1）应随时了解河流的水位涨落及河水泥沙状况，以及时调整缆车的取水位置，保证取水水量和水质。

2）汛期应采取有效措施保证车道、缆车及其他设备的安全。

3）注意缆车运行时人身与设备的安全。特别是检查缆车是否处于制动状态，确保运行时处于安全状态。

4）定期检查卷扬机与制动装置等安全设备，以免发生安全事故。

缆车式取水构筑物运行时的其他注意事项与固定式取水构筑物基本相同。

二、地下水取水构筑物的运行与管理

(一) 地下水取水构筑物

由于地下水类型、埋藏深度、含水层性质等的差异，采集地下水的方法和取水构筑物形式也各不相同。常见的取水构筑物包括管井、大口井、辐射井、渗渠、复合井等（图1-4）。其中以管井和大口井最为常见。

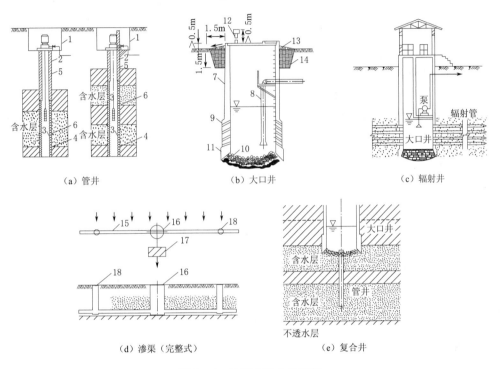

（a）管井　　　　（b）大口井　　　　（c）辐射井

（d）渗渠（完整式）　　　　（e）复合井

图1-4　地下水取水构筑物

1—井室；2—井壁管；3—过滤器；4—沉淀管；5—黏土封闭；6—规格填砾；7—井筒；8—吸水管；
9—井壁透水孔；10—井底反滤层；11—刃脚；12—通风管；13—排水坡；14—黏土层；
15—集水管；16—集水井；17—泵站；18—检查井

各种地下水取水构筑物的种类和适用范围见表1-1。

表1-1　　　　　　　　　　地下水取水构筑物的种类和适用范围

形式	尺寸	深度	水文地质条件			出水量
			地下水埋深	含水层厚度	水文地质特征	
管井	井径为50～1000mm，常用为150～600mm	常用在300m以内	仅受抽水设备的限制	一般在5m以上	适用范围较广	单井出水量一般为500～6000m³/d
大口井	常用为4～8m	常用为6～15m	较浅，一般在10m以内	一般为5～15m	任何砂石、卵石、砾石层	单井出水量一般为500～1000m³/d

续表

形式	尺 寸	深 度	水 文 地 质 条 件			出 水 量
			地下水埋深	含水层厚度	水文地质特征	
辐射井	常用为4~8m	常用为6~15m	较浅，一般在10m以内	一般为5~15m	中粗砂或砾石	单井出水量一般为5000~50000m³/d
渗渠	常用为0.6~1m	埋深在7m以内，常用为4~6m	较浅，一般在2m以内	较薄，一般为4~6m	除细砂层外，都比较适合	一般为10~30m³/(d·m)

（二）管井的运行与管理

1. 管井日常运行与管理

管井应合理使用，在日常运行和管理中应注意以下事项：

（1）出水量。管井抽水设备的出水量应小于管井的设计出水能力，并使管井过滤器表面进水流速小于允许进水流速，否则会使出水含沙量增加，破坏含水层的渗透稳定性。

（2）管井使用卡制度。管井应有使用卡，以便值班或巡视人员逐日按时记录水井的出水量、水位、水压以及电动机的电流、电压和温度等，以此为依据研究是否出现了异常现象，并及时进行处理。

（3）管井、机泵的操作规程和维修制度。应严格遵守这些必要的制度，比如深井泵运行时应进行预润程序，及时加注机泵润滑油等；机泵必须定期检修，管井应及时清理沉淀物，必要时进行洗井以恢复其出水能力等。

（4）季节性供水的管井，在停运期间，应定期抽水，以防止长期停用导致的电动机受潮以及管井腐蚀与沉积。

（5）卫生防护要求。管井周围应保持良好的卫生环境，并进行绿化，以防止含水层被污染。

2. 管井运行常见问题及对策措施

管井在运行中最常出现的问题是出水量减少。主要有管井本身及水源两方面的原因。管井出水量减少的原因和对策措施详见表1-2。

表1-2　　　　　　　　　　管井出水量减少原因与对策措施

原 因	措 施
过滤器进水口尺寸不当、缠丝或滤网腐蚀破裂、接头不严或管壁断裂等造成砂粒流入而堵塞	更换过滤器、修补或封闭漏砂部位
过滤器表面及周围填砾、含水层被细小泥沙堵塞	用钢丝刷、活塞法、胶囊封闭洗井装置（图1-5）、真空法洗井
过滤器表面及周围填砾、含水层被腐蚀胶结物和地下水中析出的盐类沉淀物堵塞	用18%~35%工业盐酸清洗
细菌等微生物繁殖造成堵塞	氯化法或酸洗法
区域性地下水位下降	回灌补充、降低抽水设备安装高度
含水层中地下水流失	隔断、新建管井

3. 增加管井出水量的措施

（1）真空井法。这种方法是将井的井壁管或井筒与水泵吸水管直接相连、密封，使井中动水位以上的空间形成真空，以达到增加井内进水量的目的。其形式有适合于卧式水泵的"对口抽"真空井（图1-6）和深井潜水井真空井。

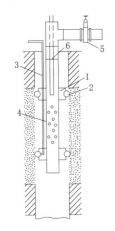

图1-5 胶囊封闭洗井装置
1—气囊架；2—气囊；3—气管；4—穿孔管；
5—阀门；6—压缩空气

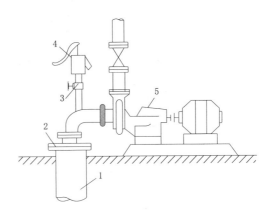

图1-6 "对口抽"真空井
1—井管；2—封闭法兰；3—阀门；
4—手压泵；5—卧式离心泵

（2）爆破法。对于裂隙水、岩溶水，常因孔隙、裂隙、溶洞发育不均，影响地下水的流动，从而降低管井出水量。此时，可采用井中爆破法，以增加含水层的透水性。在爆破时，应对含水层的岩性、厚度和裂隙溶洞发育程度进行分析，拟订爆破计划。

（3）酸处理法。该法适用于石灰岩地区。可采用注酸的方法增大石灰岩裂隙及溶洞。注酸后以980kPa以上的压力水注入井内，使酸液深入裂隙中，时间约2～3h；之后，应及时排除反应物（图1-7）。

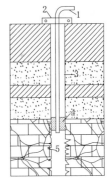

图1-7 基岩井孔
注酸方法示意图
1—注酸管；2—夹板；
3—井壁管；4—封闭塞；
5—基岩裂隙

（三）大口井的运行与管理

1. 大口井日常运行与管理

大口井运行与管理和管井比较类似，但也有其特殊性。在运行中，应注意以下事项：

（1）水量管理。大口井在运行时应均匀取水，且最高取水量不得超过设计出水量。由于大口井出水量在丰水期和枯水期的变幅较大，因此，枯水期应避免过量取水，否则容易破坏滤层结构，使井内大量涌砂，影响大口井出水量。

（2）水质管理。大口井所采集的浅层地下水容易遭受周围地表水以及土壤的污染。可采取以下措施加强水质的管理：

1）定期维护井口、井筒的防护构造。

2）在地下水影响半径范围内，注意监测水质。

3）制定水源卫生防护管理制度；保持井内良好的卫生环境，经常通风换气，并防止井壁微生物生长。

2. 大口井运行常见问题及处理措施

（1）大口井运行中最常见的问题是出水量降低。产生这种问题的原因可能是井底反滤层铺设不当或淤积、井壁进水孔的堵塞以及井内动水位下降等。可分别采取以下处理措施：井底反滤层铺设不当或已造成井底严重淤积的大口井，应重新铺设反滤层以增加出水量。铺设时，先将地下水位降低，挖出原有反滤层，彻底清洗并补充滤料。

（2）井壁进水孔堵塞时，应清理井壁进水孔或换填井壁周围的反滤层。清理方法可参考管井的运行与管理的相关内容。

（3）井内动水位下降，水泵扬程增加，效率降低，出水量相应减少。此时，可降低水泵标高，改善水泵的工作条件，增加出水量。

（四）渗渠的运行与管理

1. 渗渠的日常运行与管理

渗渠的日常管理方法和管井、大口井基本相同，但也有其特殊性，应应以注意。

（1）应掌握渗渠出水量的变化情况。由于渗渠出水量与河流流量关系密切，因此应通过长期观察掌握其变化规律。

（2）加强水质管理。应经常进行水质监测，做好卫生防护工作，确保渗渠出水水质。这对于只经过消毒处理的渗渠出水来说尤为重要。

（3）做好渗渠的防洪工作。渗渠的集水管、检查井、集水井等须防止洪水冲刷以及洪水灌入集水管造成渗渠的淤积。每年汛期前，应检查井盖封闭是否牢靠，护坡、丁坝等是否完好；洪水过后应及时检查并进行清淤、维修工作。

2. 渗渠出水量衰减问题及对策措施

渗渠在运行过程中常出现不同程度的出水量衰减的问题，这主要有渗渠本身、地下水源以及渗渠设计等方面的原因。可以采取如表1-3所示的措施。

表1-3   渗渠出水量减少的原因与对策措施

原因类型	具 体 描 述	措 施
渗渠本身的原因	渗渠反滤层和周围含水层受地表水中泥沙杂质淤塞	1. 选择泥沙杂质含量少的河段建造渗渠； 2. 合理布置渗渠，避免将渗渠埋设在排水沟附近； 3. 控制渗渠的取水量
地下水源方面的原因	1. 发生区域性地下水位下降，河流水量减少； 2. 河床变迁、主流偏移等水文地质条件的变化	1. 降低渗渠取水量； 2. 河道整治

3. 增加渗渠出水量的措施

渗渠在运行过程中，如果需要增加其出水量，可考虑采取以下措施：

（1）修建拦河闸。在距离渗渠下游河床较近的地方，可垂直于河流修建拦河闸。枯水期关闸蓄水，以提高渗渠出水量；而在丰水期则开闸放水，冲走沉积的泥沙恢复河床的渗透性能。

（2）修建临时性的拦河土坝。即在渗渠下游将河砂堆成土堤以缩小枯水期河流断面，达到提高河水水位的目的。这种方法由于须在汛期来临前拆除土坝，因此工程量较大。也可将土坝顺河修筑，慢慢缩小水面，以减少第二年的工程量。

（3）修建地下潜水坝。当含水层较薄、河流断面较窄时，可在渗渠下游 $10\sim30m$ 范围内修建截水潜坝，能有效提高渗渠出水量（图 1-8）。

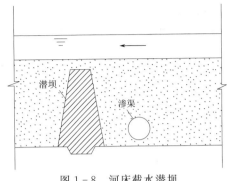

图 1-8　河床截水潜坝

资料1.1 ⊚
取水构筑物运行与管理应用案例

【任务实施】

一、实训准备

某地表水取水构筑物运行中遇到了泥沙淤塞、漂浮物堵塞、进水管淤积等情况，试拟订解决该问题的方案。

二、实训过程

到现场调查了解问题的基本情况，查阅相关资料，拟订解决方案。

三、实训成果

地表水取水构筑物运行异常状况处理实施方案。

【思考与练习题】

（1）地表水取水构筑物按其构造形式不同可分为哪几种类型？说明其各自的适用条件及优缺点。

（2）地表水取水构筑物运行中常遇到的问题有哪些？解决措施是什么？

（3）如何增加管井的出水量？

子项目二　给水管网运行与管理

给水管网的任务就是将符合水量、水压、水质要求的水输送给每个用户。为保障给水管道安全供水，保证正常的输水能力，降低给水系统的运行成本，必须做好管网的日常养护管理工作。

任务一　管网技术资料与地理信息系统管理

【任务引入】

城市给水管网一般埋设于地下，属于隐蔽性工程。使用者要想了解管网的资料，进行管网的运行与管理、改建和扩建，只有通过管网的技术档案资料来实现，并需要借助管网地理信息系统方便地查阅、使用这些资料。因此我们首先需要熟悉管网技术资料有哪些以及如何使用管网地理信息系统。

本任务要求读者了解管网技术资料管理的主要内容，熟悉管网技术资料管理的要求。

【相关知识】

一、管网技术资料管理

管网技术资料包括设计资料、竣工资料、管网改扩建资料、管网现状资料等。

（一）设计资料

管网设计资料包括管网规划资料、管网项目建议书、可行性研究报告、前期审批文件、设计任务书、管道水力计算书、管网设计图、管网设计变更和工程概预算书。其中管网设计图包括总平面图、带状平面图、纵断面图和节点详图。

（二）竣工资料

施工过程中的技术资料主要有施工技术文件和施工原始记录。而竣工资料一般应包括图纸资料和文字资料。

1. 图纸资料

图纸资料包括总平面图、带状平面图、纵断面图和节点详图。因为管线埋设在地下，覆土后很难看到，因此应及时绘制竣工图，将施工中的修改部分在设计图纸中订正。图中应详尽准确地标明各节点的坐标、管径、埋深、高程、材料规格和材质、配件形式和尺寸、阀门形式和位置、其他有关管线的直径和埋深等。

2. 文字资料

文字资料包括工程说明、招投标文件、管道水压试验记录、全线工程试运行及验收记录、隐蔽工程验收记录、工程预算和修改预算及决算资料。

（三）管网改扩建资料

一般应包括改扩建的时间，改扩建图纸及相关的文字资料，改扩建后供水状况的变化情况等。

（四）管网现状资料

较重要的管网现状技术资料是管网现状图。除管网现状图外，还有管网运行与维护记录、用户管理卡、阀门管理卡等管网技术资料。

上述管网技术档案资料应严加管理，不能遗失或损坏。

二、管网地理信息系统管理

（一）管网地理信息系统

给水排水管网地理信息系统（简称给水排水管网 GIS）可管理给水排水管网的地理信息，包括泵站、管道、阀门井、水表井等各种附属构筑物以及用户资料等，为给排水的运行管理提供了重要的信息决策依据，其具体优势如下：

（1）为管网系统规划、改扩建提供图样及精确数据。

（2）能准确定位管道的位置、埋深、管道井、阀门井的位置等，减少开挖位置不正确导致的施工浪费和可能对通信、电力等其他地下管道的损坏。

（3）提供了管网优化规划设计、实时运行模拟、状态参数校核、管网优化调度等技术性功能的软件接口，具有管线巡查、测量、数据统计与计算、管网改造预警及管网事故处理等多种功能，能够优化给水管网系统，并降低运行成本。

管网 GIS 关系如图 1-9 所示。

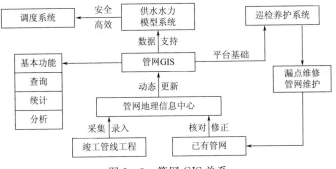

图 1-9 管网 GIS 关系

（二）管网地理信息系统管理

1. 系统功能

给水管网 GIS 主要分为数据管理、图形管理与应用、查询统计、专业管理与应用分析、管网设计、管网养护、出图打印、系统管理 8 大模块，如图 1-10 所示。

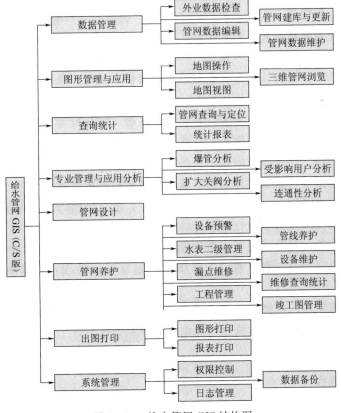

图 1-10 给水管网 GIS 结构图

13

2. 管网 GIS 属性

管网 GIS 的空间数据信息主要包括与给水系统有关的各种基础地理特征信息，如地形、土地利用、地貌、地下构筑物和河流等，以及给水系统本身的各种地理特征信息，如泵站、管道、水表、阀门、水厂及各种附属构筑物等，见表 1-4。

表 1-4　　　　　　　　　　　管 网 GIS 的 属 性

属　性	描　　　述
节点属性	包括节点编号、节点坐标（X、Y、Z）、节点流量、节点所在道路名等
管道属性	包括管道的编号、起始节点号、终止节点号、管长、管材、管道粗糙系数、施工日期、维修日期等
阀门属性	包括阀门的变化、坐标（X、Y、Z）、阀门种类、阀门所在道路名等
水表属性	包括水表编号、水表坐标（X、Y、Z）、水表种类、用户名等

在管网系统中采用地理信息系统，由于图形及其属性数据可被看作是一体的，所以可以方便图形和数据间的互相查询。

3. 管网维护

给水管网 GIS 的管网维护作用主要体现在以下几个方面：

（1）设备预警。对管线与各类设备的维修次数、频率、周检周期等进行设置，提供管线与设备的主动养护预警。

（2）水表二级管理。对水表箱内的各一户一表信息进行新增、修改、删除管理，并且保证一户一表信息能对水表箱坐标、水表箱编号、地址等信息进行继承，满足招标人后期对一户一表进行挂接入库。

（3）管线养护。对管线日常养护、巡检、维修、移位、改造等信息进行记录，满足招标人对管网养护的台账管理。

（4）设备维护。对阀门、水表、在线监测仪表、消防栓等设备日常维护信息进行记录，满足招标人对管网设备维护的台账管理。

（5）漏点维修。对管网检漏或上报的各类漏点位置、原因、维修人员、材料、工程量等信息进行记录，满足招标人对日常漏点维修的台账管理。

（6）维修查询统计。对管线养护、设备维护、漏点维修的各类信息按时间、维修人员、维修类型等各类信息进行查询统计，并生成统计报表。

（7）工程管理。对管线建设工程范围、工程名称、材料、建设单位、设计单位、施工单位、主要口径、主要材质、工程图档等信息进行管理，能对单一工程量进行统计。

（8）竣工图管理。对管线新建或者改造工程的竣工图进行上传，并且与工程范围、工程名称进行关联，在管线属性查询时能查询关联的竣工图。

视频1.2.1

管网技术资料与地理信息系统

课件1.2.1

管网技术资料与地理信息系统管理

【任务实施】

一、实训准备

准备某管网现状资料以及管网 GIS 等相关软件。

二、实训内容

根据提供的管网现状资料分析管网运行状况，并利用 GIS 进行统计分析。

【思考与练习题】

（1）管网技术资料包含哪些？

（2）简述给水管网 GIS 的功能。

任务二　管网运行状态监测

【任务引入】

给水管网的水压和流量是管网运行的重要参数。通过了解管网压力和流量可直接掌握管网的运行状态，提出改造管网的措施，保证管网经济合理地运行。因此，水压和流量测定是管网运行与管理的重要内容。

通过本任务的学习，应熟悉管网水压和流量的测定。

【相关知识】

一、管网水压的测定

（一）水压测定方法

水压的测定一般每季度一次，但在夏季供水高峰期间，应增加测定次数。管网测压点分为固定测压点和临时测压点。

（1）固定测压点一般选在能说明管网运行状态、具有一定代表意义的压力点上，而且应该均匀合理分布。

（2）固定测压点主要设在大中管径的干管上，不宜设在进户支管或用水大用户处。经常测压的测压点可采用自动水压记录仪，每小时测 4 次，可以绘出 24h 水压变化曲线。临时测压点一般根据临时测压需要设置，没有固定式测压设备，须临时组装压力表。

（3）每次测压后，应整理汇总测压资料，绘出等水压线，以反映各条管线的负荷。

（二）水压测定设备

常用的压力测量仪表有弹性式压力表，电容式、电阻式、电感式等远传压力表（压力变送器）（图 1-11）。测量水压时，可在水流呈直线的管道下方设置导压管，导压管应与水流方向垂直。在导压管上安装压力表即能测出该管段的水压。

弹性式压力表用于表压、负压、绝对压力测量，多用于现场压力指示。在测量稳定压力时，所测压力最大值一般不超过仪表测量上限的 2/3；测量脉动压力时，最大工作压力不应超过测量上限值的 1/2；测量高压时，最大工作压力不应超过测量上限值的 3/5；一般被测压力的最小值应不低于仪表测量上限值的 1/3。

压力变送器是将被测压力转换成电信号进行远传，以便对被测压力进行监测、报警、控制及显示。压力变送器具有频率响应高、抗环境干扰能力强、测量精度高、体积小、记载能力好等优点。压力变送器操作的主要内容是零点和量程校验调整，可参考仪表使用说明书。压力变送器使用中常见故障见表 1-5。

（a）弹性式

（b）电容式

（c）电阻式

图 1 - 11　常用压力测量仪表

表 1 - 5　　　　　　　　　　　　　压力变送器常见故障

故 障 现 象	故 障 原 因	解 决 方 法
输出信号出现偏差或跳字现象，而过程压力无异常波动	由安装环境造成的零点漂移	零点调整
	环境温度超过使用范围	更换仪表，或加散热装置
	变送器壳体进水或侵蚀	置于60℃干燥箱中烘干后调校
	电源或二次仪表出现故障	更换或调整二次仪表滤波设置
无输出信号；开路或短路；零位输出过大或过小	电源接线反了	重新接线
	电源保护元件或芯片击穿	返厂维修
	敏感元件因过压冲击损坏	返厂维修
	供电电源或二次仪表损坏	更换或维修
	过流过压造成传感器烧毁	返厂维修

视频1.2.2-1 ▶
管网运行状态
监测

课件1.2.2 ppt
管网运行状态
监测

视频1.2.2-2 ▶
供水管网压力
监测系统

二、管网流量的测定

　　流量测定是给水管网管理的重要手段，可测定出水流的流速、流向和流量。测流点的选择也应该有一定的代表性。一般测流点应靠近管网前端，末端小管径管道的流量变化对管网影响不大，所以 DN200 管线上只设压力表而不设流量计。

　　管网流量测定的设备较多，常用的是毕托管、涡轮流量计、电磁流量计和超声波流量计。毕托管测流时可插入管道中，比较经济、简便，但其操作较烦琐，测量时间长，测定结果需要进行计算。涡轮流量计测量精确度高，压力损失小，结构紧凑，但使用寿命短。电磁流量计和超声波流量计（图 1-12 和图 1-13）安装使用方便，不增加管道的水头损失，容易实现数据的自动采集，使用较为广泛。流量计的使用方法参考设备使用说明书。

（a）电磁式

（b）超声波式

图 1 - 12　流量计

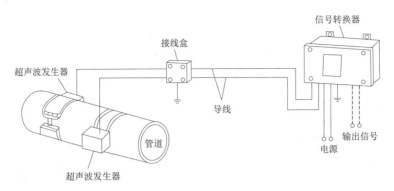

图 1-13　超声波流量计工作原理示意图

【任务实施】

一、实训准备

准备压力表 1 只。

二、实训内容

测定某管网的水压，根据已有数据，绘制 24h 水压变化曲线，并且进行分析。

【思考与练习题】

(1) 测压点的设置原则是什么？

(2) 如何评定管网的运行状态？

任务三　管网检漏与维修

【任务引入】

给水管网在运行过程中常会出现漏损。管网漏损将使供水量减少，造成水资源、能源和药剂的浪费，同时可能危及公共建筑和路面交通。因此，管网的检漏工作是降低管线漏水量、节约用水、降低成本的重要措施。

本任务要求读者熟悉给水管网漏损的原因、检测漏损的方法，以及管网漏水的维修方法。

【相关知识】

一、管网的检漏

管网检漏的方法很多，如听漏法、直接观察法、分区检测法、间接测定法、地表雷达测定法等。其中，听漏法和直接观察法应用比较广泛。

（一）听漏法

听漏法是根据管道漏水时产生的水声或由此产生的震荡，利用听漏棒、电子放大检漏仪（图 1-14）和相关检漏仪等仪器进行测定的检漏方法。听漏工作一般在深夜进行，以避免其他杂音的干扰。使用时，将听漏棒的一端放在水表、阀门或消火栓上，可从棒的另一端听到漏水声，听漏效果凭各人经验而定。

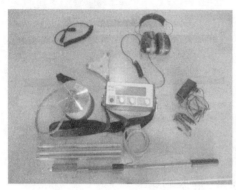

图 1-14　电子放大检漏仪

电子放大检漏仪是一种较好的检漏工具。它是一种高频放大器，利用晶体探头将地下漏水的低频振动转化为电信号，放大后可在耳机中听到漏水声，也可从输出电表指针摆动判断漏水情况。其检漏效果比听漏棒好，应用前景广泛。

目前国内外应用最为广泛的精确确定漏点的仪器是相关检漏仪，它是由漏水声音传播速度，即漏水声传到两个传感器的时间先后，通过计算给出漏水地点到传感器的距离。其界面友好，操作简便，测量结果准确可靠，很少受人的因素影响，抗干扰能力强，几乎不受环境噪声影响，白天即可工作，同时不受埋深限制。该仪器价格昂贵，管理和维修费用高。

（二）直接观察法

直接观察法又称实地观测法，是从地面上直接观察管道的漏水迹象。下列情况均可作为查找漏水点的依据：

图 1-15　管涌现象示例

（1）地面上有"泉水"出露，甚至呈明显的管涌现象（图 1-15）。

（2）铺设时间不长的管道，管沟回填土局部下陷速度较快。

（3）地面不正常的潮湿和积水。

（4）管线附近路面发生沉陷。

（5）干旱区域的路面，管道上部花草茂盛。

直接观察法简单易行，费用低，但从地面上直接观察管道的漏水迹象比较粗略。

（三）分区检漏法

分区检漏法的操作方法如下：

（1）将整个给水管网分成若干小区，分区大小自定，凡和其他小区相通的阀门全部关闭，小区内暂停用水。

（2）开启装有水表的进水管的阀门，使小区进水，如图 1-16 所示。如小区内的管网漏水，水表指针将会转动，据此可读出漏水量。

（3）查明管道漏水后，可按需要逐渐缩小检漏范围，最后仍需结合听漏法找出漏水地点。

分区检漏法一般只在允许短期停水的小范围内进行。

（四）间接测定法

一般漏水点的水力坡度线会有突然下降的现象。利用测定管线的流量和节点水压来确定漏水地点的方法就是间接测定法。

（五）地表雷达测定法

地表雷达测定法是利用无线电波对地下管线进行测定，可以精确地绘制出路面下管线的横断面图，雷达检漏仪及其工作原理如图 1-17 和图 1-18 所示。它也可以根据水管周围的图像进行判断是否有漏水及漏水的情况。其缺点是一次搜索的范围很小，目前我国使用较少。

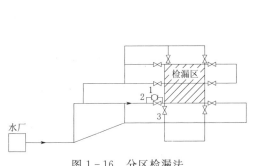

图 1-16　分区检漏法
1—水表；2—旁通管；3—阀门

图 1-17　雷达检漏仪

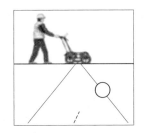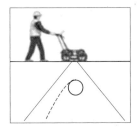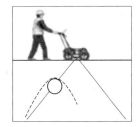

图 1-18　雷达检漏仪工作原理

除此以外，管网检漏还可以采用区域装表法和浮球测漏法等，可根据不同的情况进行选择。

视频1.2.3-1 ▶

管网检漏

二、管网的维修

管道的渗漏形式有接口漏水、窜水、砂眼喷水、管壁破裂等。确定出管网的漏水点后，应根据现场不同的漏水情况，及时采取处理措施。

（1）直管段漏水时，应将表面清理干净，并停水补焊。

（2）法兰盘处漏水时，则应更换橡胶垫圈。

（3）如果是因基础不良而导致的，则应对管道加设支墩。

（4）如果承插口漏水，则应用水冲洗干净后，再重新打油麻等填充物，捣实后再用青铅或石棉水泥封口。

（一）水泥压力管的维修

1. 管壁破裂

水泥压力管因裂缝而漏水，可采用环氧砂浆进行修补，如图 1-19 所示。

修补时，先将裂口凿成宽约 15～25mm、深 10～15mm、长出裂缝 50～100mm 的矩形浅槽；刷净后，用环氧底胶和环氧砂浆填充。当裂缝较大时，还可用包贴玻璃纤维布和贴钢板的方法堵漏（图 1-20）。玻璃纤维布的大小及层数与裂缝大小有关，一般可设为 4～6 层。

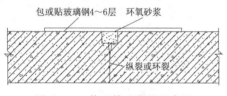

图 1-19 修理管壁裂缝示意图

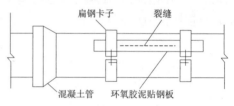

图 1-20 管壁外贴钢板维修管壁砂眼喷水

当管段严重损坏时，可在损坏部位焊制一钢套管，中间填充油麻和石棉水泥进行堵漏。管壁砂眼喷水处理方法与管壁裂缝相同。

2. 管道接口漏水

管道接口漏水多采用填充封堵的方法，一般需停水操作。可分为以下几种情况：

（1）由于橡胶胶圈不严产生的漏水，可将柔性接口改为刚性接口，重新用石棉水泥打口封堵（图 1-21）。

（2）若接口缝隙太小，可采用填充环氧砂浆，然后用包玻璃钢的方法进行封堵（图 1-22）。

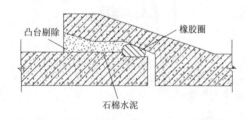

图 1-21 柔性接口改刚性接口示意图

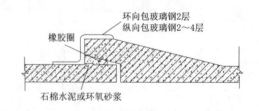

图 1-22 接口用包玻璃钢维修示意图

（3）接口漏水严重时，可用钢套管将整个接口包住，然后在腔内填自应力水泥砂浆封堵（图 1-23）。

（4）当接口漏水的维修是带水操作时，一般采用柔性材料封堵的方法。操作时，先将特制的卡具固定在管身上，然后将柔性填料置于接口处，最后上紧卡具，填料恰好堵住接口（图1-24）。

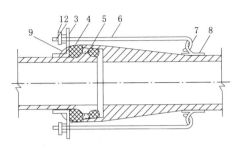

图1-23 接口钢套管的修理

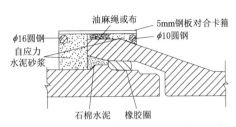

图1-24 接口带水外加柔口的修理

1—螺母；2—套管；3—胶圈挡板；4—胶圈；5—油麻；
6—拉钩螺栓；7—固定拉钩；8—固定卡箍；9—胶圈挡肋

（二）铸铁管件的维修

铸铁管件包括铸铁管和球墨铸铁管。

铸铁管件具有一定的抗压强度。管件裂缝的维修可采用管卡进行（图1-25）。管卡做成比管径略大的半圆管段，彼此用螺栓紧固。发现裂缝，可在裂缝处贴上3mm厚的橡胶板，然后压上管卡紧至不漏水即可。

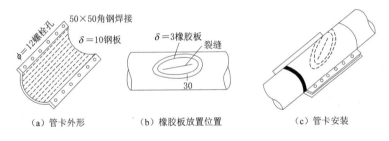

（a）管卡外形 （b）橡胶板放置位置 （c）管卡安装

图1-25 管卡修复示意图

砂眼的修补可采用钻孔、攻丝，用塞头堵孔的方法来修补（图1-26）。

管件接口漏水，对于承插式接口，一般可先将填料剔除，再重新打口或更换橡胶圈。

（三）用塑料管进行非开挖技术修复管道

聚乙烯管特别适合于非开挖工程。其重量轻，可以进行一体化的管道连接，熔接连接接口的抗拉能力高于管材本身。此外，还具有很好的挠性和良好的抵抗刮痕的能力。

非开挖技术修复管道常用方法有爆管或胀管法、传统内衬法和改进内衬法等。

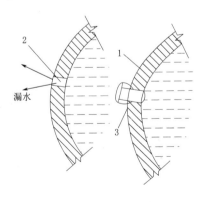

图1-26 铸铁管塞头堵孔
修补示意图

1—铸铁管；2—砂眼穿孔；
3—带丝塞头

1. 爆管或胀管法

爆管或胀管法更新管道采用膨胀头将旧管破碎，并用扩张器将旧管的碎片压入周围的土层，同时将新管拉入，完成管道更换（图1-27）。新管直径可与旧管道相同或更大。该法适用于陶土管、混凝土管、铸铁管、PVC管等脆性管道的更换，适宜管径为50～600mm，长度一般为100m。

PVC管   PE管

图1-27 爆管法示例

2. 传统内衬法

传统内衬法在施工时将一直径较小的新管插入或拉入旧管内（图1-28）。通常对给水和污水管道要求向环形间隙灌浆固结。此法的优点是施工简单，成本较低。由于直径减小，所以流量损失较大。

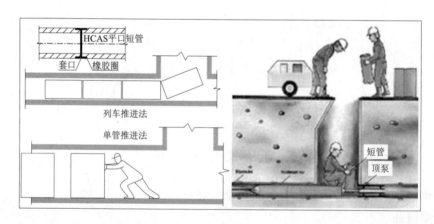

图1-28 传统内衬法

该法主要适用于旧管内无障碍、形状完好，没有过度损坏的管道。根据采用新管的不同，传统内衬法可分为连续管法和短管法。

3. 改进内衬法

改进内衬法是在施工前，对新衬管减小尺寸，随后插入旧管，最后用热力、压力或自然的方法恢复原来的大小和尺寸，以保证与旧管的紧密结合（图1-29）。该法的主要优点是新旧管道之间无环形间隙，管道流量损失很小，而且可在开挖的工作坑内或人井内施工，方便长距离修复；主要缺点是施工时可能引起结构性的破坏。改进内衬法可分为缩径法（热拔法、冷轧法）和变形法。

视频1.2.3-2

管网维修

课件1.2.3

管网检漏
与维修

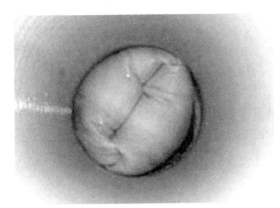

图 1-29 改进内衬法示例

【任务实施】

一、实训准备

准备漏损的给水管道、听漏棒、电子检测仪等器具。

二、实训内容

采用检漏的几种方法对管道进行检漏，确定漏水点，并能对漏水点进行补漏。

三、实训成果

（1）正确地对给水管网进行检漏。

（2）管网维修后应符合相关规范要求。

【思考与练习题】

（1）管网检漏的方法有哪些？

（2）非开挖技术修复管道的方法有哪几种？具体是怎么实施的？

任务四 管网防腐蚀和清垢涂料

【任务引入】

管道，特别是金属管道的防腐蚀处理非常重要，它将直接影响输配水的水质安全、管道使用寿命和运行可靠性。此外，管道运行一段时间后，可能会产生锈蚀并结垢，这将影响管道输水能力并降低水质，因此，需要对管线进行清垢涂料，即清除管内壁结垢并涂保护层，这也是管网运行与管理的重要工作。

通过本任务的学习，要求了解管网腐蚀的原因和影响因素、管网防腐蚀的常用方法，以及管网清垢、涂料的方法和技术。

【相关知识】

一、管道防腐蚀

腐蚀的表现形式有生锈、结瘤、坑蚀、开裂、脆化等。

按照腐蚀机理可分为化学腐蚀、电化学腐蚀和微生物腐蚀；而按照腐蚀部位，则可分为内壁腐蚀和外壁腐蚀。

给水管网的腐蚀以电化学腐蚀为主。造成电化学腐蚀的因素众多，包括管壁表面氧化膜的存在、pH 值、溶解氧、含盐量等。如一般情况下，pH 值越低腐蚀越快；含盐量越高，腐蚀加快等。

管道的防腐蚀方法较多，如采用非金属管道、投加缓释剂、水质的稳定化处理、管道氯化法、涂料防腐和电化学保护等。其中投加缓释剂、水质的稳定化处理和管道氯化法主要适用于金属管道内壁防腐蚀。而对于管道外壁的防腐蚀则包括采用非金属管道、涂层防腐和电化学保护等。

下面重点介绍管道外壁防腐蚀方法。

（一）采用非金属材料

非金属管材的抗腐蚀性明显高于金属管道。因此，可采用非金属管道，如预应力和自应力钢筋混凝土管、预应力钢筒混凝土管、塑料管、玻璃钢管等，也可考虑使用复合材料的管道，以增强管道抗腐蚀性。

（二）覆盖防腐

覆盖防腐是在金属管表面涂防护层，使管材表面与周围环境隔离，从而起到保护的作用（图 1-30）。对与空气接触的管道可涂刷防腐涂料；埋地管道可设置沥青绝缘防腐；管道内防腐则可采用水泥砂浆内衬、环氧树脂内衬、喷涂塑料等。

（a）涂料防腐　　　　　　　（b）沥青绝缘防腐　　　　　　　（c）内衬水泥砂浆

图 1-30　金属管道的覆盖防腐

1. 涂料防腐

涂料俗称"油漆"。由于油漆中的油料被合成树脂所取代，因此油漆现在被称为有机涂料，简称涂料。

涂料防腐主要包括管道表面的处理和涂料施工两个步骤。

（1）管道表面的处理。管道表面往往有锈层、油类、旧油漆、灰尘等。涂料前应对管道表面进行处理，去除这些物质，否则会影响漆膜的附着力，新涂的漆膜很快脱落。处理方法如下：

1）手工处理。即用刮刀、锉刀、钢丝刷或砂纸等工具除掉管道表面的锈层、氧化皮等。

视频1.2.4-1 ▶
管网防腐蚀

2）机械处理。采用机械设备处理管道表面或用压缩空气喷石英砂（喷砂法）吹打管道表面，以除掉污物（图1-31）。相比较而言，喷砂法处理后，管道表面呈粗糙状，可增强漆膜的附着力。

图1-31 管道喷砂除锈

3）化学处理（酸洗法）。采用浓度为10%～20%、温度为18～60℃的稀硫酸溶液浸泡管道15～60min。注意应在酸溶液中加入缓蚀剂，以免损害管道。酸洗后还应经过清水洗涤—碳酸钠溶液中和—热水冲洗的程序。

4）旧漆膜处理。如旧漆膜附着良好，刮不掉可不必清除；如旧漆膜附着不好，须全部清除重新涂刷。

（2）涂料施工。涂料一般分为3层：

1）第一层是底漆或防锈漆，直接涂在管道表面上与其紧密结合，能起到防锈、防腐、防水、层间结合的作用。

2）第二层是面漆，直接暴露在大气表面，施工应精细。

3）第三层为罩光清漆，目的是增强涂层的光泽和耐腐蚀能力。

2．埋地管道防腐

我国埋地管道一般采用沥青绝缘防腐。沥青绝缘防腐层由沥青底漆、石油沥青、玻璃布和塑料布组成。埋地管道在穿越铁路、公路、河流、盐碱沼泽地等地段时一般采用加强防腐，穿越电气铁路的管道需采用特加强防腐。各种防腐层的结构见表1-6。

表1-6 埋地管道沥青绝缘防腐层结构

防腐措施	防 腐 层 结 构	每层沥青厚度/mm	总厚度/mm
普通防腐	沥青底漆—沥青3层、中间夹玻璃布2层—塑料布	2	不小于6
加强防腐	沥青底漆—沥青4层、中间夹玻璃布3层—塑料布	2	不小于8
特加强防腐	沥青底漆—沥青5层或6层、中间夹玻璃布4层或5层—塑料布	2	不小于10或12

沥青绝缘防腐层的施工方法与步骤可参见《给水排水管道工程技术》（张奎）一书。

（三）电化学保护（阴极保护）

对一些腐蚀性高的地区或重要管线，采用上述两种方法可能达不到理想的防腐效果，此时可采用阴极保护的方法。其原理是使金属管道成为阴极，从而防止腐蚀。阴极保护分为外加电流法和牺牲阳极法，如图 1-32 所示。

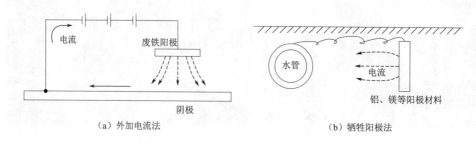

（a）外加电流法　　　　　　　　　　　　（b）牺牲阳极法

图 1-32　金属管道阴极保护

（1）外加电流法采用废铁为阳极，管道为阴极。直流电源的正极与废铁相连，负极与管道相连。这种方法适用于土壤电阻率高的情况。

（2）牺牲阳极法。适用消耗性的电位更低的阳极材料，如铝、镁等，隔一定距离用导线连接到管线上，在土壤中形成电路，结果是阳极被腐蚀，作为阴极的管线得到保护。这种方法常在缺少电源、土壤电阻率低和水管保护涂层良好的情况下使用。

两种方法的优缺点见表 1-7。

表 1-7　　　　　　　　　　　　　　**阴极保护两种方法优缺点**

方　法	优　　点	缺　　点
外加电流法	输出电流、电压连续可调；保护范围大，不受土壤电阻率限制；工程规模越大越经济；寿命长	需要外部电源；对其他金属构筑物产生干扰；维护管理工作繁重
牺牲阳极法	无须外部电源；对其他金属构筑物无干扰；管理简单；工程规模越小越经济；保护电流均匀分布，利用率高	不适宜高电阻率环境；不能调节电流；投产调试工作复杂；消耗其他金属

二、管道清垢和涂料

在给水工程中，新敷设的管线内壁一般应事先采用水泥砂浆等做内衬，以防止管道的腐蚀。而对于未做内衬的已埋管线，运行一段时间后会产生锈蚀；水中的碳酸钙沉淀、悬浮物沉淀，铁、氯化物和硫酸盐的含量过高，以及铁细菌、藻类等微生物的滋长繁殖等，管道内壁会逐渐结垢。腐蚀和结垢会增加水流损失，缩小管道断面，导致管道输水能力下降，运行成本增加，使用寿命缩短，并且会降低给水水质。因此应定期对管道进行清垢涂料。

（一）管道清垢

管道清垢又称刮管。清除结垢的方法很多，应根据结垢的性质进行选择。

1. 水力冲洗法

对小口径管道，当结垢表面松软时，可经常用高压水冲洗。冲洗流速为正常流速的 3～5 倍，水压一般为 0.2～0.3MPa，每次冲洗的管道长度为 100～200m。冲洗后的废水从排水口、阀门或消火栓排出。

水力冲洗法（图 1-33）所用设备少，操作简单，不会破损管内绝缘层；缺点是冲洗可能不彻底。

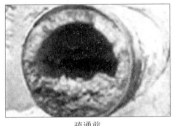

疏通前　　　　　　　　　疏通过程中　　　　　　　　　疏通后

图 1-33　水力冲洗法

2. 气-水联合冲洗法

当结垢较硬，与管壁结合紧密时，可采用气-水联合冲洗，即在对管道进行高压水冲洗的同时输入压缩空气（气压为 0.7MPa）。压缩空气进入管道后迅速膨胀，在管内与水流混合，管内紊流增强，对管壁产生很大的冲击和振动，从而逐渐使结垢松弛和脱落（图 1-34）。气-水联合冲洗时，一次冲洗长度为 50～200m。常用的

（a）空压机及储气罐　　　　　　　　（b）放水口及缓冲箱

（c）气水管道系统　　　　　　　　　（d）车载自动化控制系统

图 1-34　气-水联合冲洗技术

操作步骤如下：高压水冲洗 15～30min 后，气-水联合冲洗 40～60min，然后高压水再次冲洗 20～30min。用该种方法一般可恢复输水能力的 80%～90%。

该方法的冲洗效果优于水力冲洗法，操作费用低于机械刮管法和酸洗法，并且不会破坏管道的防腐层。

3. 气压脉冲射流法

贮气罐中的高压空气通过脉冲装置、橡胶管、喷嘴，送入需清洗的管道中，冲洗后的结垢经排水管排出（图 1-35）。此种方法的冲洗效果好，设备简单，操作方便，成本较低。

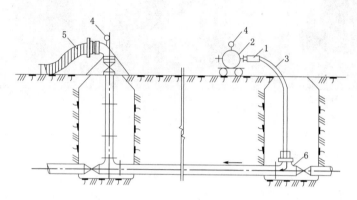

图 1-35　气压脉冲射流法冲洗管道

1—脉冲装置；2—贮气罐；3—橡胶管；4—压力表；5—排水管；6—喷嘴

水力冲洗法和气压脉冲射流法的共同特点是清垢操作时间较短，不会损坏管内绝缘层，可作为新敷设管线的清洗方法。

4. 机械清垢法

坚硬的结垢仅用上述方法是难以解决的，此时可采用机械清垢法清除。机械清垢又可分为刮管器清垢和清管器清垢。

（1）刮管器消垢。刮管法所用刮管器形式有很多（图 1-36），一般用钢丝绳绞车等工具使其在结垢的管道内移动，将结垢铲除。

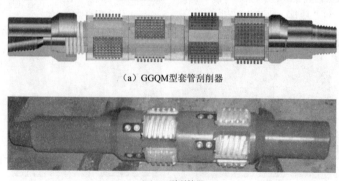

（a）GGQM型套管刮削器

（b）JY型刮管器

图 1-36　两种刮管器

1）小口径管道（DN75~400）的刮管器由切削环、刮管环和钢丝刷组成。切削环先在水管内壁结垢上刻划深痕，然后刮管环将管垢刮下，最后用钢丝刷刷净并用清水彻底冲洗干净。

2）口径在 DN500 以上的管道刮管时可用电动刮管机（旋转刮管器），如图 1-37 所示。刮管机由密封防水电机带动。刀具可用与螺旋桨相似的刀片，也可用装在旋转盘上与链条连接的榔头锤击管壁，把垢体击碎，刮垢效果较好。

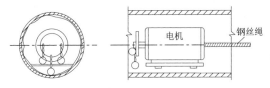

图 1-37 电动刮管机

采用刮管法施工时，要求在相距 200~400m 的直管处开挖工作坑，作为机械进出口。这种方法的优点是工作条件好，刮管速度快；缺点是刮管器和管壁的摩擦力较大，往返拖动较费力。

（2）清管器清垢。清管器是用聚氨酯等软质材料制成的"炮弹型"刮管器，其外表面镶嵌有高强度材料的钢刷或钢钉，外径比管径稍大（图 1-38）。清管时，清管器在压力水的驱动下，沿管道移动。在这过程中，清管器和管壁摩擦，把结垢刮擦下来。同时，有少部分压力水从清管器和管壁之间的缝隙通过，将刮擦下来的管垢冲走。

（a）三皮碗清管器　　　（b）六直板四密封除锈清管器　　　（c）四皮碗测径清管器

图 1-38 几种清管器

对于管径在 200mm 以下的小口径管道，在管中水压不足 0.3~0.5MPa 时，必须采用高压水泵加压来提高推力；管径 200mm 以上的管道，可以使用管网的运行水压。

清管器可以通过任何角度的弯管和阀门，进行长距离清管。其具有成本低、效果好、操作简便等优点。

5. 酸洗法

酸洗法是指利用酸溶液溶解各种腐蚀性水垢、碳酸盐水垢、有机物水垢等。酸溶液中应加入适量的缓蚀剂、消沫剂，以保护管壁。酸洗后，应用高压水彻底冲洗管道，之后加入钝化剂，使管内壁形成钝化膜。酸洗法一般适用于中、小口径管道的清洗。

视频1.2.4-2 ▶

管网清垢

（二）管道涂料

管壁结垢清除后，应在管内壁涂衬保护涂料，防止管道再次被腐蚀，并使管道恢复输水能力，延长使用寿命。下面介绍几种常用的涂料方法。

1. 环氧树脂法

环氧树脂材料具有耐磨性、柔软性和紧密性。使用环氧树脂和硬化剂混合的反应型树脂，可快速形成强度高、耐久的涂膜。

图 1-39 环氧树脂涂衬管道

环氧树脂的涂衬采用高速离心喷射原理，喷涂厚度一般为 0.5～1.0mm（图 1-39）。环氧树脂涂衬不影响水质，施工期短，当天可恢复通水；但该法设备和操作技术均较复杂。

2. 水泥砂浆法

水泥砂浆法是在钢管或铸铁管内壁喷涂水泥砂浆或聚合物改性水泥砂浆，涂层厚度一般随管径增大而增加，可参见国际标准 ISO 4179：2005 压力和非压力管道用球墨铸铁管和配件-水泥灰浆内衬。在相同的管材和管径下，前者的涂层厚度大于后者。

涂衬水泥砂浆可采用活塞式涂管器。涂敷时，先将导引管道内装入配好的水泥砂浆，两端塞入活塞式涂管器，并将导引管接入待涂衬的管道；然后将管道密封，通入压缩空气，推动涂管器由管道的一端移动到另一端，将砂浆均匀涂抹到管壁上。如此往返涂抹两次，可达到要求。这种方法适用于中、小口径的管道。

在管径 500mm 以上的管道中，可用特制的喷浆机喷涂水管内壁。根据喷浆机的大小，一次喷涂距离为 20～50m。管道水泥砂浆法内衬防腐如图 1-40 所示。

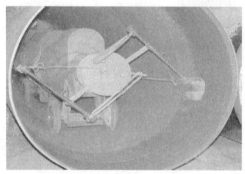

图 1-40 管道水泥砂浆法内衬防腐

3. 内衬软管法

内衬软管法即在旧管内衬套管，有滑衬法、反转衬里法、"袜法"和用清管器拖带聚氨酯薄膜等方法，形成"管中有管"的防腐结构，效果较好，但造价较高。

U 形 HDPE 管穿插内衬法（图 1-41）是"袜法"的一种，它是将 HDPE 管折叠成 U 形，缩径后穿入原管道中，然后再用空气使其恢复圆形，内衬管和原管道紧贴形成复合结构管。其具有施工成本低、施工工期短、穿插阻力小、HDPE 管外壁磨损小、施工难度低等优点，另外 HDPE 管具有内壁光滑、不易结垢、无毒、不滋生细菌等优点，在额定温度、压力及无太阳光等含紫外光光线照射下，其使用寿命可达50 年以上。

课件1.2.4

管网防腐蚀和清垢涂料

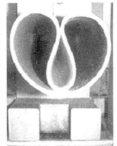

图 1-41　U 形 HDPE 管穿插内衬法

【任务实施】

一、实训准备

准备结垢管道若干、刮管器、清管器和酸溶液等。

二、实训内容

(1) 利用所学知识，选取适当的方法除垢。

(2) 制定除垢方案，按照操作规程进行除垢，之后检查管道的清洁度。

三、实训成果及评价

(1) 是否规范地完成管道的除垢，除垢后的管道是否合格。

(2) 是否严格按照操作规程进行清垢。

(3) 是否在规定的时间内完成清垢。

【思考与练习题】

(1) 管道外壁防腐蚀的方法有哪些？其适用范围和特点分别是什么？

(2) 常见的管道清垢法有哪些？其适用范围和特点分别是什么？

(3) 常见的管道涂料方法有哪些？

任务五　管线运行设施的管理

【任务引入】

管线运行设施的管理关系到管网运行以及管道检修人员的安全等问题，是保障供水公司正常利益、防止偷盗水等的重要途径，也是给水管网运行管理的重要组成部分。为防止管网出现渗漏、积泥、偷盗用水等现象，保障管网安全运行，应对管线进行定期的巡查和维护管理。

通过本任务的学习，要求掌握管线的运行维护以及阀门、水表的管理更新等内容。

【相关知识】

一、管线的运行维护

（一）原水输水管线

(1) 压力式、自流式的输入管道，每次通水时，均应将气排净后方可投入运行。

（2）压力式输水管道线应在规定的压力范围内运行，沿途管线应装设压力表，进行观测。

（3）应设专人并佩戴证章定期进行全线巡视，严禁在管线上圈、压、埋、占。及时制止严重危及城市供水安全的行为并上报有关部门。

（4）自流式输入管线运行中应设专人并佩戴证章进行巡视，不应有跑、冒、外溢和地下水的渗漏污染现象。

（5）对低处装有排泥阀的管线，应定期排除积泥，其排放频率应依据当地原水的含泥量而定，宜为每年1～2次。

（二）自来水输水管线定期维护

（1）应每季对管线附属设施、排气阀、自动阀、排空阀、管桥巡视检查和维修一次，保持完好。

（2）应每年对管线及附属设施检修一次，并对钢制外露部分进行油漆。应定期检查输水明渠的运行、水生物、积泥和污染情况，并采取相应预防措施。

（3）管网输水要保持良好的水质，关键是改善管网的运行条件，由于管道末端的存在以及消火栓等形成的局部死水会污染管网，影响水质，因此，要开展定期的末端冲洗，每年不得少于1次。

二、阀门和水表的管理

1. 阀门的管理

（1）阀门井的安全要求。阀门井是地下建筑物，处于长期封闭状态，空气不能流通，造成氧气不足。所以井盖打开后，维修人员不可立即下井工作，以免发生窒息或中毒事故。应首先使其通风半小时以上，待井内有害气体散发后再行下井。阀门井设施要保持清洁、完好。

（2）阀门井的启闭。阀门应处于良好状态，为防止水锤的发生，启闭时要缓慢进行。管网中的一般阀门仅作启闭用，为减少损失，应全部打开，关要关严。

（3）阀门故障的主要原因及处理。

1）阀杆端部和启闭钥匙间打滑。主要原因是规格不吻合或阀杆端部四边形棱边损坏，要立即修复。

2）阀杆折断，原因是操作时旋转方向有误，要更换杆件。

3）阀门关不严，原因是在阀体底部有杂物沉积。可在来水方向装设沉渣槽，从法兰入孔处清除杂物。

4）因阀杆长期处于水中，造成严重腐蚀，以致无法转动。解决该问题的最佳办法是：阀杆用不锈钢，阀门丝母用铜合金制品。因钢制杆件易锈蚀，为避免锈蚀卡死，应经常活动阀门，每季度一次为宜。

（4）阀门的技术管理。阀门现状图纸应长期保存，其位置和登记卡必须一致。每年要对图、物、卡检查一次。工作人员要在图、卡上标明阀门所在位置、控制范围、启闭转数、启闭所用的工具等。对阀门应按规定的巡视计划周期进行巡视，每次巡视时，对阀门的维护、部件的更换、油漆时间等均应做好记录。启闭阀门要由专人负责，其他人员不得启闭阀门。管网上的控制阀门的启闭，应在夜间进行，以防影响用户供水。对管道末端，水量较少的管段，要定期排水冲洗，以确保管道内水质良好。要经常检查通气阀的运行状况，以免产生负压和水锤现象。

（5）阀门管理要求。阀门启闭完好率应为100％。每季度应巡回检查一次所有的阀门，主要的输水管道上阀门每季度应检修、启闭一次。配水干管上的阀门每年应检修、启闭一次。

2. 水表的管理

水表安装好后应在一段时间内观察其读数是否准确，水表应定期进行标定，对于走数不准确的应及时更换，水表表壳应保持清晰可读，不应在水表上方放置重物。水表不要与酸碱等溶液接触。

视频1.2.5 ▶
管线运行设施的管理

课件1.2.5
管线运行设施的管理

【任务实施】

一、实训准备

联系水厂相关负责人员，准备管线巡查等相关工作。

二、实训内容

在水厂相关人员的带领下，对管网进行巡查，发现问题及时进行记录和分析。出现问题，配合相关人员进行处理。

【思考与练习题】

（1）管线的维护管理包括哪些内容？

（2）阀门的管理包括哪些内容？

任务六　管网水质管理

【任务引入】

符合饮用水标准的出厂水要通过复杂庞大的管网系统才能输送到用户，水在管网中的滞留时间可达数日。在输送过程中，由于物理、化学和生物的原因导致水质发生变化，达不到生活饮用水标准，造成二次污染。因此，应采取必要措施加强对管网的水质管理，保证供水水质满足要求。

通过本任务的学习，要求掌握给水管网水质管理的主要措施。

【相关知识】

一、管网水质污染的原因

1. 管道内壁的腐蚀和结垢

管道内壁腐蚀、结垢是造成管网水质二次污染的重要原因。由于腐蚀等作用，管道内生成各种沉积物形成结垢层，而这种结垢层是病原微生物繁殖的场所，容易形成

"生物膜"。以上因素都会导致水质的污染。

2. 管网受外界影响产生的二次污染

给水管网也会受到外界的影响产生水质的二次污染。

(1) 管道漏水、排气管或排气阀损坏未及时修理，当管道压力降低甚至产生负压时，水池废水、受污染的地下水等可能会倒流入管道；等到管道压力升高后，这些污水便输送至用户。

(2) 二次供水引起水质污染（图1-42和图1-43）。主要包括以下情况：

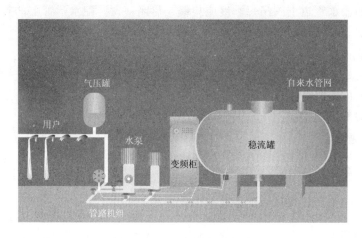

图1-42　二次供水示意图

图1-43　二次供水的水质监测

1）二次供水的水箱和水池的消防用水长期不使用，池内水的更新时间很长，水流缓慢，加上自来水中余氯耗尽，微生物大量滋生，造成水质下降。

2）水池、水箱内的管、孔布置不合理，使水循环不良，形成死水区。

3）通气孔、人孔、溢流管封口处理不当，导致其他污物进入。

4）贮水箱（池）管理不善，未定期清洗，引起微生物繁殖。

(3) 自备水源的贮水设备与给水管道直接连接不合理，无任何隔断措施，管网因突然停水或水压低等原因使自备水流入供水管内，引起局部水质恶化。

3. 微生物、有机物和藻类的影响

饮用水通常用氯进行消毒处理。管道内容易繁殖耐氯的藻类（图1-44），抵抗氯的消毒。这些藻类消耗余氯，使有机物浓度提高，这又促进了微生物的生长。这些微生物一般停留在支管的末梢或管网内水流动性差的管段，使水质变差。

4. 消毒副产物的影响

消毒剂与有机物或无机物间的化学反应产生的消毒副产物也会引起水质的二次污染。如氯气消毒法可能产生氯氨、三氯甲烷、氯乙酸等副产物。氯氨的消毒效果虽然更持久，但在一定条件下，氯氨分解生成氮化合物，可导致水体的富营养化；而三氯甲烷则是一种毒性较强的有机物。

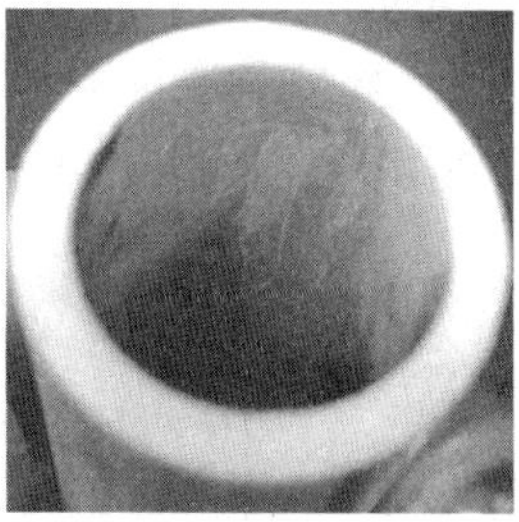

图 1-44　管道微生物
滋生示例

二、管网水质管理的措施

为保持给水管网正常的水量和水质，除了严格控制出厂水水质外，还可进行管线冲洗、加强管网维护、控制余氯并优化消毒工艺和管线消毒等。

1. 管线冲洗

定期冲排管道中停滞时间过长的死水，可通过管网末梢消火栓、给水栓、泄水阀等进行泄水排放。此外，长期未用的管线或管线末端，在恢复使用时必须冲洗干净。

2. 加强管网维护

应及时检漏、堵漏，避免管道在负压状态下运行受到污染；定期对金属管道进行清垢、刮管和涂料，以保证管网的水量和水质。

3. 控制余氯并优化消毒工艺

对离水厂较远的管线，若余氯浓度达不到要求，应在管网中途加氯，以提高管网边缘地区的余氯浓度，防止细菌繁殖。具体的加氯量可通过计算得到。为了防止消毒副产物对水质的影响，可以采用其他消毒方法，如紫外线消毒、氯氨消毒等。

4. 管线消毒

无论是新敷设管线竣工后还是旧管线检修后均应冲洗消毒。消毒之前先用高速水流冲洗水管，然后用 $20\sim30mg/L$ 的漂白粉溶液浸泡 $24h$ 以上，再用清水冲洗，直至排出水的浊度和细菌达标为止。

5. 二次供水管理措施

（1）以满足楼房顶层用户的供水压力实时需求为前提，减少或取消屋顶水箱，避免产生二次污染。

（2）对水塔、水池以及屋顶高位水箱，应长期维护并定期清洗、消毒，并经常检验其贮水水质。

6. 自备水源管理

用户自备水源与城市管网联合供水时，在管道连接处应采取必要的防护措施，如空气隔离措施等。

7. 管线水质监测

在管网的运行调度中，应重视管道内的水质监测，以便及时发现水质问题并采取有效措施。管网一般的水质检测指标包括浊度、余氯、细菌总数、大肠菌群数等。

8. 管材的更换

室外埋地给水管应逐步推广使用球墨铸铁管、HDPE 管等新型管材；室内给水管则采用玻璃钢管、PPR 管等管材，以防止管网的腐蚀。

9. 采用不停水开口技术

采用不停水开口技术，取消预留口。给水管网上过多的预留口带来诸多问题。其使用率较低，只有不到 30%，而且预留口处滞留水的腐败也影响水质。为此，可采用不停水开口接管技术，避免因停水导致水资源的浪费；同时避免了因停水导致的水质二次污染。不停水开口，是给水管道在正常运行状态下，不用停水断管，利用机械手段，通过管网局部加阀封堵实现阀门安装，此技术是给水管道不停水施工的核心（图 1-45）。其操作步骤如下：

图 1-45 不停水开口作业

视频1.2.6 ▶

管网水质管理

课件1.2.6 ⊕

管网水质管理

（1）用专用的三通包箍，其中三通的两端和大管用螺栓夹紧，小端上装闸阀（其他如蝶阀等不能全开的不行）。

（2）全开小端闸阀，用专用的长柄开孔机插入闸阀内在大管上钻孔。

（3）钻开后抽出开孔钻头，迅速关上闸阀即可。

【任务实施】

一、实训准备

找出管网水质污染实例，包括管网污染范围、污染现象等。

二、实训内容

根据实例情况，分析水质污染原因，提出管理措施，制订管理方案。

三、实训成果与评价

1. 实训成果
管网水质管理方案。

2. 实训评价
是否正确分析水质污染的原因，采取的管理措施是否合理、有效。

【思考与练习题】

（1）管网中容易产生的污染物有哪些？管网水质污染的常见原因有哪些？

（2）进行管网水质管理可以采用哪些措施？

（3）如何保证二次供水的水质？

任务七 管网调度管理

【任务引入】

为什么要进行管网的调度呢？

给水管网调度的目的是在满足用户对水量、水压和水质要求的条件下，尽可能降低供水成本，节约电能，稳定供水压力，降低管网漏损，保障管网的运行安全。

通过给水管网的运行调度可以合理地利用水资源，达到节能、降低运行成本的作用；当管网发生火灾、管网破裂、水质被污染、控制设备失控时，可降低事故的危害性；给水调度还可以协调各水厂之间的供水。

> 如何进行给水管网的调度呢？

给水管网运行调度的方法是根据管网的用水量变化情况，科学地开启或关闭泵站中的水泵设备和水池及水塔调节设施，使泵站的供水量和水压尽可能接近用户的用水情况。

通过本任务的学习，要求熟悉给水管网调度的方法、给水管网调度系统的组成和结构。

【相关知识】

一、给水管网调度系统

大城市往往采用多水源给水系统，因此，须有集中管理部门进行统一调度，以便及时了解整个给水系统的运行状态，并用科学的方法执行集中调度。通过管网的集中调度，按照管网控制点的水压确定各水厂和泵站运行水泵的水量，如此，既能保证水压，又能避免水压过高引起能量浪费。

目前，我国大多数城市的给水管网系统仍采用传统的人工经验调度的方式，即调度人员根据以往的运行资料（如区域水压分布等）和设备情况，按日或按时段制订供水计划，确定各泵站在各时段投入运行的水泵型号和台数，使管网的水压满足要求。

人工经验调度的方式已不能适应现代管理的要求。现代给水管网调度系统主要基于四项基础技术，即计算机技术、通信技术、自动控制技术和传感技术（简称3C＋S技术）。通过这些技术，可对管网的主要参数、管网信息、设备运行状况等进行动态模拟和仿真、动态监测、实时调度、智能决策与控制等，实现自动化信息管理。

现代化的给水管网调度系统一般由监控和数据采集系统、通信网络系统、数据库系统、调度决策系统和调度执行系统组成。下面以监控和数据采集系统为例进行介绍。

二、给水管网调度 SCADA 系统

监控和数据采集（supervision control and data acquisition，SCADA）系统，该系统能够收集现场数据并通过有线或无线通信传输给控制中心，控制中心根据事先设定的程序控制远程的设备。它与地理信息系统（GIS）、管网模拟仿真系统、优化调度等软件配合，可以组成完善的管网调度管理系统。

现代 SCADA 系统采用多层体系结构，一般为 3～4 层，包括设备层、控制层、调度层和信息层。

SCADA 系统一般由中央监控系统、分中心和现场终端等组成。

视频1.2.7 ▶
管网调度
系统管理

课件1.2.7
管网调度管理

（1）中央监控系统。其用以监测各中心和净水厂的无人设备。它主要收集管网点的信息，预测配水量，制定送水泵运行计划，计算管网终端水压控制值，并把控制指令传送给分中心、泵站、清水池、水塔等。

（2）分中心。其主要监控水源地、清水池、泵站各设施的流量、水位、水压和水质等参数并传送给中央监控系统。

（3）现场终端。其一般设在泵站、管网末端和水源地等地点，包括传感检测仪表、控制执行设备和人机接口等。它能够实时采集给水管网生产运行状态数据，包括水量、水质、机泵运转状况等，并接受和执行调度与控制指令。

基于 GIS 和 SCADA 系统的给水管网调度系统具有多种优点，能够实现统一的数据管理和查询统计、管网编辑、实时监控、方案模拟、管网故障定位、发布停水信息、设备设施管理等功能，是给水行业管网调度的发展趋势（图 1-46 和图 1-47）。

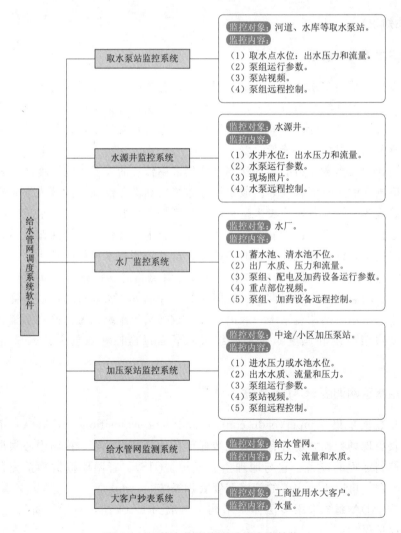

图 1-46 给水管网调度系统内容结构

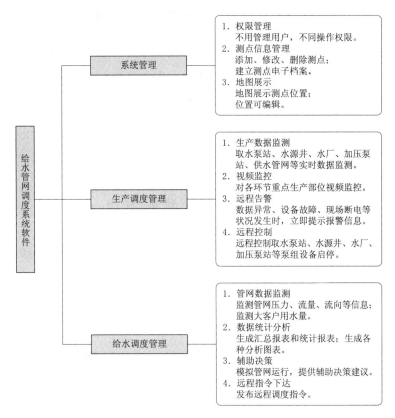

图 1-47 给水管网调度系统功能结构

【任务实施】

一、实训准备

准备 SCADA 系统工作流程视频和管网调度软件使用说明。

二、实训内容

（1）播放系统工作流程视频。

（2）带领学生参观水厂的相应调度系统。

（3）学生完成管网调度软件的相关操作，并解决模拟出现的问题。

三、实训成果与评价

SCADA 系统的认知报告和仿真软件训练成绩。

【思考与练习题】

（1）简述 SCADA 系统组成。

（2）简述 SCADA 系统各个组成监控对象与作用。

子项目三 污水管网运行与管理

污水管网在建成通水后，应经常进行维护与管理，以保证其正常运行。污水管网在运行过程中经常会出现下列故障：①污水中污物淤积堵塞管道；②外荷载过重、地基不均匀沉降、污水或地下水的侵蚀作用使管网损坏、腐蚀或出现裂缝等。

污水管网运行与管理的主要任务包括：①管网技术资料的管理；②验收排水管网；③经常检查、冲洗和清通污水管网，以维持其排水能力；④修理管网及其附属构筑物，处理意外情况；⑤管网的安全维护。其中污水管网技术资料的管理和给水管网基本一致，不另作介绍。

任务一 污水管网的清通

【任务引入】

污水管网在运行过程中，由于水量不足、坡度较小、流速过低，污水中污物较多或施工质量较差等原因而发生沉淀、淤积，淤积过度时便会影响管网的排水能力，甚至可能造成管网的堵塞。因而，应定期对管网进行清通。

本任务要求掌握污水管网清通的常见方法及其适用范围和操作步骤。

【相关知识】

清通的方法有水力清通、机械清通、竹劈清通、钢丝清通等，其中以水力清通和机械清通应用最为广泛。

一、水力清通

水力清通方法是用水对管道进行冲洗，将污泥排入下游的检查井后，然后用吸泥车抽吸运走。水力清通时，可以利用管道内的污水，也可利用自来水或河水。用污水自冲时，管道本身必须具有一定的流量，同时管内的淤泥不宜过多（20%左右）；用自来水冲洗时，通常从消防栓或街道集中给水栓取水，也可用水车送水，一般街坊内的污水支管每冲洗一次大约需水 $2\sim3m^3$。

水力清通常采用增加管道上下游水位差，以提高流速来冲洗管道（图1-48）。

1. 常用操作方法

水力清通法操作步骤如下：

（1）首先用一个一端由钢丝绳系在绞车上的橡皮气塞或木桶橡皮刷堵住检查井下游管道进口，使上游管道充水。

（2）待上游管道充满且检查井水位抬高至1m左右时，突然放掉气塞中部分空气，使气塞缩小，气塞便在水流的推动下往下游浮动而刮走污泥；同时水流在水头差的作用下，以较高流速从气塞底部冲向下游管道。

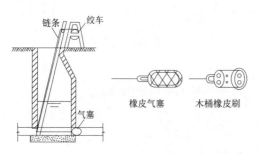

图1-48 水力清通操作示意图

（3）沉积在管底的淤泥便在气塞和水流的双重冲刷下排向下游的检查井，然后用吸泥车（图1-49）将淤泥排出。

2. 调整泵站运行方式

即在某些时段减少开车以提高管道水位，然后突然加大泵站抽水量，造成短时间的水头差，对淤泥进行冲刷。这种方法最方便，最经济。

图1-49　吸泥车

3. 安装阀门

在管道中安装固定或临时阀门，平时闸门关闭，水流被阻断，上游水位随即上升，当水位上升到一定高度后，依靠浮筒的浮力将闸门迅速打开，实现自动冲洗。这种方法可以完全利用管道自身的污水且无须人工操作。

由于排入下游检查井的污泥的含水率较高，实际中，常采用泥水分离吸泥车，以减少污泥的运输量，同时可以回收其中的水用于下游管段的清通。

4. 高压射水清通

除了增加上下游水位差、提高流速进行水力清通外，还可以采用水力冲洗车，利用高压射水清通管道（图1-50）。

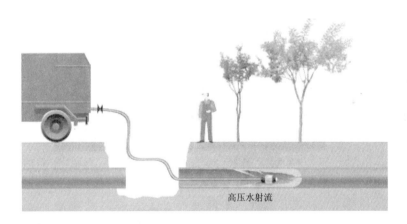

高压水射流

图1-50　高压射水清通示意图

这种冲洗车由大型水罐、机动卷管器、加压水泵、高压胶管、射水喷头和冲洗工具箱等部分组成（图1-51）。高压水通过高压胶管流到射水喷头，推动喷嘴向反方向运动，并带动胶管在排水管道内前进。在高压射水和胶管的共同作用下，管道内的淤泥被冲刷至下游检查井，从而达到彻底清理管壁的效果，确保清洗后管壁无残留物，达到排水管道的内窥检测要求。

水力疏通方法操作简便，效率较高，操作条件好，也比较经济。它不仅能清除下游管道250m以内的淤泥，而且在上游管道150m范围内的淤泥也得到一定程度的清理和冲刷。

图 1-51 高压射水冲洗管道

二、机械清通

当管渠淤塞严重、淤泥黏结比较密实、水力清通效果较差时，应该采用机械清通的方法。机械清通包括绞车清通和通沟机清通两种方法。

（一）绞车清通

这是目前普遍采用的一种方法，又称摇车疏通，如图 1-52 和图 1-53 所示。

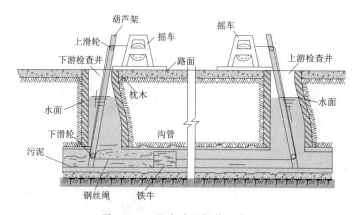

图 1-52 绞车清通操作示意图

图 1-53 一种管道清通绞车

1. 操作方法

（1）首先用竹片穿过需要清通的管道段，竹片一端系上钢丝绳，绳的另一端系住清通工具的一端。在清通管道段的两端检查井上各设一架绞车，当竹片穿过管道段后，将钢丝绳系在一架绞车上，清通工具的另一端通过钢丝绳系在另一绞车上。

（2）利用绞车往复绞动钢丝绳，带动清通工具将淤泥刮至下游检查井内，管道得以清通。绞车的动力可以是手动的，也可以是机动的。

（3）淤泥被刮至下游检查井后，通常采用吸泥车吸出；当淤泥含水率低时，也可采用抓泥车挖出，然后由汽车运走。

绞车清通适用各种直径的管道，比较适合管道淤积严重、淤泥黏结密实的管线。

2. 清通工具

机械清通工具包括耙松淤泥的骨形松土器（图1-54），清通树根及破布等的锚式清通器和弹簧刀（图1-55），用于刮泥的清通工具如胶皮刷 [图1-56（a）]、铁簸箕 [图1-56（b）]、钢丝刷 [图1-57（a）] 和铁牛 [图1-57（b）] 等。

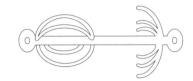

图1-54　骨形松土器

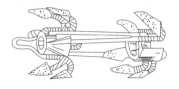

（a）锚式清通器

（b）弹簧刀

图1-55　锚式清通器和弹簧刀

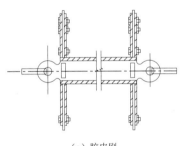

（a）胶皮刷

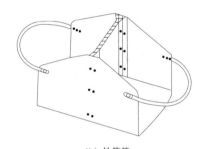

（b）铁簸箕

图1-56　胶皮刷和铁簸箕

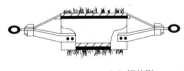

（a）钢丝刷

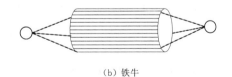

（b）铁牛

图1-57　钢丝刷和铁牛

在选择清通工具时，其大小应与管道管径相适应。管壁较厚时，可先用小号清通工具，待淤泥清除到一定程度后再用与管径相适应的清通工具。清通管径较大的管道时，由于检查井井口尺寸的限制，清通工具可在检查井内拼装后使用。

（二）通沟机清通

通沟机是新型的机械清通设备，包括气动式通沟机和钻杆式通沟机。

1. 气动式通沟机

气动式通沟机借压缩空气把清泥器从一个检查井送到另一个检查井，然后用绞车通过该机尾部钢丝绳向后拉，清泥器的翼片即行张开，把管内淤泥刮至检查井底部。

2. 钻杆式通沟机

钻杆式通沟机是通过汽油机或汽车引擎带动钻头向前钻进，同时将管内的淤积物清除到另一检查井中。这种通沟机可完成 30～250mm 直径管道的清通工作，清通距离可达 150m（图 1-58）。

图 1-58 钻杆式通沟机

三、污水管道清通步骤

污水管道清通的操作规程和步骤如何呢？下面以高压清洗车清通为例进行介绍。

1. 降水、排水

使用泥浆泵将检查井内污水排出至井底淤泥。将需要疏通的管线进行分段，分段的办法根据管径与长度分配，相同管径两检查井之间为一段。

2. 稀释淤泥

高压水车把分段的两检查井向井室内灌水，使用疏通器搅拌检查井和污水管道内的污泥，使淤泥稀释；人工要配合机械不断地搅动淤泥直至淤泥稀释到水中。

3. 吸污

用吸污车将两检查井内淤泥抽吸干净，两检查井剩余少量的淤泥向井室内用高压水冲击井底淤泥，再一次进行稀释，然后进行抽吸，吸污完毕。

4. 截污

设置堵口将自上而下的第一个工作段处用封堵把井室进水管道口堵死，然后将下游检查井出水口和其他管线通口堵死，只留下该段管道的进水口和出水口。将管塞放入封堵管道的管内临近管口处，使用空气压缩机将气体冲入管塞内，待管塞膨胀后，完成管道的封堵过程，同时在地面以系于管塞上的牵引绳做好安全固定。封堵顺序遵循先封上游、后封下游的方式进行。待管道封堵完成后，采用高扬程水泵将预检测管道内的积水排至下游通畅的同类型排水管网内。管道封堵示意图如图 1-59 所示。

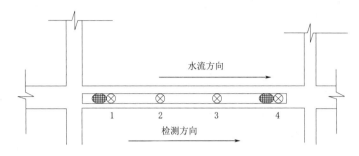

图 1-59 管道封堵示意图

5．高压清洗车清通

使用高压清洗车进行管道清通，将高压清洗车水带伸入上游检查井底部，把喷水口向着管道流水方向对准管道进行喷水，污水管道下游检查井继续对室内淤泥进行吸污。

6．操作安全

污水管渠的维护应特别注意操作安全。施工人员进行排水管道维护时，应按照《城镇排水管道维护安全技术规程》（CJJ 6—2009）的要求做好防范措施。

管渠中的污水常会析出硫化氢、甲烷、二氧化碳等气体，这些气体与空气混合能形成爆炸性气体。施工人员进入检查井前，井室内必须使大气中的氧气进入检查井中或用鼓风机进行换气通风，测量井室内氧气的含量，施工人员进入井内必须佩戴安全带、防毒面具及氧气罐，并遵守操作安全规程，确保清通工作顺利进行。

7．清淤

在下井施工前对施工人员安全措施安排完毕后，对检查井内剩余的砖、石、部分淤泥等残留物进行人工清理，直到清理完毕为止。

【任务实施】

一、实训准备

（1）联系市政排水管网维护部门，确定需要清通的污水管道。

（2）准备好清通机械和工具。

二、实训内容及步骤

某段污水管道运行一段时间后，发现淤积比较严重，需要进行清通。根据管道淤塞情况，选择清通方法和清通工具，制订清通方案，之后依据清通方案进行清通操作。

三、实训成果

（1）制订清通方案，内容包括管道淤积情况、管段、清通方法、清通工具、清通

视频1.3.1 ▶
污水管网清通

课件1.3.1
污水管网清通

视频1.3.2 ▶
管网安全维护

课件1.3.2
管网安全维护

操作规程和步骤、时间安排等。

（2）清通效果。按照清通方案，在规定的时间期限内实施清通操作，要求达到排水管道的内窥检测要求。

【思考与练习题】

（1）水力清通的操作方法主要有哪些？

（2）绞车清通的操作步骤如何？

（3）常见的清通工具有哪些？如何正确地选择清通工具？

（4）清通操作时应如何确保安全？

任务二 污水管网维修

【任务引入】

污水管网有损坏时，如不及时修理，会导致损坏处扩大而造成事故。因此应该系统地检查污水管渠的淤塞及损坏情况，有计划地安排管渠维修，这是管网维护工作的重要内容之一。

本任务要求掌握污水管网修理的主要内容、维修方法及维修注意事项；能按照操作规程确定维修方法，并正确进行污水管网的维修。

【相关知识】

一、修理内容

污水管渠的修理有大修与小修之分，应根据各地的经济条件来划分。修理内容主要如下：

（1）检查井、雨水口顶盖等的修理与更换。

（2）检查井内踏步的更换，砖块脱落后的修理。

（3）局部管渠段损坏后的修补。

（4）由于出户管的增加需要添建的检查井及管渠。

（5）管渠本身损坏、淤积严重，无法清通时应进行的整段开挖翻修。

二、污水管道的修理方法

（一）开挖修理

污水管道可采用开挖修理或非开挖修理。管道开挖修理应符合《给水排水管道工程施工及验收规范》（GB 50268—2008）的规定。管道开挖修理前应封堵管道。封堵主要用充气管塞、机械管塞、木塞、止水板、黏土麻袋或墙体等。

（二）非开挖修理

为减少地面的开挖，可采用非开挖修理。对于个别接口损坏的管道可采用局部修理；出现中等以上腐蚀或裂缝的管道应采用整体修理；而对于强度已削弱的管道，应采用自立内衬管设计的方法。选用非开挖修理方法可参照表 1-8 进行。

表 1-8　　非 开 挖 修 理 的 方 法

修 理 方 法		小型管	中型管	大型管以上	检查井
局部修理	钻孔注浆	−	−	＋	＋
	嵌补法	−	−	＋	＋
	套环法	−	−	＋	−
	局部内衬	−	−	＋	＋
整体修理	现场固化内衬	＋	＋	＋	＋
	螺旋管内衬	＋	＋	＋	＋
	短管内衬	＋	＋	＋	＋
	拉管内衬	＋	＋	＋	＋
	涂层内衬	−	−	＋	＋

注　表中"＋"表示适用,"−"表示不适用。

下面介绍几种常见的非开挖修理方法。

1. 现场固化内衬法

现场固化内衬法是先将软管拉入或送入待修复的管道,然后再现场固化。常用的现场固化内衬法包括热塑内衬法、紫外光固化修复技术等。

(1) 热塑内衬法。它的主要设备包括一辆带吊车的大卡车、一辆加热锅炉挂车、一辆运输车和一只大水箱。

热塑内衬法工艺流程如图 1-60 所示,其操作步骤如下:

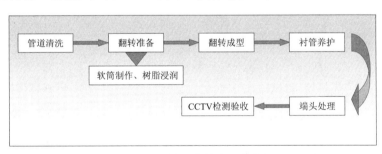

图 1-60　热塑内衬法工艺流程

1) 在起点窖井处搭脚手架,将聚酯纤维软管管口翻转后固定于导管管口上。

2) 将导管放入窖井,固定在管道口,通过导管将水灌入软管的翻转部分。

3) 在水的重力作用下,软管向旧管内不断翻转、滑入、前进。

4) 软管全部放完后,加 65℃热水 1h,然后加 80℃热水 2h,再注入冷水固化 4h。

5) 最后在水下电视的帮助下,用专用工具,割开导管与固化管的连接,修补工作完成。

图 1-61 所示为热塑内衬法技术示意图。

(2) 紫外光固化修复技术。紫外光固化修复技术是在不改变待修复管道位置的条件下,先将浸透树脂的软管通过牵拉压缩空气压紧等方式或过程,使软管与待修复管道内壁紧密贴合,然后利用软管内树脂遇紫外线固化的特性,将紫外线灯放入充气的

图片1.1 ℗

翻转浸渍树脂
软管内衬法
工艺示意图

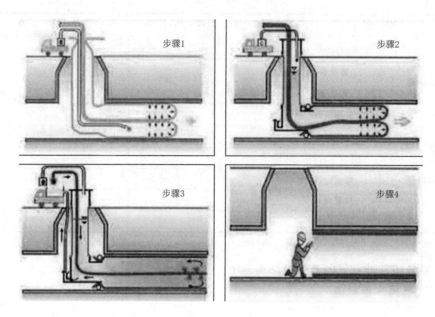

图 1-61 热塑内衬法技术示意图

软管内并控制紫外线灯在软管内以一定速度行走，使软管由一端至另一端逐步固化，紧贴待修复管道内壁，形成一层坚硬的"管中管"结构，从而使已发生破损或失去输送功能的地下管道在原位得到修复（图 1-62）。

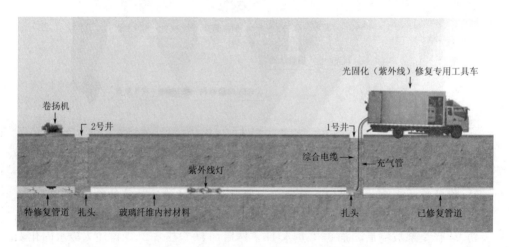

图 1-62 紫外光固化修复技术示意图

紫外光固化修复技术的基本操作步骤如下：管道修复前进行清淤封堵→底膜插入→内衬软管拉入→扎头绑扎、内衬软管进行充气→放修复灯架→二次充气→软管固化→后期处理（拆卸扎头、切除管端部分、拆卸紫外线灯架、拉出内膜、密封管口、清理现场）。

2. 胀破内衬法

胀破内衬法是以硬塑料管置换旧管道，如图 1-63 所示。其操作步骤如下：

（1）在一段损坏的管道内放入一节硬质聚乙烯塑料管，前端套接一钢锥。

（2）在前方窖井设置一强力牵引车，将钢锥拉入旧管道，旧管胀破，以新的塑料管替代。

（3）塑料管一根接一根直达前方检查井，完成旧管道的置换。

两节塑料管的连接一般用加热加压法。而为保护塑料管免受损伤，塑料管外围可采用薄钢带缠绕。

胀破内衬法需开挖少量地面，且只可用于容易破裂的管道。

图 1-63　胀破内衬法技术示意图

3. CIPP 拉入法树脂内衬法

CIPP 拉入法树脂内衬法（图 1-64）是采用有防渗薄膜的无纺毡软管，经树脂充分浸渍后，从检查井处拉入待修复管道中，用水压或气压将软管涨圆，固化后形成一条坚固光滑的新管，达到修复的目的。从国外旧管修复情况来看，由于这项技术适应性强、质量可靠，利用检查井作业，可以做到一锹土不动，是真正意义上的非开挖，已在排污管道修复上得到广泛的应用。

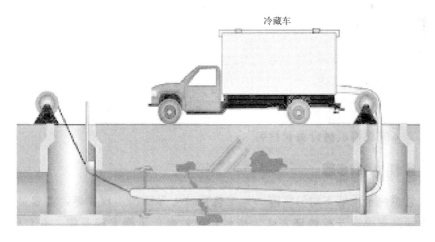

冷藏车

图 1-64　CIPP 拉入法树脂内衬法技术示意图

4. 螺旋管内衬法

螺旋管内衬法又称螺旋缠绕法，主要是通过螺旋缠绕的方法在旧管道内部将带状型材通过压制卡口不断前进形成新的管道。管道可在通水的情况（水深 30% 以下）

图片 1.2 ℗

螺旋管内衬法

作业，技术示意图如图 1-65 所示。

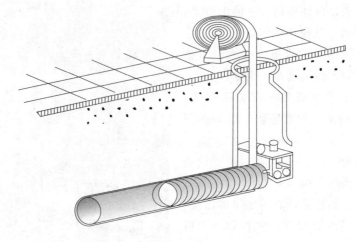

图 1-65　螺旋管内衬法技术示意图

图片1.3 ℗

紧密结合
内衬法

视频1.3.3 ▶

污水管道渗漏
检测与维修

课件1.3.3 ℗

污水管道渗漏
检测与维修

　　螺旋缠绕法目前应用比较广泛，采用该技术修复后的管道内壁光滑，过水能力比修复前的混凝土管要好，而且材料占地面积较小，适合长距离的管道修复。

　　此外，污水管道常见的非开挖修理方法还有 U 形 HDPE 管穿插内衬法（见项目一子项目二相关内容）。

　　在进行检查井的改建、添加或整段管渠翻修时，常常需要断绝污水的流通，可采取以下措施：

　　（1）安装临时水泵将污水从上游检查井抽送到下游检查井。

　　（2）临时将污水引入雨水管渠中。修理应尽可能在短时间内完成，如能在夜间进行更好。

【任务实施】

一、实训准备

　　（1）联系市政管网维护管理单位，确定需要维修的污水管道。

　　（2）准备好维修机械设备和材料。

二、实训内容及步骤

　　污水管道由于土壤不均匀沉降、地面载荷过大等原因出现损坏，需要进行维修。请根据现场情况决定开挖修理方式，按照相应的操作步骤实施开挖，并对管道进行维修。

三、实训成果

　　（1）制订维修方案，内容包括管道损坏情况、管段、维修方法，维修机械设备、管材级其他材料，维修操作规程和步骤、时间安排等。

（2）维修效果。按照维修方案，在规定的期限内进行受损管道维修，要求维修后的管道符合相关要求。

【思考与练习题】

（1）污水管道损坏的原因可能有哪些？

（2）污水管网维修包括哪些内容？

（3）污水管道的非开挖修理方法主要有哪些？

（4）简述热塑内衬法的操作规程。

任务三　污水管网渗漏检测

【任务引入】

污水管道维修后如何检验其维修质量呢？新管道建成后如何才能确保其施工质量符合要求呢？这都需要进行污水管网的渗漏检测。

污水管网的渗漏检测是一项重要的日常管理工作。特别是对已建管道，应进行日常检测。污水管道的渗漏检测方法主要有闭水试验和低压空气检测方法等。

本任务要求掌握污水管网渗漏检测的方法，并能进行管网的渗漏检测。

一、闭水试验

（1）闭水试验的方法（图1-66）如下：

1）先将两污水检查井间的管道封闭，封闭的方法可用砖砌水泥砂浆或用木制堵板加止水垫圈。

2）封闭管道后，从管道低的一端充水，以排除管道中的空气，直到排气管排水后关闭排气阀。试验管段灌满水后浸泡时间不应少于24h。

图1-66　管道闭水试验示意图

3）充水使水位达到水筒内所要求的高度，记录时间和计算水桶内的降水量。根据相关的规范判断管道的渗水量。

4）一般非金属管道的渗水试验时间不应小于30min。

1000m长管道在一昼夜内允许渗入或渗出水量见表1-9。

表1-9　　　　　　　1000m长管道在一昼夜内允许渗入或渗出水量

管径/mm	<150	200	250	300	350	400	450	500	600
钢筋混凝土管、混凝土管或石棉水泥管/m³	7.0	20	24	28	30	32	34	36	40
缸瓦管/m³	7.0	12	15	18	20	21	22	23	23

（2）管道闭水试验应符合下列规定：

1）当试验段上游设计水头不超过管顶内壁时，试验水头应以试验段上游管顶内壁加2m计。

2）当试验段上游设计水头超过管顶内壁时，试验水头应以试验段上游设计水头加 2m 计。

3）当计算出的试验水头小于 10m，但已超过上游检查井井口时，试验水头应以上游检查井井口高度为准。

管道闭水试验记录表见表 1-10。

表 1-10　　　　　　　　　　　管道闭水试验记录表

工程名称	某县污水处理厂二期配套管网工程		试验日期	
桩号和地段	××路污水主干管：ZYW9-1-ZBW-2			
管道内径/mm	管材种类	接口种类		试验段长度/m
1000	钢筋混凝土管	F 承插口		283
试验段上游设计水头/m	试验水头/m	允许渗水量/[m³/(24h·km)]		
2	2	39.52		

渗水量测定记录	次数	观测起始时间 T_1	观测结束时间 T_2	恒压时间 T/min	恒压时间内失水量 W/L	实测渗水量 q/[L/(min·m)]
	1					
	2					
	3					
	折合平均实测渗水量：			[m³/(24h·km)]		
外观记录						
评语						

施工单位：　　　　　　　　　试验负责人：　　　　　　　　　监理单位：
设计单位：　　　　　　　　　建设单位：　　　　　　　　　　记录员：

二、低压空气检漏法

将低压空气通入一段管道，记录管道中空气压力降低的速率，检测管道的渗漏情况（图 1-67），如果空气压力下降速率超过规定的标准，则表示管道施工质量不合格或者需要进行修复。

其检测步骤为：

（1）对闭气试验的排水管道两端管口与管堵接触部分的内壁应进行处理，使其洁净磨光。

（2）调整管堵支撑脚，分别将管堵安装在管道内部两端，每端接上压力表和充气罐。

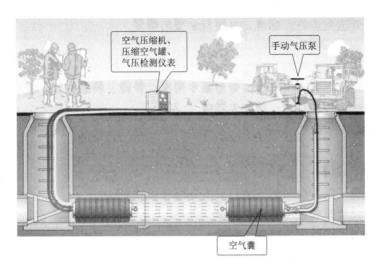

图 1-67 低压空气检漏法示意图

（3）管道密封。用打气筒向管堵密封胶圈内充气加压，观察压力表显示至 0.05～0.20MPa，且不宜超过 0.20MPa，将管道密封，然后锁紧管堵支撑脚，将其固定。

（4）用空气压缩机向管道内充气，膜盒表显示管道内气体压力至 3000Pa，关闭气阀，使气体趋于稳定；记录膜盒表读数从 3000Pa 降至 2000Pa 历时不应少于 5min；气压下降较快，可适当补气；下降太慢，可适当放气。

（5）膜盒表显示管道内气体压力达到 2000Pa 时开始计时，在满足该管径的标准闭气时间规定时计时结束，记录此时管内实测气体压力 P，如 $P \geqslant 1500Pa$ 则管道闭气试验合格；反之为不合格。

（6）管道闭气检验完毕，必须先排除管道内气体，再排除管堵密封圈内气体，最后卸下管堵。

【任务实施】

一、实训准备

（1）确定待检漏的污水管段。

（2）准备好检漏和维修的设备和工具。

（3）查阅相关资料，包括《给水排水管道工程施工及验收规范》（GB 50268—2008）等。

二、实训内容及步骤

（1）某段污水管道建成后，需要检测其渗漏情况。

（2）应合理选择检漏方法。

（3）按照检漏方法，准备好必要的设备和工具，按照操作规程进行操作，记录试验数据。

（4）确定管道是否符合标准，并进行必要的修复。

三、实训成果

（1）制订检漏方案，内容包括管道基本情况、管段、检漏方法，检漏设备、其他材料，检漏操作规程和步骤、时间安排等。

（2）检漏结果。按照检漏方案，在规定的期限内进行管道检漏，确定管道是否符合相关要求。

【思考与练习题】

（1）污水管网渗漏检测的方法与给水管网有何异同？

（2）闭水试验时应该注意哪些问题？

（3）管道闭水试验应符合什么标准？

（4）简述低压空气检漏法的操作步骤。

项目二　给水处理工艺运行与管理

【知识目标】

了解给水水质指标和水质标准，熟悉并掌握常规给水处理工艺运行与管理，掌握特殊水处理工艺运行与管理方法。

【技能目标】

能够分析给水水源和生活饮用水水质状况，能够进行常规给水工艺和构筑物的运行与管理，能够进行特殊水处理工艺运行与管理。

【重点难点】

重点：掌握常规给水处理技术和典型工艺流程；掌握常规给水工艺和构筑物的运行与管理方法和相关技能。

难点：掌握给水处理典型工艺流程；掌握特殊水处理工艺的运行与管理方法。

子项目一　给水处理技术的认知

给水处理工程技术是以自然水体为水源，通过工程技术手段，将水质处理到符合人类生活、生产用水标准的过程。它的目的在于去除或部分去除水中的杂质，包括有机物、无机物和微生物等，达到使用水质标准。

任务一　水源水质与水质标准

【任务引入】

饮用水水质的优劣与人体健康密切相关，随着经济发展、社会进步以及人民生活水平的提高，人们对生活饮用水水质的要求不断提高，饮用水水质标准也相应地不断发展与完善。欲学习给水处理技术，首先需要了解水源的水质和相关的水标准。通过本任务的学习，要求能分析给水水源和生活饮用水的水质状况。

【相关知识】

一、水源水质指标

（一）天然水水质

水质是指水与其中所含杂质共同表现出来的物理、化学及生物学特性。天然水中的杂质按化学结构分为无机物、有机物和生物等三类，按尺寸大小可分为悬浮物、胶体和溶解物等，见表 2-1。

表 2-1 天然水中的杂质

水中杂质	颗粒尺寸	组成物质	环境效应	去除方法
悬浮物	$100\mu m \sim 1mm$	浮游生物、藻类等	水体浑浊、色度、臭、味等	自然下沉
	$1 \sim 100\mu m$			混凝、沉淀、过滤
胶体	$1 \sim 100nm$	黏土、细菌、病毒、蛋白质、淀粉等	水体浑浊、色度、臭、味、致病等	混凝、沉淀、过滤
溶解物	$0.1 \sim 1nm$	腐殖酸、低分子有机物、无机物、离子等	硬度、色度、健康效应等	生化处理、化学氧化、膜分离、电渗析等
微生物		细菌、真菌、病毒等	致病	消毒、膜分离等
有毒物		砷、汞、镉、铬、铅等重金属，氰化物，多环芳烃、氯仿、农药等	急性毒性、慢性毒性、三致作用等	其他

（二）水质指标

水质指标是对水体进行监测、评价、利用以及污染治理的主要依据，可分为物理性指标、化学性指标和生物性指标，如图 2-1 所示。

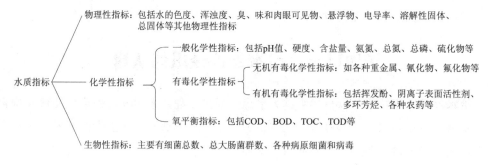

图 2-1 水质指标

二、给水水质标准

给水水质标准是对水体中污染物和其他物质最高容许浓度所做的规定。给水水质标准主要有《城市供水水质标准》（CJ/T 206—2005）、《生活饮用水卫生标准》（GB 5749—2006）、《地表水环境质量标准》（GB 3838—2002）、《地下水质量标准》（GB/T 14848—1993）等。

课件2.1.1

水源水质与
水质标准

【任务实施】

一、实训任务

选择某自来水厂出厂水水质检测结果，判断其水质是否达标。

二、实训内容

（1）查阅给水水质标准。

（2）对出现的水质异常问题，分析原因并提出解决对策。

【思考与练习题】

（1）天然水中含有哪些杂质，它们的危害如何？

（2）常见的水质指标都有哪些？它们都有什么作用？

任务二 给水处理工艺

【任务引入】

给水处理工艺是对水源水进行适当的净化处理，以满足生活用水和工业用水等对水质的要求。通过本任务的学习，应了解给水处理技术并掌握常规水处理工艺以及特殊水处理工艺，并能进行给水处理的相关构筑物日常运行和管理。

【相关知识】

一、给水处理技术

给水处理是通过必要的处理方法来去除或降低原水中悬浮物质、胶体、细菌、微生物及其他有害物质，使给水符合生活饮用水或工业用水的要求，常用处理技术见表 2-2。

表 2-2　　　　　　　　　　给水处理常用技术

处理目的	处理技术	备注
去除悬浮物和胶体	混凝、沉淀（或澄清）	同时可去除部分有机物和微生物；处理高浊度水时，常设置初沉池
去除细小悬浮物、部分有机物和微生物；提高消毒效果	过滤	常设在混凝、沉淀处理后
去除细菌、病毒等病原微生物	消毒	消毒方法有液氯消毒、二氧化氯消毒、臭氧消毒、紫外线消毒等
除臭、除味	化学氧化法、活性炭吸附法、生物处理法等	处理方法取决于臭和味的来源
除氟	氟化物沉淀法、吸附法（活性氧化铝或磷酸三钙）	
除盐	离子交换法、电渗析法、反渗透法	以离子交换法应用最为广泛
除铁、除锰	自然氧化法、接触氧化法、化学氧化法、离子交换法等	除离子交换法外，使还原性铁、锰生成高价铁、锰沉淀物而去除
除有机物	臭氧氧化法、生物氧化法、活性炭吸附法等	
软化（去除钙、镁离子）	石灰软化法、石灰-纯碱软化法、石灰-石膏软化法	软化方法与水的硬度、碱度有关
预处理	格栅、预沉池、前加氯、生物过滤等	设置在常规处理工艺之前，用以去除漂浮物、悬浮物、部分有机物，强化消毒效果等
深度处理	活性炭吸附、高级氧化、膜处理等	设置在常规处理工艺之后，以增强处理效果，使出水水质达标

二、给水处理工艺流程

给水处理工艺应该是技术上可行、经济上合理、运行上安全可靠和便于操作的最优工艺。以下介绍几种典型的给水处理工艺以供参考。

（一）地表水常规处理工艺

地表水常规处理工艺是广泛采用的一种工艺系统，是以去除水中悬浮物和杀灭致病细菌为目标而设计的，主要由混凝、沉淀、过滤和消毒四个工序组成。由于水源不同，水质各异，生活饮用水处理系统的组成和工艺流程也多种多样，在常规水处理工艺的基础上，发展了多种多样的给水处理工艺，给水处理工艺流程选择可参考表2-3。

表 2-3　　　　　　　　　　　一般水源给水处理工艺流程

编 号	给水处理工艺流程	适 用 条 件
1	原水→混凝、沉淀或澄清→过滤→消毒	一般进水浊度不大于2000～3000NTU，短时间内可达5000～10000NTU
2	原水→接触过滤→消毒	进水浊度一般不大于25NTU，水质较稳定且无藻类繁殖
3	原水→混凝、沉淀→过滤→消毒（洪水期） 原水→自然沉淀→接触过滤→消毒（平时）	山溪河流，水质经常清晰，洪水时含沙量较高
4	原水→混凝→气浮→过滤→消毒	经常浊度较低，短时间不超过100NTU
5	原水→调蓄预沉或自然沉淀或混凝沉淀→混凝沉淀或澄清→过滤→消毒	高浊度水二次沉淀（澄清）工艺，适用于含沙量大、沙峰持续时间较长的原水处理
6	原水→混凝→气浮（或沉淀）→过滤→消毒	经常浊度较低，采用气浮澄清；洪水期浊度较高时，则采用沉淀工艺

（二）特殊水处理工艺

对于特殊水源水的处理，应在常规水处理工艺的基础上，根据水质的实际情况，确定合适的处理工艺。下面介绍几种特殊水处理工艺。

1. 高浊度原水净化工艺流程

当原水浊度高、含沙量大时，为了达到预期的混凝沉淀（或澄清）效果，减少混凝剂用量，应增设预沉池或沉砂池（图2-2）。

图 2-2　高浊度原水处理工艺流程

2. 微污染原水净化工艺流程

在水源匮乏或污染严重，不得不采用劣质水源的情况下，可采用生物氧化预处理方法，去除水中有机物和氨氮等（图 2-3）。

图 2-3　生物氧化预处理原水处理工艺流程

也可在常规处理工艺中投加粉末活性炭，还可采用深度处理方法，在砂滤池后再加设臭氧/活性炭处理（图 2-4）。

图 2-4　原水深度处理工艺流程

3. 低浊度高藻类原水净化工艺流程

当水源为浊度较低、藻类较高的湖泊水库水时，可采用气浮法去除水中藻类（图 2-5）。

图 2-5　低浊度高藻类原水处理工艺流程

4. 含铁、锰水净化工艺流程

当地下水中含铁、锰量或含氟量超过生活饮用水水质标准时，则应采取除铁、除锰或除氟措施，其工艺流程如图 2-6 所示。

图 2-6　除铁、除锰水处理工艺流程

【任务实施】

一、实训准备

准备给水厂处理工艺流程模拟设备一套，由给水水箱、原水泵、反冲洗泵、加药泵、混凝池、斜管沉淀池、快滤池、清水池、水塔等组成。

二、实训内容及步骤

（1）仔细阅读使用说明，熟悉系统工艺，绘制工艺流程图。

（2）对给水处理系统进行检查，然后启动、运行和停车。

视频2.1.1
如何选择给水
处理工艺流程

课件2.1.2
给水处理工艺
与流程选择

视频2.1.2
给水厂整套实
验装置介绍

视频2.1.3
某自来水厂工
艺流程介绍

资料2.1
校园给水处理
工艺流程选择
应用案例

（3）观察清水在各构筑物单元中连续运行的过程。

三、实训成果

绘制地表水处理工艺流程图、设备简图并给出工艺运行异常状况处理实施方案。

【思考与练习题】

（1）去除原水中悬浮物和胶体的处理技术有哪些？

（2）如何处理硬度较高的原水？

子项目二 常规给水处理工艺运行与管理

常规给水处理的任务是原水经过混凝、沉淀、澄清、过滤、消毒工艺处理，去除水中的悬浮物和胶体，降低原水浊度；同时，杀灭水中的病原性微生物，防止疾病扩散，使处理后的水能够达到相关用途的使用标准。

任务一 混凝工艺运行与管理

【任务引入】

悬浮物和胶体是造成水体浑浊的主要原因，部分悬浮物可以通过自由沉淀去除，但另外一部分微小的悬浮颗粒物或胶体长期处于分散悬浮状态，须在混凝剂的作用下脱稳，絮凝，变成大颗粒的物质才能去除。因此，混凝剂投加是城市供水处理过程中净水处理的重要环节，准确地投加混凝剂可以有效地减轻过滤、消毒设备的负担，在保证满足出厂水浊度要求的前提下尽量减少混凝剂的投加量，具有良好的经济效益和社会效益。

本任务要求学习者了解混合、絮凝方法，熟悉混合、絮凝设施构造，能进行混合、絮凝设施（设备）的运行维护，能解决混凝工艺运行故障，并掌握混凝剂投加量的测试方法。

【相关知识】

胶体微粒都带有电荷。天然水中的黏土类胶体微粒以及污水中的胶态蛋白质和淀粉微粒等都带有负电荷。带同种电荷的胶粒之间存在着排斥力，距离越近，斥力越大。因此胶体微粒不能相互聚集而长期保持稳定的分散状态。投入混凝剂以及助凝剂后胶体杂质和药剂之间发生微粒凝结的现象，这种现象由四种作用产生，分别是压缩双电层作用、吸附电中和作用、吸附架桥作用和网捕作用。

一、混凝剂的制备及投加

（一）混凝剂及其制备

净水工艺中最常用的混凝剂有两大类：一类是铝盐，如硫酸铝、明矾、聚合氯化铝（图 2-7）等；另一类是铁盐，如三氯化铁（图 2-8）、硫酸亚铁、聚合硫酸铁等。既有无机低分子絮凝剂，也有无机高分子混凝剂。此外，还有有机高分子混凝剂，如聚丙烯酰胺等。

图 2-7　聚合氯化铝

图 2-8　三氯化铁

固体混凝剂须先溶解在水中，配成一定浓度的溶液后投加。在产水量较大的水厂，因为混凝剂用量很大，须专门设置溶解池，将固体药剂溶解。混凝剂用量少或容易溶解时，可在水缸或水槽中放入混凝剂，加一定量的水，然后由人力搅拌。或用水力溶药装置，逐步溶解成所需浓度的溶液。当混凝剂用量大或难以溶解时，可用机械搅拌方法，依靠浆板的拨动促使混凝剂溶解（图 2-9）。浆板采用加工方便、使用效果较好的平板，材料可为金属、塑料或木板。不管用什么方法溶解药剂，每天溶解药剂的次数不宜太多，一般每日 3 次，也就是每班溶药 1 次。

图 2-9　机械搅拌装置

（二）混凝剂投加

混凝剂的投加点和投加方式对其混凝效果起很重要的作用。

1. 投药点的选择

投药点必须促使混凝剂与原水能迅速充分混合，混合后在进入反应池前，不宜形成大颗粒矾花，投药点与投药间距离尽量靠近，以便于投加。

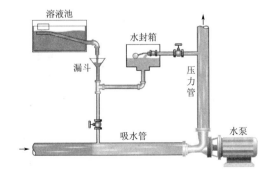

图 2-10　泵前投加（适用于投药点有吸力的）

（1）泵前投加。当一级泵房与反应室（池）距离较近（一般为 100m 以内）时，投药点应选在泵前，通过水泵与叶轮高速转动使药剂与原水充分混合，这种方法称为"水泵混合"（图 2-10）。

（2）泵后投加。当一级泵房与反应池距离较远（一般大于 100m）时，宜在泵后投加药剂。投药点可分别选在一级泵房至反应池的管段上，凭借管内水流使混凝剂与原水充分混合，这种混合方式也称"管式混合"。如果在出水管段上投加混凝剂，设备条件有困难时，投加点也可选在反应室（池）进水口处。

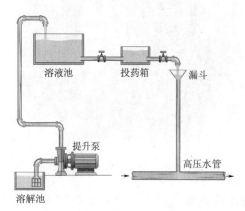

图 2-11 高位溶液池重力投加

与图 2-13 所示。

2．投药方法

（1）重力投加法。依靠重力作用把混凝剂加入投药点，这种投加方法称为重力投加法。如图 2-11 所示。

（2）吸入投加法。混凝剂依靠水泵吸水管负压吸入，这种投加方法称为吸入投加法（图 2-10）。它适用于水泵前吸水管段投加。

（3）压力投加法。混凝剂用加注工具在水泵出水压力管处用压力投加，这种投加方法称为压力投加法。通常采用的加注工具有水射器和加药泵（计量泵）两种，如图 2-12

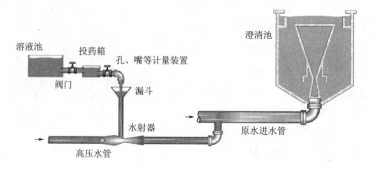

图 2-12 水射器投加混凝剂

3．投药设备

投药设备包括投药池和计量设备。其容积大小应根据处理水量、原水所需混凝剂的最大用量来确定，并应保证连续投加的需要，同时投药池容积不宜过大。

（三）混凝剂投加运行与管理要点

1．运行

（1）净水工艺中选用的混凝药剂、与

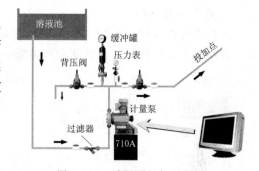

图 2-13 计量泵投加混凝剂

药液和水体有接触的设施、设备所使用的防腐涂料均需鉴定对人体无害，即应符合《生活饮用水卫生标准》（GB 5749—2006）的规定。混凝剂质量应符合国家现行的有关标准的规定，经检验合格后方可使用。

（2）混凝剂经溶解后，配制成标准浓度进行计量加注。计量器具每年鉴定一次。

（3）固体药剂要充分搅拌溶解，并严格控制药液浓度不超过 5%（无机混凝剂）或为 0.1%～1%（聚丙烯酰胺），药剂配好后应继续搅拌 15min，再静置 30min 以上方可使用。

（4）要及时掌握原水水质变化情况。混凝剂的投加量与原水水质关系极为密切，因此，操作人员对原水的浊度、pH 值、碱度必须进行测定。一般每班测定 1～2 次，如原水水质变化较大时，则需 1～2h 测定 1 次，以便及时调整混凝剂的投加量。

（5）重力式投加设备，投加液位与加药点液位要有足够的高差，并设高压水，每周至少自加药管始端冲洗一次加药管。

（6）配药、投药的房间是给水厂最难搞好清洁卫生的场所，而它的卫生面貌也最能代表一个给水厂的运行管理水平。应在配药、投药过程中，严防跑、冒、滴、漏。加强清洁卫生工作，发现问题及时报告。

2. 维护

（1）应每月检查投药设施运行是否正常，贮存、配制、输送设施有无堵塞和滴漏。

（2）应每月检查设备的润滑、加注和计量设备是否正常，并进行设备、设施的清洁保养及场地清扫。

资料2.2

混凝实验视频

二、混合

混合和絮凝反应为混凝过程的两个阶段。混合的作用在于使药剂迅速均匀地扩散于水中，以创造良好的水解和聚合条件。在此阶段并不要求形成大的絮凝体。混合要求快速剧烈，在 10～30s 至多不超过 2min 内应该完成，速度梯度 G 值一般控制在 500～1000s^{-1}。常用的混合方式主要有水泵混合、隔板混合机械混合、管式混合（管道静态混合器、扩散混合器），以及利用水跃或堰后跌水进行混合（图 2-14）。

1. 水泵混合

水泵混合是一种较常用的混合方式。药剂在取水泵吸水管上或吸水喇叭口处投加，利用水泵叶轮高速转动以达到快速而剧烈混合的目的。水泵混合效果好，不需另建混合设备，节省动力，大、中、小型水厂均可采用。但用三氯化铁作为混凝剂且投量较大时，药剂对水泵叶轮有一定腐蚀作用。当取水泵房距水厂构筑物较远时，不宜采用水泵混合。因为经水泵混合后的原水，在长距离管道输送中可能会过早地在管中形成絮凝体，已形成的絮凝体在管道出口一经破碎难于重新聚结，不利于以后的絮凝。此外，当管中流速低时，絮凝体还有沉积在管中的可能。所以水泵混合通常用于取水泵房靠近水厂净化构筑物的条件下。

2. 隔板混合池

隔板混合池内设隔板数块，水流通过隔板孔道时产生急剧收缩与扩散，使药剂与原水充分混合。时间一般为 10～30s。在流量稳定情况下，隔板混合效果尚好。流量

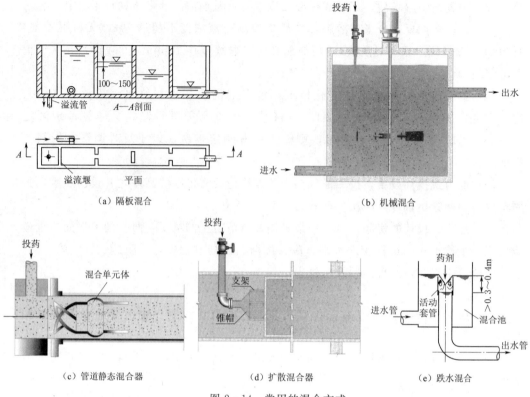

图 2-14 常用的混合方式

变化较大时，混合效果不稳定。

视频2.2.1-1▶
给水投药混合
工艺运行
与管理

课件2.2.1-1⚙
给水投药混合
工艺运行
与管理

3. 机械混合

机械混合是以电动机驱动桨板或螺旋桨进行强烈搅拌，按混合阶段对速度梯度的要求选配。混合时间同样宜为 10～30s，最大不能超过 2min。桨板外缘旋转线速度宜取 2m/s 左右。机械搅拌强度可以随时调节，但机械搅拌增加了管理维修工作。

4. 管式混合

管式混合包括管道静态混合器、扩散混合器、孔板式管道混合器、文氏管等，以管道静态混合器最为常见。

管道静态混合器是在混合管内安设一特殊设计的螺旋状固定混合单体，每两个开头相同的单体，方向相反地交叉固定在管道内。每一单体将水流一分为二，并产生旋涡、反旋涡和交叉流动，从而实现快速混合。

管道静态混合器具有安装方便、混合效果好、投资省、维护量少、使用寿命长等优点，但会产生一定的水头损失，适用于流量变化较小的水厂。其管内流速一般采用 1m/s，水头损失不小于 0.3～0.4m，混合时间一般为 2～3s。

三、絮凝

絮凝即脱稳后的胶体颗粒相互吸附，同时与水中原有较大悬浮颗粒产生黏结作用，生成较大的絮凝体（通常叫矾花，如图 2-15 和图 2-16 所示）。

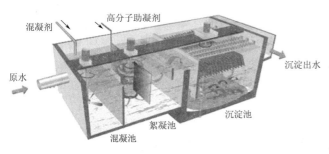

图 2-15 混凝示意图

图 2-16 絮凝体

絮凝设施形式较多，一般分为水力搅拌和机械搅拌两大类。水力搅拌设备有隔板絮凝池、折板絮凝池、网格（栅条）絮凝池、穿孔旋流絮凝池，机械搅拌如机械搅拌絮凝池等。

动画2.1

穿孔旋流
絮凝池

（一）水力搅拌设备

1. 隔板絮凝池

隔板絮凝池即水流以一定流速在隔板间通过，从而完成絮凝过程的絮凝设施，分往复式和回转式。

往复式隔板絮凝池（图 2-17）水平隔板布置采用来回往复的形式，进水水流沿隔板间通道往复流动，流动速度逐渐减小，最后出水。它可以提供较多的碰撞机会，但在转折处消耗能量较大，容易引起已形成的矾花破碎。

回转式隔板絮凝池（图 2-18）将往复式隔板 180°的急剧转弯改为 90°，水流由池中间进入，逐渐回转至外侧，其最高水位出现在池中间，出口的水位基本与沉淀池的水位持平，避免引起已形成的矾花破碎，但同时减少了颗粒碰撞机会，影响了絮凝的速度。隔板絮凝池的水头损失由局部水头损失和沿程水头损失组成。往复式总水头损失一般为 0.3～0.5m，回转式的水头损失比往复式的小 40％左右。总的来说，隔板絮凝池构造简单、管理方便，但絮凝效果不稳定，池子大，适应大水厂。

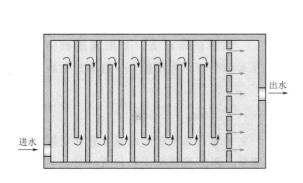

图 2-17 往复式隔板絮凝池

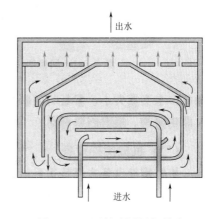

图 2-18 回转式隔板絮凝池

2. 折板絮凝池

折板絮凝池是在隔板絮凝池的基础上发展起来的，应用较为普遍。根据波纹方向的不同分为同波折板絮凝池（图 2-19）和异波折板絮凝池（图 2-20），两者差别不大。折板絮凝池在絮凝池池内放置一定数量的平折板或者波纹板，水流沿着折板竖向上下流动或水平往复流动，多次转折，以促进絮凝。

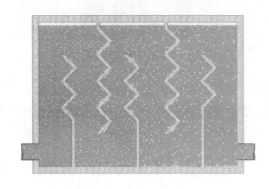

图 2-19 同波折板絮凝池

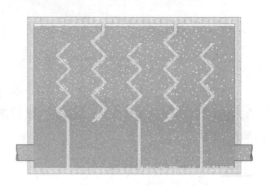

图 2-20 异波折板絮凝池

3. 网格（栅条）絮凝池

网格（栅条）絮凝池设计成多格竖井回流式，每个竖井安装若干层网格或栅条，各竖井间的隔墙上、下交错开孔，过孔流速从进水端至出水端逐渐减少。一般分 3 段控制，前段为密网或密栅，中段为疏网或疏栅，末段不安装网、栅。网格（栅条）絮凝池是在沿流程一定距离的过水面上设置网格（栅条），距离一般控制在 0.6～0.7m。通过网格（栅条）的能量消耗完成絮凝过程。如图 2-21 所示，进水水流顺序从一格流到下一格，上下对角交错流动，直至出口。这种絮凝形式形成的能量消耗均匀，水体各部分的絮凝体可以获得较为一致的碰撞机会，效

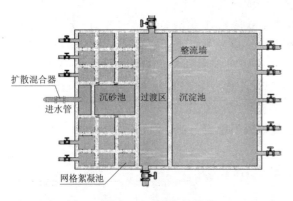

图 2-21 网格絮凝池

果好，水头损失小，絮凝时间较短，但还存在末端池底积泥现象，少数水厂发现网格上滋生藻类、堵塞网眼现象。

（二）机械搅拌设备

机械搅拌设备主要是指机械搅拌絮凝池。它是通过电动机经减速装置驱动搅拌器对水进行搅拌，使水中颗粒相互碰撞，发生絮凝。根据搅拌轴安装位置，分为垂直轴式和水平轴式，水平轴式机械搅拌絮凝池（图 2-22）一般用于中小型水厂，而垂直轴式机械搅拌絮凝池一般用于大型水厂。

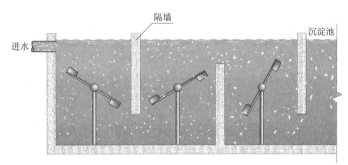

图 2-22　水平轴式机械搅拌絮凝池

四、混凝工艺的运行管理

1. 混凝工艺日常运行管理

（1）药水药剂投入净化水中要求快速混合均匀，药剂投加点一定要在净化水流速最大处。

（2）混合、絮凝设施运行负荷的变化，不宜超过设计值的 15%。所以，混合、絮凝设施在设计中考虑负荷运行的措施是十分必要的。

（3）对经投药后的絮凝水体水样，注意观察出口絮体情况，应达到水体中絮体与水的分离度大，絮体大而均匀，且密度大。

（4）絮凝池出口絮体形成不好时，要及时调整加药量。最好能调整混合、絮凝的运行参数。

（5）混合、絮凝池要及时排泥。

（6）日常保养。主要是做好环境的清洁工作。采用机械混合的装置，应每日检查电机、变速箱、搅拌桨板的运行状况，加注润滑油，做好清洁工作。

（7）定期维护。①机械、电气设备应每月检查修理一次；②机械、电气设备、隔板、网格、静态混合器每年检查一次，保养检修或更换部件；③金属部件每年油漆保养一次。

2. 混凝工艺运行异常情况分析与对策

混凝工艺在运行中可能会出现以下问题，需要采取对应的措施。

（1）絮凝池末端矾花颗粒状态良好，出水浊度低，但沉淀池中矾花颗粒细小，且出水携带矾花。可能的原因如下：

1）絮凝池末端产生大量积泥，堵塞沉淀池进水穿孔墙的部分孔口，增大孔口流速，打碎已生成的矾花，使之颗粒细小、不易沉淀。对策是停池清泥。

2）沉淀池内有积泥，降低池容，使沉淀池内流速增加。同样需要停池清泥。

（2）絮凝池末端矾花颗粒状态良好，出水浊度低，但沉淀池出水中携带矾花。

1）沉淀池超负荷。此时应该增加沉淀池的运行数量，以降低沉淀池表面负荷。

2）沉淀池内存在短流。由于堰板不平整导致短流应该调整堰板；由于温度变化引起密度流导致短流，则在沉淀池进水口采取整流措施。

（3）絮凝池末端矾花细小，水体浑浊，且沉淀池出水浊度高。

1）混凝剂投加量不足，无法形成大矾花。对策是根据计算或混凝试验的结果增

视频2.2.1-2 ▶

给水絮凝工艺
运行与管理

课件2.2.1-2 ☁

给水絮凝工艺
运行与管理

动画2.3 ☉

浊度计的
使用

加投药量。

2）进水碱度不足，混凝剂加入后，水体pH值下降，影响混凝效果。对策是投加石灰补充碱度。投加量应通过试验确定。

3）水温降低。当采用硫酸铝做混凝剂时水温下降导致混凝效果变差。可以采取的对策是：①改用氯化铁或无机高分子絮凝剂；②投加助凝剂，如水玻璃等。

4）混凝强度不足。对于水力混合等非机械混合方式常出现这种情况，原因是流速低，水头损失小，导致G值较小。对策是加强运行的管理调度，尽量提高流速。

5）絮凝条件改变。絮凝池内大量积泥，使池内流速增加，反应时间缩短，导致混凝效果下降。另外，处理水量变小时，G值和GT值也会偏低，降低混凝效果。对此应该停池清泥或适当增加处理水量。

（4）絮凝池末端矾花大而松散，沉淀池出水清澈，但出水中携带大量矾花；或者絮凝池末端矾花细小，水体浑浊，沉淀池出水浊度偏高。

这两种现象可能的原因都是混凝剂投加量偏大，使脱稳的胶体重新稳定，不能凝聚。此时应该进行混凝实验，确定合适的投药量。

【任务实施】

一、实训准备

准备烧杯、搅拌器、原水、混凝剂。

二、实训过程

用烧杯试验确定混凝剂的投加量。

三、实训成果

能掌握混凝剂投加量的测试方法。

【思考与练习题】

（1）混凝剂的投加方法有哪些？

（2）混凝剂的投加点有哪些？适用条件是什么？

任务二 沉淀工艺运行与管理

【任务引入】

目前，给水处理工艺大多采用沉淀（澄清）、过滤和消毒形式，而沉淀在整个工艺流程中至关重要。经过混凝反应后的杂质形成的较大的矾花颗粒可以通过沉淀池进一步去除。

本任务要求学习者熟悉沉淀池的类型和构造，并掌握沉淀池运行管理的方法。

【相关知识】

沉淀池按其形态和结构可以分为平流式沉淀池、竖流式沉淀池、辐流式沉淀池及斜板（管）沉淀池等，其中给水处理厂较为常用的是平流式沉淀池和斜板（管）沉淀池。下面重点介绍这两种沉淀池。

一、平流式沉淀池

平流式沉淀池（图2-23）由进水区、沉淀区、出水区、缓冲区、积泥区排泥装置等组成。平流式沉淀的优点是可就地取材，造价低，操作管理方便，施工较简单，适应性强，处理效果稳定。其缺点是排泥较困难，占地面积较大。

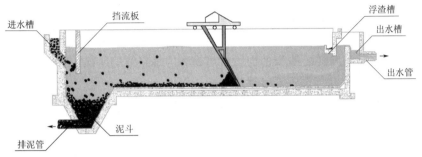

图2-23　平流式沉淀池示意图

平流沉淀池进水区多设置穿孔墙，也可以采用其他整流措施。一般穿孔墙的孔口流速对于给水处理宜为0.08～0.10m/s，污水处理则为0.05～0.15m/s。出水区一般由出水堰与挡板组成。出水堰设自由溢流堰、锯齿形堰或孔口出流等。出水堰应严格水平，既可保证水流均匀，又可控制沉淀池水位。

平流沉淀池的排泥方法有静水压力排泥和机械排泥，目前一般采用机械排泥。机械排泥装置主要有泵吸式排泥、虹吸式排泥、链带式刮泥机和行车式刮泥机，常用的是前两种。其中泵吸式排泥主要由吸口、刮泥板、吸泥管、潜污泵、排泥管、排泥沟、桁架、行走小车等组成（图2-24）。

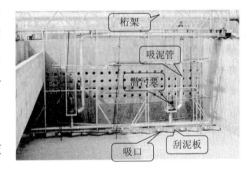

图2-24　泵吸式排泥装置

（一）日常运行管理

（1）必须严格控制运行水位，水位宜控制在允许最高运行水位和其下0.5m之间，以保证满足各种设计参数的允许范围。

（2）必须做好排泥工作。如果沉淀池底积泥过多将减少沉淀池容积，并影响沉淀效果，故应及时排泥。有机械连续吸泥或有其他排泥设备的沉淀池，应将沉淀池底部泥渣连续或定期进行排除，排泥周期取决于污泥产量。采用排泥车排泥时，当出水浊度低于8NTU时，可停止排泥；采用穿孔管排泥时，排泥频率每4～8h一次，同时要保持快开阀的完好、灵活。无排泥设备的沉淀池，一般采取停池排泥，把池内水放空采用人工排泥，人工排泥一年至少应有1～2次，可在供水量较小期间进行。

（3）发现沉淀池内藻类大量繁殖时，应采取投氯和其他除藻措施，防止藻类随沉淀池出水进入滤池。此外，应保持沉淀池内外清洁卫生。沉淀池出水口应设立控制点，出水浊度一般控制在5NTU以下。

（4）运行人员必须掌握检验浊度的手段和方法，保证沉淀池出水浊度满足要求。

（二）维护

1. 日常保养

（1）每日检查沉淀池进出水阀门、排泥阀、排泥机械运行状况，加注润滑油，进行相应保养。

（2）检查排泥机械电气设备、传动部件、抽吸设备的运行状况并进行保养。

（3）保持管道畅通，清洁地面、走道等。

2. 定期维护

动画2.4
平流沉淀池
运行管理

（1）清刷沉淀池每年不少于两次，有排泥车的每年清刷一次。

（2）排泥机械和电气设备每月检修一次。

（3）排泥机械和阀门每年修理或更换部件一次。

（4）对池底和池壁每年检查修补一次。

（5）金属部件每年油漆一次。

二、斜板（管）沉淀池

动画2.5
异向流斜管
沉淀池

斜板（管）沉淀池是一种在沉淀池内装置许多间隔较小的平行倾斜板或直径小的平行倾斜管的新型沉淀池。其特点是沉淀效率高，池子容积小和占地面积小。斜板（管）沉淀池按水流方向主要有上向流、平向流及下向流三种。斜板（管）沉淀池由进水区、整流区、配水区、斜板（管）区、集水区、积泥区等部分组成，如图 2-25 所示。斜管沉淀池一般采用倾斜 60°的正六边形塑料斜管（聚氯乙烯、聚丙烯等材质），斜管内径为 25~35mm（图 2-26）。斜板（管）沉淀池的排泥方式主要有多斗重力排泥、穿孔管排泥、机械排泥等。前两种排泥方式的排泥阀多采用快开式，有水力阀门、气动阀门、手动或脚踏式快开阀门等。

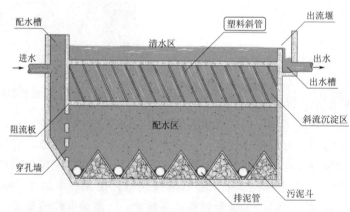

图 2-25 上向流斜管沉淀池构造示意图

斜板（管）沉淀池在运行管理中应注意以下事项：

（1）斜板（管）设置在平流式沉淀池中，可以极大地提高平流沉淀池的沉淀效率，是改造平流沉淀池最有效的技术途径。

（2）混凝反应的好坏对斜板（管）沉淀效果有很大影响。

（a）斜管沉淀池　　　　　　　　　　　　（b）斜管

图 2-26　斜管沉淀池及其斜管

（3）如采用聚氯乙烯蜂窝材质作斜管，在正式使用前，要先放水浸泡去除塑料板制造时添加剂中的铅、钡等。

（4）严格控制沉淀池运行的流速、水位、停留时间。上向流斜板（管）沉淀池的垂直上升流速，一般情况下可采用 2.5～3.0mm/s；水在斜板（管）内停留时间一般控制在 2～5min。

（5）沉淀池的进水、出水、进水区、沉淀区、斜管的布置和安装、积泥区、出水区应符合设计和运行要求。

（6）沉淀池适时排泥是斜管沉淀池正常运行的关键。穿孔管排泥或漏斗式排泥的快开阀必须保持灵活、完好，排泥管道畅通，排泥频率应为 4～8h 一次，原水高浊期，排泥管径小于 200mm 时，排泥频率酌情增加。

（7）斜管沉淀池不得在不排泥或超负荷情况下运行。

（8）斜管顶端管口、斜管管内积存的絮体泥渣，根据运行实际需要，应定期降低池内水位，露出斜管，用 0.25～0.30MPa 的水枪水冲洗干净，以避免斜管堵塞和变形，造成沉淀池净水能力下降。

（9）在日照较长、水温较高地区，应加设遮阳屋（棚）盖等措施，以防藻类繁殖与减缓斜板（管）材质的老化。

（10）维护和保养。应注意每日检查进出水阀、排泥阀、排泥机械运行状况，加注润滑油进行保养。

三、沉淀工艺运行中异常情况分析与对策

沉淀工艺在运行中最常出现的问题是浊度去除率低，可能的原因与对策如下：

（1）工艺调控不合理。主要是由于水力负荷太大、停留时间缩短引起的。

1）水力负荷太大导致停留时间缩短，此时应该调整水力表面负荷。

2）由于其他原因导致水力停留时间缩短。对策是增加水力停留时间。

（2）水流短路，减少了沉淀池有效容积。

1）由于出水堰出水负荷过大，堰板不平整。对策是适当降低出水量或增加出水堰板数量及长度，以减小出水负荷，同时将出水堰板调平。

2）沉淀池设计不合理，有滞留区和死区。此时应该对沉淀池进行改造，消除滞

视频 2.2.2 ▶

沉淀工艺运行
与管理

课件2.2.2
沉淀工艺运行
与管理

留区和死区。

3）入流水温度和浊度起伏比较大，容易形成密度异重流。遇到这种问题调整比较困难，应通过调整工艺运行参数入手。

4）进水整流装置设置不合理或损坏。对策是检查并调整或维修整流装置。

5）风力过大引起出水不均匀。对策是将沉淀池布置在室内或采取遮蔽措施。

（3）排泥不及时，排泥周期过长导致积泥。对策是缩短排泥周期，及时排泥。

【任务实施】

一、实训准备

准备小型斜板沉淀装置、浊度仪、原水、混凝剂。

二、实训内容

投加混凝剂，利用斜板沉淀池降低原水浊度，并检测原水和出水浊度。

【思考与练习题】

（1）简述平流式沉淀池和斜板（管）沉淀池的构造。

（2）简述平流式沉淀池和斜板（管）沉淀池运行管理要点。

（3）平流沉淀池运行中出现了浊度去除率下降的现象，如何才能解决这个问题？

任务三　澄清工艺运行与管理

【任务引入】

澄清池将絮凝和沉淀过程综合于一个构筑物完成。澄清池利用池中活性悬浮泥渣层与混凝剂以及原水中的颗粒相互碰撞、吸附、结合，可提高凝聚的效果，把脱稳杂质截留下来，使水澄清。澄清池的优点是占地面积小，排泥方便，单位产水量的基建投资较平流式沉淀池低。其缺点是对水量、水质、水温的变化较敏感，净化效果容易受这些因素的影响，排泥的耗水量较大。

本任务要求学习者掌握澄清工艺流程、澄清池类型和构造，能进行水力循环澄清池、机械搅拌澄清池、悬浮澄清池、脉冲澄清池的运行管理，能调整澄清池运行工况，初步判断、分析并解决澄清池运行异常现象。

【相关知识】

澄清池的类型有很多，可分为泥渣循环型和泥渣悬浮型两类，其中泥渣悬浮型主要有机械搅拌澄清池和水力循环澄清池，泥渣悬浮型有悬浮澄清池和脉冲澄清池两种。目前使用较多的是机械搅拌澄清池及水力循环澄清池。

一、水力循环澄清池

水力循环澄清池见图 2-27，在小城镇给水工程中应用较多，它具有设备简单、建设容易等特点。

水力循环澄清池运行时，原水从池底进水管经过喷嘴高速喷入喉管，在喉管下部喇叭口附近形成真空而吸入回流泥渣，原水与回流泥渣在喉管中剧烈混合后，被送入第一絮凝室和第二絮凝室，从第二絮凝室流出的泥水混合液，在分离室中进行泥水分

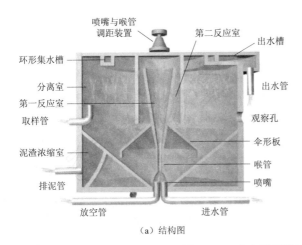

（a）结构图　　　　　　　　　　　（b）实物图

图 2-27　水力循环澄清池

离，清水上升由集水渠收集经出水管排出，泥渣则一部分进入泥渣浓缩室，另一部分被吸入到喉管重新循环，如此周而复始工作。

1. 初次运行

（1）运行前应测定原水浊度、pH 值、试验所需要投加的混凝剂量，将喉管与喷嘴口的距离先调节到等于两倍喷嘴直径的位置。

（2）原水浊度在 200NTU 以上时，可不加黄泥。进水流量控制在设计流量的 1/3。混凝剂投加量要比正常增加 50%～100%，即能形成活性泥渣。

（3）原水浊度低于 200NTU 时，将准备好的黄泥一部分先倒入第一反应室，然后澄清池开始进水，进水量为设计水量的 70%左右，其余黄泥根据原水浊度情况逐步加入。总投加黄泥量应根据原水浊度酌情而定。混凝剂投加量为正常投药量的 3～4 倍。

（4）当澄清池开始出水时，要仔细观察分离区与反应池水质变化情况。如分离区的悬浮物产生分离现象，并有少量矾花上浮，而面上的水不是很浑浊，第一反应室水中泥渣含量却有所增高，一般可以认为投药和投泥适当。如第一反应室水中泥渣含量下降，或加泥时水浑浊，不加时变清，则说明黄泥投加量不足，需继续增加黄泥投加量。当分离区有泥浆水向上翻，则说明投药量不足，悬浮物不能分离，需增加投药量。

（5）当澄清池开始出水时，还要密切注意出水水质情况，如水质不好应排放，不能进入滤池。

（6）测定各取样点的泥渣沉降比，泥渣沉降比反映了反应过程中泥渣的浓度与流动性，是运行中必须控制的重要参数之一，宜为 15%～20%。若喷嘴附近泥渣沉降比增加较快，而第一反应室出口处却增加很慢，这说明回流量过小，应立即调节喉嘴距，增加回流量，使达到最佳位置。

（7）如有两个澄清池，其中一个池子的活性泥渣已形成而另一个未形成，则可利用已形成活性泥渣池子，在排泥时暂时停止进水，打开尚未形成活性泥渣池子的进水闸阀，把活性泥渣引入该池。若一次不够，可进行多次，直至活性泥渣形成。澄清池的初次运行实际上是培养活性泥渣阶段，为正常运行创造必要的条件。

2. 日常运行

（1）每隔 1~2h 测定一次原水与出水的浊度和 pH 值，如水质变化频繁时，测定次数应增加。

（2）操作人员应根据化验室试验所需投加量，找出最佳控制数据，使出水水质符合要求。操作人员应在日常工作中摸索出原水浊度与混凝剂投加量之间的一般规律。

（3）当原水 pH 值过低或过高时，应加碱和加氯助凝。

（4）每隔 1~2h 测第一反应室出口与喷嘴附近处泥渣沉降比一次。掌握沉降比、原水水质、混凝剂投加量、泥渣回流量与排泥时间之间变化关系的规律。一般原水浊度高，水温低，沉降比要控制小一些；相反要控制大一些。

（5）掌握进水管压力与进水量之间的规律，避免由于进水量过大而影响出水水质，或因为水压过高、过低而影响泥渣回流量。进水量一般可根据进水压力进行控制。

（6）必须掌握气温、水温等外界因素对运行的影响，加强对清水区的观察，以便及时处理事故，避免水质变坏。

（7）及时排泥，使池内泥渣量保持平衡，一般当第一反应室的 5min 泥渣沉降比为 20%~25% 时，即宜排泥，具体应根据原水水质情况来确定。排泥历时不能过长，以免排空活性泥渣而影响池子正常运行。排泥时间一般 2~4h 1 次，1 次历时 1~3min；大排泥每天 1 次，历时 10min。

3. 运行异常处理

水力循环澄清池运行中可能出现异常现象的原因和对策措施见表 2-4。

表 2-4 水力循环澄清池运行异常原因及对策措施

故 障 现 象	故 障 原 因	对 策 措 施
清水区细小矾花上升，水质变浑；第二絮凝室矾花细小，泥渣浓度越来越低	1. 投药不足； 2. 原水碱度过低； 3. 泥渣浓度不够	1. 增加投药量； 2. 调整 pH 值； 3. 减少排泥量
矾花大量上浮，泥渣层升高，出现翻池	1. 回流泥渣量过高； 2. 进水量太大超过设计流量； 3. 进水水温高于池内水温形成温差对流； 4. 原水中大量藻类繁殖，pH 值升高	1. 缩短排泥周期，延长排泥时间； 2. 减少进水量； 3. 适当增加投矾量彻底解决办法是消除温差； 4. 预加氯除藻； 5. 适当投加黄泥，加速矾花下沉
絮凝室泥渣浓度过高，沉降比为 20%~25%；清水区泥渣层升高，出水水质变坏	排泥不足	增加排泥量
分离区出现泥浆如蘑菇状上翻，泥渣层趋于破坏状态	中断投药或长期投药不足	1. 迅速增加投药量（比正常大 2~3 倍）； 2. 适当减少进水量
清水区水层透明，可见 2m 以下泥渣层出现白色大粒矾花上升	加药过量	降低投药量
排泥后第一反应室泥渣含量逐渐下降	排泥过量或排泥闸阀漏水	1. 降低排泥量； 2. 关紧或检修闸阀
底部大量小气泡上穿水面，有时还有大块泥渣上浮	池内泥渣回流不畅，消化发酵	放空池子，消除底部积泥

二、机械搅拌澄清池

(一) 概述

机械搅拌澄清池是利用机械搅拌设备使池中泥渣回流，以此提高净化效果（图 2-28）。其回流泥渣的浓度较高，回流泥渣量又很大，一般相当于澄清池进水量的 3～5 倍，因此较之其他类型澄清池更能适应水质水量和水温的变化，容易管理。

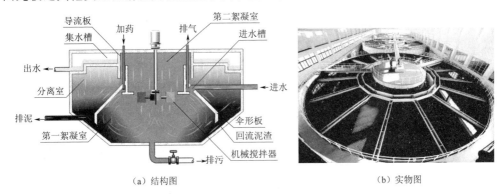

(a) 结构图　　　　　　　　　　　　　　　(b) 实物图

图 2-28　机械搅拌澄清池

机械搅拌絮凝池的工作过程：加入混凝剂的原水由进水管通过环形三角配水槽的缝隙均匀流入第一絮凝室，由提升叶轮提升至第二絮凝室，在第一、第二絮凝室内与高浓度的回流泥渣相接触，达到较好的絮凝效果，结成大而重的絮凝体，经导流室流入分离室沉淀分离，清水向上经集水槽流至出水管，向下沉降的泥渣沿锥底的回流缝再进入第一絮凝室，重新参加絮凝，一部分泥渣则排入泥渣浓缩室进行浓缩至适当浓度后经排泥管排除。通常悬浮层下部的泥渣颗粒较大，在池内停留时间已较长，吸附能力较差，故先排除这些老化的，而留下吸附能力较好的泥渣。

(二) 机械搅拌澄清池的运行与管理

1. 初次运行

初次运行前应检查池内机械设备的空池运行情况，并且电气控制系统应操作安全、动作灵活。

(1) 应尽快形成所需泥渣浓度。可先减少进水量，增加投药量，一般调整进水量为设计流量的 2/3～1/2，投药量一般为正常加药量的 1～2 倍，并减少叶轮提升量。

(2) 逐步提高转速，加强搅拌。如泥渣松散，絮粒较小或水温、进水浊度低时，可适当投加黏土或石灰以促进泥渣的形成，也可将正在运行的机械搅拌澄清池的泥渣加入新运行的机械搅拌澄清池中，以缩短泥渣形成的时间。

(3) 在泥渣形成的过程中，进行转速和开启度的调整，在不扰动澄清区的情况下尽量加大转速和开启度，找出开启度和转速的最佳组合。

(4) 在泥渣形成的过程中，应经常取样测定池内各部分的泥渣沉降比，若第一反应室及池子底部泥渣沉降比开始逐步提高，则表明泥渣在形成（一般 2～3h 后泥渣即可形成），此时运行已趋于正常。

泥渣形成后，出水浊度达到设计要求（小于 5 NTU）时，可逐步减少药量至正常加注量，然后逐步增大进水量。每次增加水量不宜超过设计水量的 20％。水量增加间隔不小于 1h，待水量增至设计负荷后，应稳定运行不少于 48h。

（5）当泥渣面高度接近导流室出口时开始排泥，用排泥来控制泥渣面在导流室出口以下。一般第二反应室 5min 泥渣沉降比为 10％～20％。然后需要按不同进水浊度确定排泥周期和历时，用以保持泥渣面的高度。

2. 停池后重新运行

当停止运转 8～24h 后，泥渣成压实状态，应该先使底部泥渣松动，方法是先开启底部放空管阀门，排出池底少量泥渣，并控制较大的进水量，适当加大投药量。之后调整到正常水量的 2/3 左右运转，待出水水质稳定后，在逐渐降低加药量，增加进水量。

3. 日常运行管理

（1）机械搅拌设备的转速、回流泥渣的数量和浓度等都可以调整，但转速不宜过高而把矾花打碎。澄清池投产时，通过试验调整转速，一般控制为 5～7r/min，平时不经常变动。

（2）根据生产经验，泥渣层浓度应控制在 2500～5000mg/L 范围内。

（3）机械搅拌澄清池的搅拌设备不可停用，否则泥渣下沉，泥渣层消失，出水水质无法保证。

（4）由于间歇运行时下沉的泥渣容易老化变质，等到下一次投入运行时，又需重新形成泥渣层，不仅要增加混凝剂投量，还需要较长的泥渣层形成时间，因此，应尽可能连续而不是间歇地运行。

4. 运行中异常情况及处理措施

（1）投药量不足或原水碱度过低，会出现以下问题，应加大投药量或投加石灰以增加原水碱度。

1）分离室清水区出现细小絮粒上升，出水水质浑浊。

2）从第一反应室取样观察，发现絮粒细小。

3）反应室的泥渣浓度越来越低。

（2）当池面水体有大的絮粒普遍上浮，但颗粒间水色仍透亮时，可能系药量过大，可适当降低投药量，观察效果。

（3）当遇到以下情况时，通常说明排泥量不够，应该缩短排泥周期或加长排泥历时。

1）污泥浓缩斗内排出的泥渣含水量很低，泥渣沉降比已超过 80％。

2）反应室泥渣浓度剧烈增高，泥渣沉降比达 25％以上。

3）分离室泥渣层逐渐升高，出水水质恶化。

（4）在正常温度下，清水区中有大量气泡出现，可能是投加碱量过多，或由于池内泥渣回流不畅，沉积池底，日久腐化发酵，形成大块松散腐殖物，并携带气体上漂池面。此时应根据不同情况降低加碱量或改善泥渣回流。

（5）清水区中絮粒明显上升，甚至引起翻池，可能是由于以下原因。

1）进水水温高于澄清池内水温 1℃以上，降低混凝效果，同时局部的上升流速显著大于设计流速。

　　2）强烈日光的偏晒，造成池水对流。

　　3）进水流量超过设计流量过多或三角配水槽堵塞，使配水不均而短流。

　　4）投药中断，排泥不畅或其他因素。

三、悬浮澄清池

　　悬浮澄清池是一种传统的净水工艺，应用较早。其工作原理是利用池底部进水形成的上升水流使澄清池内的成熟絮粒处于一种平衡的静止悬浮状态，构成所谓悬浮泥渣层。投加混凝剂后的原水通过搅拌或配水方式生成微絮粒，然后随着上升水流自下而上地通过悬浮泥渣层，进水中的微絮粒和悬浮泥渣层中的泥渣进行接触絮凝，使细小的絮粒相互聚合，或被泥渣层所吸附，而清水向上分离，原水得到净化。

　　图2-29所示为悬浮澄清池剖面和工艺流程。加药后的原水经气水分离器从穿孔配水管流入澄清室，水自下而上通过泥渣悬浮层后，水中杂质被泥渣层截留，清水从穿孔集水槽流出。悬浮层中不断增加的泥渣，在自行扩散和强制出水管的作用下，由排泥窗口进入泥渣浓缩室，经浓缩后定

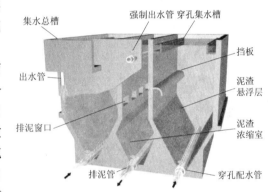

图2-29　锥底悬浮澄清池

期排除，强制出水管收集泥渣浓缩室内的上清液，并在排泥窗口两侧造成水位差，以使澄清室内的泥渣流入浓缩室。汽水分离器使水中空气在其中分离，避免进入澄清池后扰动悬浮层。

　　悬浮澄清池一般用于小型水厂。目前新设计的悬浮澄清池较少，其中主要原因是处理效果受水质、水量等变化影响较大，上升流速也较小。

　　悬浮澄清池的运行管理与机械搅拌澄清池比较类似，特别注意以下问题：

　　（1）悬浮澄清池一般不宜间歇运转。

　　（2）悬浮澄清池启动后的初期或出水量急剧增加时，应加大进入泥渣浓缩室的泥水量；当澄清池运行达到稳定后，要减少并调整进入泥渣浓缩室内的泥水量。

　　（3）在运行中改变水量不宜过于频繁，一般20~30min内出水量的变化不宜超过10%~20%。

　　（4）当原水悬浮物含量在500mg/L以上时，可考虑开启底部排泥管，并连续排泥。

　　（5）当穿孔排泥管排泥不干净时，可在泥渣室内加设压力水冲洗设备。冲洗水压力为0.3~0.4MPa。冲洗管设有与垂直线成45°角向下交错排列的孔眼。冲洗时间约为2min。

四、脉冲澄清池

图 2 - 30 为脉冲澄清池，它的特点是澄清池的上升流速发生周期性的变化。这种变化是由脉冲发生器引起的。当上升流速小时，泥渣悬浮层收缩、浓度增大而使颗粒排列紧密；当上升流速大时，泥渣悬浮层膨胀。悬浮层不断产生周期性的收缩和膨胀不仅有利于微絮凝颗粒与活性泥渣进行接触絮凝，还可以使悬浮层的浓度分布在全池内趋于均匀并防止颗粒在池底沉积。其中脉冲发生器是脉冲澄清池的关键部件，其动作完善程度直接影响脉冲澄

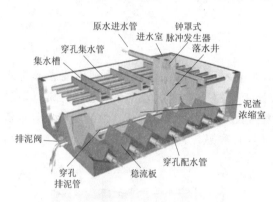

图 2 - 30 脉冲澄清池

清池的水力条件和净水效果。要求脉冲发生器能自动形成周期性脉冲，动作可靠稳定，对高、低水位和充放比调节方便，构造简单，水头损失小，经久耐用。

（一）启动运行

（1）开启进水门，调整流量至额定流量，记录"充水""放水"时间，高低水位差及孔口最大的自由水头。

（2）向原水投加混凝剂。在泥渣层形成前，需适当加大投药量（可多加 20％～50％），以促成泥渣层的形成（一般要 4～8h）。

（3）经常测定泥渣层"5min 沉降比"，以确定加药量和排泥。

（二）正常运行

（1）每小时测定泥渣层"5min 沉降比"和出水浊度，维持正常加药量和排泥量。

（2）运行时应维持澄清池正常工艺参数。

1）充水时间：25～30s，放水时间：5～10s，充放比为 3：1～4：1。

2）高低水位差 0.6～0.8mm；穿孔配水管最大孔口流速 2.5～3.0m/s。

3）清水区高度约 1.5～2.0m。

（3）运行时，水量不应变动太大；增加水量时以不超 20％为限，并应提前增加投药量。

（4）要控制脉冲发生器正常工作，以保持泥渣层高度始终在最佳状态。

（5）如需停止运行，应先将泥渣浓缩室的泥渣排空，以防止停池太久，泥渣"硬结"造成排泥困难。

【任务实施】

一、实训准备

准备小型水力循环澄清池装置、浊度仪、原水、混凝剂。

二、实训内容

投加混凝剂，利用水力循环澄清池降低原水浊度，并检测原水和出水浊度。

【思考与练习题】

（1）简述机械搅拌澄清池和水力循环澄清池的构造。

（2）简述机械搅拌澄清池运行管理要点。

任务四　过滤工艺运行与管理

【任务引入】

过滤是使液固混合物中的液体强制通过多孔性过滤介质，将其中的悬浮固体颗粒加以截留，从而实现混合物的分离。对于大多数地表水处理来说，过滤是消毒工艺前的关键性处理手段，对保证出水水质具有重要作用。

通过本任务的学习，要求掌握滤池的类型、特点、构造、过滤、反冲洗与运行管理要点，能判断、分析并处理滤池运行中异常现象。

【相关知识】

原水经混凝、沉淀或澄清后，大部分杂质颗粒和细菌、病毒已被去除，但还不能满足生活饮用水和某些工业用水的要求，必须用过滤的方法进一步除去水中残留的悬浮颗粒和细菌病毒，因此，过滤是净化过程中的一个重要的环节。给水工程中常用滤池有普通快滤池、双层滤料快滤池、接触双层滤料滤池、虹吸滤池、移动罩滤池、V形滤池、翻板滤池、无阀滤池和慢滤池等几种形式。

一、快滤池

快滤池是典型的过滤设备，利用滤层中粒状材料所提供的表面积，截留水中已经过混凝过程处理的悬浮固体的设备。快滤池能截留粒径远比滤料空隙小的水中杂质，主要通过接触絮凝作用，其次为筛滤作用和沉淀作用。普通快滤池由浑水渠（进水渠）、排水槽、滤料层、承托层及配水系统几部分构成，而管廊由进水、清水、冲洗来水、冲洗排水（或废水渠）等管渠及其相应的控制阀门构成（图 2 - 31）。快滤池的配水系统可分为大阻力配水系统（如穿孔管）、中阻力配水系统（如穿孔滤砖）、小阻力配水系统（格栅式、平板式、三角槽孔板、长柄滤头等），普通快滤池一般采用穿孔管式大阻力配水系统。

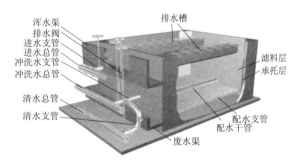

图 2 - 31　普通快滤池

多层滤料快滤池（包括双层及三层滤料滤池）的过滤原理及构造与普通快滤池基本相同。所不同的是滤料分为两层或三层；上层滤料的粒径较下层的为粗，这样不但上层可多截留悬浮颗粒，下层也能充分发挥截污作用，因此，截污能力远远超过普通快滤池，故滤速较高。双层滤料快滤池的滤料组成分为两层，上层一般采用颗粒较大、相对密度较小的（$r=1.5\sim1.8$）无烟煤（白煤），粒径为 $0.8\sim1.8mm$，不均匀系数 $K_{80}<2.0$，厚度为 $300\sim400mm$；下层采用颗粒较小、相对密度较大的（$r=2.65$）石英砂，粒径为 $0.5\sim1.2mm$，不均匀系数 $K_{80}<2.0$，厚度为 $400mm$。

（一）快滤池的工作过程

快滤池的工作过程包括过滤和反冲洗两个环节。

1. 过滤

过滤过程为：待滤水→进水总管→进水支管→浑水渠→冲洗排水槽→滤料层→承托层→配水支管→配水干管→清水支管→清水干管→清水池。此时进水支管、清水支管阀门打开，其他阀门关闭。当滤层水头损失增加到设计水头损失（一般为 $2.0\sim2.5m$）时，就进入到反冲洗阶段。

单层石英砂滤料的滤速为 $8\sim10m/h$，无烟煤-石英砂双层滤料的滤速一般为 $10\sim14m/h$。

2. 反冲洗

反冲洗时，应关闭进水支管阀门，继续过滤，当滤料上水深约为 $10cm$ 时，关闭清水支管阀门，防止空气进入滤层，然后开启反冲洗进水阀和反冲洗排水阀。反冲洗流程为：冲洗水总管→冲洗水支管→配水系统→承托层→滤料层→冲洗排水槽→浑水渠→反冲洗排水阀门→废水渠→回收水利用系统。

什么时候停止反冲洗呢？当冲洗水层排水约 $5min$，排水槽冲洗水变清后（浊度在 20 NTU 以下），依次关闭反冲洗进水阀门和反冲洗排水阀门，冲洗工作结束。反冲洗整个历时大约 $20\sim30min$。

（二）快滤池运行管理要点

1. 过滤

正常运行必须有一套严格的操作规程和管理方法，否则很容易造成运行不正常，滤池工作周期缩短，过滤水水质变坏等问题。为此必须做到以下几点：

（1）严格控制滤池进水浊度，一般以 10 NTU 左右为宜。进水浊度如过高，不仅会缩短滤池运行周期，增加反冲洗水量，而且对于滤后水质有影响。一般应每 $1\sim2h$ 测定 1 次进水浊度，并记入生产日报表。

（2）适当控制滤速。刚冲洗过的滤池，滤速尽可能小一点，运行 1h 后再调整至规定滤速。如确因供水需要，也可适当提高滤速，但必须确保出水水质。

（3）运行中滤料面以上水位宜尽量保持高一点，不应低于三角配水槽，以免进水直冲滤料层，破坏滤层结构，使过滤水短路，造成污泥渗入下层，影响出水水质。

（4）每小时观察一次水头损失，将读数记入生产日报表。运行中一般不允许产生负水头，决不允许空气从放气阀、水头损失仪、出水闸阀等处进入滤层。当水头损失到达规定数值时即应进行反冲洗。

（5）按时测定滤后水浊度，一般每 $1\sim2h$ 测 1 次，并记入生产日报表中。当滤后水浊度不符合水质标准要求时，可适当减小滤池负荷，如水质仍不见好转，应停池检查，找出原因及时解决。

（6）当用水量减少，部分滤池需要停池时，应先把接近要冲洗的滤池冲洗清洁后再停用，或停用运行时间最短，水头损失最小的滤池。

（7）及时清除滤池水面上的漂浮杂质，经常保持滤池清洁，定期洗刷池壁、排水槽等，一般可在冲洗前或冲洗时进行。

（8）每隔 2～3 个月对每个滤池进行一次技术测定，分析滤池运行状况是否正常。对滤池的管配件和其他附件，要及时进行维修。

2. 反冲洗

反冲洗（图 2-32）是滤池运行管理中重要的一环。为了充分洗净滤料层中吸附着的积泥杂质，需要有一定的冲洗强度和冲洗时间，否则将影响滤池的过滤效果。

图 2-32　滤池反冲洗

（1）反冲洗顺序。

1）关闭进水闸阀与水头损失仪测压管处闸阀，将滤池水位降到冲洗排水槽以下。

2）打开排水闸阀，使滤池水位下降到池料面以下 10～20cm。

3）关闭滤后水出水闸阀，打开放气闸阀。

4）打开表面冲洗闸阀，当表面冲洗 3min 时，即打开反冲洗闸阀，闸阀开启度由小至大逐渐达到要求的反冲洗强度，冲洗 2～3min 后，关闭表面冲洗闸阀，表面冲洗历时总共需 5～6min，表面冲洗结束后，再单独进行反冲洗 3～5min，关闭反冲洗闸阀和放气阀。

（2）反冲洗要求。滤池反冲洗后，要求滤料层清洁、滤料面平整、排出水浊度应在 20NTU 以下。如果排出水浊度超过 20NTU，应考虑适当缩短运行周期；当超过 40NTU 时，滤料层中含泥量会逐渐增多而结成泥球，不仅影响滤速，还影响出水水质，破坏原有滤层结钩。

不同滤料层的反冲洗强度、滤层膨胀率和冲洗时间见表 2-5。

表 2-5　　　　　　　　　反冲洗强度、滤层膨胀率和冲洗时间

序号	滤层类型	冲洗强度/[L/(s·m²)]	滤层膨胀率/%	冲洗时间/min
1	石英砂滤料	12～15	45	7～5
2	双层滤料	13～16	50	8～6
3	三层滤料	16～17	55	7～5

（三）滤池运行中常见问题分析与对策

滤池在运行中会遇到各种问题，主要包括出水水质下降、滤层水头损失增加很快、跑砂漏砂、滤料层中结泥球、气阻、水中微生物繁殖等。解决这些问题需要深入分析产生问题的原因，并采取针对性的措施。

1. 滤层气阻

发生滤层气阻时，滤层中积聚的大量气泡会增加过滤阻力，降低过滤水量；而反冲洗时，气泡会随水流带出，可以看到大量气泡冒出，导致滤层开裂，水质恶化。气阻形成的主要原因及对策如下：

（1）滤层上部水深不够，滤层内产生负水头现象，使水中溶解的气体析出。解决措施是及时提高滤层上的水头，设计时尽可能增加出水口的高度，若出水口高于滤层表面，则可避免负水头现象。

（2）滤池运行周期过长，滤层内发生厌氧分解，产生气体。对策是过滤周期不宜过长，一般在24h左右，周期太长可考虑增加过滤速度来缩短过滤周期。

（3）滤池发生滤干，空气进入滤层。解决措施是发生滤干情况后，进水时排除滤料中的空气，可以用清水缓慢地从下向上灌满滤池。

（4）反冲洗塔内存水用完，空气进入滤层。此时，在反冲洗时应注意控制塔内水位，防止抽干。

2. 滤层产生泥球

泥球由细砂、矾花和泥土黏结而成。它主要是由于滤池长期得不到有效冲洗、冲洗强度不足或冲洗时间不足，导致胶体状污泥相互黏结，尺寸越结越大而产生的。泥球使得滤料的级配混乱，滤后水浑浊，并且由于其主要成分是有机物，可能会腐化发臭。

避免产生泥球，应按照规定的冲洗强度、冲洗历时和膨胀度进行冲洗，确保每次冲洗都合格。

如果滤层中已经有泥球，多数情况下应该翻换滤料。如果暂时不换滤料，也可在滤池冲洗后暂停使用，放水至离滤层表面20～30cm处；然后按 $1m^2$ 滤池面积加1kg漂白粉或0.3kg液氯，浸泡12h后再进行冲洗。

3. 跑砂漏砂

跑砂是指滤料被反冲洗水带走，漏砂指的是滤料被过滤水带走。产生此问题的原因及对策如下：

（1）冲洗强度过大或反冲洗配水不均匀，滤层膨胀率过大，使得承托层松动，此时应降低冲洗强度，及时检修或找到配水不均的原因。

（2）滤池发生气阻，对滤层造成破坏，应检查并消除气阻。

（3）滤料级配不当，此时应及时更换或补充合格滤料。

4. 水中微生物繁殖

夏季水温高时，沉淀池中常有各种藻类生长，特别是在斜管沉淀池中。另外，水生生物的幼虫或虫卵，都可能随水流带入滤池中生长繁殖。这会减少滤料层孔隙，其结果是减少过滤面积，增加过滤速度，影响出水水质，并且缩短过滤周期。解决的方法是采取滤前加氯的方法，将氯加入到浑水进水管中，以杀灭微生物。

5. 出水水质下降

出水水质下降的原因包括滤池冲洗不及时、气阻、滤速过高、滤层扰动、泥球生长、滤料尺寸和厚度不合适、滤层表面形成泥膜产生裂缝、跑砂漏砂使得滤层厚度降低以及混凝形成的矾花细小易碎等。

针对上述不同情况，可以采取相应措施。前面已有所述及，此处不再赘述。

6. 滤池水头损失增加很快

产生此问题的可能原因包括滤池冲洗效果长期不好、气阻、滤速过大、配水系统孔眼堵塞、滤料过细或滤层过厚、矾花强度大以致不能穿透滤料深层而集中于表层等。

动画2.6
快滤池运行
过程

二、接触双层滤料滤池

接触双层滤料滤池是将混凝与过滤统一在一个构筑物内完成。目前多用于低浊度水（湖泊水、水库水）的一次净化。

正确投药对接触双层滤池运行极为重要。在滤池稳定运行和进水浊度不变的条件下，若混凝剂投加量不足，由于原水中细小杂质颗粒的稳定性不能充分被破坏，接触凝聚效果就差，部分细小的絮凝体不能牢固地黏附在滤料表面而穿过滤料层，滤后水就能看到有乳白色云雾状细小矾花，出水浊度达不到处理要求。如混凝剂投加过多，在原水 pH 值较高情况下形成矾花颗粒过大，对滤料吸附能力也有很大影响。矾花颗粒越大，滤层孔隙阻塞就越快，大量的大颗粒矾花被吸附在滤层表面，使下部滤层不能充分发挥作用，造成水头损失骤增，滤速下降，影响产水量。其次加药点选择也极为重要，加药点距滤池不能太近，也不能太远。运行中还要注意以下几点：

（1）宜采用铁盐作混凝剂。

（2）在设计安装中，在管段上多设几个混凝剂投加点，保证出水水质。

（3）运行时要经常测定进出水浊度。随时增减投药量，逐步摸索出不同进水浊度所需混凝剂投加量。

（4）避免间歇运行和突然放大出水阀门。

（5）冲洗后运行，开始时滤速要小，逐步增大到规定滤速。

三、虹吸滤池

虹吸滤池是快滤池的一种形式（图 2-33），其工作原理与普通快滤池相同，但在工艺布置、各种进出水管系统的设置及运行控制方式上均不相同。虹吸滤池的进水排水均采用虹吸管，用真空系统进行控制，因此可以省去各种大型闸阀。

1. 虹吸滤池工作过程

虹吸滤池工作时，若进水量不变，过滤的速度恒定，采用变水位等速过滤方式。水由进水槽经虹吸管，流入单格滤池进水槽，由底部的布水管进入滤池，再经过滤层过滤，由小阻力配水系统收集，进入清水集水槽，由出水管输送到出水井，由清水管输送到清水池。反冲洗时，自控系统打开进水虹吸破坏管，进水管停止进水，同时启

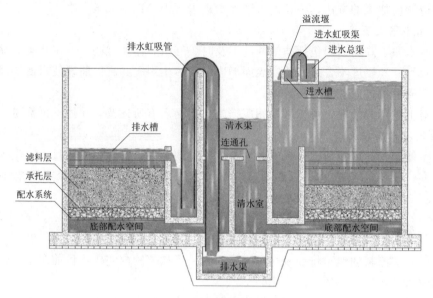

图 2-33 虹吸滤池结构图

动排水虹吸真空系统,排水虹吸形成,滤池中的水位不断下降,当下降到一定水位时,集水槽中的水位与池中的水位差足以克服滤层和配水系统的水头损失时,集水槽中的清水经配水室均匀进入滤池,再经承托层、滤料层对滤料进行冲洗,废水由冲洗排水槽收集,由排水虹吸输送,冲洗排水管排入水厂废水回收系统。反冲洗时,其他几个滤池正常过滤,向冲洗格提供冲洗水。当冲洗废水较清时,破坏排水虹吸,启动进水虹吸形成真空系统,即进入下一个过滤周期。

2. 虹吸滤池运行管理要点

虹吸滤池的运行管理与普通快滤池类似,应特别注意以下问题。

真空系统在虹吸滤池中占重要地位,它控制着每组虹吸滤池的运行(过滤、反冲洗等),如果发生故障就会影响整组滤池的正常运行,为此在运行中必须维护好真空系统真空泵(或水射器)、真空管路及真空旋塞等都应保持完好,防止一切漏气现象,寒冷地区做好必需的防冻工作,做到随时可以工作。当要减少滤水量时,可破坏进水小虹吸,停用一格或数格滤池。

当沉淀(澄清)水质较差时,应适当降低滤速,可以采取减少进水量的方法,在进水虹吸管出口外装置活动挡板,用挡板调整进水虹吸管出口处间距来控制水量。

冲洗时要有足够的水量。如果有几格滤池停用,则应将停用滤池先投入运行后再进行冲洗。

四、移动罩滤池

移动罩滤池(图 2-34)是由若干滤格组成,设有公用的进水出水系统的滤池。每滤格均在相同的变水头条件下,以降梯式进行降速过滤,而整个滤池又在恒定的进、出水位下,以恒定的流量进行工作。

动画2.7
虹吸滤池过滤
与反冲洗过程

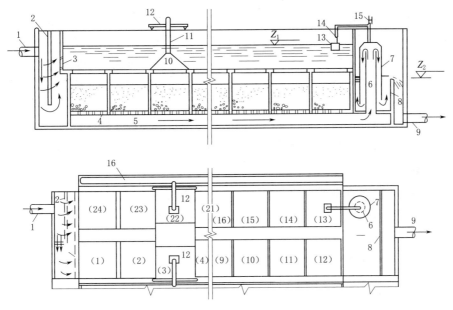

图 2-34　移动罩滤池结构图

1—进水管；2—穿孔配水墙；3—消力栅；4—小阻力配水系统的配水孔；5—配水系统的配水室；
6—出水虹吸中心管；7—出水虹吸管钟罩；8—出水堰；9—出水管；10—冲洗罩；11—排水
虹吸管；12—桁车；13—浮筒；14—针形阀；15—抽气管

（一）移动罩滤池运行过程

1. 过滤

移动罩滤池过滤时，待滤水由进水管经穿孔配水墙及消力栅进入滤池，并经中央配水渠及两侧渠壁上配水孔进入单格滤池，水流自上而下通过滤层进行过滤，滤后水由配水系统的配水室流入出水虹吸管钟罩内的中心管。当虹吸中心管内水位上升到管顶且溢流时，带走钟罩式虹吸管和中心管间的空气，达到一定真空度时，虹吸形成，滤后水便从钟罩式虹吸管与中心管间的环形空间流出，经出水堰、出水管进入清水池。滤池内水面标高 Z_1 和出水堰上水位标高 Z_2 之差即为过滤水头，一般取 $1.2\sim1.5m$。

当一个滤格冲洗结束开始过滤时，该滤格的滤料是清洁的，水头损失最小，出水虹吸管水位最高，该滤格处于最高滤速下运行，称为最高滤速。随着水头损失的增加，出水虹吸管中水位将下降，其他滤格由于滤层积污程度比该滤格严重，其滤速要比该滤格低。当出水虹吸管中水位继续下降到最低水位时，滤层水头损失最大，第二个滤格即需要反冲洗，这时该滤格滤速最低，称为最低滤速。整座滤池是在恒定的进、出水位下，以恒定的流量进行工作，单格滤池则在变水头下以不同等级降速过滤。

2. 反冲洗

反冲洗时来自邻近滤格的滤后水，通过砂层进行反冲洗，经移动冲洗罩从排水管流入排水槽（井）。移动罩滤池的反冲洗有虹吸式和泵吸式。

（1）虹吸式反冲洗时，冲洗罩由桁车带动移动到需要冲洗的滤格上面定位，并封住滤格顶部，同时用抽气设备抽出排水虹吸管中的空气。当排水虹吸管真空度达到一定值时，虹吸形成，冲洗开始。冲洗水为同座滤池的其余滤格滤后水，经小阻力配水系统的底部配水室进入滤池，自下而上经过滤料层进行反冲洗。冲洗废水经排水虹吸管排入排水渠。冲洗完毕，破坏冲洗罩的密封，该格滤池恢复过滤。

（2）泵吸式反冲洗时，来自邻近滤格的反冲洗水由排水泵抽提排出。由于水泵的限制，泵吸式反冲洗一般对单格滤池面积在 $4m^2$ 以下者适用。虹吸式反冲洗由于不受水泵限制，故适用于单格滤池面积较大者。

（二）移动罩滤池的维护与管理

（1）每日检查进水池、虹吸管、辅助虹吸管的工作状况，保证虹吸管不漏气；检查强制冲洗设备，高压水有足够的压力，真空设备的保养、补水、阀门的检查保养。

（2）控制好冲洗罩的移动速度、停车定位和定位后密封时间，保证反冲洗效果。

（3）保持滤池工作环境整洁、设备清洁。

（4）每半年至少检查滤层情况一次，检查时放空滤池水，打开滤池顶上人孔，运行人员下到滤层上检查滤层是否平整，滤层表面积泥球情况，有无气喷扰动滤层情况发生。如发现问题，及时处理。

（5）每 1～2 年清出上层滤层清洗滤料，去除泥球。

五、V 形滤池

（一）V 形滤池概述

V 形滤池是从法国引进的一种滤池，因两侧进水槽为 V 形，而得此名。近年来在大中型水厂使用较多，也有运用于小型水厂的，如图 2-35 所示。V 形进水槽底部设一排小孔，过滤时从小孔和 V 形槽顶进水，反冲洗时小孔进水进行表面扫洗。V 形滤池采用均匀级配粗砂滤料，有效粒径大约为 0.95～1.35mm，不均匀系数为1.2，滤层厚度一般为 0.9～1.5m，过滤速度为 8～14m/h，可根据原水水质和滤料粒径而定。V 形滤池的过滤周期较长，可达 48h 以上，滤层水头损失一般为1.5～2.0m。V 形滤池采用气水联合反冲洗，配水系统一般采用长柄滤头，安装在混凝土滤板上，布置滤头数为 50～60 个/ m^2，同时有表面扫洗。

V 形滤池一般采用恒水位等速过滤，可以通过调节出水系统阻力来实现。控制方式有虹吸控制系统和蝶阀控制系统。

虹吸控制系统是在滤池出水管上安装虹吸管。虹吸管顶部连接一个空气吸入管，虹吸管的出水流量通过自动调节空气进入量控制虹吸管顶真空度以达到恒定，从而保持滤池水位的恒定。

蝶阀控制系统可分为电动蝶阀控制和气动蝶阀控制。它是在出水管上安装蝶阀，可按照池内的水位（使用超声波液位计测量），自动控制阀门的开启度，以保持恒定的水位。

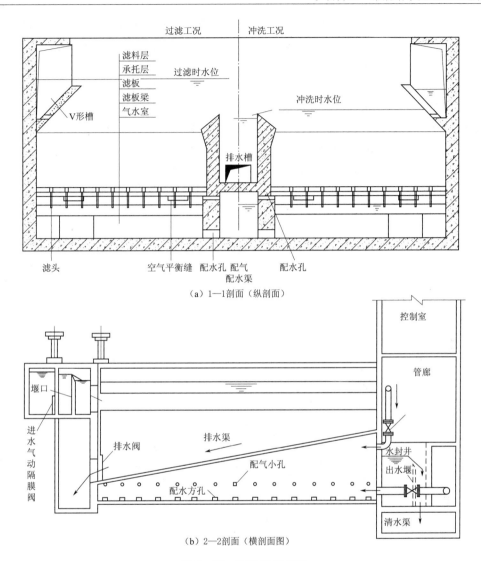

（a）1—1剖面（纵剖面）

（b）2—2剖面（横剖面图）

图 2-35　双格 V 形滤池

（二）V 形滤池运行与管理

1. 过滤

V 形滤池过滤时，原水由进水总渠流入，经瓣膜阀和进水方孔进入 V 形槽，再从槽壁上的小孔和槽顶溢流进入滤池，经过滤层后，由长柄滤头收集，进入气水室，再经孔口汇入中央配水渠，然后由水封井、出水堰、清水渠流入清水池。

2. 反冲洗

当滤池水位或阻力损失大于设计值时，进行反冲洗。

（1）首先关闭进水瓣膜阀，仍有水由进水方孔进入 V 形槽，并经槽壁上的小孔水平进入滤池。

（2）开启排水阀门，使池内的水位下降至与排水槽顶相平。

（3）启动鼓风机，打开进气阀，空气由气水分配渠上的小孔进入气水室，再由长柄滤头均匀进入滤池，引起滤料振动摩擦使得滤料表面黏附的杂质脱落。气冲强度为 $14\sim17L/(s \cdot m^2)$，气冲时间 2min 左右。

（4）再启动反冲洗水泵，打开反冲洗进水阀进行气水联合反冲洗，扫洗水冲洗滤层表面的污泥，将反冲洗废水中的悬浮物均匀迅速从排水槽顶溢流进排水槽，并进入净水厂废水回收系统。气冲强度不变，水冲强度为 $3\sim4.5L/(s \cdot m^2)$，冲洗时间为 $3\sim5min$。水冲强度小，滤层保持微膨胀状态，避免出现跑砂现象。

（5）最后停止空气反洗，单独用水冲洗 $4\sim6min$，水冲强度为 $4\sim6L/(s \cdot m^2)$。加上表面扫洗，将冲洗水的杂质全部带入排水渠，表面扫洗强度约为 $1.4\sim2.0L/(s \cdot m^2)$。

动画2.8
V形滤池过滤与反冲洗过程

六、翻板滤池

翻板滤池又叫苏尔寿滤池，因其反冲洗排水舌阀（板）的工作过程是在 $0°\sim90°$ 范围内来回翻转而得名。翻板滤池具有构造简单、施工方便、滤料选择灵活、截污量大、过滤效果好、反冲洗后滤料洁净度高且不跑料、省水等诸多优点，近年来，在国内外得到了广泛应用。

（一）翻板滤池的构造和工作过程

1. 翻板滤池的构造

翻板滤池的工作原理与其他类型气水反冲滤池相似，原水（一般是指上一级净水构筑物的出水）通过进水渠经溢流堰均匀流入滤池，水以重力渗透穿过滤料层，并以恒水头过滤后汇入集水室。

翻板滤池的基本构造与其他快滤池类似，如图 2-36 所示。下面重点介绍翻板滤

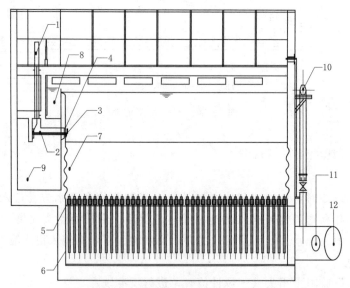

图 2-36　翻板滤池结构剖面示意图

1—翻板阀气缸；2—翻板阀连杆系统；3—翻板阀阀板；4—翻板阀阀门框；5—配水配气横管；
6—配水配气竖管；7—滤料层；8—进水渠道；9—反冲排水渠道；
10—反冲气管；11—滤后水出水管；12—反冲水管

池的特殊之处。

（1）翻板阀。翻板阀及控制系统主
要由阀框、阀板、推拉杆、转动方管
与池壁固定件、主动力杆和气缸驱动装
置等组成，如图 2-37 所示。翻板阀阀
框嵌入滤池壁的预留孔中，距离滤料表
面 10～20cm。通常每套翻板阀包括两
套阀板，由一套气缸驱动装置驱动。气
缸活塞杆带动曲臂、阀门连杆使翻板阀
可以在 90°以下范围内翻转开闭，如图
2-38 所示。

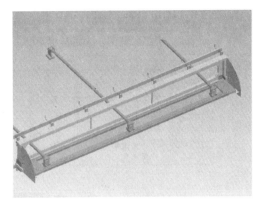

图 2-37 翻板阀示意图

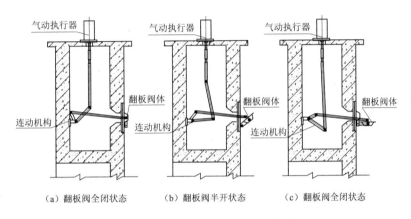

（a）翻板阀全闭状态　　（b）翻板阀半开状态　　（c）翻板阀全闭状态

图 2-38 翻板阀开启方式示意图

（2）滤层和承托层。翻板滤池的滤料可根据滤池进水水质和出水水质要求的不
同，选择单层均质滤料或多层滤料。单层均质滤料一般采用石英砂（或陶粒），双层
滤料为无烟煤与石英砂（或陶粒与石英砂），目前应用较多。当滤池进水水质较差时，
也可用颗粒活性炭置换无烟煤等滤料。

滤料采用无烟煤-石英砂双层滤料时，总厚度为 1.2～1.5m，上层无烟煤粒径为
1.4～2.5mm，不均匀系数 $K<1.7$，厚度为 0.5～0.7m；下层石英砂粒径为 0.7～
1.2mm，不均匀系数 $K<1.6$，厚度为 0.7～0.8m。

承托层厚度为 0.45m，按粒径不同分为 3 层，自上而下采用由细到粗的分层布置
方式，细砾石 $d=3.0～5.6mm$，粗砾石 $d=8.0～12.0mm$。滤层上部水深为 1.2～
2.0m，按反冲洗最大蓄水量确定。

（3）配水配气系统。翻板滤池独特的配水配气系统由配水配气横管（以下简称
"横管"）、配水配气竖管（以下简称"竖管"）以及其他安装配件（如定位钢板和托
板等）组合而成（图 2-39）。因其横管呈 U 形，故也称 U 形滤管配水系统。每根竖
管上端伸入横管与其组成一套系统（采用橡胶圈密封接口）。

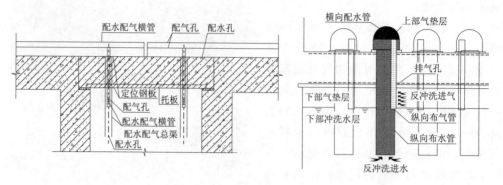

图 2-39 翻板滤池配水配气系统

下面介绍某水厂翻板滤池的配水配气系统（图 2-40）。其竖管采用不锈钢材质制作，壁厚为 1.5mm，进水管、进气管焊接结合在一起。进水管管径为 80mm，长为 900mm，上、下两端不封闭以进、出水，上端伸入横管 10mm。进气管管径为 30mm，长为 690mm，下端封闭，上端开 φ16.0mm 出气孔并伸入横管内 100mm，顶部与横管出气孔管中标高持平，下段开 4 个竖列 φ13.5mm 进气孔，并在托板厚度范围内开 φ4.0mm 的排余气孔。横管采用 PE 材料制作，单管长为 3730mm，断面为上圆下方的拱形结

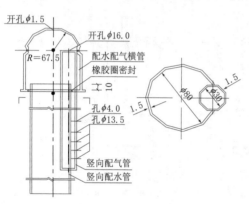

图 2-40 翻板滤池 U 形滤管详图

构。上部半圆为配气空间，在管顶中线开一排 φ1.5mm 排气孔，拱脚处左右各设置一排 φ3.5mm 布气孔；下部方形部分为配水空间，底板左右开两排 φ17.0mm 布水孔，开孔率为 1.35％，为小阻力配水系统。

（4）反冲洗系统。翻板滤池采用气水联合反冲洗，其流程为单独气冲、气水联合冲、水冲 3 个阶段。其中单独气反冲洗和单独水反冲洗的气或水先经竖向管初步分配到每个横向管之后，再由横向管的圆孔均匀地分配并进入滤料。在气水联合反冲洗过程中，气和水同时进入配水配气总渠，由竖向管进行初次配水配气；反冲洗气体由配气竖向管的气孔进入横向管，其中进气孔还有调节空气层高度的作用，而反冲洗水由配水竖向管进入横向管，这样在配水配气总渠中形成第一个均匀的空气层。进入横向管中的气和水实现二次均匀分配：气体通过横向管顶部排气孔和中部布气孔进行均匀分配，其中中部布气孔还可以调节空气层的高度，反冲洗水进入横向管的下部，在横向管中形成第二个均匀的空气层。这样滤池反冲洗系统在横管上部半圆部分、反冲洗渠道上部空间就形成双气垫层，从而保证了布水、布气的均匀性，避免了气水分配时出现脉冲现象，加之采用了高强度气水联合反冲洗，故滤池反冲洗效果好、运行周期长。

2.翻板滤池的工作过程

翻板滤池的过滤流程与其他滤池类似，其设计滤速一般为 7～8m/h，强制滤速 8～12m/h。下面重点介绍其反冲洗过程（以某水厂为例）。

当滤池运行工况满足以下 4 项中任意 1 项时，启动反冲洗程序：①单格滤池出水调节阀至全开状态（即滤层水头损失达到设定值，一般为 2.0m）；②过滤时间超过 48h（可调）而尚未进行冲洗的单格滤池；③池内水位超过最高控制水位 20mm 以上；④人工强制顺序或单格冲洗。

滤池反冲洗的工作流程一般如下：

（1）当水头损失达到设定值时，关闭进水阀门，滤池继续过滤。

（2）待池中水面降至近滤料层时，关闭出水阀门。

（3）开启鼓风机和反冲洗进气阀门，松动滤料层，摩擦滤料的被截污物，气冲强度约为 16.7L/(m² · s)，历时 2～3min。

（4）开启反冲洗水泵和反冲洗进水阀门，此时气冲强度仍约为 16.7L/(m² · s)，水冲强度为 3.5L/(m² · s)，历时 5min（或滤池水位达到停止混冲的高度）。

（5）关闭鼓风机和反冲洗进气阀门（鼓风机停止 5s 后），增加反冲洗水泵开启台数，使水冲强度达到 14L/(m² · s)，历时 1～2min（滤池水位达到停止水冲的高度）。

（6）关闭反冲洗进水阀门，关闭反冲洗水泵，此时池中水位约达最高运行水位。

（7）静置 20～30s，待滤料先行沉降后，开启翻板阀，先开 50% 开启度，排污一定时间后，完全开启翻板阀进行排水，一般在 60～80s 内排完滤池中的反冲洗水，关闭翻板阀。

（8）重复单独水反冲，强度不变，历时 2min。

（9）关闭反冲洗进水阀门，关闭反冲洗水泵，静置 20～30s，待滤料先行沉降后开启翻板阀，排放反冲洗水并同时开池壁清洗阀。

（10）待排污阀关至中间位置时停止，打开水泵，并开启反冲洗进水阀门进行滤料表面漂洗，历时 2min，水冲强度为 3.5L/(m² · s)，与气水联合反冲时相同。

（11）关闭翻板阀，开启反冲洗水泵将滤池水位提升至滤料顶面以上 0.6m 后停泵。

（12）开启进水阀门，待池中水位上升至设计水位时，开启出水阀门，进入新一轮过滤周期。

一般通过 2 次反冲洗后，滤料中含污率低于 0.1kg/m³，并且附着在滤料上的小气泡也基本上被冲掉。

（二）翻板滤池运行中应注意事项

翻板滤池运行与管理的内容与快滤池类似，应特别注意以下问题：

（1）滤池的 PLC 自控是滤池运行的关键，滤池是在 PLC 自动化模式下按照预设的参数工作。PLC 程序设计时应根据实际运行情况，确定反冲洗排污时间及其他参数。反冲过程中要注意高速反冲洗强度和时间，以免造成冲洗不够或是滤料流失。

（2）滤料品种、级配、强度的选型是决定滤池出水水质的关键。在选择滤料时应根据原水水质情况、出水水质要求确定滤料选型，如采用陶粒时须注意强度等级。

（3）运行时应每天检查各滤池水位，并与 PLC 系统上显示水位作比较；每天检测滤池过滤水的浊度，如果过滤水的浊度超过 0.5NTU，则应分别检查每格滤池的浊度，针对产生高浊度水的滤池分析原因。

（4）每 3 个月检查一次滤池中滤料的高度，并与原滤料填料的高度相比较，如果滤料的损失高度不超过 250mm，就没必要填加新料，如果滤料的损失高度超过了 250mm，则要填加新料。

（5）翻板滤池前进水堰位于排水翻板阀上方，距滤料较高，冲洗完成时进水落差较大，形成跌水冲击翻板阀下方滤料，因此在反冲过程完成后应采用反冲洗水使滤池的水位提升到一定高度后再开启进水阀，以缓冲进水对滤层的冲击。

（6）排污时排污阀开度不宜过大，排污水位下降过快会加重滤料流失，排污过程尽量控制在 1.5～2min，防止反冲洗废水中的污物重新沉降。

（7）滤池过滤量必须足够大，否则自动反冲洗会因为吸水井的水补充不上，吸水井发生低水位保护而停止。

（8）经常检查翻板阀开启是否顺畅，排水是否有效，关闭时是否漏水，检查其他阀门是否有漏水现象，发现问题及时处理。

（9）经常检查滤料层是否有混层、泥球、结块、红虫等，并测定滤池水冲强度和炭层膨胀率。

七、无阀滤池

无阀滤池是 20 世纪 80 年代以来在我国开始普遍使用的一种滤池，特别是中小型水厂使用较为广泛。无阀滤池分重力式和压力式两种，形状有圆形和方形。目前采用较多的是重力式无阀滤池，如图 2-41 所示。

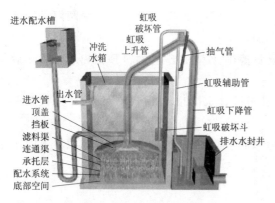

图 2-41　重力式无阀滤池

（一）无阀滤池工作过程

1. 过滤

重力式无阀滤池较多地采用无烟煤-石英砂双层滤料，过滤速度一般为 9～12m/h。过滤时，待滤水经进水分配槽，由进水管进入虹吸上升管，再经伞形顶盖下面的配水挡板整流和效能后，均匀地分布在滤料层的上部，水流自上而下依次通过滤料层、承托层和小阻力配水系统（如穿孔滤板），进入底部集水空间，然后沿联通渠（管）上升到冲洗水箱，冲洗水箱中的水位开始逐渐上升，当水箱水位上升到出水渠的溢流堰顶后，溢流入渠内，最后经滤池出水管进入清水池。

2. 反冲洗

过滤过程中，水头损失逐渐增加，使虹吸上升管内的水位逐渐升高。当水位上升到虹吸辅助管的管口时，水便不断通过虹吸辅助管向下流经水封井，依靠管内下降水流形成的负压和水流的挟气作用，通过抽气管不断将虹吸管中空气抽出，使虹吸管中的真空度逐渐增大。这使得虹吸上升管中的水位上升，同时虹吸下降管的水位升高。当虹吸上升管中的水位升高到虹吸管顶端、沿虹吸下降管下落时，就形成虹吸。冲洗水箱内的清水沿着与过滤时相反的方向自下而上对滤料层进行反冲洗。冲洗废水由水封井排除。虹吸形成的过程一般只需要几分钟。

当冲洗水箱内水位下降到虹吸破坏斗以下时，虹吸破坏管将虹吸破坏斗中的水抽吸完后，虹吸破坏管的管口很快与大气连通，空气进入到虹吸管，虹吸即被破坏，反冲洗结束，过滤过程自动开始。

（二）无阀滤池运行管理要点

（1）重力式无阀滤池一般设计为自动冲洗，因此滤池的各部分水位相对高程要求较严格，工程验收时各部分高程的误差应在设计允许范围内。

（2）滤池反冲洗水来自滤池上部固定体积的水箱，冲洗强度与冲洗时间的乘积为常数。因此如若想改善冲洗条件，只能增加冲洗次数，缩短滤程。

（3）滤池除应保证自动冲洗的正确运行外，还应建立必要的压力水或真空泵系统，并保证操作方便、随时可用。

（4）滤池在试运行时应依据试验的方法逐步调节，使平均冲洗强度达到设计要求。方法是调节虹吸下降管管口处的反冲洗强度调节器改变管口的开启度，从而改变出口阻力、调整反冲洗强度。

（5）重力无阀滤池的滤层隐蔽在水箱下，滤层运行后的情况不可知晓，应谨慎运行，一切易使气体在滤层中出现的情况和操作都要避免。更应制定操作程序和操作规程，运行人员应严格执行。

（6）初始运行时，应先向冲洗水箱缓慢注水，使滤料浸水，滤层内的水缓慢上升，形成冲洗并持续 10～20min；再向冲洗水箱的进水加氯，含氯量大于 0.3mg/L，冲洗 5min 后停止冲洗，以此含氯水浸泡滤层 24h，再冲洗 10～20min 后，方可进沉淀池出水正常运行。

（7）重力式无阀滤池未经试验验证，不得超设计负荷运行。

（8）滤池出水浊度大于 1NTU 时，尚未自动冲洗时，应立即打开压力水管阀门人工强制冲洗滤池。

（9）滤池停运一段时间，如池水位高于滤层以上，可启动继续运行；如滤层已接触空气，则应按初始运行程序进行，是否仍需加氯浸泡措施应视出水细菌指标决定。

动画2.9

重力式无阀滤池构造和工作过程

八、慢滤池

慢滤池对从浊度较低的原水中去除有机物和微生物很有效果，可以节约消毒剂用量（图 2-42）。慢滤池的成本低，材料和设备都比较容易解决，并且建造、操作和维护较简单。但必须要有尺寸合适、颗粒均匀和清洁的石英砂来源。

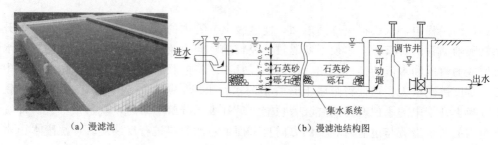

（a）漫滤池　　　　　　　　　　　（b）漫滤池结构图

图 2-42　慢滤池及其结构图（单位：m）

慢滤池的滤速应根据过滤水中悬浮物的浓度决定，应为 0.1～0.2m/h。滤池的个数应不少于 2。滤池单元的宽度应不大于 6m，长度应不大于 60m。

慢滤池运行管理应注意以下几点：

（1）运行初始，需半负荷运行。7～15 天中可逐渐加大负荷至设计值。

（2）池中滋生藻类时，轻者人工打捞，严重时应用氯或漂白粉灭藻。

（3）运行 1～2 个月后，滤膜加厚影响滤速，应人工刮去表面砂层 2～5cm，并降低负荷，待滤膜形成再逐步提高负荷。

（4）慢滤池不宜间断运行，也不宜突然增大负荷。

（5）每日保持滤池环境清洁；经常检查进出水阀门，保持完好。

（6）滤料层的厚度经几次刮砂变薄影响出水水质时，需每年一次补砂至设计厚度。

（7）每 5～10 年对滤层进行翻洗，重新装填。

【任务实施】

一、实训准备

（1）准备小型滤池实训设备，包括普通快滤池、V 形滤池、虹吸滤池、重力式无阀滤池等。

（2）滤池实训设备使用说明书。

（3）待过滤原水，浊度在 10 NTU 以下。

（4）浊度计 1 台。

二、实训内容及步骤

滤池模拟实训内容如下：

（1）滤池设备的认知。学生分析滤池实训设备的构造、工作过程，并描述滤池过滤和反冲洗流程。

（2）按照使用说明书或操作规程，依照滤池设计参数，进行滤池的过滤和反冲洗操作，并记录待滤水和滤后水浊度。注意反冲洗应符合冲洗强度、冲洗时间、滤层膨

视频2.2.4 ▶

过滤工艺运行与管理

课件2.2.4 📄

过滤工艺运行与管理

胀率的要求。

（3）按照操作规程进行滤池的停车。

三、实训成果

提交实训报告，包括滤池构造、工作过程的分析，以及滤池过滤、反冲洗、停车操作的过程和结果。

【思考与练习题】

（1）简述快滤池及 V 形滤池的构造。

（2）简述快滤池正常运行的管理要点。

（3）简述翻板滤池运行中的问题及解决方法。

（4）V 形滤池运行中常出现的异常现象有哪些？如何处理这些问题？

任务五 消毒工艺运行与管理

【任务引入】

消毒是杀灭对人体有害的病原微生物的给水处理过程。在给水处理中，消毒是最基本的水处理工艺，它是保证用户安全用水必不可少的措施之一。为了保证出水水质安全，必须学习和掌握给水消毒方法、设备与工艺运行管理。

本任务要求学生理解加氯消毒、氯胺消毒、二氧化氯消毒、紫外线消毒和臭氧消毒的原理，掌握常见消毒设备的组成和构造，能进行消毒工艺、设备的启停、调控，能维护消毒设备，会判断、分析并处理消毒工艺运行异常。

【相关知识】

给水处理中的消毒方法很多，包括氯消毒（液氯、漂白粉、漂白精、次氯酸钠）、二氧化氯消毒、氯胺消毒、紫外线消毒、臭氧消毒等。目前在我国较为常用的消毒方法是二氧化氯消毒和液氯消毒；有些地方则采用氯胺消毒，特别是当原水中有机物多以及输配水管线较长时；而紫外线消毒主要适用于工矿企业、集中用户用水，不适用于管路过长的供水。下面重点介绍液氯消毒和二氧化氯消毒。

一、液氯消毒

（一）氯消毒机理与影响因素

1. 氯消毒机理

加氯消毒是指向水中投加含氯类药剂（液氯、次氯酸钠、漂白粉等），杀灭水中的细菌、病毒等致病微生物。液氯消毒利用的不是氯气，而是氯气与水反应生成的次氯酸，反应式如下：

$$Cl_2 + H_2O \Longrightarrow HClO + H^+ + Cl^-$$

HClO 为很小的中性分子，只有它才能扩散到带负电的细菌表面，并通过细菌的细胞壁穿透到细菌内部，通过氧化作用破坏细菌的酶系统而使细菌死亡。而 HClO 电离产生的 ClO^- 因带负电，难于接近带负电的细菌表面，杀菌能力远不如 HClO。

2. 氯消毒影响因素

影响液氯消毒效果的因素主要有加氯量、加氯点、接触时间、温度、微生物特性、pH 值、水中杂质、混合状况等。如要达到理想的消毒效果,必须充分考虑这些因素。

(1) 加氯量。加氯量的多少和水中消耗氯的物质种类和数量有密切关系。水中的有机物和还原性物质多,加氯量也会增加。《生活饮用水卫生标准》(GB 5749—2006)规定:出厂水游离性余氯在接触 30min 后应为 $0.3\sim1.0\text{mg/L}$,即不低于 0.3mg/L,不高于 1.0mg/L,在管网末梢为 $0.05\sim0.10\text{mg/L}$。

一般未受较重污染的地面水,滤前消毒加氯量为 $1.0\sim2.0\text{mg/L}$,滤后消毒或清洁地面水消毒加氯量可采用 $0.5\sim1.0\text{mg/L}$。一般城市污水一级排放处理时,加氯量为 $20\sim30\text{mg/L}$,二级处理排放后,加氯量为 $5\sim10\text{mg/L}$。接触时间约 1h,排放水余氯量应不小于 0.5mg/L。

(2) 加氯点。给水处理厂一般都采用滤后消毒,即消毒放在过滤之后。

滤前加氯(前加氯、预氯化)可以在加混凝剂的同时加氯,以氧化水中有机物,提高混凝效果。预氯化还能防止构筑物中滋生青苔,延长氯胺消毒的接触时间,以节省加氯量。但是对于受污染的水源,氯与有机物结合会产生三氯甲烷等消毒副产物,应避免滤前加氯。

而当城市管网较长时,为保证管网末梢的余氯含量,往往需要进行中途加氯。这能避免水厂附近管网中的余氯过高。管网中途加氯点一般设置在加压泵站或水库泵站内。

(3) 接触时间。如前所述,氯和水的接触时间不应少于 30min,这通常在清水池和配水系统中完成。

(4) 温度。一般来说,温度越高,传质和反应速率越快,因此消毒效果越好。

(5) pH 值。液氯消毒适宜的 pH 值为 $6.5\sim7.5$,因此一般不需要调节水的 pH 值。

pH 值决定了氯系消毒剂的存在状态。低 pH 值时,$HClO$ 或 $NHCl_2$ 存在更多,杀菌能力强。另外,微生物表面电荷特性也随 pH 值变化,可能阻碍带电消毒剂的进入,影响消毒效果。此外,pH 值升高更有利于三氯甲烷的形成。

(6) 水中杂质。

1) 水中悬浮物能掩蔽菌体,阻碍消毒剂的作用,因此应尽量采取滤后加氯。

2) 还原性物质和有机物消耗消毒剂,并生成有害的氯代烃、氯酚等物质。

3) 氨可与 $HClO$ 作用生成氯胺,减缓液氯的消毒效果。

(7) 混合状况。尽量提高加药点的湍流程度,以使消毒剂和水快速混合,可以采用泵投加或水射器投加的方法。

(二) 加氯系统

1. 加氯工艺流程

液氯投加系统包括氯瓶、加氯机、混合设备和清水池等部分,如图 2-43 所示

2. 加氯机

为保证液氯消毒时的安全和计量正确,需使用加氯机投加液氯。目前常用的加氯

图 2-43 加氯系统示意图

机包括转子加氯机、真空加氯机、随动式加氯机等。其详细的构造、各部分功能及使用方法可查阅《给水排水设计手册》等相关资料。下面仅作简要介绍。

（1）转子加氯机。如图 2-44 所示，来自氯瓶（图 2-45）的氯气首先经过旋风分离器，分离沉降氯气中可能含有的一些悬浮杂质，再通过弹簧膜阀（当氯瓶中压力小于 0.1MPa 时，此阀自动关闭，避免氯瓶被抽成真空）和控制阀（控制加氯量）进入转子流量计，然后经过中转玻璃罩，被吸入水射器（可使玻璃罩内保持负压状态）与压力水混合，并溶解于水内，输送至加氯点。

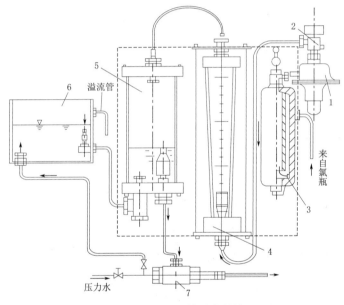

图 2-44 ZJ 型转子流量计

1—弹簧膜阀；2—控制阀；3—旋风分离器；4—转子流量计；5—中转玻璃罩；6—平衡水箱；7—水射器

图 2-45 氯瓶

将氯加入水后,应使之尽快与水混合均匀。常采用管道混合方式;当流速较小时,应采用管式静态混合器;当有提升泵时,可在泵前加氯,用水泵混合。

水射器进水压力要求不小于 0.3MPa;中氯量加氯机耗水量为 2.5~3.0m³/h;大氯量加氯机耗水量为 4.5~5.0m³/h,所喷出的氯气水溶液浓度大于 1%。氯瓶内压力要求大于 0.3MPa。

(2)真空加氯机。真空加氯机安全可靠,计量正确,可手动或自动控制,有利于保证水厂安全消毒和提高自动化程度。全自动控制有流量比例自动控制、余氯反馈自动控制和复合环自动控制等 3 种模式。

自动真空加氯机主要由真空调节器(是正压和负压的分界点)、手动调节的转子流量计(用于调节流量和读取加氯量)、差压稳压器(可以消除流量调节阀移动所造成的阀门前后的压力差,使阀的开启度代表氯气流量)、水射器(加氯系统中氯气投加的原动力)和全自动控制器及电动调节阀等组成,如图 2-46 和图 2-47 所示。

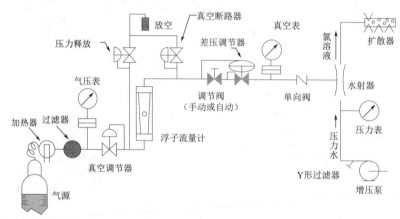

图 2-46 真空加氯机系统流程图

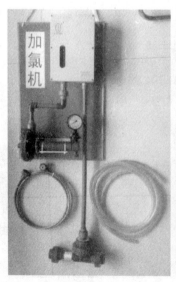

图 2-47 真空加氯机

3. 漏氯吸收装置

加氯系统发生氯泄漏将造成严重的环境影响，故宜设置漏氯吸收装置（图2-48）。吸收剂有两种：一种是以对氯吸收较快且最为经济的氢氧化钠溶液作为吸收剂，另一种是以亚铁盐溶液作为吸收剂。目前，亚铁盐溶液等氧化还原性漏氯吸收装置正逐步取代氢氧化钠溶液吸收装置。

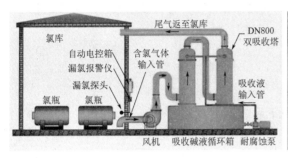

（a）示意图　　　　　　　　　　　　　（b）实物图

图2-48　漏氯吸收装置

氯与氢氧化钠反应生成稳定的次氯酸钠、氯化钠和水，其化学反应式如下：

$$Cl_2 + 2NaOH = NaClO + NaCl + H_2O$$

亚铁盐溶液吸收氯气的反应原理如下：

吸收（氧化）反应　　$2Fe^{2+} + Cl_2 = 2Fe^{3+} + 2Cl^-$

再生（还原）反应　　$2Fe^{3+} + Fe = 3Fe^{2+}$

漏氯吸收装置的基本结构有立式和卧式两种。从钢瓶或加氯系统中泄漏的氯迅速气化，由风机将含氯空气由氯库、加氯间的地沟或集气风管，压入碱液槽上部吸收塔。混合气体从第一吸收塔底部上升与碱液泵自碱液槽抽出的碱液在填料内逆流接触，一部分氯气在第一吸收塔中被吸收，其余进入第二吸收塔吸收。第二吸收塔顶部的除雾装置除去气体携带的碱雾，以免污染大气。漏氯吸收装置一般配有漏氯监测仪表和自动控制系统，在氯库和加氯间中氯气含量超标时能自动启动。

（三）液氯消毒工艺运行与管理

1. 真空加氯机启动和停机

（1）启动步骤。启动液氯蒸发器（加水、电加热器、热水循环泵）→启动水射器（加压泵、水射器前后阀门）→打开氯瓶角阀→切换电磁阀→蒸发器通氯→打开真空调节阀前阀门→缓慢打开真空加氯机前后阀门→调节手动旋钮至所需加氯量。

（2）暂时停机步骤。关闭蒸发器出气管上的阀门→继续加氯，将气源管路上的氯气排空→再关闭加氯机。重新开机时，只需打开蒸发器出气口阀门及加氯机手动旋钮即可。

（3）长期停机步骤。

1）关闭蒸发器出气管上的阀门。

2）利用蒸发器筒内的氯气压力，将蒸发筒内液氯推回氯瓶（氯瓶必须是使用过的，有一定空间。勿推回新瓶，新瓶无液氯空间）。这个过程约需要 10～15min。

3）关闭氯瓶液相阀。

4）打开蒸发器出口阀，继续加氯，使蒸发器压力表和加氯机浮子降到零；再关闭蒸发器出口阀，看蒸发器压力表是否上升，如指针为零，说明筒内基本无带压氯气。

5）关闭蒸发器电闸，放空热水筒和热水循环泵（拧开热水循环泵底部旋塞）。

6）关闭加氯机手动旋钮。

7）关闭水射器。

8）加氯机控制器断电。

2. 液氯消毒运行管理注意事项

液氯消毒工艺在运行中应注意以下问题：

（1）液氯氯瓶在运输过程中应注意的事项。应由专业人员专用车辆运输；应轻装轻卸，严禁滑动、抛滚或撞击，并严禁堆放；氯瓶不得与氢、氧、乙炔、氨及其他液化气体同车运输。

（2）液氯的贮存应注意的事项。瓶入库前应检查是否漏氯，并做必要的外观检查（瓶壁裂缝、变形）。检漏方法是用 10% 的氨水对准可能漏氯的部位几分钟，如果漏氯，会在周围形成白色烟雾。氯瓶存放应按照先入先取先用的原则，防止某些氯瓶存放期过长。每班应检查库房内是否有泄漏。

（3）氯瓶使用注意事项。氯瓶开启前，应先检查氯瓶的位置是否正确，然后试开氯瓶总阀。氯瓶与加氯机连接并投入使用后，应对连接处进行检漏。氯瓶在使用过程中，应经常用自来水冲淋，以防止瓶壳由于降温而结霜。氯瓶使用完后，应保证留有 0.05～0.10MPa 的余压，以避免遇水受潮后腐蚀钢瓶。

（4）加氯机的使用。加氯机形式多种多样，结构也比较复杂，应严格按照操作规程操作，并熟悉安全使用事项，防止安全事故的发生。

（5）加氯间的安全措施。加氯间应有完善的通风系统，每小时换气量一般应在 10 次以上。冬季在加氯间内氯瓶周围应有适当的保温措施，以防氯气结冰。加氯间同时应在最显著、最方便的位置放置灭火工具及防毒面具。

（6）漏氯吸收装置的维护。应每班对其进行巡检；漏氯吸收装置每月应启动 2 次进行测试，每次 10min，以确保装置处于正常状态；风机、碱液泵、电动机应经常添加适量润滑剂，使设备始终保持良好的状态。

（7）急性氯中毒事故处理。首先应设法迅速将中毒者转移至新鲜空气处，对于呼吸困难者，严禁进行人工呼吸，应让其吸氧，如有条件，也可雾化吸入 5% 的碳酸氢钠溶液。然后用 2% 的碳酸氢钠溶液或生理盐水为其洗眼、鼻和口。严重中毒者，立即就医，必要时可注射强心剂。

（8）日常记录与分析。

1）每日、每班应记录好氯瓶使用件号、规格、时间，加氯机使用台号及运行状况。

2）要经常记录余氯含量和进出水 pH 值，发现出水余氯异常应及时调整加氯量。

3）每日应分析总加氯量及单位水量投加量，同时分析出水微生物指标。

4）记录氯瓶库房进瓶和出瓶的数量、瓶号和规格。

（四）液氯消毒工艺运行中常见故障分析与对策

液氯消毒工艺中经常出现气化量不足、低温液氯进入压力管道、加氯量不能调高、氯气正压管道泄漏等。

1．气化量不足

对于没有液氯蒸发器的水厂，只能依赖气温对氯瓶内的液氯进行自然蒸发。冬季普遍存在气化量不稳定的问题。其解决措施如下：

（1）在经济条件允许的情况下，考虑配备相应规格的蒸发设备，如液氯蒸发器等。

（2）增加并联使用的氯瓶的个数和增大氯瓶的规格。

（3）使用电热器、水暖器等提高氯瓶间的温度。

（4）在保证氯库干燥通风的情况下，采用风循环，加速氯瓶周围空气的流动达到传热的目的。

2．低温液氯进入压力管道

这主要有两种情况：①真空加氯设备氯瓶内液氯来不及汽化而致使液氯被抽到氯瓶出口的压力管路、过滤罐、减压阀、真空调节器等部件处；②氯瓶出口的气态氯在管道内再度被液化。

由于低温液氯蒸发时需大量吸收周围的热量，因而液氯流经部位的器件表面会发生结露、结霜等现象，温度过低时，则导致这些器件中的塑料部件受损，如隔膜损坏。液氯还会把过滤罐内聚集在一起的杂质冲到真空调节阀处引起异常的喘振、冻结压力表隔膜并使压力表失灵，影响加氯设备的正常运行。为了避免加氯设施受损，可以采取以下几项技术措施：

（1）确保加氯设施安装地点的室温，在压力管路上缠绕电加热头。

（2）真空过滤罐处安装红外辐射取暖灯，在氯瓶出口的管路上附设温度传感器等在线监测仪表。

（3）在真空调节器前安装液氯捕捉器等。

（4）尤其在初春及冬季低温时，防止氯瓶出口的气态氯再度被液化。

3．加氯量不能调高

（1）加氯量控制阀处真空度低，加氯量调不上去。这种故障说明加氯系统负压小，其主要原因：一是产生负压的水射器工作不正常，二是负压管路有泄漏。水射器工作不正常的原因及对策如下：

1）供给水射器的压力水不足或压力不够（应有压力显示）。这就要检查水射器的供水管路中的阀门过滤器是否有堵塞，加氯加压泵工作是否良好。

2）水射器喉管处有杂质。这就要拆洗水射器，清洗水射器喉管及相关的单向阀，应用温水（注意：氯气含杂质多如氯化钙等，常会使水射器喉管堵塞且不易清洗，供给的高压水若含有泥沙也易堵塞喉管）。

3）未遵守水射器的安装规范。水射器进水管接口用管螺纹与上水管道相连，水射器出口使用直径为 25～50mm 塑料管相连接，水射器出口溶液管直管段不应小于 2m，否则将影响水射器送氯性能。水射器应尽量靠近加氯点安装，当水射器距加氯点较远时，请按参考标准选用加氯管的口径，加氯管口径大小将严重影响氯量，否则不产生负压。

（2）加氯量控制阀处真空度很高，加氯量调不上去。该故障产生的原因是气源不足，应检查真空调压器是否打开、开启度是否过小、通向加氯量控制阀的管路是否阀门没开好、氯瓶角阀是否打开、连接氯瓶的柔性管是否堵塞、角阀是否堵塞等。也有可能是真空调节阀或气源管路堵塞，往往是由于氯气中的杂质沉积引起的。此时，拆卸真空调节阀，进行检查清洗。

（3）水射器冰堵。

产生原因：由于水射器在加大氯量、水射器的压力水不够或压力出现不稳定的波动的情况下（一般低于 0.2MPa），出现内腔溅水，水和氯气融合后在较高真空情况下发生结冰。结冰后如果没有足够的环境温度使之融化，就会越积越多，最终导致气路狭窄，使加氯量下降，当结冰达到某个平衡状态时，这个过程就不会再继续，但冰也不会自动消融。最后造成气路不畅，影响投加效果。

解决方法：将水射器安装在室内，保证其工作环境的温度。在加氯压力水管上连接加压泵，目的是在当出厂水压力不够时向压力水管道补充水量加压。

（4）负压管道冰堵。当停止水射器压力水时，管路中的真空将水吸入到加氯机内。当投加点有压力时，也可将水倒流到加氯机内。解决方法如下：

1）检查水射器止回阀的密封 O 形圈，进行清理或更换。

2）必要时需更换止回阀膜片。

3）在加氯机出气口处安装一个球阀，在停止水射器压力水时先关闭球阀。

4）可以在真空管路上安装一个泄水阀，当真空管路中有水时会自动将其排出。

4. 氯气正压管道泄漏

从氯瓶出气至加氯机真空调节器之间的正压管路及正压切换系统仍存在许多可能的泄漏点，是目前氯气使用中的主要安全隐患。

（1）故障原因。

1）氯瓶及其附件存在隐患，如氯瓶内的输氯导管断裂或松脱；角阀在开启的过程中打不开、漏气或变形折断等。

2）垫圈重复使用，螺纹管接头装配不当，螺栓型号和球阀的型号不配套。

3）正压管线的管材、管件、阀门的材质未按氯气标准要求选用。球阀的材质不是专门的防腐材质，造成氯气泄漏，与空气中的水汽结合，腐蚀速度加快，所以导致使用时间不长，频繁更换，存在泄氯的隐患。

4）管路系统及氯瓶操作未考虑防液氯或氯气冷凝的措施。

（2）对策措施。

1）严格执行氯瓶验收制度，对角阀打不开的氯瓶，可用工具顺角阀的轴向轻轻敲击阀芯，使其锈蚀层松动，再用专用工具适当用力开启；若还打不开，则联系氯气供应商派专人处理。

2）严格按氯气使用标准选择、安装、维护正压管路的管道、接头及阀门。

3）尽可能的简化正压管路及切换系统，将正压连接点的数量降至最少，最大限度地减少可能的泄漏点。

二、二氧化氯消毒

二氧化氯（ClO_2）在常温常压下是一种黄绿色气体，具有与氯相似的刺激性气味，气态和液态 ClO_2 均易爆炸，故必须以水溶液形式现场制取，即时使用。

二氧化氯既是消毒剂，也是氧化能力很强的氧化剂。作为消毒剂，二氧化氯对细菌的细胞壁有较强的吸附和穿透能力，从而有效地破坏细菌内含巯基的酶。其最大的优点是不会和有机物生成三卤甲烷，此外，ClO_2 消毒还有以下优点：①消毒能力比氯强，在相同条件下，投加量比 Cl_2 少；②ClO_2 余量能在管网中保持较长的时间；③作为氧化剂，ClO_2 能有效地去除或降低水的色、嗅及铁、锰、酚等物质；④与酚起氧化反应，不会生成氯酚。因此，二氧化氯消毒在水处理中的应用逐年增加，正在逐步取代液氯消毒工艺。

（一）二氧化氯的制取

二氧化氯的制备方法有很多种，根据反应原理可以分为还原法、氧化法和电化学法（电解法）。在水处理中常用还原法中的盐酸法（RS 法）和氧化法中的氯气法来制备二氧化氯，其中盐酸法的应用更为广泛。

1. 盐酸法

用盐酸还原氯酸钠，反应式为

$$2NaClO_3 + 4HCl \longrightarrow 2ClO_2 + Cl_2 + 2NaCl + 2H_2O$$

此方法的特点是系统封闭，反应残留物主要是氯化钠，产品中含有较多的氯气，影响了它的消毒效果。

2. 氯气法

它是利用氯气和亚氯酸钠反应生成二氧化氯，实质上则是次氯酸与亚氯酸钠的作用，其反应式为

$$Cl_2 + H_2O \longrightarrow HClO + HCl$$

$$HClO + HCl + 2NaClO_2 \longrightarrow 2ClO_2 + 2NaCl + H_2O$$

总反应式为

$$Cl_2 + 2NaClO_2 =\!=\!= 2ClO_2 + 2NaCl$$

二氧化氯的制取在内填瓷环的圆柱形发生器中进行。由加氯机出来的氯溶液和用泵抽出的亚氯酸钠稀溶液共同进入 ClO_2 发生器，经过约 1min 的反应，便得 ClO_2 水溶液，像加氯一样直接投入水中。发生器上设置 1 个透明管，观察出水若呈黄绿色即表明 ClO_2 生成。反应时应控制混合液的 pH 值和浓度。在这过程中不采取措施往往产率较低。

（二）二氧化氯消毒工艺系统

下面以水处理领域应用广泛的盐酸法为例，介绍二氧化氯消毒的工艺系统。

生产中使用专门的二氧化氯发生器制备二氧化氯。典型的二氧化氯发生器由供料系统、反应系统、吸收系统、加热系统、安全系统、控制系统等组成（图2-49）。

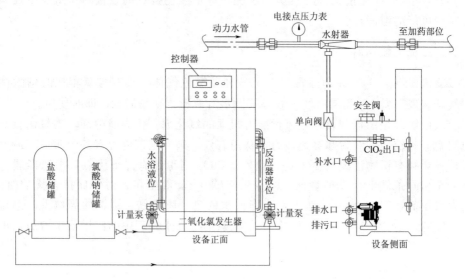

图2-49 二氧化氯发生器工艺流程图

该设备使用的原料是33％（或25％）的氯酸钠溶液和31％的工业合成盐酸，通过供料系统计量泵准确输送到反应室内，在一定的温度（75～80℃）下充分反应，再通过吸收系统水射器（动力水压力不小于0.2MPa）把产生的气体抽走，混合在动力水中形成消毒液加至待消毒的水中。

二氧化氯发生器原料投加比例：盐酸（31％）：氯酸钠溶液（33％）＝1∶1。一般每产生1g有效氯需99％的氯酸钠0.63g，31％的盐酸1.76g。

（三）二氧化氯消毒工艺的运行与管理

1. 二氧化氯的投加

（1）二氧化氯的投加量。与原水水质和投加用途有关，一般约为0.1～2.0mg/L。

1）当用作除铁、除锰、除藻的预处理时，一般为0.5～3.0mg/L，并应在混凝剂加注前5min左右投加。

2）当兼用作除臭时，一般投加0.5～1.5mg/L。

3）当仅作为出厂饮用水的消毒时，一般投加0.1～1.3mg/L。

4）投加量必须保证管网末端能有0.02mg/L的剩余二氧化氯。

5）当用作生活污水的消毒时，一般投加2～5mg/L；中水回用一般投加5～10mg/L。

（2）接触时间。

1）用于预处理时，二氧化氯与水的接触时间为15～30min。

2）用于出厂饮用水消毒时，与水的接触时间为15min。

3）用于生活污水消毒时，接触时间不少于30min。

（3）投加方式。在管道中投加可以采用水射器；在水池中投加，采用扩散器或扩散管。

2. 发生器运行前的准备和检查

开车前，应对二氧化氯发生器的水射器压力水管线、化学原料输送管线、二氧化氯投加管线、化料器及阀门、电器、仪表、液位计等方面全面检查，检查范围如下：

（1）检查二氧化氯发生器管线、压力水管线、原料供送管线、发生器主机及阀门、液位计安装是否到位，阀门开关是否灵活，液位计指示是否准确，化料器内是否有杂物。

（2）水射器的自来水供给管线检查。

1）关闭设备二氧化氯出气口的球阀。

2）完全打开水射器前后阀门，让水流出 2～3min。

3）观察压力表的显示情况、水射器的射流及负压情况。

4）打开设备二氧化氯出气口的球阀，观察单向阀的阀球是否正常动作。

5）关闭所有阀门。

（3）化学原料输送管线的检查。

1）断开连接计量泵的软管。

2）清洗过滤原件附着的杂物。

3）卸开检修阀门。

4）将原料供给管线的一端连接到冲洗用的自来水管，一定确保所选择的自来水是干净的，并且有足够的压力可以冲走管线内的碎屑。

5）打开所有的球阀，冲洗 2～5min。

6）关掉水源和所有的阀门。

7）重新连接所有的阀门。

8）连接好与计量泵之间的软管。

9）打开所有的阀门。

（4）通知仪表工检查仪表情况，并做好开车准备；通知电工检查电器设备并送电，各房间、各设备照明应充足。

（5）对二氧化氯发生器主机及所属管线进行冲洗，冲洗干净后备用。

（6）打开动力水阀门，水压能达到要求并能稳定运行（0.2～0.4MPa）。

（7）检查设备各部件是否正常，有无泄漏。如有漏点，应及时处理，确保安全运行。

（8）检查各阀门开关状态位置是否正确。

（9）检查安全阀，将安全阀塞紧。

（10）从加水口给加热水套加满水。

（11）初次使用时先给反应器加水至液位管 1/3 处。

（12）打开控制器开关，观察计量泵和温度显示是否正确。

3. 原料的配制与添加

（1）氯酸钠的配制与添加。氯酸钠溶液的配制使用化料器，配制比例为 1∶2，即1公斤氯酸钠与2公斤水充分溶解配制成33％的氯酸钠溶液（图2-50）。

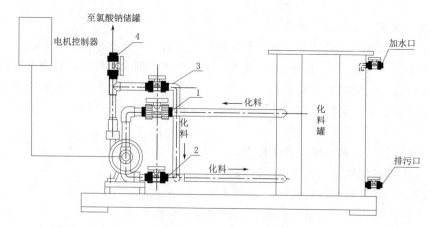

图2-50 化料器工艺管线控制图

1—化料进液阀；2—打料进液阀；3—化料出液阀；4—打料出液阀

1）化料器的工作原理：利用水泵提供的动力，使水在溶料槽内切线循环，形成溶料槽中的水力搅拌，同时利用溶料槽内的折流板的折流作用，使原料得到较好的溶解。

2）化料器的使用。

加水：关闭阀门1、2、3、4，打开加水口控制阀，然后向化料罐内加水至指定刻度（HLQ-100型化料器在指定刻度时，水为200kg，溶解氯酸钠为100kg）。

化料：打开阀门1、3，开启化料泵后，将氯酸钠慢慢倒入化料罐中，搅拌运转10~15min，停化料泵。

打料：化料过程完成后，打开阀门2、4，关闭阀门1、3；开启化料泵，将化好的氯酸钠溶液打到氯酸钠储罐。

注意：化料器阀门切换一定要先开后关，化料控制阀1、3为一组，阀位一致；打料控制阀2、4为一组，阀位一致。在化料泵运转过程中，不能出现四个阀都关的状态。在开泵前必须检查好阀位；化料罐要保持清洁，否则会损坏化料泵；在化受潮固体或成块氯酸钠时，化料时间要适当延长；化料器与标准计量箱连接使用，打料时，一定要注意计量箱的液位，快要满时，就要停止打料，否则会损坏计量箱；化料泵严禁空载，开泵前要确认化料罐液位足够，否则损坏化料泵机械密封。

（2）盐酸的添加：盐酸使用31％的工业盐酸。

1）2号水稳二氧化氯发生器盐酸的添加：其操作步骤是先打开小水射器动力水控制阀使水射器运行，然后再打开计量箱上的进酸控制阀使盐酸进入计量箱内，待盐酸加到计量箱玻璃管液位指定刻度时，关闭计量箱进酸控制阀及水射器压力水控制阀，停止盐酸添加。

2）1号水稳盐酸的添加：打开盐酸计量箱进酸控制阀，利用自压将盐酸储罐中的盐酸自流到计量箱，待盐酸加到计量箱玻璃管液位指定刻度时，关闭盐酸计量箱进酸阀，停止盐酸添加。

4. 发生器启动运行

（1）从加水口给加热水套加满水。

（2）初次使用时先给反应器加水至液位计的1/3处。

（3）开启温控器电源，使温度升至设定温度（78℃）。

（4）打开动力水阀门，将水压力调至规定值（≥0.2MPa），保证水射器正常工作。

（5）待温度显示已达到设定温度（78℃），打开原料管道上的阀门，启动计量泵。如果计量泵管道中有空气，应先排出空气，然后调节计量泵运行频率，使之达到所需流量，设备即可正常运行。

5. 设备产量的调节

（1）调节设备的产量，主要是通过调节设备计量泵进料量的大小来实现，即通过对计量泵的调节来实现，计量泵频率越高，设备进料量越大，产量就越大，反之，产量就越小。

（2）设备产量是否调节，一般根据水中余氯量的大小来决定。如果设备运行一段时间后，水中余氯较高，可以将产量调低；如果余氯不够，可以加大产量。

（3）计量泵流量可通过调节行程和运行频率来实现。行程的调节：计量泵运行时，调节泵后行程调节旋钮即可；频率的调节：设备控制器上有一频率调节按钮，运行时"＋－"调节即可。一般情况下，应固定行程，调节运行频率。

（4）设备的额定产量：每台设备都有其额定产量，可在50%～100%范围内调整，在控制器内根据设备配置的计量泵型号设定计量泵频率上限，保障设备的良好运行参数与原料的转化率。超过此范围则影响设备的良好运行。

6. 设备巡检

设备运行过程中应每隔1～2h巡检一次，巡检包括以下内容：

（1）动力水及投加系统。检查该系统有无跑冒滴漏现象，各阀门开关程度是否正常，压力是否正常，水射器是否运行、颜色是否正常。

（2）设备主机。检查设备有无跑冒滴漏现象；各阀门开关程度是否正常；安全阀关闭情况，尤其发现设备间有较大气味时，应立即检查安全阀，如安全阀打开，应及时复位，保证发生器在真空状态下的正常反应；反应器及水套液位是否在正常范围内；设备有无异响，有异响应立即停机检查；控制器及各参数是否正常，有无报警等。

（3）供料系统检查。检查该系统有无跑冒滴漏现象；各阀门开关程度是否正常；原料罐是否缺料；过滤器是否通畅，如有堵塞，应及时清理；计量泵进口管有没有气体，若有，要及时排出；计量泵运行是否正常，包括声音、震动、温度等；计量泵的频率、行程是否在设定值；背压阀是否正常，有没有背压过大进不去料或背压过小形成抽吸原料的现象，如有，应停机进行故障排除。

7. 停机

（1）短时间停机。短时间关停指的是少于24h，在维护检修或故障处理的时候的操作。

1）关停时，应提前 30～50min 关闭计量泵电源，停止计量泵加料，关闭所有化学原料供给管线上的阀门，这将使整个系统处于真空状态，水射器将设备中的仍继续反应生成的二氧化氯气体尽量抽尽，减少关机时滞后反应所产生气体外溢。

2）停料 30～60min 后，观看水射器吸入口二氧化氯的颜色很淡时，设备中反应残余的二氧化氯气体已经很少后，关闭动力水，水射器停止工作，设备停止运行。

3）关闭动力水阀，关闭电源后设备即关机。

4）重新开机前应进行开机前的简要检查。

（2）长时间关停发生器。设备不运行超过 24h 系统就要关停，如在一个季节的检修过程。

1）先按短时间停机程序停机。

2）管路冲洗：卸开氯酸钠供给线上的 PE 软管，将此连接管浸入到干净的温和的水储罐中，用水充当原料让发生器运行至少 4min。

3）盐酸供给管线的冲洗同 2）的操作。

4）打开发生器底部的反应室排污阀，排干反应室中的反应液，同时加少许碱液中和，一同排放到地沟或污水管道中。打开发生器底部的加热水套排放阀，排干水套中的热水，排放时注意不要溅到身体或皮肤上，防止由于水温过高造成的烫伤。

5）打开动力水管线中的导淋，将其中的水排出、排干。

6）重新开机前应按照开机程序进行开机。

8. 设备维护保养

设备维护保养的内容包括设备清洗（运行状态下的清洗、整机清洗、加热水套清洗）、过滤器的清理、计量泵的维护、水射器的清洗、PVC 管道系统和连接件的检查，以及计量泵软管的更换等。详细情况参见二氧化氯发生器使用说明书（操作规程）。

9. 注意事项

（1）设备所用原料氯酸钠和盐酸应分开单独存放。氯酸钠和盐酸（浓度 31％）应符合国家标准的要求。严禁使用废酸，尤其是内含有机物、油脂及氢氟酸的工业副产酸。

（2）计量泵停止供料，应使水射器继续工作 1h 以上，使反应器内的二氧化氯气体充分抽空，以免气体从进水管溢出。

（3）二氧化氯发生器运行过程中，加强对动力水压力的检查，保证其安全稳定运行。如动力水源突然停水，应立即关闭计量阀门。

（4）设备温控水箱应经常补水，以防损坏加热器，控制器设有保护装置，当水箱水位低于设定值时，控制柜上故障灯亮，应立即补水。

（5）定期清理反应器内的沉淀物，如发现反应器液位管液位显示超过正常界限，则说明沉淀物过多，应立即冲洗，并检查原料的质量。计量泵管、水射器在原料含有杂质的情况下易堵塞，应注意清理疏通。

（6）当设备不用时，请将加热水和反应液分别从排水阀和排污阀放掉，以防温度低于0℃时结冰，损坏设备。若设备间歇使用，为防止加热水和反应液结冰，可保持温控箱持续工作。

（四）二氧化氯消毒运行中常见故障处理

二氧化氯发生器运行中的常见故障主要有设备进气口无负压、计量泵故障、不产气或产气量不足、防爆塞开启、控制器故障、设备突然停机等。这些故障的原因及处理措施见表2-6。

表2-6　　　　　　　　　　二氧化氯发生器常见故障原因及处理措施

序号	故障现象	故 障 原 因	处 理 措 施
1	设备进气口无负压	1. 动力水压力达不到设定要求； 2. 水射器损坏； 3. 单向阀堵塞； 4. 安全塞打开； 5. 设备进气口结晶堵塞； 6. 设备进气口管道室外部分堵塞； 7. 设备内部封头部位有损伤	1. 提高动力水压力； 2. 检查更换水射器； 3. 清理疏通单向阀； 4. 盖好安全塞； 5. 疏通设备进气口； 6. 疏通设备进气口室外管道部分； 7. 检查更换内部封头
2	设备控制器有加热显示但温度不上升	1. 加热管损坏； 2. 固态继电器损坏； 3. 加热管电源线没接好	1. 检查更换加热管； 2. 更换继电器； 3. 检查接好电源线
3	控制器显示超温	1. 固态继电器损坏； 2. 温度传感器损坏	1. 更换继电器； 2. 更换温度传感器
4	控制器显示超温但温度继续上升	1. 固态继电器损坏； 2. 控制器故障	1. 更换继电器； 2. 检查修复控制器
5	计量泵有电源显示但不工作	1. 控制器无输出； 2. 计量泵未调到自动页面； 3. 计量泵频率线接反； 4. 光耦损坏	1. 检查更换控制器； 2. 将计量泵打到自动； 3. 调整计量泵频率线； 4. 更换光耦
6	计量泵工作但不打料	1. 原料罐出料口或管道过料器堵塞； 2. 计量泵入口堵塞； 3. 计量泵隔膜老化或损坏； 4. 背压阀不通	1. 清理疏通原料罐出口管线； 2. 检查疏通计量泵入口； 3. 更换计量泵隔膜； 4. 检查背压阀
7	设备产气量不足或不产气	1. 设备有堵塞的地方； 2. 背压阀老化或损坏，导致进药量不平衡； 3. 原料不符合要求； 4. 配料不符合要求（浓度低）； 5. 原料罐吸料软管不畅通或有气塞现象； 6. 原料罐的过滤器堵塞； 7. 水射器堵塞或损坏； 8. 计量泵不供料，或供料不平衡； 9. 安全口打开； 10. 温度低	1. 清洗； 2. 校正、清洗、更换； 3. 更换为符合要求的原料； 4. 更换为符合要求的原料； 5. 清洗、更换、排气； 6. 清洗、更换； 7. 清洗、更换； 8. 检查计量泵、清洗泵头更换膜片； 9. 将安全塞放回安全口； 10. 检查加热系统

序号	故障现象	故 障 原 因	处 理 措 施
8	防爆塞开启	1. 动力水压力低； 2. 投药点阀门开关错误； 3. 水射器不射流； 4. 输送管路太远，水射器后的管路太多； 5. 背压阀产生直流现象，原料进入反应室过量	1. 调整动力水压力； 2. 检查系统排除； 3. 排除堵塞及气阻现象； 4. 重新更改安装管路； 5. 观察原料罐及计量泵排除故障

三、氯胺消毒

（一）氯胺消毒机理

氯胺消毒是利用在水中投氯后产生的次氯酸与加入的氨反应生产一氯胺或二氯胺来进行消毒的。

氯胺消毒作用缓慢、杀菌能力比自由氯弱。但氯胺消毒的优点是：当水中含有有机物和酚时，氯胺消毒不会产生氯臭和氯酚臭，同时大大减少 THMs 产生的可能；能保持水中余氯较久，适用于供水管网较长的情况。不过，因杀菌力弱，单独采用氯胺消毒的水厂很少，通常作为辅助消毒剂以抑制管网中细菌再繁殖。

（二）氯胺消毒运行管理要点

（1）人工投加的氨可以是液氨、硫酸铵或氯化铵。水中原有的氨也可利用。硫酸铵或氯化铵应先配成溶液，然后再投加到水中。

（2）液氯和氨的投加量视水质不同而有不同比例。一般采用氯：氨＝3∶1～6∶1。当以防止氯臭为主要目的时，氯和氨之比小些；当以杀菌和维持余氯为主要目的时应大些。

（3）采用氯胺消毒时，一般先加氨，待其与水充分混合后再加氯，这样可减少氯臭，特别当水中含酚时，这种投加顺序可避免产生氯酚恶臭。但当管网较长，主要目的是为了维持余氯较为持久时，可先加氯后加氨。有的以地下水为水源的水厂，可采用进厂水加氯消毒，出厂水加氨减臭并稳定余氯。氯和氨也可同时投加。有资料认为，氯和氨同时投加比先加氨后加氯，可减少有害副产物（如三氯甲烷和氯乙酸等）的生成。

（4）采用氯胺消毒时，与水的接触时间不小于 2h。

（5）加氨机有真空投加和压力投加两种，压力投加设备的出口压力应小于 0.1MPa。选择投加设备时应考虑如何有利于防止投加点结垢。

四、紫外线消毒

（一）紫外线消毒机理及特性

紫外线（UV）消毒是一种物理方法，利用紫外线的杀菌作用对水进行消毒。它是用紫外灯照射流过的水，以照射能量的大小来控制消毒效果，如图2-51所示。

（a）管式消毒器　　　　　　　　　　　　（b）明渠式消毒

图2-51　紫外线消毒装置与消毒过程

紫外线消毒的优点是：①杀菌速度快，在一定的辐射强度下一般病原微生物仅需十几秒即可杀灭；②一体化的设备构造简单，容易安装，小巧轻便，水头损失很小，占地少；③运行管理简便，不需向水中投加化学药剂；④产生的消毒副产物少，不存在剩余消毒剂所产生的臭味。

其缺点是：①费用较高，紫外灯管寿命有限；②无持续消毒作用，消毒效果较难控制；③水必须进行前处理，因为紫外线会被水中的许多物质吸收，如酚类、芳香化合物等有机物、某些生物、无机物和浊度；④不易做到在整个处理空间内辐射均匀，有照射的阴影区。

（二）紫外线消毒设备

1. 紫外线灯

水的消毒处理采用人工紫外线光源（即人工汞灯或汞合金灯光源）。人工汞灯利用汞蒸气被激发后发射紫外线。紫外线灯主要分为低压低强度紫外线灯、低压高强度紫外线灯和中压高强度紫外线灯三大类。其中低压低强度紫外线灯适用于给水处理厂和小型污水处理厂；低压高强度紫外线灯处理单位污水所需的紫外灯管数量较少，适用于大中型污水处理厂；中压高强度紫外线则适合于超大型的污水处理厂。按照国家标准，紫外线灯的平均寿命为8000h。

紫外线灯可以采用浸水式或水面式。浸水式消毒效率较高，杀菌效果好，但是设备复杂，而且水中的杂质会使石英管表面结垢，降低紫外线透过灯管传输到水体中的能力，从而影响消毒效果。而水面式则构造简单，但由于持光罩吸收紫外线并有散射，杀菌效果不如前者。

《城市给排水紫外线消毒设备》（GB/T 19837—2005）明确规定了污水处理厂的各消毒标准所对应的有效紫外线消毒剂量需求，为保证达到《城镇污水处理厂污染物排放标准》（GB 18918—2002）中所要求的卫生学指标的二级标准和一级标准的B标准，紫外线的有效剂量即目标剂量应不低于$15mJ/cm^2$；为保证达到《城镇污水处理厂污染物排放标准》（GB 18918—2002）中所要求的卫生学指标的一级标准的A标准，紫外线的有效剂量即目标剂量应不低于 20mJ/cm^2。

2. 紫外线消毒设备

紫外线消毒设备分为管式消毒设备和明渠式消毒设备两大类（图 2-51）。其中管式消毒设备多用于给水消毒，明渠式消毒设备多用于污水消毒。

（1）管式消毒设备。管式消毒设备在管段中设置多只紫外灯管，中小型设备的紫外灯管与水流方向平行，大型设备的紫外灯管与水流方向垂直，紫外灯管可以拆出检修。

（2）明渠式消毒设备。明渠式紫外线消毒系统主要由紫外灯模块、模块支架、配电中心、系统控制中心、清洗系统、水位监测等组成。明渠式消毒设备（图 2-52）在渠道中设置众多紫外灯管，一般由几只灯管构成一个组件并挂在渠中，再由多个组件在渠道中排列，构成消毒渠段。紫外灯管组件可以垂直取出拆卸检修。为了保证稳定的浸没水位，消毒渠道后设置水位控制设施，如溢流堰等。

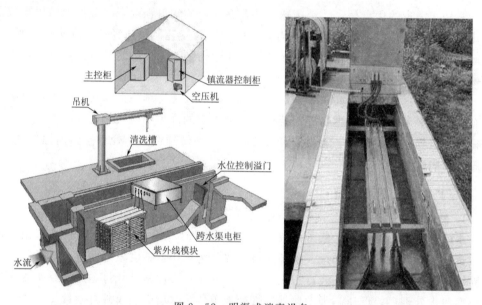

图 2-52 明渠式消毒设备

由于紫外线在水中的照射深度有限（水层深度为 0.65~1m），紫外灯管必须在整个过水断面中均匀排列。对于低压低强度紫外线灯管，灯间距一般只有几厘米，其间距与待处理的水质有关。消毒设备的结构应使水流在纵向的流动为推流，避免水流出现短路。由于紫外线光照强度在设备中的分布是不均匀的，因此应在横断面上保持一定的紊流，使水流在流经整个设备时受到的光照均匀。

（三）紫外线消毒工艺的运行与管理

紫外线消毒器运行管理应注意以下事项：

（1）为保证杀菌效果，根据紫外线杀菌灯的寿命和光强衰减规律，当使用至紫外灯管标记寿命的 3/4 时即应更换灯管。

（2）开机后应经常观察产品的窥视孔，以确保紫外灯管处于正常工作状态。

（3）勿直视紫外光源。暴露于紫外灯下工作时应穿防护服、戴防护眼镜。为防止长时间开机后局部臭氧浓度过高，紫外消毒器工作的房间应加强通风。

（4）未放空水的紫外消毒器再次启用时应先点亮 5min 后再通水，以便首先对消毒器内部和存水消毒。

（5）定期进行机械清洗和化学清洗。由于光化学作用，长期使用后，紫外光消毒器的石英玻璃套管与水接触部分会结垢。可按厂家说明，小心取出石英套管，用适量的清洗剂清洗除垢或用紫外线消毒设备的专门清洗设施。给水厂紫外线消毒设备大约每月清洗一次，污水处理厂大约每周清洗一次，一段时间后还需进行化学清洗。

五、臭氧消毒

臭氧作为消毒剂的主要优点是不会产生三氯甲烷等消毒副产物，且杀菌和氧化能力均比氯强。但是臭氧在水中不稳定、易消失，往往通过投加少量氯、二氧化氯或氯胺以维持水中剩余消毒剂。因此，臭氧单独作为消毒剂使用的比较少，目前更多的是把臭氧作为氧化剂，以氧化去除水中有机污染物。

臭氧消毒或氧化系统一般由气源系统、臭氧发生系统、臭氧-水的接触反应系统、尾气处理系统等组成（图 2-53）。

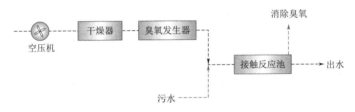

图 2-53　臭氧消毒工艺流程

（1）气源系统。气源制备一般可采用空气处理、液态纯氧蒸发和现场纯氧制备等方法。当用空气作气源时，包括无油空气压缩，冷却器，冷冻、冷凝装置，过滤净化及稳压、减压装置，空气吸附、干燥及干燥剂再生装置等。

（2）臭氧发生系统。臭氧发生系统主要包括臭氧发生器、供电设备（调压器、升压变压器、控制设备等）及发生器冷却设备（水泵、热交换器等）。

臭氧的生产方法主要是无声放电法。臭氧是在现场用空气或纯氧通过臭氧发生器高压产生的，如图 2-54 所示。如以空气作气源，臭氧生产系统应包括空气净化和干燥装置，以及鼓风机或空气压缩机等，所产生的臭氧化空气中臭氧含量一般为 2%～3%。以纯氧作为气源，臭氧生产系统应包括纯氧制取设备，所生产的是纯氧-臭氧混合气体，其中臭氧含量约达 6%（重量比）。

图 2-54　大型臭氧发生器

（3）臭氧-水的接触反应系统。用于水的臭氧化处理，包括臭氧扩散装置和接触反应池。

臭氧扩散装置主要有微气泡扩散器、吸气式涡轮扩散器、带有接触填料的密闭式接触柱以及吸气式水射器扩散接触器，给水处理中常采用微气泡扩散器和吸气式涡轮扩散器。臭氧的生产成本很高，为了提高污水中臭氧的利用率，接触反应池水深约为5～6m，或建成封闭的多个串联的接触池。

（4）尾气处理系统。从水与臭氧接触装置排出的臭氧化空气的尾气中，仍含有剩余臭氧。其含量与所处理水水质、臭氧投加量、接触时间、臭氧化气的浓度及水温、pH 值有关。臭氧尾气处理系统用以处理接触反应池排放的残余臭氧，达到环境允许的浓度。目前常用的方法包括回用法、加热分解和催化分解等。

臭氧除可以利用其强氧化作用杀灭细菌和病毒外，还能有效地去除水中的色、臭、味和有机物，脱色效果明显优于氯和活性炭。因为水处理中臭氧的投加量有限，不能把有机物完全分解成二氧化碳和水，其中间产物仍存在水中。经过臭氧氧化处理，水中有机物上增加了羧基、羟基等，其生物降解性得到大大提高，如不加以进一步处理，容易引起微生物的繁殖。

臭氧消毒比较迅速，一般接触时间为 15min。臭氧消毒后，应维持剩余臭氧量在0.4mg/L 以上。

视频2.2.5 ▶
消毒工艺运行
与管理

课件2.2.5
消毒工艺运行
与管理

【任务实施】

一、实训准备

（1）给水处理仿真实训软件（东方仿真公司或其他公司）。

（2）仿真软件说明书。

（3）待处理原水、次氯酸钠溶液、漂白粉或漂白精。

（4）余氯测定仪、分光光度计等。

二、实训内容及步骤

1. 给水处理消毒工艺仿真实训

利用给水处理仿真实训软件，完成消毒工艺（液氯消毒、氯胺消毒等）的培训项目，包括消毒工艺的启动运行、工艺调节、停车以及细菌总数超标、出水余氯低、出水余氯高、发生氯气泄漏事故等。学生需要掌握消毒工艺的操作规程，能分析并解决运行中的常见故障，确保出厂水质达标。

2. 消毒工艺实训

（1）消毒剂中有效氯含量的测定。按照《生活饮用水标准检验方法》（GB/T 5750.11—2006）中消毒剂指标氯消毒剂中有效氯的测定方法（碘量法）测定次氯酸钠溶液、漂白粉或漂白精的有效氯含量。

（2）取一定体积的原水，先确定消毒剂的投加量（1.0～1.5mg/L），根据测得的消毒剂的有效氯含量，计算消毒剂的用量。然后将消毒剂投加到原水中，反应一定时间后，测定按照《生活饮用水标准检验方法 消毒剂指标》（GB/T 5750.11—2006）中游离余氯的测定方法（DPD 分光光度法）测定余氯含量，并评价是否满足要求。

三、实训成果及考核评价

（1）给水处理仿真软件培训及考核成绩。

（2）消毒剂中有效氯含量的测定实训报告。

（3）消毒剂用量的计算及余氯含量的测定实训报告。

【思考与练习题】

（1）简述目前给水处理的常见消毒方法。

（2）简述液氯消毒的工艺流程。

（3）给水处理中，液氯的投加量如何确定？其范围如何？

（4）氯消毒的注意事项有哪些？

（5）液氯消毒的设备有哪些，其构造如何？

（6）液氯消毒的运行中经常出现的故障有哪些？试提出解决这些故障的措施。

（7）简述二氧化氯制备方法中的盐酸法的原理。

（8）二氧化氯消毒和氯消毒的区别是什么？哪种方法更有发展前景？说明理由。

（9）简述二氧化氯消毒的工艺流程。

（10）试述二氧化氯发生器启动、运行、停车的操作规程。

（11）简述如何调节二氧化氯发生器的产量。

（12）二氧化氯发生器运行中的常见故障有哪些？试提出解决对策。

任务六　其他净水构筑物运行与管理

【任务引入】

净水构筑物除包括絮凝池、沉淀池、滤池或澄清池之外，还有清水池、一级泵房（吸水井）、二级泵房等。清水池是给水系统中调节水厂均匀供水和满足用户不均匀用水的调蓄构筑物。二级泵房的作用是将处理厂清水池中的水输送（一般为高扬程）到给水管网，以供应用户需要。

本任务要求学生掌握清水池和二级泵房的结构特征、运行管理要点，能判断、分析并处理泵房运行异常。

【相关知识】

一、清水池

清水池是给水系统中调节水厂均匀供水和满足用户不均匀用水的调蓄构筑物，如图 2-55 所示。由于每座供水厂的供水能力与水厂总平面布局不同，水厂清水池的数量、容量、平面尺寸、深度及结构类型不同，但其施工方法与要求是相通和类似的。清水池一般由池体、进水管、出水管、溢流管、放空管、通风孔、检修孔、平衡孔等组成。

图 2-55　清水池

清水池运行管理与维护的主要内容如下：

（1）严格控制清水池的水位，严禁超上、下限（最高、最低水位）运行；清水池必须安装在线式液位仪，且保证液位仪的准确性。

（2）清水池阀门等设备应定期维护保养，保证动作正常。每月对阀门检修一次，每季对长期开和关的阀门操作一次。

（3）汛期应保证清水池四周的排水畅通，并对溢流口采取保护措施，防止雨水倒流和渗漏。

（4）清水池及周围不得堆放污染水质的物品和杂物。

（5）清水池应定期（1~2年）排空清洗一次，清洗人员须持有健康证，清洗完毕并经消毒合格后方可重新投入使用。

（6）清水池清洗时要检查清水池结构，确保清水池无渗漏。

（7）每1~2年对水池内壁、池底、池顶、通气孔、液位仪、伸缩缝等检修一次，并检修阀门，铁件做防腐处理一次。

动画2.10
离心泵工作原理

图2-56 二级泵房

二、二级泵房

自来水厂通常要设两个泵房，分别称为一级泵房（吸水井）和二级泵房。一级泵房的作用是将江河水抽取至水厂（通常水不会自动流到水厂）。二级泵房是将清水池的水输送至城市给水管网，最后流至用户，如图2-56所示。

（一）离心泵的运行与管理

1. 离心泵工作原理

离心泵是利用叶轮旋转而使水产生的离心力来工作的。水泵在启动前，必须使泵壳和吸水管内充满水，然后启动电机，使泵轴带动叶轮和水做高速旋转运动；水在离心力的作用下，被甩向叶轮外缘，经蜗形泵壳的流道流入水泵的压水管路；水泵叶轮中心处由于水在离心力的作用下被甩出后形成真空，吸水池中的水便在大气压力的作用下被压进泵壳内；叶轮通过不停地转动，使得水在叶轮的作用下不断流入与流出。

2. 离心泵类型和构造

离心泵由叶轮、泵壳、泵轴、轴承、减漏环、轴封装置、联轴器等组成，如图2-57所示。按照叶轮数量的不同可分为单级离心泵和多级离心泵，多级离心泵用于扬程较高的场合；按照吸水口的数量可分为单吸式离心泵和双吸式离心泵，其中双吸式用于水量较大的场合；而按照安装方向则可分为卧式离心泵和立式离心泵。

（1）叶轮。叶轮由叶片、盖板和轮毂组成，可由铸铁、铸钢和青铜组成。叶轮有封闭式、半开式、敞开式三种。清水泵一般采用封闭式叶轮，以提高流量和扬程；污水泵采用封闭式叶轮单槽道或双槽道，以防止杂物堵塞；砂泵多采用半开式或敞开式结构，以防止砂粒对叶轮的磨损及堵塞。

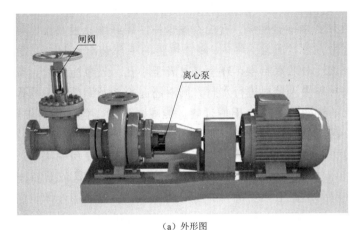

（a）外形图

（b）组装零件图

图 2 - 57　离心泵构造

（2）泵壳。泵壳由泵盖和泵体组成。泵体包括泵的吸入口、蜗壳形通道和泵的出水口。泵体顶部设有放气或加水的螺孔，以便在水泵启动前用来抽真空或灌水。泵体底部设有放水螺孔，当停止用泵时，泵内的水由此放出，以防冻和防腐。

（3）泵轴。泵轴是用来带动叶轮旋转的。泵轴的直度要求非常高。泵轴一端用键、叶轮螺母和外舌止退圈固定叶轮，另一端装联轴器与电机或者其他原动机相连。

（4）轴承。轴承用以支持转动部分的重量以及承受运行时的轴向力及径向力。卧式泵以径向力为主，立式泵以轴向力为主。有的大型泵为了降低轴承温度，在轴承上安装了轴承降温水套，用循环的净水冷却轴承。轴承可分为滑动轴承和滚动轴承。

（5）减漏环。减漏环又称密封环。在转动的叶轮吸入口的外缘与固定的泵体内缘存在一个间隙，是水泵内高低压的一个界面。这个间隙如果过大，则泵体内高压水便会经过此间隙回漏到叶轮的吸水侧，从而降低水泵的效率。为了保护叶轮和泵体，同时为了减少漏水损失，在叶轮的吸入口与泵体的同一部位安装减漏环。减漏环有单环型、双环型和双环迷宫型三种。

（6）轴封装置。在轴穿出泵盖处，为了防止高压水通过转动间隙流出及空气流入泵内，必须设置轴封装置。轴封装置有填料盒密封和机械密封。

1）填料盒密封。填料盒密封是国内水泵使用比较广泛的一种轴封装置。填料又称盘根，常用的有浸油石棉盘根、石棉石墨盘根、碳纤维盘根及聚四氟乙烯盘根。盘根的断面大部分为方形，通常为 4～6 圈，填料的中部装有水封环，是一个中间凹外圈凸起的圆环，该环对准水封管，环上开有若干小孔。当泵运行时，泵内的高压水通过水封管进入水封环渗入填料进行水封，同时还起冷却及润滑泵轴的作用。填料压紧的程度用压盖上的螺丝来调节。压得过紧，能减少泄漏，但填料与轴摩擦损失增加，消耗功率也大，甚至发生抱轴现象，使轴过快磨损；压得过松，则达不到密封效果。应保持密封部位每分钟 25～150 滴水为宜，具体应参考泵使用说明书。

2）机械密封。机械密封又称端面密封。机械密封主要是依靠液体的压力和压紧元件的压力，使密封端面上产生适当的压力和保持一层极薄的液体膜而达到密封的目的。机械密封由动环、静环、压盖、密封圈、弹簧等组成。

3. 离心泵运行管理要点

（1）离心泵的启动。离心泵在启动时应注意以下事项：

1）检查清水池或吸水井水位是否适于开机。

2）检查进出水手动阀门是否开启，出水电动阀门是否关闭。

3）检查轴承油位，确保轴承润滑。

4）真空引水正常，泵内注水形成真空。

5）按水泵机组《生产设备操作规程》开启水泵。

6）当水泵运行平稳时，打开真空表与压力表上的阀门，待压力表读数上升至零流量时的空转扬程时，表示水泵已经上压，同时真空表应显示正常，然后缓慢开启出水阀，调节压力和流量。

（2）离心泵运行时的注意事项。运转过程中必须观察仪表读数、轴承温度、水泵密封是否漏水、水泵振动和声音等是否正常，发现异常情况应及时处理。

（3）停泵时应符合下列规定。

1）停泵前应先关出水电动阀或止回阀后关泵，防止停泵水锤。

2）环境温度低于 0℃时要注意水泵防冻保护，防止水泵冻裂。

（4）流量调节。离心泵的流量调节方法主要有以下几种：

1）调节出水阀门开度。增大出水阀门开度可提高流量、降低扬程；反之亦然。

2）调节转速（频率）。对于变频泵，增加频率可提高泵流量和扬程。

3）泵的并联。需要增加水量时，可多开一台泵；反之亦然。

4）换泵。通过大泵、小泵轮换来调整流量，比如用水量降低时可将大泵换为小泵。

4. 离心泵的日常维护要点

（1）及时补充润滑油或润滑脂。

（2）随时调整填料压盖松紧度。

（3）及时更换新填料。

（4）注意监测水泵振动情况。

（5）检查阀门填料。

（6）注意各个仪表有无异常情况，如有则及时更换。

（7）保养设备外部零件。

（8）保持设备及室内外环境卫生。

5. 离心泵运行常见故障分析及处理措施

离心泵运行常见故障分析与处理措施见表2-7。

表2-7　　　　　　　　　离心泵运行中常见故障分析及处理措施

故　障	产　生　原　因	处　理　措　施
启动后水泵不出水或出水不足	1. 泵壳内有空气，灌泵工作没做好； 2. 吸水管路及填料有漏气； 3. 水泵转向不对； 4. 水泵转速太低； 5. 叶轮进水口及流道堵塞； 6. 底阀堵塞或漏水； 7. 吸水井水位下降，水泵安装高度太大； 8. 减漏环及叶轮磨损； 9. 水面产生漩涡，空气带入泵内； 10. 水封管堵塞	1. 继续灌水或抽气； 2. 堵塞漏气，适当压紧填料； 3. 对换一对接线，改变转向； 4. 检查电路，是否电压太低； 5. 揭开泵盖，清除杂物； 6. 清除杂物或修理； 7. 核算吸水高度，必要时降低安装高度； 8. 更换磨损零件； 9. 加大吸水口淹没深度或采取防止措施； 10. 拆下清通
水泵开启不动或轴功率过大	1. 填料压得太死，泵轴弯曲，轴承磨损； 2. 多级泵中平衡孔堵塞或回水管堵塞； 3. 靠背轮间隙太小，运行中二轴相顶； 4. 电压太低； 5. 实际液体的比重远大于设计液体的比重； 6. 流量太大，超过使用范围太多	1. 松一点压盖，矫直泵轴，更换轴承； 2. 清除杂物，疏通回水管； 3. 调整靠背轮间隙； 4. 检查电路，向电力部门反映情况； 5. 更换电动机，提高功率； 6. 关小出水闸阀
水泵机组振动和噪声	1. 地脚螺栓松动或没填实； 2. 安装不良，联轴器不同心或泵轴弯曲； 3. 水泵产生气蚀； 4. 轴承损坏或磨损； 5. 基础松软； 6. 泵内有严重摩擦； 7. 出水管存留空气	1. 拧紧并填实地脚螺栓； 2. 找正联轴器不同心度，矫直或换轴； 3. 降低吸水高度，减少水头损失； 4. 更换轴承； 5. 加固基础； 6. 检查咬住部位； 7. 在存留空气处，加装排气阀
轴承发热	1. 轴承损坏； 2. 轴承缺油或油太多（使用黄油时）； 3. 油质不良，不干净； 4. 轴弯曲或联轴器没找正； 5. 滑动轴承的甩油环不起作用； 6. 叶轮平衡孔堵塞，使泵轴向力不能平衡； 7. 多级泵平衡轴向力装置失去作用	1. 更换轴承； 2. 按规定油面加油，去掉多余黄油； 3. 更换合格润滑油； 4. 矫直或更换泵轴，找正联轴器； 5. 放正油环位置或更换油环； 6. 清除平衡孔上堵塞的杂物； 7. 检查回水管是否堵塞，联轴器是否相碰，平衡盘是否损坏
电动机过载	1. 转速高于额定转速； 2. 水泵流量过大，扬程低； 3. 电动机或水泵发生机械损坏	1. 检查电路及电动机； 2. 关小闸阀； 3. 检查电动机及水泵
填料处发热、渗漏水过少或没有	1. 填料压得太紧； 2. 填料环装的位置不对； 3. 水封管堵塞； 4. 填料盒与轴不同心	1. 调整松紧度，使滴水呈滴状连续渗出； 2. 调整填料环位置，使它正好对准水封管； 3. 疏通水封管； 4. 检修，改正不同心地方

6. 离心泵异常情况的应急处理

当离心泵发生异常情况，可能需要应急处理，其措施如下：

（1）水泵运行中出现下列情况之一时，<u>应立即停机</u>。

1）水泵不吸水。

2）突然产生极强烈的振动或杂音。

3）轴承温度过高或轴承烧毁。

4）冷却水进入轴承油箱。

5）水泵发生断轴故障。

6）机房管线、阀门、止回阀之一发生爆破，大量漏水。

7）水锤造成机座移位。

8）发生不可预见的自然灾害，危及设备安全。

（2）水泵运行中出现下列情况之一时，可先开启备用机组而后停机。

1）泵内有异物堵塞使机泵产生较大振动或杂音。

2）机泵冷却、密封管路堵塞经处理无效。

3）密封填料经调节填料压盖无效，仍发生过热或大量漏水。

4）泵进口堵塞，出水量明显减少。

5）发生严重气蚀，短时间调节阀门或水位无效。

（二）二级泵房的运行维护

（1）真空引水泵系统应保持正常状态，以保证水泵启动时的真空形成，真空未形成，不得启动水泵。

（2）水泵运行中，水泵进水水位（吸水井水位）不应低于规定值。

（3）进水手动阀门、出水手动阀门、出水电动阀门、泵出口压力表、水泵、电机、配电系统、变频器、引真空系统、排水系统应定期维护检查，确保可用。

（4）二级泵房的相关设备出现故障时，生产运行人员及时填写"设备异常情况记录单"，并立即通知技术负责人。

（5）要关注二级泵房地面有无积水，及时开启排水泵，自动排水泵无法正常排水时，采用人工排水措施，防止二级泵房受涝。

（6）及时监控管网水量和水压的情况，及时调整工艺参数，以满足用户对水量和水压的要求。可以调节水泵的转速、出口阀的开度、水泵的开启台数等。比如管网压力低时，可以采取提高水泵的转速（频率）、减小出口阀的开度、小泵换大泵或多开1台泵等措施。

【任务实施】

一、实训准备

（1）给水处理仿真实训软件。

（2）仿真软件说明书。

（3）离心泵实验装置，包括离心泵、水箱（有液位计）、进出口阀门、流量计、

课件2.2.6-1
其他净水构筑
物运行与管理

视频2.2.6-1
关于泵的介绍

视频2.2.6-2
泵的常见
故障处理

课件2.2.6-2
关于泵的介绍

课件2.2.6-3
泵的常见
故障处理

压力表、真空表、真空泵等。

二、实训内容及步骤

1. 给水处理工艺仿真实训

利用给水处理仿真实训软件，完成取水泵站、送水泵站、用户管网的相关培训项目，包括离心泵的启动运行、工艺调节、停车以及清水池液位高（低）、出水管压力低、出水管压力高、管网压力低、取（送）水泵故障、离心泵气蚀、取（送）水泵房液位高等。学生需要掌握离心泵的操作规程，能分析并解决运行中的常见故障，确保出厂水流量、水压符合要求。

2. 离心泵装置实训

（1）按照设备安装图纸，完成离心泵装置中离心泵、管道、阀门、流量计、压力表、真空表、膨胀节等的连接。

（2）根据设备操作规程，进行离心泵的检漏、启动运行、工艺调节、停车等操作，记录相关数据填写运行记录，并排除运行中的故障。

三、实训成果及考核评价

（1）给水处理仿真软件培训及考核成绩。

（2）离心泵装置实训报告。

【思考与练习题】

（1）简述清水池运行管理要点。

（2）简述二级泵房运行管理要点。

（3）离心泵在启动、停车时应注意哪些问题？

（4）离心泵流量调节的方法有哪些？如何提高离心泵流量？

（5）离心泵运行中经常遇到的故障有哪些？如何解决这些故障？

（6）水厂出水管压力高或压力低时应该如何处理？管网压力低时应采取什么措施？

子项目三 特殊水处理工艺运行与管理

对于特殊水源水的处理，应在常规给水处理工艺的基础上，根据水质的实际情况，确定合适的处理工艺，下面介绍几种特殊水处理工艺。

任务一 高浊度水给水处理

【任务引入】

水中含有泥土、粉砂、微细有机物、无机物、浮游生物等悬浮物和胶体物都可以使水质变的浑浊而呈现一定浊度，影响水体透光度。而浊度较高、有清晰沉降界面的高浊度水，其含沙量一般大于 $10kg/m^3$，如若不进行预处理，将会增加后期构筑物的负担，加大后期工艺的处理难度，甚至会导致水质不达标。

本任务要求了解高浊度水以及泥沙沉降的特点，熟悉高浊度水的处理工艺，能进行高浊度水处理工艺的运行维护，并掌握含沙量测定方法。

【相关知识】

一、高浊度水的工艺流程

高浊度水（图 2-58）系指浊度较高、有清晰的界面、分选沉降的含砂水体。其含沙量一般为 $10\sim100kg/m^3$。高浊度水处理流程与常规水处理流程的主要差别，在于高浊度水需要根据水中含沙量设置调蓄水池、沉砂池和预沉池，完善沉淀（澄清）工艺（图 2-2 和图 2-59）。

图 2-58 高浊度进水

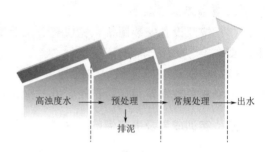

图 2-59 高浊度水处理工艺流程简图

高浊度水的工艺流程一般分为一级沉淀（澄清）和二级沉淀（澄清）两种。

（1）一级沉淀（澄清）流程。适用于以下条件：①出水浊度允许大于 50mg/L；②设计最大含沙量小于 $40kg/m^3$；③允许大量投加聚丙烯酰胺的生产用水工程；④投加聚丙烯酰胺剂量小于卫生标准的生活用水工程；⑤有备用水源的工程。

（2）采用二级沉淀处理流程应符合下列条件：①出水浊度要求小于 20mg/L；②取水河段最大含沙量大于 $40kg/m^3$；③供有生活饮用水，净化所需投加的聚丙烯酰胺剂量超过卫生标准规定剂量；④无备用水源的工程。

二、高浊度水处理运行控制与管理

高浊度水处理运行控制与管理可参照常规处理的相关内容，重点是做好预沉池、沉砂池的运行管理，其他按常规处理的管理要点执行。需要注意的是第一级沉淀构筑物的运行管理，方式如下：

（1）砂峰持续时间不长，可在高浊度水期间投加聚丙烯酰胺进行凝聚沉淀，其他时间进行自然沉淀。

（2）砂峰持续时间较长，可采用自然沉淀或投加聚丙烯酰胺的凝聚沉淀。

（3）当河段砂峰超过设计含沙量的持续时间较长，或因断流、脱流、封冻等原因不能取水的持续时间较长时，应使用清水或浑水调蓄水池，以确保供水保证率。

【任务实施】

一、实训准备

（1）准备水样、土壤、烘箱、量筒、天平等。

视频2.3.1 ▶

高浊度水给水处理

课件2.3.1 ▣

高浊度水给水处理

（2）浊度测定仪。

二、实训过程

（1）在 1L 水样中加入适量的土壤，使水样浊度为 400～500 NTU。

（2）用烘干法测定水样含沙量，取一定量水样，测其原重和烘干后的重量，计算出含沙量。

（3）将加入土壤的水样混合均匀，静置沉降 5min、10min、15min、20min、30min、45min、60min 后，取样测定上清液浊度，绘制浊度去除率随沉降时间和沉降速度变化的曲线。

三、实训成果

（1）水样含沙量的测定实训报告。

（2）高浊度水沉降实验报告，给出比较适宜的沉降时间和沉降速度，要求满足剩余浊度的要求。

【思考与练习题】

（1）什么是高浊度水？

（2）简述高浊度水二级沉淀流程。

（3）高浊度水处理在运行中的注意事项有哪些？

任务二 含铁、含锰地下水处理

【任务引入】

我国的地下水资源比较丰富，其中不少含有过量的铁和锰，称为含铁、含锰地下水。水中含有过量的铁和锰，将给生活饮用及工业用水带来很大危害。水中铁含量大于 0.3mg/L 时水变浊，超过 1mg/L 时，水具有铁腥味；当锅炉、压力容器等设备以含铁量较高的水作为介质时，常造成其发生变形、爆管事故，《生活饮用水卫生标准》（GB 5749—2006）规定铁含量小于 0.3mg/L，锰含量小于 0.1mg/L。当原水铁、锰含量超过上述标准时，就要设法进行处理。生产用水是否考虑除铁除锰，应根据用水要求确定。

为保证供水水质安全，必须熟悉地下水除铁、除锰的工艺，并掌握构筑物运行管理要点。

【相关知识】

一、含铁、含锰水处理工艺

我国地下水含铁量一般为 5～15mg/L，有的达 20～30mg/L，超过 30mg/L 者较少见。含锰量多为 0.5～2.0mg/L，但也有部分地区锰含量超过 2.0mg/L。

除铁除锰方法包括自然氧化法、接触氧化法、化学氧化法和离子交换法等（表 2-2）。

地下水除铁除锰一般采用接触氧化法或曝气氧化法。当受到硅酸盐影响时，应采用接触氧化法。

（1）原水只含铁、不含锰时，采用接触氧化法的工艺为原水曝气→接触氧化过滤。

（2）原水含铁同时含锰时，宜采用接触氧化法，其工艺流程根据下列条件确定：

1）当原水含铁量低于 2.0mg/L、含锰量低于 1.5mg/L 时，采用原水曝气→单级过滤除铁除锰。

2）当原水含铁量或含锰量超过上述数值时，应通过试验确定。必要时可采用原水曝气→氧化→一次过滤除铁→二次过滤除锰

3）当除铁受硅酸盐影响时，应通过试验确定。必要时可采用原水曝气→一次过滤除铁（接触氧化）→曝气→二次过滤除锰。应注意除锰滤池前水的 pH 值宜在 7.5 以上，除锰滤池前水的含铁量宜控制在 0.5mg/L 以下。

（3）曝气氧化法的工艺为原水曝气→氧化→过滤。

二、地下水的曝气

1. 气水比的选择和计算

对含铁含锰地下水曝气的要求，有的主要是为了提供溶解氧，有的还要求散除水中的二氧化碳，以提高水的 pH 值，从而有利于后续处理过程。

气水比对曝气效果的影响较大。随着气水比的增大，氧的利用率迅速降低，所以一般气水比不大于 0.2。在曝气散除二氧化碳的过程中，气水比一般不小于 3。这主要是由于参与曝气的空气量有限，所以只能散除水中一部分二氧化碳；随着气水比的增大，二氧化碳的去除率不断升高。

2. 曝气装置

曝气装置应根据原水水质及曝气程度要求而定。含铁、含锰水处理的曝气装置分为气泡式和喷淋式两种。

气泡式是将空气以气泡形式分散于水中，其主要形式有：①水气射流泵曝气装置；②压缩空气曝气装置；③跌水曝气装置；④叶轮表面曝气装置。

喷淋式是将水以水滴或水膜形式分散于空气中，其主要形式有：①莲蓬头或穿孔管曝气装置；②喷嘴曝气装置；③板条式曝气塔；④接触曝气塔；⑤机械通风式曝气塔。各种地下水曝气装置的曝气效果、适用条件及特点见表 2-8。

表 2-8　　　　　　　　地下水曝气装置的曝气效果及适用条件

曝气装置	曝气效果		适 用 条 件			备 注
	溶氧饱和度/%	二氧化碳去除率/%	功 能	处理系统	含铁量	
水气射流泵						
泵前加注	接近于100		溶氧	压力式	<10mg/L	泵壳及压水管易堵
滤池前加注	60~70		溶氧	压力式、重力式	不限	
压缩空气曝气					不限	设备费高，管理复杂

曝气装置	曝气效果		适 用 条 件			备　注
	溶氧饱和度/%	二氧化碳去除率/%	功　能	处理系统	含铁量	
喷嘴式混合器	30～70		溶氧	压力式	不限	水头损失大
穿孔管混合器	30～70		溶氧	压力式	<10mg/L	孔眼易堵
跌水曝气	30～50		溶氧	重力式	不限	
叶轮表面曝气	80～90	50～70	溶氧、去除二氧化碳	重力式	不限	有机电设备；管理较复杂
莲蓬头曝气	50～65	40～55	溶氧、去除二氧化碳	重力式	<10mg/L	孔眼易堵
板条式曝气塔	60～80	30～60	溶氧、去除二氧化碳	重力式	不限	
接触式曝气塔	70～90	50～70	溶氧、去除二氧化碳	重力式	<10mg/L	填料层易堵
机械通风式曝气塔（板条填料）	90	80～90	溶氧、去除二氧化碳	重力式	不限	有机电设备；管理较复杂

三、含铁、含锰水处理构筑物

（一）含铁、含锰水处理滤池池型

滤池类型应根据原水水质、工艺流程、处理水量等因素来选择。

普通快滤池和压力滤池工作性能稳定，滤层厚度及反冲强度的选择有较大的灵活性，是除铁除锰工艺中常用的滤池池型。前者主要用于大、中型水厂，后者主要用于中、小型水厂（图2-60）。

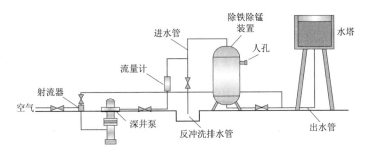

图 2-60　压力滤池除铁除锰工艺流程

此外无阀滤池构造简单、管理方便，也是除铁除锰工艺中常用的滤池池型之一。由于它出水水位较高，在曝气、两级过滤处理工艺中，可作为第一级滤池与普通快滤池（作为第二级滤池）搭配，以减少水的提升次数。

双级压力滤池是较新型的除铁除锰构筑物，它使两级过滤一体化，造价低，管理方便。其上层主要除铁，下层主要除锰，工作性能稳定可靠，处理效果良好，适用于

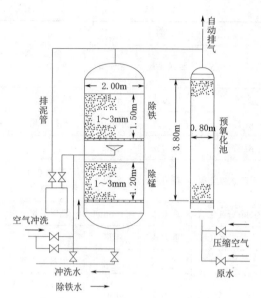

图 2-61 除铁除锰双级压力滤池

原水铁锰为中等含量的中、小型水厂（图 2-61）。

（二）除铁除锰滤池运行与管理

1. 除铁滤池

含铁含锰水处理滤池运行管理和选取的滤池管理方式相同，值得注意的是冲洗的强度和时间。

除铁滤池的滤料一般采用天然锰砂或石英砂。除铁滤池的滤速一般为 5～10m/h，含铁量低时可选用上限，含铁量高时宜选用下限。滤料层厚度应符合下列要求：

（1）重力式滤池：700～1000mm。

（2）压力式滤池：1000～1500mm。

（3）双级压力式滤池：每级厚度为 700～1000mm。

（4）双层滤料：总厚度 700～1000mm，其中无烟煤层 300～500mm，石英砂层 400～600mm。

除铁滤池和除铁锰滤池的工作周期一般为 8～24h。当含铁量高时，可采取以下措施：

（1）采用粒径较均匀的滤料。

（2）采用双层滤料滤池，可延长工作周期约 1 倍。

（3）降低滤速。

滤池的反冲洗，一般以期终水头损失为 1.5～2.5m 为度。其反冲洗的参数见表 2-9。

表 2-9 　　　　　　　　　　除铁滤池滤料及反冲洗

序号	滤料	滤料粒径/mm	冲洗方式	冲洗强度/[L/(s·m²)]	膨胀率/%	冲洗时间/min
1	石英砂	0.5～1.2	无辅助冲洗	13～15	30～40	>7
2	锰砂	0.6～1.2	无辅助冲洗	18	30	10～15
3	锰砂	0.6～1.5	无辅助冲洗	20	25	10～15
4	锰砂	0.6～2.0	无辅助冲洗	22	22	10～15
5	锰砂	0.6～2.0	有辅助冲洗	19～20	15～20	10～15

2. 除锰滤池

除锰滤池运行遵守以下规定：

（1）滤料种类、粒径和滤料层厚度同除铁滤池。

（2）滤速 5～8m/h。

（3）冲洗强度：锰砂滤料时 16～20L/（s•m²），石英砂滤料时 12～14L/（s•m²）。

（4）膨胀率：锰砂滤料时 15％～25％，石英砂滤料时 27.5％～35％。

（5）冲洗时间 5～15min。

【任务实施】

一、实训准备

（1）准备水样、硫酸亚铁、硫酸锰（或氯化锰）、高锰酸钾、次氯酸钠溶液等。

（2）曝气装置、小型锰砂过滤器（普通快滤池、压力滤池等）及其说明书。

（3）原子吸收分光光度计。

（4）铁、锰标准溶液。

（5）实验室常规玻璃仪器。

二、实训内容及步骤

（1）含铁、含锰水的配制。往原水中加入一定量的硫酸亚铁、硫酸锰（或氯化锰），使水中铁含量达到 10mg/L，锰含量达到 1mg/L。

（2）对含铁、含锰水进行曝气氧化或化学氧化，使低价铁、锰氧化成高价铁、锰。

（3）反应一段时间后，按说明书要求调节参数（过滤速度等），将水通入锰砂过滤器过滤除铁除锰，过滤一段时间后按照操作规程进行反冲洗。

（4）采用原子吸收分光光度计或其他方法测定经过滤处理后水中的铁、锰含量，并进行分析。

三、实训成果

（1）含铁、含锰水的配制应满足要求。

（2）含铁、含锰水的氧化、过滤处理实训报告。

（3）滤后水铁、锰含量的分析报告。

【思考与练习题】

（1）我国《生活饮用水卫生标准》（GB 5749—2006）规定铁含量不得超过_____，锰含量不得超过_____。

（2）除铁除锰方法主要有_____、_____、_____、_____四种。

（3）简述除铁除锰工艺流程。

（4）简述含铁、含锰水曝气装置和其适用范围。

（5）含铁、含锰水过滤常用的滤池包括_____、_____、_____、_____。

（6）除铁滤池运行与管理的主要内容有哪些？

任务三　含藻水给水处理

【任务引入】

随着水体富营养化的加剧，藻类及其产生的藻毒素对人类有较大的潜在危害，藻类会妨碍混凝沉淀和过滤所组成的常规水处理工艺的正常运行，甚至降低出厂水水质。一般来说，水库和湖泊水含藻多，应对其进行控制、消除。

本任务要求学习者了解含藻水的特点，掌握含藻水处理工艺流程，能进行气浮工艺的运行管理。

【相关知识】

一、含藻水处理工艺流程

含藻水系指藻的含量大于 100 万个/L，或含藻量足以妨碍由混凝沉淀和过滤所组成的常规水处理工艺的正常运行，或足以使出厂水水质降低的水源水。

含藻水主要是水库和湖泊水，浑浊度大都比较低，水源水质符合《地表水环境质量标准》（GB 3838—2002）Ⅲ类水域水质标准。含藻水处理技术与常规水处理技术的差异主要在于杀藻和除藻。含藻水处理的工艺流程如下：

（1）常规工艺流程为：原水→混合→絮凝→沉淀（澄清）→过滤→消毒。

（2）以富营养型湖泊、水库为水源，且浑浊度常年小于 100NTU 的原水，处理工艺流程可为：原水→混合→絮凝→气浮→过滤→消毒。

（3）以贫-中营养或中-富营养化湖泊、水库为水源，日最大浑浊度小于 20NTU 的原水，处理工艺流程可采用：原水→混合→絮凝→直接过滤→消毒。

二、含藻水处理构筑物及运行管理

（一）处理含藻水的沉淀池和澄清池

（1）为使富营养化湖泊水形成良好的絮凝体，絮凝时间应达到 $20\sim30\text{min}$；絮凝池的 G 值一般为 $10\sim75\text{s}^{-1}$。絮凝池每次排泥应彻底，避免污泥上浮发臭，并应有排除浮渣设施。

（2）平流沉淀池的表面负荷宜为 $1.0\sim1.5\text{m}^3/(\text{m}^2\cdot\text{h})$，水平流速宜为 $5\sim8\text{mm/s}$，沉淀时间宜为 $2\sim3\text{h}$，低浊多藻或水温较低的水，规模较小的沉淀池应采用低表面负荷，沉淀时间采用较高值。

（3）异向流斜管沉淀池的表面负荷一般不大于 $7.2\text{m}^3/(\text{m}^2\cdot\text{h})$。

（4）澄清池清水区上升流速一般不大于 0.7mm/s。

（二）处理含藻水的气浮池

1. 气浮工艺流程

气浮的方法很多，有全溶气加压气浮法、部分溶气加压气浮法、部分回流溶气气浮法等。其中部分回流溶气气浮法是处理含藻水最常使用的方法之一，其工艺流程如图 2-62 所示。经絮凝处理后的原水，从气浮池底部进入，并与溶气释放器释放出的含微气泡水相遇，絮粒与气泡黏附后，即在气浮分离室进行渣、水分离。浮渣定期刮入排渣槽，清水则由集水管引出，进入后续处理构筑物。部分清水则经回流水泵加压，进入压力溶气罐，与空气压缩机等提供的压缩空气混合，在溶气罐内完成溶气过程，并经减压阀将溶气水输送到溶气释放器。

气浮池的形式有平流式气浮池和竖流式气浮池。平流式气浮池目前应用较多。气浮工艺的主要设计参数如下：

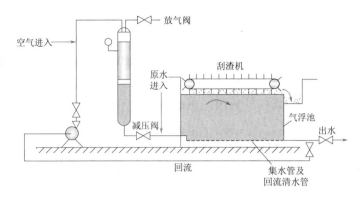

图 2-62　部分回流溶气气浮法工艺流程

（1）气浮池表面负荷一般小于 7.2m³/（m²·h），一般为 5.4～7.2m³/（m²·h）。

（2）为了保证气浮池对于藻类、浊度、色度等的去除率，溶气水回流比不宜小于 8％，一般可按 10％设计。

（3）溶气罐压力一般采用 300～400kPa。

（4）气浮池之前的絮凝时间，一般为 10～15min。

（5）气浮池分离区停留时间，一般为 15～30min。

（6）气浮池分离区有效水深，一般为 2.0～2.5m。

（7）气浮池刮渣机的行车速度宜控制在 5m/min 以内。

2. 气浮工艺的运行与管理

含藻水处理的气浮工艺运行时应注意以下事项：

（1）每隔一段时间（2～4h）或当气浮池排渣槽内浮渣厚度达 5cm 左右时，操纵刮渣机排渣。

（2）压力溶气罐如未装液位自控装置，则运行时罐内水位应妥加控制，即水位不能淹没填料层，但也不宜太低，以防在出水中带出大量未溶气泡，一般水位应保持在距罐底 60cm 以上。

（3）空气压缩机的压力大于溶气罐内压力时，才能在罐内注入空气。为了防止压力水倒灌进入空压机，可在进气管上安装止回阀；应每班检查压缩空气系统畅通情况，并及时排放压缩空气系统内的冷凝水。

（4）应检验刮渣机的行走状态、限位开关、刮板插入深度、刮板翘起时的推渣效果等，尽力避免扰动浮渣而影响出水水质。

（5）刮渣时，为使排渣顺畅，可以稍微抬高池内水位，并以浮渣堆积厚度及浮渣含水率较好选定刮渣周期。

（6）经常观察池面情况，如发现接触区浮渣面不平，局部冒出大气泡，很可能是由于释放器被堵，需要对释放器进行清洗。

（7）如发现气浮分离区渣面不平，池面常有大气泡鼓出或破裂，则表明气泡与絮粒黏附不好，应采取相应的措施（如投加表面活性剂等）加以解决。

（8）当出水悬浮物含量增加时，应检查溶气罐压力、溶气水回流比、混凝剂投加量、是否排渣、空压机运行状态等，并及时处理异常情况。

视频2.3.2 ▶
含藻水给
水处理

课件2.3.3 PPT
含藻水给
水处理

（三）处理含藻水的滤池

（1）处理富营养化湖泊水源水的滤池宜采用均质粒径石英砂滤料，滤速宜为5～6m/h。

（2）0.7～1mm粒径滤料可采用水反冲洗，1～1.3mm粒径滤料可采用气水反冲洗。

（3）滤池过滤周期一般采用12～24h。

（4）湖泊、水库水经混凝沉淀或澄清处理以后，进入滤池时，其浊度应低于7NTU。

【任务实施】

一、实训准备

（1）准备含藻水样（浊度小于20NTU）、水桶、搅拌器、过滤装置、混凝剂（聚合氯化铝、氯化铁、硫酸铝）等。

（2）给水处理仿真实训软件及其说明书。

二、实训内容与步骤

（1）将一定量的含藻水加入水桶中，加入适量混凝剂搅拌后倒入过滤装置中直接过滤，去除藻类，测定滤后水浊度。

（2）给水处理仿真实训-气浮工艺。气浮工艺的培训项目包括气浮池的启动、工艺调节、停车、释放器清洗等运行任务，以及出水悬浮物高、释放器堵塞、溶气罐压力高等故障处理任务。学生通过完成这些任务，掌握气浮工艺的运行与管理。

三、实训成果与评价考核

（1）含藻水处理实训报告。

（2）给水处理气浮工艺仿真实训考核成绩。

【思考与练习题】

（1）简述含藻水的概念。

（2）含藻水处理的工艺流程有哪些？

（3）简述部分回流加压溶气气浮的工艺流程及设计参数。

（4）气浮工艺运行与管理的要点有哪些？

任务四 微污染水源水处理

【任务引入】

常规给水处理主要去除对象为水中悬浮物、胶体和部分大分子有机物，并杀灭水中绝大部分细菌和病毒，保证用水的基本安全性。随着经济的发展，水源水普遍受到工业废水、农业废水、城市生活废水、生活垃圾的污染，水中有机物、氮、磷、重金属、悬浮物等污染物的浓度增加，特别是有机物污染物，主要是小分子、溶解性的合成有机物，包括农药、杀虫剂、除草剂、各种添加剂、内分泌干扰素等，而常规处理工艺对这些有机物基本无去除能力。水厂通常采用化学氧化、生物氧化、活性炭吸附、膜分离等处理技术来弥补常规处理工艺的不足。

通过本任务的学习，要求熟悉并掌握微污染水源水的化学氧化、生物氧化、活性炭吸附、膜分离等处理技术的工艺流程以及运行和管理方法。

【相关知识】

一、微污染水源水处理工艺

视频2.3.3 ▶
水中高锰酸盐
指数的测定

微污染水源是指污染程度较轻的水源，其水质指标已达不到规定标准（如地面水环境质量Ⅲ类水标准），其中大多属于Ⅲ类水体，个别指标劣于Ⅲ类。污染物的种类很多，主要影响水质的是有机污染物（用 COD、BOD、高锰酸盐指数等表征）、氨氮、藻类、色度、臭味等。

（一）微污染水源水处理技术

微污染水源一般不宜作为饮用水源，如就近确实无法找到合适水源时，也可在加强常规处理工艺的基础上对微污染水源水进行预处理或深度处理，使其出水达到生活饮用水水质标准。微污染水源水的处理技术主要有强化常规处理工艺、给水预处理技术和给水深度处理技术。

1. 强化常规处理工艺

强化常规处理工艺主要包括强化混凝、强化过滤、减少消毒副产物的产生等。

（1）强化混凝。强化混凝是指向水中投加过量的混凝剂并优化混凝工艺条件从而提高常规处理中天然有机物去除效果，最大限度地去除消毒副产物的前体物，保证饮用水消毒副产物符合饮用水质标准的方法。其方法包括混凝剂的选择、混凝剂投加量优化、添加助凝剂及氧化剂、混凝工艺条件优化（pH 值、碱度等）、完善设施等。

（2）强化过滤。强化过滤是指通过选择合适的滤料，采取一定的措施和技术，使得滤料在去除浊度的同时、又能降低有机物、氨氮和亚硝酸盐氮的含量，即发挥滤料的生物作用。为了保证滤后水浊度，一方面要加强滤前处理工艺；另一方面，合理地选择滤层和保证滤料的清洁则是过滤的关键。

通常强化过滤可采用如下技术措施：

1）选择合适的滤料：滤料的表面要有利于细菌的生长，并具有足够的比表面积，滤料的粒径和厚度必须保证滤后水浊度的要求。

2）滤料的反冲洗既能有效地冲去积泥，又能保存滤料表面一定的生物膜，其冲洗方法（单水或气、水反冲）和冲洗强度应结合选用滤料通过试验确定。

3）要求进滤池水有足够的溶解氧：氨氮的硝化过程需要消耗溶解氧，如果原水中溶解氧不足，将影响硝化过程的进行，因此，当原水溶解氧较低时，可通过曝气措施增加溶解氧。

4）由于余氯的存在会抑制细菌生长，因此不能在滤前进行加氯，滤池的反冲洗水也不应含余氯。由于取消了预加氯，为了保证出厂水细菌指标的合格，必须注意滤后水的消毒工艺。

（3）减少消毒副产物的产生。为减少水中三卤甲烷的含量，应尽可能降低水的浊度，以有效地去除三卤甲烷母体及部分污染物。使用消毒的水厂，可适当投加氨改为氯胺消毒或在管网分几次加氯，也可以采用二氧化氯消毒。预加氯的水厂，采取快速混合方式，并注意降低水的 pH 值，能够有效地控制三卤甲烷的生成。同时也可在絮凝池中、后段投加粉末活性炭，可大幅度降低卤代化合物母体及产生气味的污染物。

2. 给水预处理技术

给水预处理技术是在常规处理工艺之前增加的化学氧化（二氧化氯氧化、臭氧氧化等）、生物氧化（如生物接触氧化池、曝气生物滤池等）、活性炭吸附等处理技术，其作用是去除常规处理工艺不易去除的有机污染物、氨氮、臭味、色度等。

3. 给水深度处理技术

给水深度处理技术又称后处理，主要是在常规处理工艺之后增加臭氧氧化、活性炭吸附、膜分离等处理技术，以去除有机污染物、重金属离子、臭味等。

（二）微污染水源水处理工艺流程

微污染水源水处理工艺流程应根据原水水质及其变化规律，并对净水效果进行试验和论证，然后结合工程投资、运行维护费用、管理技术条件等进行技术经济比较而确定。下列工艺流程可供参考：

（1）原水→生物预处理→混凝沉淀→过滤→消毒。当水源水浊度、色度较低，或者对于富营养化水源水，当其藻类数量不是很高、致变活性不强时，可选择该工艺。

（2）原水→生物预处理→混凝沉淀→过滤→活性炭吸附→消毒。水源水浊度、色度较低时，如果水质要求比较高，或者富营养化水源水的藻类含量不高、致变活性较强时，可采用此工艺。

（3）原水→混凝沉淀→生物处理→过滤→消毒。适用于水源水浊度和色度较高的情况。先通过混凝沉淀降低水的浊度和色度，以有利于后续的生物处理去除有机物、氨氮等污染物。

（4）原水→混凝沉淀→生物处理→过滤→活性炭吸附→消毒。适用情况同工艺（3）。该工艺也可在活性炭吸附前增加臭氧接触氧化处理，能提高活性炭对有机物的处理效果。

（5）原水→预臭氧氧化→生物处理→混凝沉淀（气浮）→过滤→颗粒活性炭（GAC）吸附→消毒。当水中藻类数量很高、致变活性较强时，可选择该工艺。

（6）原水→预臭氧氧化→生物处理→混凝沉淀（气浮）→过滤→消毒。在水中藻类含量高，但致变活性不强时，可采用此工艺。

二、化学氧化

化学氧化处理技术是使用化学氧化剂将污染物氧化成微毒、无害的物质或转化成易处理的形态，可以去除微量有机物污染物、除藻、除臭、控制氯化消毒副产物、氧化助凝及去除铁锰等。它主要包括加氯氧化、二氧化氯氧化、高锰酸钾氧化、臭氧氧化、高铁酸盐氧化及紫外线氧化等。

1. 加氯氧化

加氯氧化是在常规处理工艺构筑物之前投加一定量氯气预氧化，可以控制因水源污染生成的微生物和藻类在管道内或构筑物内的生长，同时也可以氧化一些有机物和提高混凝效果并减少混凝剂使用量。它是一种比较经济的处理微污染水源水的方法，在水厂当中有一定的应用。但是，由于预氯化导致大量卤化有机污染物的生成，且不易被后续的常规处理工艺去除，因此可能造成处理后水的毒理学安全性下降。实践中，应根据原水中有机物含量，合理选择氯气加注量。

预氯化的加注点一般选择在混凝剂加注点之前的配水井或输水管道中。

2. 二氧化氯氧化

二氧化氯（ClO_2）能有选择性地与某些有机物进行氧化反应，将其降解为以含氧基团为主的产物，不产生氯化有机物，因此采用 ClO_2 代替氯氧化，可减少三氯甲烷的生成量。其所需投加量较少，约为氯投加量的 40%，且不受水中氨氮的影响。

二氧化氯与水中还原性成分作用会产生一系列副产物（亚氯酸盐和氯酸盐），因此需要限制二氧化氯投加量，一般认为 ClO_2、ClO_2^- 和 ClO_3^- 的总量控制在 $1mg/L$ 以下时比较安全。

此外，二氧化氯具有比较好的除藻效果，水中一些藻类的代谢产物也能被二氧化氯氧化。在一般情况下，ClO_2 投加量在 $1mg/L$ 左右时，可有效去除异味。

3. 高锰酸钾氧化

高锰酸钾的氧化能力比氯气和二氧化氯强，能氧化水中部分微量有机污染物、藻类、铁锰等。高锰酸钾氧化虽然不像臭氧、二氧化氯那样迅速，但能和水中无机物生成无机化合物，有利于沉淀去除。在正常 pH 值条件下，高锰酸钾氧化生成二氧化锰（MnO_2）。MnO_2 在水中的溶解度很低，溶液形成具有较大比表面积的水合二氧化锰胶体，又能吸附其他有机物，因此高锰酸钾氧化还能去除未被氧化的微量有机物。

高锰酸钾作为预氧化剂去除藻类时，投加量为 $0.5\sim1.0mg/L$，接触时间为 $10\sim15min$，可杀灭 90% 以上的藻类。当微污染水源水含有铁、锰时，投加高锰酸钾后可使之转化为具有沉降性能的 $Fe(OH)_3$ 及 MnO_2。

高锰酸钾的氧化能力比臭氧弱，所以常采用臭氧/高锰酸钾复合氧化技术，发挥协同氧化。同时，高锰酸钾还原中间价态锰化合物会对臭氧产生催化氧化作用。此外，投加高锰酸钾会使水的色度增加，常需粉末活性炭联合使用，同时发挥高锰酸钾的氧化作用和活性炭的吸附作用，提高处理效果。

高锰酸钾去除水中污染物时，一般不需专门的设备，只要将高锰酸钾连续加入即可。当投加量在 $12kg/d$ 以上时，宜采用干式投加。湿式投加时，高锰酸钾水溶液浓度为 $2\%\sim4\%$，并先于其他混凝剂投加前 $3min$ 以上投加。应该在运行中逐步探索出最佳投加点，这样才能显著提高微量有机物的去除率。

4. 臭氧氧化

如前所述，臭氧除可以用于消毒处理外，还能去除水中的微量有机污染物、色度、臭味，并能强化水的混凝、沉淀、过滤效果，提高出水水质并节省终端消毒剂用量。

臭氧在给水处理系统中可以投加在混凝沉淀前、沉淀后、活性炭过滤前，以及作为出厂水的最终消毒处理，可以起到不同的作用。

臭氧能氧化水中的多数有机物并使之降解，同时能氧化酚、氨氮、铁、锰等物质，也可以将生物难降解的大分子有机物氧化分解为易于生物降解的中小分子量有机物。臭氧氧化后，水中可同化有机碳（AOC）上升，可能会造成水中细菌再度繁殖。因此，在大多数情况下，臭氧不单独使用，需和活性炭联合使用。

臭氧氧化时的设计与运行要点如下：

（1）臭氧投加量。一般以去除水中臭味为主时，臭氧投加量为 1.0～2.5mg/L；去除色度为主时，投加 2.5～3.5mg/L；去除有机物为主时，投加 1.0～3.0mg/L；臭氧-生物活性炭工艺投加量为 1.5～2.5mg/L。

（2）臭氧氧化接触时间。臭氧在水中的半衰期为 20min 左右，设计接触时间一般采用 3～6min，但接触池中的水力停留时间为 10～15min。

（3）余臭量控制。臭氧遇水接触反应后，出水中臭氧浓度应控制在 0.1mg/L 以下。

臭氧化系统的运行与管理详见项目二子项目二任务五"臭氧消毒"中的内容。

三、生物氧化

生物预处理的目的就是去除那些常规处理方法不能有效去除的污染物，如可生物降解的有机物，人工合成有机物和氨氮、亚硝酸盐氮、铁和铝等。有机物和氨的生物氧化，可以降低配水系统中使微生物繁殖的有效基质，减少嗅味，降低形成氯化有机物的前体物，另外还可以延长后续过滤和活性炭吸附等物化处理的使用周期和容量。

生物处理最好是作为预处理设置在常规处理工艺的前面，这样既可以充分发挥微生物对有机物的去除作用，也可以增加生物处理带来的饮用水可靠性，如生物处理后的微生物、颗粒物和生物的代谢产物等都可以通过后续处理加以控制。

目前微污染水源水的生物氧化技术主要是生物接触氧化池和颗粒填料生物接触氧化滤池（曝气生物滤池）这两类。生物接触氧化法将在项目三中进行比较详细的介绍。此处仅作简要介绍。

（一）生物接触氧化池

给水处理中的生物接触氧化池普遍使用弹性立体填料。微污染原水进入生物氧化池后，流经充满大部分池体容积的弹性立体填料层，在池下方的穿孔布气管或微孔曝气器曝气供氧条件下，通过填料表面生物膜的生化作用去除水中氨氮、BOD_5 等污染物质，净化后的水经集水系统流出生物氧化池。

用于微污染水源水生物氧化时，生物接触氧化池的设计与运行参数如下：

（1）该方法一般适用于高锰酸盐指数小于 10mg/L、氨氮含量小于 5mg/L 的微污染水源水。

（2）设计时，应分为两组以上同时运行，保证在不间断供水条件下，可进行检修和冲洗。

（3）生物填料层高度应根据填料种类确定。当采用悬浮式填料时，填料层高度为4～5m。当采用堆积式球型填料时，以填料外轮廓直径计算所得的体积等于接触池有效容积的20%～40%。

（4）安装弹性立体填料等悬挂式填料时，填料层高为3～4m，设计成池底预埋吊钩固定的网格式，或用角钢焊接好框架，直接放入水中的单体框架式。

（5）生物氧化水力负荷为2.5～4$m^3/(m^2 \cdot h)$。

（6）接触氧化池停留时间一般为1.2～2.5h，其中生物氧化部分有效停留时间为1.0～1.5h。

（7）为减少占地面积，生物氧化池有效水深对于弹性立体填料为4～5m，对于其他填料可达5～6m。

（8）生物氧化池中的溶解氧含量应保持在5～8mg/L，因此，大多数生物氧化池采用的气水比0.7：1～2：1，一般为0.7：1～1：1。

（9）微污染水源水生物接触氧化池沿水平水流方向应分为3段以上，每段曝气量可根据水中溶解氧含量进行调整。一般采用渐减曝气方式，如果分为4段，则四段曝气量比例分别为35%、27%、23%和15%。

（10）曝气充氧时，多采用鼓风机供气。鼓风机风压按照氧化池水深确定，微孔曝气器的数量由其服务面积确定。

（二）颗粒填料生物接触氧化滤池

颗粒填料生物接触氧化滤池，在生物反应器内装填陶粒、沸石等惰性颗粒填料，反应器底部装有布水布气管，因其构造型式类似于气水反冲洗的砂滤池，也称为曝气生物滤池。

颗粒填料生物接触氧化滤池主要由配水系统、配气系统、生物填料、承托层、冲洗排水槽及设置进出水管道和阀门的管廊等组成。

1. 颗粒填料生物接触氧化滤池的适用范围及注意事项

它主要适用于氨氮、有机物含量较高的微污染水源水的处理。此外还应注意以下问题：

（1）如果水温冬季长期低于5℃，应考虑将颗粒填料生物接触氧化滤池建于室内，否则微生物的代谢活动迟缓，生物硝化作用几乎接近停止。

（2）进水不得有余氯，即不能采用预氯化处理，否则可能影响生物活动。

（3）如果原水浊度低于40 NTU时，颗粒填料生物接触氧化滤池可设在混凝沉淀之前，即原水经一级泵站直接进入曝气生物滤池；当原水浊度高于40 NTU时，建议颗粒填料生物接触氧化滤池设在混凝沉淀之后，过滤之前，防止堵塞滤床并影响生物作用。

2. 颗粒填料生物接触氧化滤池的设计与运行参数

（1）滤池总面积按处理水量和滤速确定，滤池格数和每格面积参考普通快滤池。

（2）过滤速度一般为 4～6m/h。

（3）滤池冲洗前的水头损失控制在 1～1.5m。

（4）曝气量、气水比应根据原水中的可生物降解有机物（BDOC）、氨氮和溶解氧含量而定，范围为 0.5～1.5，一般取气水比为 1.0。

（5）过滤周期为 7～15d，与原水水质、滤料、滤料层厚度、允许水头损失有关。

（6）滤池高度包括填料层、承托层和填料上水深及保护高度，一般总高度约4.5～5m。

1）生物填料层高度一般为 1500～2000mm。

2）承托层高度一般为 400～600mm。

3）滤料层以上淹没水深 1.5～2.0m。

4）冲洗排水槽表面距填料表面的高度应保持在 1～1.5m。

5）滤池保护高度为 300～500mm。

（7）反冲洗方式及强度。生物滤池一般采用气水联合反冲洗。气反冲洗强度应根据填料颗粒密度而定，一般为 10～20L/(m² · s)；水反冲洗强度也与填料有关，一般为 10～15L/(m² · s)。反冲洗过程与其他气水反冲洗过滤池类似，一般气冲 3～5min，然后单独水冲 5min 左右。

（8）反冲洗水的供应。生物接触氧化滤池设于混凝沉淀之前，反冲洗水可直接用原水；设于混凝沉淀之后，反冲洗水用生物滤池出水。

3. 颗粒填料生物接触氧化滤池的运行与管理

生物接触氧化滤池运行与管理的主要内容包括启动与挂膜、正常运行与维护等。运行时应保持负荷稳定、保持稳定的供气、严格按要求定期进行反冲洗，并根据水质情况调整过滤周期。具体内容参考项目三子项目四任务四"曝气生物滤池的运行与管理"。

四、活性炭吸附

（一）概述

活性炭是一种经过气化（碳化、活化），造成发达孔隙的，以炭作骨架结构的黑色固体物质。活性炭的比表面积一般可达 500～1700m²/g 炭，因此具有良好的吸附特性，能将水中的污染物质在其表面富集或浓缩。

活性炭能够去除原水中的部分有机污染物，主要包括腐殖酸、异臭、色度、农药、烃类有机物（如石油类污染物）、有机氯化物、洗涤剂、致突变物质（三卤甲烷THM 等）及氯化致突变物前驱物等。此外活性炭可去除部分重金属（锑、铋、锡、汞、铅、镍、六价铬）、余氯、氰化物和氨氮等。

（二）活性炭吸附工艺

活性炭按不同的吸附方式，可采用粉末活性炭或颗粒活性炭。活性炭吸附在给水处理中的应用主要有以下 3 种情况：

（1）当原水突发性或季节性出现污染物质增高、异味、异臭和三卤甲烷前驱物浓度很高时，作为应急措施投加粉状活性炭。粉状活性炭的粒度为 $10\sim50\mu m$，常投加于絮凝沉淀或澄清前，或絮凝过程中。依靠水泵、管道或接触装置充分地混合，进行接触吸附，然后经沉淀、澄清和过滤去除。一般投加 $5\sim50mg/L$，可使溶解性有机物总量减少约 60%。

（2）当原水经常受污染时，可在过滤池后增加颗粒活性炭滤池以去除有机污染物、三氯甲烷的前驱物质和异味、异臭。颗粒活性炭不仅有活性炭的吸附作用，当没有余氯且溶解氧充足时，在炭床内还能形成生物膜，发挥生物降解作用。

（3）与臭氧联合应用。既利用活性炭的吸附作用，又利用活性炭外表面上附着的生物膜的降解作用。

（三）粉末活性炭吸附

1. 粉末活性炭的调制与投加

（1）投加方法。粉末活性炭的投加方法有干式投加和湿式投加两种。干式投加是将粉末炭直接投加到水中的方法，在我国应用较少。给水处理中常用的湿式投加是将粉末活性炭配制成悬浮液定量投加。悬浮液浓度一般为 $5\%\sim10\%$，浓度太大容易造成投加管道的堵塞和其他机械故障。

上述两种方法都可以采用调节器实行自动计量投加。

（2）投料方式。粉末活性炭的投料方式有人工直接投料与贮仓投料（或自动化投加系统）。市场供应的粉末活性炭大都为每包 $20\sim25kg$，拆包投料时粉尘飞扬，工作环境差。由于粉易损耗，应设置吸尘回收装置。

1）自动化投加系统。首先用压缩空气泵通过管道系统将运送来的粉末活性炭输送到筒形贮料仓。料仓上部配有排风系统和粉末净化器及贮料量探测装置，锥形底部装有压缩空气输送器。接于贮料仓底部的输送料斗及转弯部位也采用压缩空气送料。在每套粉末活性炭浆调配装置上部均设置投加罐用于平衡输送料与投加量之差值。投配粉末活性炭通过一个带有振动器的重力料斗和螺旋进料推杆定量完成，调配水量也通过自动计量和可调节阀门自动控制。一定量的粉末活性炭与水按比例配制成约 5%的炭浆在投加箱中被搅拌均匀，然后用计量泵、水射器等送到投加点。

2）人工直接投料。一般单池有效配制浆液体积为 $1\sim3m^3$，设 $2\sim3$ 个调配池，操作时交替使用，工作效率较高。炭浆投配池应设机械搅拌桨、密闭式袋装粉末活性炭投入装置及浆液的液位显示和控制进水装置。炭浆投加池单池有效炭浆贮存量不宜超过连续 4h 投加量，一般设 $2\sim3$ 个投加池。炭浆的投加可以采用计量泵或高位重力投加。

人工直接投料的方法一般适用于中、小型水厂。

（3）粉末活性炭投加点。对于常规给水处理工艺，粉末活性炭的投加点可以有多种选择：原水吸水井投加、混凝前段投加、滤前投加和多点投加。

1）原水吸水井投加。一般情况下，吸水井投加能充分发挥粉末活性炭的吸附作用，但存在与后续混凝工艺竞争去除有机物的问题，造成粉末活性炭投加量增加。这种方法适合于原水浊度低的情况。

2）混凝前端投加。采用无机盐混凝剂时，选择混凝剂与原水充分混合后经过40～50s流程长度的位置作为粉末活性炭投加点比较合适；而采用高分子絮凝剂时，一般原水与絮凝剂充分混合后，经过20～30s流程长度的位置可作为粉末活性炭的投加点。

3）滤前投加。这应该是粉末活性炭发挥作用的最佳位置，但会存在粉末活性炭堵塞滤料层使过滤周期缩短的问题。

4）多点投加。这可以减少粉末活性炭用量，比较经济。

2. 粉末活性炭吸附运行与管理要点

（1）粉末活性炭常用粒径为200～300目。越细处理效果越好，但不易调制、投加与扩散。

（2）粉末活性炭的投机点应尽可能远离氯和二氧化氯的加注点。通常在投加粉末炭时，不进行预氯化处理；不宜将混凝剂和粉末活性炭同时投加到水中，因混凝剂会吸附在活性炭的表面，降低其吸附能力。

（3）粉末活性炭加入水中，前30min吸附能力最大，因此，可考虑单独设置接触池。

（4）粉末活性炭加注量应该通过试验确定。通常粉末炭的加注量为5～50mg/L。作为应急处理时，短期内可达100mg/L。

（5）投加浓度。为使炭液快速扩散，与水体充分混合，可采用压力水稀释强制扩散，降低投加浓度，可以提高活性炭吸附效果。按运行经验扩散水量倍数为6～10。扩散方式可以采用穿孔扩散短管、扩散锥等，参考其他药剂的投加扩散。

（6）以干法或浓炭浆投加的加注量难以准确控制，使用期间要加强投加设备的计量、检修保养工作，并设置出厂水连续检测装置。

（7）如原水异臭强烈，单独用粉末活性炭不能达到处理要求时，还应进行颗粒活性炭或臭氧化处理。

（四）颗粒活性炭滤池

颗粒活性炭滤池一般在需要长期作深度处理的情况下使用，它与普通滤池的不同之处主要是采用颗粒活性炭作为滤料。

1. 炭滤池类型

水处理的颗粒活性炭滤床可分为固定式、移动式和流化床式。目前使用最为普遍的是固定床，即常称的活性炭滤池，又称颗粒活性炭吸附池。它具有如下特点：①运转稳定，管理方便，出水水质较好；②活性炭再生后可循环使用；③活性炭在固定床中吸附容量的利用率较低；④需定期投炭，整池排炭；⑤基建、设备投资比较高。

炭滤池型式的选择，应根据处理规模及水厂的运行条件，进行经济技术比较后确定。当处理规模较小（小于320m³/h 时），可采用普通压力滤池或无阀滤池；当处理规模不小于320m³/h 时，可采用普通快滤池、虹吸滤池、双阀滤池等；当处理规模不小于2400m³/h 时，炭滤池型式应尽量和过滤池配套。

2. 炭滤池的运行方式

炭滤池的运行方式分为升流式和降流式。

（1）采用普通快滤池、双阀滤池形式的炭滤池通常均为降流式。

（2）如原水中有机物含量多，有可能产生黏液堵塞炭层时，升流式较为有利。采用升流式时，处理后水在池面，为防人为污染，需设防污染措施，最好设封闭房。

（3）如采用虹吸炭滤池，在工艺流程中可能重力排水无法实现时，改为升流式有可能提高冲洗排水水位，满足系统中重力排水条件。

（4）各滤池间可以采用并联运行，也可采用串联运行。并联一般用于被吸附物浓度较低而处理水量较大的场合。串联可为单池或多池直列布置，单池适用于被吸附物浓度较低的场合；多池适用于被吸附物浓度较高的场合。

3. 炭滤池的设计运行要点

（1）颗粒活性炭颗粒粒径与规格的选用。当采用定型颗粒活性炭时，柱径为1.5mm，柱长度为 1.0～2.5mm，当采用不规格形颗粒活性炭时，粒度应符合相关规定。

（2）炭滤池进水浊度。进水浊度应小于 3 NTU。

（3）期终过滤水头。与进水浊度、过滤速度和冲洗周期有关，一般 3～6d 冲洗一次，过滤水头一般为 0.4～0.6m。

（4）炭滤池的使用周期。活性炭从开始使用至需要再生的时间称为使用周期，由处理后出水水质是否超过预定目标值确定，取决于水中有机物的成分和含量。

1）当原水中有机物的主要成分是可吸附但非生物降解物质时，活性炭的使用周期根据有机物含量的不同，一般约为 4～6 个月，甚至更短。

2）当水中有机物是可生物降解或经臭氧化转变为可生物降解时，与臭氧联用的炭滤池中的活性炭使用周期可达 2～3 年，甚至更长。

（5）接触时间。为保证出水水质，空床接触时间不少于 7.5min，一般采用10～15min。

（6）滤速。采用固定床时，空床流速一般为 8～20m/h。采用移动床时，设计滤速可采用 12～22m/h。

（7）炭滤池高度。滤层厚度取决于原水水质、滤速、活性炭的质量和冲洗方式等。一般固定床滤池炭层厚度为 1.0～2.5m，流动床炭层厚度为 1.0～1.5m。承托层宜采用分层级配方式布置。炭滤层上水深一般为 1.5～2m。

（8）配水系统。一般为小阻力配水系统，配水孔眼面积与炭滤池面积之比为1.0%～1.5%。

（9）炭滤池的冲洗。一般采用水冲洗，可以配合表面冲洗，有条件的水厂也可采用气水联合反冲洗。冲洗水应尽量使用炭滤水；如使用滤后水，应控制滤后水浊度小于 3 NTU。

1）常温下经常性冲洗时，冲洗强度为 11～13L/(m² · s)，历时 8～12min，膨胀率为 15%～20%。

2）定期大流量冲洗（冲洗周期约 1 个月）时，冲洗强度为 15～18L/(m² · s)，历时 8～12min，膨胀率为 25%～35%。

3）反冲洗强度与水温有关，粒径越大，需要的反冲洗强度越大。

4）固定床表面冲洗压力为 $0.15\sim0.2MPa$，冲洗强度为 $1.7\sim2.0L/(m^2 \cdot s)$，冲洗时间为 $2\sim3min$。

5）流动床的冲洗膨胀率为 10%。

4. 炭滤池的运行与管理

（1）运行前的准备。新购入、再生处理过的或经长期保存后重新使用的粒状炭刚放入滤池中，不能立即投入运行，应先用出厂水做充分浸渍，并进行数次反冲洗后方可使用。其目的是去除炭粒中的杂物，将炭粒孔隙中的空气置换出来，以充分发挥其吸附能力。

（2）防止颗粒活性炭的流失。

1）为防止在使用和反冲洗过程中炭粒的流失，必须对反冲洗操作方法严格控制。反冲洗开始时，闸阀的开启速度不能太快，应缓慢进行。

2）反冲洗阀门的开启控制可采用的形式：①表面冲洗阀全开启 3min；②反冲洗前半段，反冲洗阀半开冲洗 3min；③反冲洗后半段，全开冲洗 7min。

（3）及时更新和再生活性炭。

1）应对活性炭的吸附能力作经常、定期测定。每一批新炭都应做各项测定，以检查产品规格性能是否符合规定。活性炭的吸附能力主要是测定碘值和亚甲蓝值两项指标。当碘值小于 $600mg/g$、亚甲蓝值小于 $85mg/g$ 时，即可认定为失效，需要更换新炭。

2）活性炭的再生周期取决于吸附前水质和活性炭质量。一般在新炭使用后 $1\sim1.5$ 年即定期取出再生。

（4）炭滤池防腐。

1）应对钢制活性炭滤池内壁及炭滤池中的钢和铸铁配件（排水槽、反冲洗管及支撑架、进出水闸门等）进行严格的防腐处理，防止湿炭与铁接触处形成严重的电化学腐蚀。

2）腐蚀主要有表面锈蚀和局部锈蚀（局部深坑）。局部锈蚀的危险性更大，一般发现必须立即进行修理或更换。

3）可采取以下措施以延长炭滤池使用寿命，减少维修量：①用钢筋混凝土构件代替钢制的支撑件；②钢和铸铁配件外部用环氧树脂衬涂；③用不锈钢或其他耐腐蚀材料制作炭滤池中的配件。

5. 颗粒活性炭的再生

当活性炭失去吸附能力后，需恢复其活性再循环使用，以确保吸附效果，并降低运行成本。再生过程活性炭的损耗与再生方式和设备有关，一般小于 15%。

（1）再生方法。活性炭的再生方法有加热法、蒸汽法、药剂法、臭氧氧化法、生物法等。水处理用粒状炭的再生一般用高温加热法（图 $2-63$）。再生过程大致可分为五个阶段：①进行脱水，使活性炭和输送液体进行分离；②进行干燥处理，将吸附在活性炭细孔中的水分蒸发出来，同时部分低沸点有机物也能挥发出来；③活性炭吸附的有机物经焙烧后碳化；④进行活化处理，用活化气体（水蒸气、二氧化碳及氧）将炭化留在活性炭细孔中的残留炭气化，达到重新造孔的目的；⑤进行冷却处理，活化后的活性炭用水急剧冷却，以防止氧化。

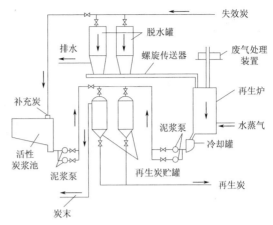

图2-63　活性炭高温加热再生系统

（2）热再生设备。粒状活性炭的热再生设备主要有多层耙式再生炉、回转再生炉、流动床式再生炉、移动床式再生炉、直接通电加热再生炉、强制放电再生炉等。不同再生设备的活化温度、再生时间、电耗等各不相同。其中强制放电再生炉由于再生速度快（再生时间5～10min）、电耗低、炭耗少（＜2％）、恢复率高（＞95％，以碘值计）、构造简单、投资省等优点，逐渐受到有关行业的重视。

（3）颗粒活性炭的水力输送。

1）炭滤池失效炭的运出、新炭的补充，宜采用水力输炭，整池排炭时间不宜大于24h。

2）水力输炭管内的流速为0.75～1.5m/s。

3）输炭管内炭水比在20％～50％，其中吸炭50％，出炭20％。

4）气动输炭重力比：炭∶空气为4∶1。

五、臭氧生物活性炭

臭氧生物活性炭深度处理工艺以预臭氧化代替了原来的预氯化，臭氧氧化出水中有机物的可生物降解性大为提高，水中剩余臭氧可以被活性炭迅速分解，加之臭氧氧化出水中的溶解氧浓度较高（因臭氧化气体的曝气作用），使得臭氧后设置的活性炭床中生长了大量的细菌，形成不连续的生物膜，生物分解水中可生物降解的有机物，由原有单纯进行吸附的活性炭床演变成为同时具有明显生物活性的活性炭床，延长了活性炭的使用寿命，因此这种活性炭技术被称为生物活性炭。

臭氧生物活性炭的工艺流程在本任务"微污染水源水处理工艺流程"中介绍过，此外还可以采用如下的工艺流程：

原水→预臭氧接触池→混凝→沉淀→后臭氧接触池→过滤→活性炭滤池→消毒

工艺流程中臭氧氧化的主要目的是用最少量的臭氧尽可能多的使水中不可生物降解的有机物变成可生物降解的有机物，增加被处理水的可生物降解性，为生物活性炭中微生物的降解创造条件，并降低活性炭的物理吸附负荷。此时，臭氧氧化的接触时间较长，应大于27min。

在生物活性炭床中，活性炭起着双重作用。首先，它是一种高效吸附剂，吸附水中的污染物质；其次是作为生物载体，为微生物的附着生长创造条件，通过这些微生物对水中可生物降解的有机物进行生物分解。由于生物分解过程比吸附过程的速度慢，因此，要求炭床中的水力停留时间比单纯活性炭吸附的时间长。

六、膜分离

（一）膜分离技术概述

膜分离技术是一种以压力为推动力、利用不同孔径的膜进行水与水中颗粒物质筛除分离的技术。常用的膜分离技术有电渗析、反渗透、超滤、纳滤和微滤等。根据膜孔径从大到小排列，可以把膜滤分为微滤、超滤、纳滤和反渗透 4 种，如图 2 - 64 所示。

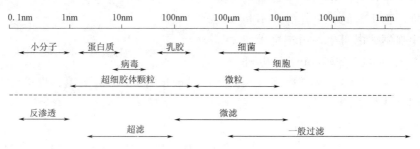

图 2 - 64 不同膜分离筛分粒径

（二）反渗透

反渗透膜的孔径最小，在 2nm 以下。除了水分子外，其他所有杂质颗粒（包括离子）都不能通过反渗透膜，因此反渗透膜分离得到的水为纯水。反渗透技术已经广泛用于海水淡化、苦咸水脱盐、工业给水高纯水的制备（电子工业用水、锅炉给水等），近年来迅速发展起来的饮用纯净水、优质直饮水的核心技术就是反渗透。

1. 反渗透膜和反渗透装置

（1）反渗透膜。水处理中常用的反渗透膜有两种：醋酸纤维素膜（CA 膜）和芳香族聚酰胺膜。芳香族聚酰胺膜（图 2 - 65）表皮层结构致密，孔径为 $0.1 \sim 1$nm，厚度为 $0.2 \sim 0.25 \mu m$，起脱盐的主要作用；表皮层下面为结构疏松的聚砜支撑层，表面孔径可控制在 15nm 以内，厚度约为 $45 \sim 50 \mu m$；聚砜支撑层下面为聚酯无纺布支撑层，孔径为 $100 \sim 150$nm；总厚度约为 $200 \mu m$。

图 2 - 65 芳香族聚酰胺膜结构

（2）反渗透装置。反渗透装置主要有板框式、卷式、中空纤维式、管式四种，常见的是卷式和中空纤维式。卷式装置（图 2 - 66）是把导流隔网、膜和多孔支撑材料依次迭合，用黏合剂沿三边把两层膜黏结密封，另一开放边与中间淡水集水管连接，再卷绕一起；含盐水由一端流入导流隔网，从另一端流出；透过膜的淡化水沿

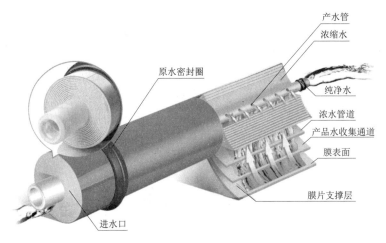

图 2-66　卷式反渗透装置示意图

多孔支撑材料螺旋流动，由中间集水管引出；操作压力为 5.5MPa。中空纤维膜组件
（图 2-67）的最大特点是单位装填膜面积比所有其他组件大，最高可达到 30000m²/m³。它是将一束外径 50～100μm、壁厚 12～25μm 的中空纤维安装在一个管状容器内，纤维开口端固定在环氧树脂管板中，并露出管板；工作时，料液从中空纤维组件的一端流入，沿纤维外侧平行于纤维束流动，渗透通过中空纤维壁的淡化水（产品水）进入内腔，然后从纤维在环氧树脂（封装树脂）的固封头的开端引出，浓水则从膜组件的另一端流出；操作压力为 2.8MPa。

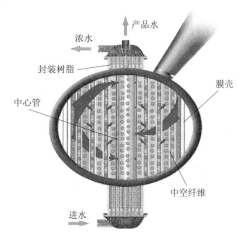

图 2-67　中空纤维式反渗透装置示意图

2. 反渗透工艺

反渗透工艺流程由预处理、膜分离和后处理三部分组成。

（1）预处理工艺。预处理工艺包括去除水中过量的悬浮物，调节和控制进水的 pH 值和水温，以及去除乳化和未乳化的油类和溶解性有机物等。

1）对于悬浮物的去除，可采用混凝沉淀、砂滤、多介质过滤器和精密过滤相结合的工艺，去除水中 1μm 以上的悬浮物和胶体。

2）采用氯或次氯酸钠氧化可有效地去除可溶性、胶体状和悬浮性有机物，也可根据有机物种类采用活性炭去除。

3）在反渗透分离过程中，可溶性无机物被浓缩。当可溶性无机物的浓度超出了它们的溶解度范围后，就会在水中沉淀并被截留在膜表面形成结垢，因此应控制水的回收率。同时调节进水 pH 值到 5.5～6.2，以控制水中碳酸钙及磷酸钙的形成。也可采用石灰软化或离子交换法去除水中的钙盐，借助投加六磷酸钠防止硫酸钙沉淀。

4）细菌、藻类、微生物易使膜表面产生软垢，可采用消毒法抑制其生长。

5）超滤也可作为反渗透的预处理法以去除水中的油、胶体、微生物等物质。

（2）膜分离工艺。反渗透系统可以采用一级一段连续式工艺（单程式）、一级一段循环式（循环式）、多级串联连续式（多段式，如图 2-68 所示）等三种形式。单程式水的回收率（淡化水流量与进水流量的比值）较低。循环式系统可提高水的回收率，但淡水水质有所降低。多段式系统可充分提高水的回收率，用于产水量大的场合；其膜组件逐段减少是为了保持一定流速以减轻膜表面的浓差极化现象。

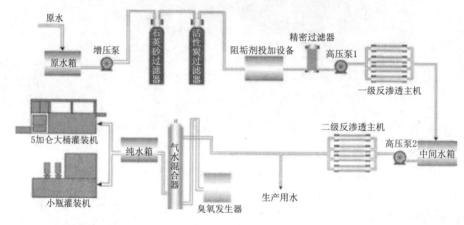

图 2-68 多段式反渗透工艺

（3）后处理工艺。对反渗透产水进行保质或水质调整称为后处理。常见的后处理主要有 3 种：

1）保质要求。由于反渗透产水活性高，无防腐剂，当长时间存放时，与空气或容器接触后，细菌可能很快繁殖，影响水质，因此常用臭氧杀菌、紫外线杀菌的方法保质。

2）提高 pH 值。反渗透膜对水中 CO_2 的截留率几乎为 0，故产水一般偏酸性，pH 值为 $4.5\sim6.5$，且随原水中 HCO_3^- 含量的变化而变化。一般采用脱 CO_2 器、投加碱或通过石灰过滤柱的方法提高水的 pH 值。

3）超纯水的制备。在膜法制备超纯水的流程中，大多数以反渗透作为离子交换的预脱盐方法。

3. 反渗透膜的清洗

反渗透膜使用一段时间后总会在表面形成污垢而影响处理效果，所以需要定期进行清洗。在实际运行中，出现以下 3 种情况就要进行膜的清洗：①在恒定压力和温度下运行时，产水量下降 $10\%\sim15\%$；②当温度不变时，要保持产水量恒定，其净操作压力增加 $10\%\sim15\%$；③产水水质下降 $10\%\sim15\%$。清洗方法分为物理法和化学法两类。

（1）物理法。物理法又可分为水力清洗、气水混合冲洗、逆流清洗及海绵球清洗。水力清洗是一种比较简单的方法，它采用低压高速水冲洗膜面，时间为 30min。

气水混合冲洗是借助高速气液流喷射与膜面发生剪切作用而消除极化层。逆流清洗是在卷式或中空纤维式组件中，将反向压力施加于支撑层，引起膜透过液的反向流动，以松动和去除膜进料侧活化层表面污染物。

（2）化学法。当膜面污垢较密实且厚度较大时，可采用化学法清洗，即加入化学清洗剂清洗。清洗剂必须对污染物有很好的溶解或分解能力，同时不能污染和损坏膜面。

1）如用盐酸（pH 值＝2）或柠檬酸（pH 值＝4）的水溶液可有效去除金属氧化物（氢氧化物）或不溶性盐形成的污垢。

2）去除有机污染物，宜使用 2% 的三聚磷酸钠（三聚磷酸钠）和 0.8% 的 EDTA 四钠盐（或 0.26% 的十二烷基苯磺酸钠）配制的清洗剂（pH 值＝10）。

3）如果是微生物引起的膜污染，可采用 0.5%～1.0% 的甲醛溶液清洗。

4）清洗时水温以 35℃ 为宜，清洗时间为 30min。清洗液清洗完毕后，再用清水反复冲洗膜面方可投入正常运行。

（三）超滤

超滤膜的孔径为 5nm～0.1μm，可以去除相对分子质量为 300～300000 的大分子、细菌、病毒和胶体微粒，操作压力为 0.1～1.0MPa。在饮用水处理领域，大多数家用净水器（一般构成：粗滤→粒状活性炭→超滤）中都设有中空纤维超滤膜来截留水中的杂质颗粒和细菌。

（四）纳滤

纳滤膜的孔径略大于反渗透膜，为几纳米，操作压力也低于反渗透。纳滤可以截留二价以上的离子和其他颗粒，所透过的只有水分子和一些一价的离子（如钠、钾、氯离子）。纳滤可以用于生产直饮水，出水中仍保留一定的离子，比纯水有益于健康，并可降低处理费用。

课件2.3.4
微污染水源
水处理

课件2.3.5
给水处理厂的
水质检测

【任务实施】

一、实训准备

（1）准备城市给水处理仿真实训软件、污水处理仿真实训软件、环境工程水处理实验仿真软件等。

（2）微污染水源水（有机污染物、色度较高）、活性炭过滤器、颗粒活性炭。

（3）纯净水生产装置，包括 PP 过滤、活性炭过滤、反渗透膜等工艺。

（4）浊度计。

二、实训过程

1. 微污染水源水处理仿真软件实训

（1）城市给水处理仿真软件实训。参考软件操作手册，进行微污染水源水处理的仿真实训，培训内容包括原水 BOD 高、原水 pH 值低等，通过前加氯、调节 pH 值等使出厂水质达标。

（2）污水处理仿真软件实训（反渗透工艺）。在熟悉反渗透工艺的基础上，完成反渗透预处理系统的启动、预处理系统的反冲洗、反渗透系统的启动、系统停机操作等运行任务，分析并解决进水余氯超标、进水产量大增、进入反渗透系统的压力过低、系统清洗等故障。

（3）环境工程水处理实验仿真软件实训（活性炭吸附实验）。根据操作手册，进行活性炭吸附亚甲基蓝的实验，研究活性炭用量对亚甲基蓝吸附的影响，确定最佳使用量。

2. 颗粒活性炭过滤器实训

（1）向活性炭过滤器中加入颗粒活性炭，装填高度适宜。

（2）按照设计参数，用原水泵将准备好的微污染水源水按降流式通入过滤器。

（3）过滤一段时间后（10min 以后），测定水样中高锰酸盐指数、色度，并计算去除率。

3. 纯净水生产装置（或实验室纯水制备装置）实训

（1）熟悉并掌握纯净水生产装置工艺流程，掌握各个处理设备的作用、构造和设计参数。

（2）测定待处理原水浊度，按照设备操作规程，进行预处理系统、反渗透系统、后处理系统的启动、清洗、停车和工艺调节，并测定处理后水的浊度。

（3）设定故障，包括进水反渗透系统的压力过低（过高）、进水产量增加（降低）、产水量下降、出水水质下降、系统清洗等，让学生分析并解决这些问题。

三、实训成果及考核评价

（1）城市给水处理仿真软件、污水处理仿真软件、环境工程水处理仿真软件实训根据培训和考核成绩进行评价。

（2）颗粒活性炭过滤器实训根据实训报告进行评价。

（3）纯净水生产装置实训报告。

【思考与练习题】

（1）微污染水源水的处理技术有哪些？其适用范围是什么？

（2）简述各种微污染水源水处理的工艺流程。

（3）化学氧化预处理技术有哪些？

（4）简述高锰酸钾氧化的运行与管理要点。

（5）什么是臭氧氧化？

（6）简述臭氧氧化运行与管理要点。

（7）生物接触氧化池以及曝气生物滤池由哪几部分构成？

（8）膜分离技术中滤膜主要有哪几种？膜装置主要有哪几种类型？

（9）简述反渗透处理的工艺流程。

（10）反渗透膜清洗的方法如何选择？

项目三　污水处理工艺运行与管理

【知识目标】

（1）了解污水处理厂常见构筑物的工作原理，熟悉污水处理厂的常见工艺流程。

（2）掌握污水处理预处理工艺（格栅、沉砂池、初沉池等）、活性污泥法处理系统、生物膜法处理、厌氧生物处理系统的运行与管理方法及要点。

（3）熟悉并掌握污水处理厂常用设备，包括格栅、排泥排砂设备、鼓风机、曝气设备等的构造、运行管理要点及故障处理方法等。

【技能目标】

（1）通过本项目的学习，能够分析污水处理厂的常见工艺流程。

（2）能进行格栅、沉砂池、初沉池、活性污泥法、生物膜法、厌氧生物处理系统的运行与管理，能分析并解决污水处理工艺运行中的常见问题。

（3）能按照操作规程和要求使用、控制、维护格栅、排泥排砂设备、鼓风机、曝气设备等污水处理厂常用设备，能初步排除设备运行中的常见故障。

【重点难点】

重点：活性污泥法、生物膜法处理系统的运行与管理，污水处理厂常用设备的使用及维护。

难点：活性污泥法的运行与管理要点及异常情况处理。

子项目一　污水处理技术的认知

任务一　污水处理水质标准和处理规范

【任务引入】

在进行污水处理运行与管理时，必须知道允许进入污水处理设施的污水水质及污水排放标准。另外，还应熟悉污水处理运行与管理中的相关技术规范。

【相关知识】

一、水体污染物

水体污染主要是由污水和废水排放引起的。影响水体的污染物种类较多，根据其性质的不同分为物理、化学和生物性污染物三类。

水体中物理性污染物主要是指热污染与放射性污染。化学性污染物可以分为无机无毒污染物、无机有毒污染物、有机无毒污染物、有机有毒污染物和石油类污染物等。生物性污染物主要是指细菌、病毒等致病微生物及寄生虫卵等。

各种污染物及其处理方法见表3-1。

表 3 - 1　　　　　　　　　　污水中的污染物及其处理方法

污染物类型	污染物	影响和危害	处理方法
物理性污染物	热污染	影响水生生物生长；加速水体富营养化、降低溶解氧含量等	冷却
	放射性污染	三致作用等	固化、安全处置等
无机无毒污染物	悬浮物	抑制光合作用和水体自净作用；危害鱼类；吸附污染物	沉淀、混凝、气浮、过滤等
	酸碱及无机盐类	妨碍水体自净，并使水质恶化；危害渔业生产；增加水的硬度	中和、离子交换、电渗析、膜分离等
	氮、磷等营养物质	水体富营养化	脱氮除磷
有机无毒污染物	碳水化合物、蛋白质、脂肪等耗氧有机物	降低溶解氧含量，影响水生生物生长；恶化水质	生物氧化法、化学氧化法等
毒性污染物	重金属	急、慢性毒性；三致作用	化学沉淀、化学氧化、吸附、膜分离等
	氰化物、氟化物、亚硝酸盐	急、慢性毒性；三致作用	化学氧化、化学沉淀、吸附等
	农药、多氯联苯等持久性有机污染物	难降解、具有生物积蓄性；急、慢性毒性和三致作用	生物氧化、高级氧化、吸附等
石油类污染物	石油及其制品、动植物油	影响水生生物生长；耗氧；影响景观	燃烧、气浮、生物处理等
生物性污染物	细菌、病毒、寄生虫等	致病、堵塞管道等	化学消毒、过滤等

二、污水水质指标

国家对水质的分析和检测制定有许多标准，其指标可分为物理性指标、化学性指标、生物性指标三大类。物理性指标主要有温度、色度、嗅和味、固体物质等，化学性指标主要有生化需氧量（BOD）、化学需氧量（COD）、总有机碳（TOC）、总需氧量（TOD）、pH 值、总氮（TN）、总磷（TP）、重金属离子、砷、含硫化合物、氰化物等，生物性指标主要有细菌总数、大肠菌群和病毒等。

三、污水水质标准

污水水质标准有国家标准，也有地方标准和行业标准。根据《污水综合排放标准》（GB 8978—1996）的要求，综合排放标准与行业标准不交叉执行。为防治环境污染、保护环境和人体健康，根据现行污染物排放标准和污染控制技术，国家还制定了行业、污水处理技术的规范，对废水治理工程设计、施工、验收和运行维护提出技术要求和指导。污水水质标准主要有《污水综合排放标准》（GB 8978—1996）、《城镇污水处理厂污染物排放标准》（GB 18918—2002）等。

四、污水处理规范

为防治环境污染、保护环境和人体健康，根据现行污染物排放标准和污染控制技

课件3.1.1
污水排放标准
与处理规范

术，国家还制定了行业污水处理技术的规范，对废水治理工程设计、施工、验收和运行维护提出技术要求和指导。具体可参考生态环境部网站、中国环境出版社的相关资料。

【任务实施】

一、实训准备

在公共机房、实训室或教室等教学场所，利用网络，查阅《城镇污水处理厂污染物排放标准》（GB 18918—2002）及《污水综合排放标准》（GB 8978—1996）等污水水质标准，并了解所在城市污水处理厂的基本情况。

二、实训内容及步骤

根据某市污水处理厂排放口出水水质分析报告，判断其出水水质是否达标。

某市第一污水处理厂采用 A^2/O 处理工艺处理城市污水，处理后水回用于绿化，设计污水监测方案反映工艺处理状况和构筑物运行状态。污水处理厂排放口处理水质见表 3 - 2，按照《城镇污水处理厂污染物排放标准》（GB 18918—2002），请判断出水水质是否达标。

（1）根据城镇污水处理厂污染物排放标准，找出相应检测项目的标准值。

（2）对照实测值和标准值判断该污水处理厂出水水质是否达标。

（3）总体评价该污水处理厂污水处理情况，分析出水水质未达标的可能原因。

表 3 - 2　　　　　　　　　　　污水水质监测结果与评价

序号	监测项目	实测值	标准值	超标率
1	COD	20.1mg/L		
2	氨氮	4.2mg/L		
3	BOD_5	5.5mg/L		
4	悬浮物	3mg/L		
5	六价铬	0.05mg/L		
6	pH 值	7.5		
7	阴离子表面活性剂	0.26mg/L		
8	总氮	14.7		
9	总磷	0.17mg/L		
10	色度	10 倍		
11	砷	0.004mg/L		
12	镉	0.007mg/L		
13	总铬	0.058mg/L		
14	铅	0.006mg/L		
15	汞	0.0002mg/L		
16	石油类	0.39mg/L		
17	粪大肠菌群数	643 个/L		

【思考与练习题】

（1）污水综合排放标准中，一类污染物和二类污染物应分别在什么地方采样？

（2）排入城镇污水处理厂的污水应达到几级标准？

（3）城镇污水处理厂污染物排放标准包括哪些项目？如何确定其排放标准？

任务二　污水处理工艺与流程选择

【任务引入】

为保护水环境，必须对污水进行处理。为此，需要选择合适的处理工艺，以达到去除污水中污染物的目的。通过本任务的学习，要求掌握常见污水处理技术和污水处理厂（站）的工艺流程。

【相关知识】

一、污水处理技术

污水处理有物理法、化学法、物理化学法和生化法。大部分污水处理厂都是按照预处理（格栅、沉砂池、沉淀池、气浮池等）、生物处理（活性污泥法、生物膜法、厌氧生物处理法、自然生物处理法）、深度处理（混凝、过滤、吸附、膜分离）、消毒处理及污泥处理的工序，采用几种方法相结合的处理工艺。常见的污水深度处理技术见表3-3。

表3-3　　　　　　　　　　污水深度处理技术

处理目的	去 处 对 象		有关指标	采用的主要处理技术
排放水体再用	有机物	悬浮状态	SS、VSS	快滤池、微滤池、混凝沉淀
		溶解状态	BOD_5、COD、TOC、TOD	混凝沉淀、活性炭吸附、臭氧氧化
防止水体富营养化	植物性营养盐类	氮	TN、KN、NH_4^+、NO_2^-、NO_3^-	吹脱、折点加氯、生物脱氮
		磷	PO_4^{3-}、TP	金属盐混凝沉淀、石灰混凝沉淀晶析法、生物除磷、结晶法
回用	微量成分	溶解性无机物、无机盐类	电导率、Na^+、Ca^{2+}、Cl^-	离子交换膜技术
		微生物	细菌、病毒	臭氧氧化、消毒（氯气、次氯酸钠、紫外线）

污水深度处理是指城市污水或工业废水经一级、二级处理后，为了达到一定的回用水标准使污水作为水资源回用于生产或生活的进一步水处理过程。污水深度处理的原因主要是在二级处理技术的出水中，一般情况下还会有相当数量的污染物质，如BOD_5 20～30mg/L、COD 60～100mg/L、SS 20～30mg/L、NH_3-N 15～25mg/L、TP 3～4mg/L，此外，还可能含有细菌和重金属等有毒有害物质，排放以上污水可能导致水体富营养化。

常见的污水深度处理技术有生物技术、混凝沉淀技术、过滤技术、活性炭吸附技术、生物活性炭技术、膜分离技术、消毒技术等。

二、污水处理流程选择

污水处理工艺流程的选择应根据水质水量、排放要求、运行管理要求、投资情况、当地气候等因素综合考虑。城市污水处理厂的典型工艺流程为：污水→粗格栅→提升泵站→沉砂池→初沉池→好氧生物处理（活性污泥法或生物膜法）→二沉池→深度处理（混凝、过滤、吸附、离子交换、消毒等）→三级处理出水（排放、回用）。初沉池、二沉池产生的污泥经过污泥浓缩、污泥厌氧消化、污泥脱水等进行处理。污水的消毒方法与给水处理类似，可参考"项目二 给水处理工艺运行与管理"相关内容，本项目不再介绍。

下面介绍几种常见的污水处理工艺流程。

视频3.1.1 ▶
污水处理工艺
流程的选择

课件3.1.2 📄
污水处理工艺
与流程选择

（一）AO 工艺

AO 工艺法也叫厌氧-好氧工艺法，A（Anaerobic）是厌氧段，用于脱氮除磷；O（Oxic）是好氧段，用于去除水中的有机物、硝化和吸磷，流程图如图 3-1 所示。

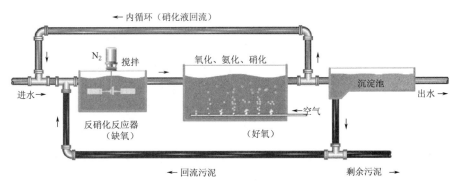

图 3-1 AO 法工艺流程

（二）A²/O 工艺

A²/O 法又称 AAO 法，是英文 Anaerobic - Anoxic - Oxic 第一个字母的简称（厌氧-缺氧-好氧法），是一种常用的污水处理工艺，可用于二级污水处理或三级污水处理，以及中水回用，具有良好的脱氮除磷效果。该法是 20 世纪 70 年代，由美国的一些专家在 AO 法脱氮工艺基础上开发的（图 3-2）。

视频3.1.2 ▶
污水处理 AAO
工艺认知

（三）UCT 工艺

UCT（University of Cape Town）工艺是南非开普敦大学提出的一种脱氮除磷工艺，是一种改进的 A²/O 工艺。此工艺中，厌氧池进行磷的释放和氨化，缺氧池进行反硝化脱氮，好氧池用来去除 BOD、吸收磷以及硝化。该工艺对氮和磷的去除率都大于 70%。其工艺流程如图 3-3 所示。

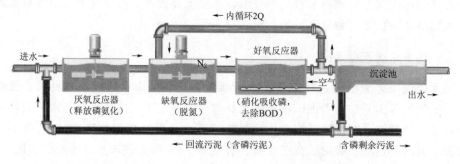

图 3-2 A²/O 工艺流程图

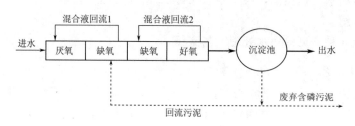

图 3-3 UCT 工艺流程

（四）氧化沟工艺

视频3.1.3 ▶

典型工业废水处理工艺流程

氧化沟工艺是延时曝气法的一种（图 3-4），有卡鲁塞尔氧化沟、奥贝尔氧化沟、三沟型氧化沟等。在氧化沟的不同区域具有不同的溶解氧浓度，因此氧化沟能够达到脱氮除磷的目的。

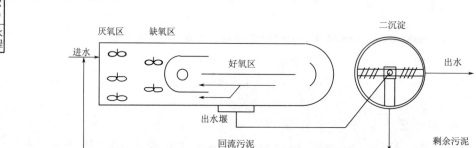

图 3-4 氧化沟工艺流程

此外，污水处理厂的常见工艺还有 SBR、CASS、MSBR、A-B 工艺等。

（五）污水再生利用工艺

城市污水量大且比较稳定，经处理净化后，回用于农业、工业、地下水回灌、市政用水、环境用水等，不但可以弥补水资源的缺乏，而且也减轻了水环境污染。

污水的再生利用处理与通常所讲的水处理并无特殊差异，只是为了使处理后的水质符合回用水水质标准，其涉及范围更加广泛，在选择回用水处理工艺时所考虑的因素更为复杂。

对于不同的用途采用适当的工艺处理，出水应达到相应的标准方成为可用水源。

1. 回用工业用水

再生水回用于工业用水，一般可以用于工艺低水质用水。因各行业生产工艺不同，很难制定统一的水质标准，可参照以自然水体为水源的水质标准。再生水用于工业冷却水，处理目标水质应满足《城市污水回用设计规范》（CECS61：94）给出的水质标准，回用于循环冷却水系统常见的处理工艺流程如图 3-5 所示。

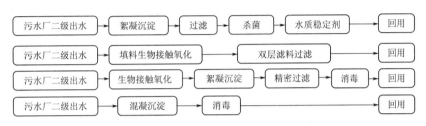

图 3-5　回用于循环冷却水系统的处理工艺流程

在污水二级出水回用于循环冷却水的过程中，应该从以下几个方面做好控制工作：

（1）微生物的生长。在冷却塔受阳光照射的一侧藻类生长活跃，可以采用氧化性杀菌剂（如液氯、二氧化氯、次氯酸钙等）、非氧化性杀菌剂、表面活性剂杀菌剂。由于氯在循环的过程中容易损失，可联合使用氯和非氧化性杀菌剂。

（2）污垢和黏泥。结垢控制可以通过软化和除盐去水中结垢成分或加阻垢剂；污垢控制根据污垢的成分采取控制措施，若是由油污引起的可采用表面活性剂控制，由悬浮物引起的可加强混凝沉淀或采取旁滤来控制；黏垢需要采用杀菌剂控制，药剂投加量为新鲜补充水的 1～10 倍。

（3）腐蚀。吸收过量氧的水对设备管道有腐蚀性。循环水系统都使用了杀菌剂，所有循环冷却水都要定期排污，以防止溶解的和悬浮的非蒸发物的积累。在循环冷却水中决定补充水和排污量的是循环浓缩倍数。浓缩倍数越高，排污量越低，就越容易导致结垢现象，要进行化学清洗，处理成本提高，因此要防止垢的形成。

（4）起泡。可使用可生物降解的洗涤剂，同时，控制回用水磷的含量，使得回用水中的直链烷基磺酸盐的含量保持在 0.5mg/L 以下，必要时还要使用消泡剂。

（5）氨。对铜有腐蚀性，氨与氯反应会减少杀灭微生物的效果。

（6）磷酸钙垢及其他垢的形成。由于回用水中磷的存在，易形成磷酸钙垢，过高就必须用酸化控制或去磷控制。

（7）卫生方面。冷却塔循环水及其淤积物会四处抛散，虽然病原菌由于温度、氯化和阳光作用而部分死亡，但不能保证所有的传染菌都死亡，所以这个问题也要一起重视。

2. 回用农业灌溉

《农田灌溉水质标准》（GB 5084—2005）对污水浇灌提出较严格要求，严禁使用污水浇灌生食的蔬菜和瓜果；对于水作、旱作和蔬菜，必须将污水处理达到灌溉水质标准才能灌溉。对于旱作和蔬菜，常规的二级处理加消毒就可以满足要求。水作对氮磷要求高，需要采用强化二级处理加消毒才能达标，也可以与清水混灌，降低氮磷含量。回用水应根据灌溉作物对水质的要求，选择合理的处理工艺。

图 3-6 为美国对直接食用性粮食作灌溉的再生处理流程，其中大肠粪类大肠杆菌不得超过 2.0 个/100ml。农业灌溉回用过程中，重点要考虑水的盐分、钠离子、微量元素、余氯、营养物质和病原体等。

图 3-6 美国对直接食用性粮食作灌溉的再生处理流程

3. 回用城市杂用水

用于城市杂用水时，按《城市污水再生利用 城市杂用水水质》（GB/T 18920—2020）执行。回用处理工艺为城市二级处理出水→混凝沉淀→过滤→消毒处理。针对再生水回用于城市公用设施，必须建立相应的详细管理准则或指南，要求再生水经过高程度处理和消毒。如果人可能接触到再生水，那么一般要求再生水经过三级处理，基本消灭病原菌。

4. 回用城市景观环境用水

城市污水回用于城市景观环境用水的现行标准有《城市污水再生利用 景观环境用水水质》（GB/T 18921—2019）和《地表水环境质量标准》（GB 3838—2002）。该回用系统运行的关键是控制营养物质，据研究水体中 $TP < 0.5mg/L$ 时，即使在夏季藻类易爆发期也能保证较好的水质，即不明显影响娱乐性水环境的美学价值，如图 3-7 所示。

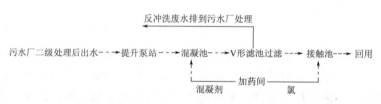

图 3-7 某污水处理厂中水回用作城市小区景观水体的处理工艺

课件3.1.3
污水再生利用工艺

动画3.1
城市生活污水处理工艺流程

资料3.1
校园污水处理工艺流程选择应用案例

5. 回注地下

再生水回注地下含水层、补充地下水，可以防止海水入侵，或用于防止因过量开采地下水造成的地面沉降，或用于重新提取作灌溉用水，或用于重新提取作饮用水。用于作饮用水补充水时，应对城市污水处理厂的二级出水进行三级处理。国外多在二级出水后接多层滤料过滤、反渗透、氯化，或氯化、硅藻土过滤、臭氧氧化，或混凝、多层滤料过滤、反渗透、氯化。

【任务实施】

一、实训准备

在实训室准备污水处理模拟系统（A^2/O）。

二、实训内容与步骤

（1）学生先熟悉该系统的使用说明书，然后绘制 A^2/O 系统工艺流程图。

（2）识别 A^2/O 系统各设备，明确各设备的作用和设计参数。

（3）进行 A^2/O 系统启动、运行和停车操作，并描述污水处理过程。

三、实训成果及考核评价

（1）A^2/O 系统工艺流程图。

（2）A^2/O 系统实训报告，包括设备启动、运行和停车等操作的过程及结果。

【思考与练习题】

（1）简述常见的城市污水处理工艺流程。

（2）污水处理的预处理技术有哪些？它们的作用如何？

（3）简述污水处理二级处理的技术方法。

（4）污水深度处理的目的何在？如何根据不同的处理要求选择适宜的深度处理技术？

（5）氧化沟工艺如何达到脱氮除磷的目的？

（6）查阅资料，分析所在城市污水处理厂的处理工艺。

（7）如何处理造纸废水？

子项目二　预处理工艺运行与管理

污水预处理（一级处理）称为物理处理或机械处理，它是去除污水中的漂浮物和悬浮物的处理过程，一般能去除悬浮固体 SS 约 $50\% \sim 60\%$，BOD_5 去除 $20\% \sim 30\%$。由于出水达不到排放标准，故一级处理属于二级处理的前处理，称为预处理。预处理工艺能降低后续处理单元的负荷，减轻后续处理设备和管道的磨损。预处理工艺一般由格栅、污水提升泵房、气浮池、沉砂池、初沉池等组成。

任务一　格栅、提升泵站的运行与管理

【任务引入】

污水处理厂设置格栅的作用是拦截较大的悬浮物或漂浮物，以减轻后续处理构筑物的负担，并保护提升泵。一般在提升泵站的进口处设置粗格栅，并在泵房后设置细格栅。如何保证格栅的正常运行呢？通过本任务的学习，不仅要掌握格栅的运行管理要点，还要解决格栅在运行中经常出现的问题。

污水提升泵站的作用是将进水提升到一定高度，以便可以重力自流到后续处理构筑物。如何确保提升泵的正常运转，并适当降低运行成本，也是预处理系统运行与管理的重要内容。

【相关知识】

一、格栅的类型和构造

格栅是污水泵站中最主要的辅助设备。格栅一般由一组平行的栅条组成，斜置于泵站集水池的进口处。其倾斜角度为 60°～80°。格栅后应设置工作台，工作台一般应高于格栅上游最高水位 0.5m。对于人工清渣的格栅，其工作台沿水流方向的长度不小于 1.2m，机械清渣的格栅，其长度不小于 1.5m，两侧过道宽度不小于 0.7m。

按形状，格栅可分为平面与曲面格栅两种。平面格栅由栅条与框架组成。曲面格栅又可分为固定曲面格栅与旋转鼓筒式格栅两种。按构造形式，格栅可分为平板式格栅、回转式格栅、阶梯式格栅、反捞式格栅、高链式格栅等。按格栅栅条的净间距，可分为粗格栅（50～100mm）、中格栅（10～40mm）、细格栅（1.5～10mm）三种。平面格栅与曲面格栅，都可做成粗、中、细三种。由于格栅是物理处理的重要设施，故新设计的污水处理厂一般采用中、细两道格栅，甚至采用粗、中、细三道格栅。

按清渣方式，格栅可分为人工清渣和机械清渣格栅两种。人工清渣格栅只适用于处理水量不大或所截留的污染物量较少的场合。当栅渣量大于 $0.2m^3/d$ 时，为改善工人劳动与卫生条件，都应采用机械清渣格栅。机械格栅适用于大型污水处理厂需要经常清除大量截留物的场合。

图 3-8 所示为几种类型的格栅。

(a) 阶梯式细格栅　　　　　　　(b) 回转式格栅　　　　　　　(c) 反捞式格栅

图 3-8　格栅的类型

二、格栅的运行与管理

（1）栅渣的清除。机械格栅的控制方式一般采用水位差或定时自动控制，可以及时地清除栅渣。此外，操作人员应该巡回检查（每隔 1～2h），根据栅前和栅后的水位差变化或栅渣的数量，及时开启除渣机将栅渣清除。格栅前后的水位差一般控制在 0.3m 以内。对格栅筛网截留的污染物的处置方法，国外多将大的破布和织物去除而将有机物粉碎后再返回废水中或焚烧，国内较多采用填埋或堆肥处理。

（2）格栅流速的控制。格栅的过栅流速一般控制在 0.6～1.0m/s，当污水中颗粒较大时，过栅流速控制在 1.2m/s 以内。运行中应注意检查并调节栅前的流量调节阀门，保证过栅流量的均匀分布。可通过调整投入工作的格栅台数控制过栅流速。当过栅流速过高时，可增加格栅台数；当过栅流速偏低时，可减少格栅台数。

（3）积砂清理。随着运行时间的增加，由于污水流速减慢，或渠道内粗糙度的加大，格栅前后渠道内可能会积砂，使过水断面缩小，流速增大，故应定期检查清理积砂，或修复渠道。

（4）栅渣中往往夹带许多挥发性油类等有机物，堆积后能够产生异味，因此，及时清运栅渣，并经常保持格栅间的通风透气。

（5）分析检测与管理。工作人员应记录每日产生的栅渣量，用体积或质量表示均可。根据栅渣量的变化，可以间接判断格栅的拦污效率。当栅渣量相比历史记录变化较大时，应分析原水水质的变化或格栅的运行是否正常。通常初沉池和浓缩池的浮渣尺寸是另一个判断拦污效率的途径，这些浮渣中尺寸大于格栅间距的悬浮物较多时，说明格栅拦污效率不高，应分析过栅流速的控制是否合理，是否及时进行清渣。

（6）格栅的维护保养。巡检时应注意有无异常声音，观察栅条是否变形，发现故障应立即停车检查；应定期检查传动机构，定期加润滑油保养。

视频3.2.1 ▶
格栅的运行
与管理

课件3.2.1
格栅的运行
与管理

三、提升泵站的运行与管理

污水提升泵站一般由水泵、集水池和泵房组成。集水池的作用是调节来水量与抽水量之间的不平衡，避免水泵启动过于频繁。提升泵站最主要的是做好水泵的运行管理。其内容与项目二中"二级泵站运行与管理"类似，下面主要介绍其运行管理要点。

（1）根据进水量的变化和工艺运行情况，调节水泵的开启台数，保证处理效果。

1）一般当泵房液位超过一定高度时，应该多开泵，防止溢流；反之亦然。

2）进水量超过设计能力时，可以经泵房前的溢流管放掉超载水量，避免厂内工艺受到冲击负荷而降低处理效果。

3）如进水量超过设计要求，处理效果能达到排放标准时，也可以不从溢流管放掉超载水量。

4）运行中，处理设施或处理工艺出现故障时，也可适当降低进水量，来调整整个工艺系统，也可以通过调节水泵的工作台数，使问题得到解决。

5）严禁频繁启动水泵。水泵频繁启动，会造成电机启动电流大，使绕组的绝缘损坏。

（2）水泵在运行中，必须严格执行巡回检查制度，并符合下列规定：

1）应注意观察各种仪表显示是否正常、稳定。通过观察仪表显示的数字，可了解和判定机器运转是否正常。当电流表、电压表读数超出其额定范围时，则属不正常，应停机检修。

2）轴承温升不得超过环境温度35℃，总和温度最高不得超过75℃。轴承过热的原因很多，如轴承安装不准确，轴承缺油或油太多（用润滑脂时），油质不良、不干净及滑动轴承的甩油环不起作用，轴承损坏等。发现轴承温度过高时，应停机查明原因加以维修。

3）应检查水泵填料压盖处是否发热，滴水是否正常。每次停泵后，应检查填料或油封处的密封情况，进行必要的处理。并根据需要填加或更换填料、润滑油、润滑脂。

4）水泵机组不得有异常的噪音或振动。引起设备产生异常振动、噪声的原因很多，发现此类情况，应仔细查找原因，及时解除。

5）集水池水位应设定在最高和最低水位范围内。运行中应经常检查集水池水位。水位太低，在吸水管水面上产生漩涡。应设法提高水位，避免水泵产生气蚀现象。

（3）应使泵房的机电设备保持良好状态。除应保持电机进、出风口通畅外，还应保证各种电器开关、附属电器设备等齐全、灵敏可靠。各种电器连接点连接处、电机进线、补偿线的连接及开关接线等应保持良好的接触，如有磨损、腐蚀严重、松动，应及时处理。

（4）操作人员应保持泵站的清洁卫生，各种器具应摆放整齐。

（5）应及时清除叶轮、闸阀、管道的堵塞物。为使水流通畅，保证水泵的运行效率，发现出水量减少及水泵电流急剧上升时，应及时停泵，清除叶轮等处的阻塞物。

（6）泵房的集水池应定期清理（每年至少1次），同时对有空气搅拌装置的，应进行检修。泵房集水池长期使用，大量的砂粒将积存在池内，不仅减少了集水池的容积，还可能堵塞进水口，降低水泵的运转效率或造成水泵磨损。所以应定期放空清池，并记录积砂量，积累运行经验。如设有曝气装置，还应对空气管的堵塞或其他损坏的部位进行维修，使空气管发挥作用。

水泵运行与管理中的常见故障包括启动困难、不出水或水量较少、振动或噪声太大、水泵运行中突然停水等。其处理措施参见项目二"给水处理工艺运行与管理"的相关内容。

【任务实施】

一、实训准备

（1）准备城市污水处理仿真实训软件及其操作手册。
（2）污水处理厂模拟实训设备，具有格栅、提升泵、调节池等构筑物和设备。

二、实训内容及步骤

（1）城市污水处理仿真软件实训。根据软件的操作手册，完成以下培训项目：
1）污水处理工艺中格栅的启动、停车、除渣等操作。
2）格栅自动控制方式中，设置格栅前后水位差及定时启停时间参数。
3）提升泵的启动、停车、换泵及泵房液位的控制，要求控制泵房液位为50％左右。
（2）污水处理厂模拟设备实训。
1）根据设备使用说明书，完成原水箱、格栅、提升泵及沉砂池的管道的连接。
2）如果有电气控制线路，则按照接线图进行接线，实现PLC控制。
3）进行格栅、提升泵的启动操作，使污水从提升泵房进入沉砂池，之后完成设备的停车。

4) 实训过程中及时记录数据，如提升泵的流量、真空表和压力表读数等。

三、实训成果及考核评价

（1）城市污水处理仿真软件实训培训及考核成绩，占 40%。

（2）污水处理厂模拟设备实训报告，占 60%。

【思考与练习题】

（1）格栅的类型有哪些，其适用范围如何？

（2）简述格栅运行与管理的要点。

（3）过栅流速一般控制在什么范围？如何进行控制？

（4）格栅自动控制的方式有哪些？

（5）提升泵房运行与管理的要点有哪些？

（6）简述提升泵房液位控制的方法。

任务二　沉砂池的运行与管理

【任务引入】

污水在迁移、流动和汇集过程中不可避免会混入泥沙。污水中的砂如果不预先沉降分离去除，会磨损机泵、堵塞管道，导致生物氧化池有效容积的减少，同时对曝气装置产生不利影响；污泥中的砂粒进入带式脱水机而加剧滤布的磨损，缩短更换周期，同时影响絮凝效果，降低污泥成饼率。沉砂池主要用于去除污水中粒径大于 $0.2mm$、密度大于 $2.65t/m^3$ 的砂粒，在整个污水处理工艺中具有十分重要的预处理作用。

通过本任务的学习，要求熟悉沉砂池的类型和构造、沉砂池的运行控制参数；掌握沉砂池的运行管理方法，并能分析解决沉砂池运行中常见的工艺和设备问题。

【相关知识】

一、沉砂池的类型及构造

沉砂池主要有平流沉砂池、曝气沉砂池、旋流沉砂池、多尔沉砂池等。

（一）平流沉砂池

1. 平流沉砂池的构造

平流沉砂池构造简单，除砂效果较好，是一种常用的沉砂池。它由入流渠、闸板、水流部分、沉砂斗和排砂管等组成（图 3-9），一般设置为一池两渠的形式。平流沉砂池排砂方式可以采用重力排砂，也可用射流泵或螺旋泵排砂。排除的砂进入砂水分离器，分离的沉砂外运处理，沉砂中的水则流入提升泵房或粗格栅。平流沉淀池的缺点是沉砂中约含有 15% 的有机物，极易腐化。

2. 平流沉砂池的设计、运行参数

（1）水平流速。一般控制在 $0.15\sim0.30m/s$。具体取决于沉砂粒径的大小。如果沉砂的组成以大砂粒为主，水平流速应大些，以便使有机物的沉淀最少；反之，如果沉砂主要以细砂粒为主，则必须放慢水平流速，才能使砂粒沉淀下来，同时，大量的

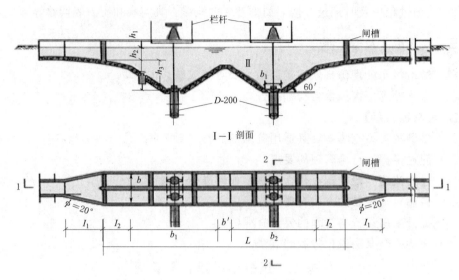

图 3 – 9 平流沉砂池构造

有机物可能随砂粒一起沉淀。

实际运行中，应根据水质和构筑物的实际运行情况，找出适合本厂的最佳水平流速范围。调整的方法是改变投入运转的池数或通过调节出水溢流堰来改变沉砂池的有效水深。

（2）停留时间。最高流量的停留时间不应小于 30s，一般采用 30～60s。

（3）有效水深。一般采用 0.25～1.0m，最大不超过 1.2m，每格宽度不小于 0.6m。

（4）排砂周期。一般为 2d，即贮砂斗容积按 2d 内沉砂量考虑，可根据水量、水质进行调整。

（5）沉砂池座数或分格数不应少于 2 个；当污水量较少时，可考虑一格工作，一格备用。

（二）曝气沉砂池

1. 曝气沉砂池的构造

曝气沉砂池可以克服"平流沉砂池中沉砂夹杂 15％ 有机物，使沉砂后续处理难度增加"的缺点。它与平流式沉砂池一样也是平面呈长方形。它是在沉砂池的集砂槽一侧池壁上，距槽底 60～90cm 处，沿池长方向安装曝气装置，使污水产生横向流动，形成螺旋形的旋转状态，能把砂粒表面的有机物擦掉。由于除砂效率高，有机物与砂分离效果好（沉砂中有机物含量低于 5％），因此，目前新建的污水处理厂很多都采用曝气沉砂池。曝气沉砂池的构造如图 3－10 所示。

2. 曝气沉砂池的设计、运行参数

（1）旋流速度和水平流速。最大旋流速度为 0.25～0.30m/s，气水比为 0.1～0.2m³ 空气/m³ 污水时，可以达到这个要求。水平前进速度为 0.1m/s。

（2）旋转圈数。污水在池内应旋转的圈数决定大于某一粒径的砂粒的去除效率，

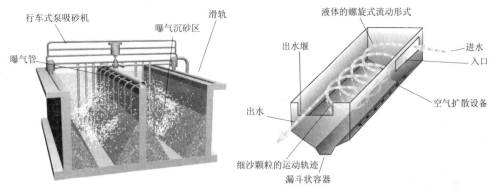

图 3-10 曝气沉砂池

如将 0.2mm 以上的砂粒的 95% 有效去除，污水在池内应至少旋转三圈。旋转圈数与曝气强度及污水在池内的水平流速有关，曝气强度越大，旋转圈数越多，沉砂效率越高。水平流速越大，旋转圈数越少，沉砂效率越低。当进入沉砂池的污水量增大时，水平流速也将增大，此时应增大曝气强度，保证足够的旋转圈数，不使沉砂效率降低。

（3）流量最大时，停留时间应大于 2min。

（4）有效水深一般为 2~3m，宽深比 1.0~1.5。

（三）旋流沉砂池（钟式沉砂池）

1. 旋流沉砂池的构造

旋流沉砂池一般设计为圆形。污水从切线方向进入，池中心设有 1 台可调速的旋转浆板，进水渠道末端设一跌水堰，使可能沉积在底部的砂子向下滑入沉砂池；出水渠道对应圆池中心；中心旋转浆板下设有砂斗。在离心力的作用下，污水中密度较大的砂粒被甩向池壁，掉入砂斗；有机物则留在污水中。它可以通过合理地调节旋转浆板的转速，有效去除其他形式沉砂池难于去除的细砂（0.1mm 以下的砂粒），除砂效率高，应用越来越广泛。旋流沉砂池的构造如图 3-11 所示。

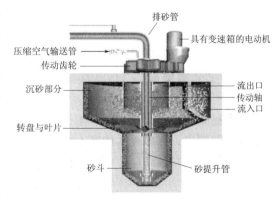

图 3-11 旋流沉砂池

2. 旋流沉砂池排砂系统

旋流沉砂池的排砂方式包括旋涡泵提砂、潜污泵提砂和气提砂。下面重点介绍气提排砂装置。

气提排砂装置主要由鼓风机、压缩空气输送管、气冲系统、气提系统、排砂管等组成，如图 3-11 所示。气提排砂的运行周期由污水中的含砂量确定，在自动控制状态下，一般每 3~4h 提砂一次，至少要保证每 8h 提砂一次，以避免积砂影响提砂泵

动画3.2

曝气沉砂池

的正常工作。

（1）气提排砂的运行要点。

1）抽砂之前，应先洗砂以去除沉淀的有机物。这一过程应在高流量期间进行，这样可以使处于悬浮状态的有机物被流水带出。

2）首先适当开启出砂阀，然后打开气冲阀，启动鼓风机（出口阀门应处于开启状态），启动砂水分离器，气冲时间约3～5min。从风机来的压缩空气从管路中被泵入扩散头，并流出泵的吸砂口节流，空气会从堆砂中涌出。这会产生刮搓作用，从而帮助有机物脱离砂砾并向上升起，穿过分离缝隙或转子上的孔进入转子上方的主流体。然后这些有机物被进水带走随水流出沉砂池。观察沉砂池水面，由于深色的有机物进入到流体中会使水的颜色明显变化。

3）气冲结束后，先打开气提阀门，然后关闭气冲阀门，开始提砂，根据出砂量的多少来决定气提时间（一般约为30min）。随着阀的打开，压缩空气会取道阻力小管线，通过气提泵的中心管。水气的混合物会从集砂井的底部产生向上的升力，这会在管中形成水流，砂从洗砂口和水共同排入砂水分离器。

4）观察从气提泵排出的砂，可以注意到其颜色的变化，由黑色变为棕色或灰色，这时应停止鼓风机，然后关闭出砂阀、气提阀。如需对其他沉砂池提砂，可不停运鼓风机，其他操作操作同上。

5）气提完毕后先停止鼓风机，把砂水分离器内的砂出完后停止砂水分离器。

6）运行时应注意日常巡视检查：①气提时应注意观察砂水分离器溢流堰出水量，判断砂管堵塞情况；②检查罗茨鼓风机安全阀压力指示以及运转声音，检查气冲、气提阀堵塞情况；及时记录出砂量。

（2）气提排砂常见故障原因及对策。气提排砂装置运行中的常见故障主要是气提效果不好或不能提升，可能的原因及解决措施如下：

1）鼓风机没有提供所需的气压。此时应检查气压，如果气压偏低，检查空气释放阀门的开度是否偏小、鼓风机频率是否偏低等；如果鼓风机不工作，应检查电源。

2）气提阀未打开，气提管没有空气喷出，应打开气提阀。

3）气提管被堵塞，空气从排气口喷出。此时应关闭排砂阀门，打开气提阀门，空气将从气提管底部排出；5min后，观察除砂器表面，如果出现气泡，说明砂管通畅；缓慢打开除砂阀门，观察砂水分离器出水堰口5min，如果出水一直通畅，则说明堵塞问题解决；如果再次堵塞，重复以上操作，直至清除堵塞。

4）沉砂池中有碎片，气提管被碎片堵塞。此时应排干水进行检查，并疏通气提管。

3. 旋流沉砂池的设计、运行参数

旋流沉砂池有定型产品可供选用，可依据处理流量进行选型，一般不用单独设计。下列参数仅供参考。

（1）进水渠道流速一般控制在0.6～0.9m/s。

（2）上升流速的范围为0.02～0.10m/s，对应的水力表面负荷一般为200m³/(m²·h)。

（3）停留时间为 20～30s。

（四）多尔沉砂池

多尔沉砂池（图 3-12）属于线性沉砂池，通过减小池内水流速度来实现颗粒的沉淀。多尔沉砂池上部为方形，下部为圆形。它利用复耙提升坡道式筛分机（洗砂机）分离沉砂中的有机颗粒，分离出的污泥和有机物再通过回流装置回流到沉砂池中。因此多尔沉砂池分离出的砂粒比较纯净，有机物含量仅为 10％左右，含水率也比较低。为确保配水均匀，多尔沉砂池一般采用穿孔墙进水，固定堰出水。

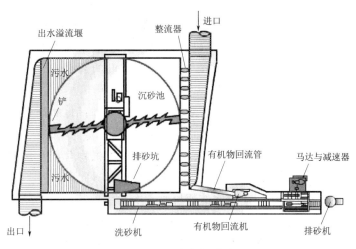

图 3-12　多尔沉砂池

多尔沉淀池工作时，污水从沉砂池一侧以平流方式进入池内，砂粒在重力的作用下沉于池底，被刮砂机上的弧形刮板依次推移至池边的贮砂斗中，并落入集砂槽内，再经洗砂机逐渐刮至池外，刮出的砂无需再进行砂水分离就可运走。

二、沉砂池的运行管理

（1）操作人员应通过调节进水渠道与各池体间的进水闸阀使各池配水均匀，按设计流速和停留时间运行，充分发挥沉砂池沉砂的作用。

（2）平流沉砂池主要控制污水在池内的水平流速，并核算停留时间。

（3）曝气沉砂池的空气量，应根据水量的变化、沉砂有机物含量进行调节，保证适当的旋流速度。

（4）各种类型的沉砂池均应定时排砂或连续排砂，排砂机械的运转间隔时间应根据砂量及机械能力而定。沉砂在池内堆积，减少了池内有效容积的利用，使流速增大，不仅新进池的砂粒沉不下来，还带走已沉下砂粒，降低沉砂效率；同时给后续构筑物增加负荷，造成运转机械的磨损等一系列管理和维修的麻烦。排砂间隙过短会使排砂量增大，含水率增高，使后续处理难度增大。

（5）机械除砂应符合下列规定：

1）除砂机械应每日至少运行一次。因除砂泵或除砂机如较长时间不运行，池内积砂将阻碍除砂机械的启动和运行，影响除砂效果。除砂时操作人员应现场监视，发现故障应采取处理措施。

2) 除砂机械工作完毕，应将其恢复到待工作状态。因除砂机刮臂及其他部件长期泡在污水中，极易腐蚀。钢丝绳长期处于拉伸状态，影响其使用寿命。所以除砂机工作结束后应妥善管理，做好设备的维护保养工作。

3) 重力排砂时，应关闭进出水闸门，对多个排砂管应逐个打开排砂闸门，直到沉砂池内积砂全部排除干净，必要时可稍微开启进水闸门使用污水冲洗池底残砂。

（6）沉砂池排出的沉砂及清捞出的浮渣应及时外运，不宜长期存放。因清除的砂粒、清捞出的浮渣中，有一定的有机污染物，长期堆放易腐败并形成二次污染，影响环境卫生，所以应及时将排出的沉砂、清捞出的浮渣及时外运，进行妥善处理。

（7）沉砂池上的电气设备应做好防潮湿、抗腐蚀处理；每周都要对进、出水闸门及排渣闸门进行加油、清洁保养，每年定期油漆保养。

（8）定期对沉砂颗粒进行化验筛分，分析砂粒中有机物含量、含水率及砂粒的粒径、沉砂量等，根据掌握的情况，调整气水比，决定排砂间隔时间。

（9）沉砂池每运行 2 年，应彻底清池检修一次。

（10）分析测量与记录。应连续测量并记录每天的除砂量，可以用重量法或容量法，但以重量法较好。应定期测量初沉池排泥中的含沙量，以干污泥中砂的百分含量表示，这是衡量沉砂池除砂效果的一个重要因素。对沉砂池排砂及初沉池排泥应定期进行筛分分析，筛分至少应分为 0.10mm、0.15mm 和 0.20mm 三级。应定期测定沉砂池和洗砂设备排砂的有机质含量。对于曝气沉砂池，应准确记录每天的曝气量。应根据以上测量数据，经常对沉砂池的除砂效果和洗砂设备的洗砂效果作出评价，并及时反馈到运行调度中去。

课件3.2.2 ☞
沉砂池的运行
与管理

【任务实施】

一、实训准备

（1）准备城市污水处理仿真实训软件及其操作手册。

（2）平流沉砂池、曝气沉砂池、旋流沉砂池模拟实训设备。

二、实训内容及步骤

（1）城市污水处理仿真软件实训。根据软件的操作手册，完成以下培训项目：

1) 污水处理工艺中平流沉砂池、曝气沉砂池、旋流沉砂池的启动、停车、排砂、砂水分离器运行等操作。

2) 沉砂池运行故障分析及处理，包括进水流量增加、进出水含沙量增加、沉砂有机物含量增大、排砂装置不出砂或出砂不足、砂水分离器故障等。

3) 气提排砂、旋涡泵排砂自动控制参数设定。要求排砂周期设定为 4h，两池轮换排砂，排砂时间为 30min。

（2）污水处理厂模拟设备实训。

1）根据设备使用说明书，完成沉砂池管道的连接。

2）如果有电气控制线路，则按照接线图进行接线，实现 PLC 控制。

3）沉砂池的启动运行：使污水从提升泵房进入沉砂池，之后完成排砂、设备的停车操作。

三、实训成果及考核评价

（1）城市污水处理仿真软件实训培训及考核成绩，占 60%。

（2）污水处理厂模拟设备实训报告，占 40%。

【思考与练习题】

（1）沉砂池的类型、作用及其设置要求有哪些？

（2）如何对沉砂池进行运行管理？

（3）简述气提排砂装置的构造和气提排砂的操作规程。

（4）试述气提装置不能提砂的可能原因，并提出解决对策。

任务三 初沉池的运行和管理

【任务引入】

初沉池的主要作用是去除污水中的悬浮物和漂浮物，同时去除悬浮性有机物。它能去除 50%～60% 的悬浮物以及 25%～35% 的 BOD_5。此外，初沉池还能起到调节池的作用，缓冲水量水质的变化。

本任务要求学习者熟悉初沉池的常见类型及构造，掌握初沉池的设计、运行参数，能进行初沉池的运行，并解决初沉池运行中的常见故障。

【相关知识】

一、初沉池的类型和构造

沉淀池一般分为流入区、流出区、沉降区、污泥区四个部分，主要去除的是悬浮液中粒径在 $10\mu m$ 以上的可沉固体。

按照沉淀池内水流方向的不同，初沉池可分为平流式、竖流式、辐流式和斜板（管）式四种，见表 3－4。

表 3－4 初 沉 池 的 类 型

序号	形式	特 点	结 构
1	平流式	池型呈长方形，水在池内按水平方向流动，从池一端流入，另一端流出，一般在污水处理厂应用较少	

序号	形式	特　点	结　构
2	竖流式	呈圆形或正方形，原水通常由设在池中央的中心管流入，在沉降区的流动方向是由池的下面向上作竖向流动，从池的顶部周边流出，池底锥体为贮泥斗，适用于地质条件较好、地下水位较低的地区，一般用于处理水量不大的小型污水处理厂。排泥方式一般为重力排泥	
3	辐流式	呈圆形、直径较大而有效水深相应较浅的池子，污水一般由池中心管进入，在穿孔挡板（称为整流板）的作用下使污水在池内沿辐射方向流向池的四周。适用于处理大水量的场合。有中心进水、周边出水，周边进水、中心出水，周边进水、周边出水 3 种。一般采用刮泥机刮泥、重力排泥、空气提升排泥或机械排泥。刮泥机有中心传动式和周边传动式 2 种	 （a）中心进水、周边出水辐流式沉淀池 （b）周边进水、周边出水辐流式沉淀池
4	斜板（管）式	通过在沉淀池的沉淀区加斜板或斜管构成。具有去除效率高、停留时间短、占地面积小的优点，非常适用于现有污水处理厂的改造和扩建	

二、初沉池的运行和管理

(一)初沉池工艺控制

一般污水处理厂入流污水量、水温及入流 SS 负荷,每时每刻都在变化,因而初沉池的 SS 去除效率也在变化。应该采用一定的控制措施应付入流污水的这些变化,使初沉池 SS 的去除率基本保持稳定。

可采取的工艺措施主要是改变投运池数,因为绝大部分处理厂的初沉池都有一定的余量。对于污水量的短期变化(如几小时以内),也可以采用控制入池流量的方法,将污水在上游排水管网内进行短期储存。有的处理厂初沉池的后续处理单元允许入流 SS 有一定的波动,此时也可不对初沉池进行调节。在没有其他措施的情况下,向初沉池配水渠道内投加一定量的化学絮凝剂(如铁盐、铝盐或石灰)也是一种可行的选择,但前提是配水渠道内要有搅拌措施。

工艺控制措施的目的是将初沉池的工艺参数控制在要求的范围内。运行管理人员在运转实践中应摸索出本厂各个季节(不同温度)不同的污水特征(是否新鲜)要达到要求的 SS 去除率、水力表面负荷应控制的最佳范围。因为水力表面负荷如果控制得太高,SS 去除率会下降;如果控制得太低,不但造成浪费,还会因停留时间太长使污水厌氧腐败。如将表面负荷控制在某一范围,其他工艺参数如水力停留时间、堰板溢流负荷和水平流速也都能得以确定。运行中应核算这三个参数是否超出所要求的范围,如水力停留时间一般不能小于 1.5h;平流沉淀池、竖流沉淀池的表面负荷为 $1.5 \sim 3.0 \mathrm{m}^3/(\mathrm{m}^2 \cdot \mathrm{h})$,辐流沉淀池为 $2.0 \sim 3.0 \mathrm{m}^3/(\mathrm{m}^2 \cdot \mathrm{h})$;堰板溢流负荷一般不应大于 $10 \mathrm{m}^3/(\mathrm{m} \cdot \mathrm{h})$,水平流速一般为 $7\mathrm{mm}/\mathrm{s}$,不能大于冲刷流速 $50\mathrm{mm}/\mathrm{s}$。如发现上述任何一个参数超出范围,一般都应进行工艺调节。

(二)刮泥与排泥操作

1. 刮泥

污泥在排出初沉池之前必须首先被刮入污泥斗。刮泥有连续刮泥和间歇刮泥两种操作方式,取决于初沉池的形式及刮泥设备。平流沉淀池刮泥方式有行车式刮泥机、链带式刮泥机、泵吸式刮吸泥机、虹吸式刮吸泥机等。链带式刮泥机可以连续运行。采用行车式刮泥机、泵吸式刮泥机、虹吸式刮吸泥机时一般为间歇刮泥。刮泥周期取决于污泥量和污泥性质:当污泥量较大时,应缩短刮泥周期;当污水和污泥腐败时,同样应缩短刮泥周期,以便将腐败的污泥尽快刮至泥斗;当刮泥周期为 2h 时,实际刮泥 1h,刮泥机从末端行至首端,然后停车 0.5h,也可不停,继续回车。缩短刮泥周期,应注意刮泥机的行进速度不大于 1.2m/min,一般采用 0.6~0.9min,否则会扰动已沉下的污泥。辐流式沉淀池采用连续刮泥方式,因为即使连续刮泥,周边沉下的污泥也需很长时间才能被刮至池中心的泥斗。其刮泥设备为中心传动或周边传动刮泥机。刮泥机的旋转速度一般为 1~3r/h,外周刮泥板的线速度不超过 3m/min,一般为 1.5m/min,否则会使周边污泥浮起,直接从出水堰板溢流走。

2. 排泥

排泥是初沉池运行管理中最重要的内容之一，分为连续排泥和间歇排泥两种方式。刮泥与排泥必须协同操作，特别是对于间歇排泥方式。

每次排泥持续时间取决于污泥量、污泥泵的流量和浓缩池要求的进泥浓度。排泥时间的确定为当排泥开始时，从排泥管取样口连续取样分析其含固量的变化，从排泥开始到含固量降至基本为零即为排泥时间。大型污水处理厂一般采用自动控制，常用的控制方式为时间程序控制即定时排泥，定时停泵。运行中需要经常使用污泥浓度计测定污泥浓度，并调整污泥泵的运行时间。

运行时，应经常从排泥管上的取样口取样观察污泥的颜色。当颜色变暗或黑色，说明污泥已腐败，应加速排泥。当池内液面冒泡时，说明腐败已很严重。

（三）运行与管理注意事项

（1）配水。操作人员根据池组设置和进水量的变化，应调节各池进水量，使各池均匀配水。通过调节配水井上各池进水闸阀的开启度，使并联运行的数个沉淀池水量均匀，负荷相等，停留时间一致，从而提高沉淀效率。如果水量分配均匀时，发现各池沉淀效果有明显差异，在无其他原因时，可适当改变各池分担的流量，提高各池和整个系统出水水质。

（2）出水。观察出水堰口是否保持水平，各堰出流是否均匀，堰口是否严重堵塞，是否跑泥，必要时调整堰板的安装状况，设置挡板以均衡出水量。

（3）排渣。操作人员应经常检查初次沉淀池（简称初沉池）浮渣斗和排渣管道的排渣情况，并及时清除浮渣。清捞出的浮渣应妥善处理。浮渣是污水中较轻的漂浮物，刮至排渣斗中，如冲洗水不足，可能造成排渣斗或管道的堵塞。此时，操作人员应及时疏通排渣管或用人工清捞浮渣，避免池面漂浮大量的浮渣。集中到浮渣池的浮渣捞出后，不得随意堆置，应与栅楂、沉砂池的浮渣一并处理。

（4）巡视检查。运行人员应定时巡视初沉池运行情况，注意观察刮泥机、刮渣、排泥设备是否有异常声音、是否有部件松动，并及时调整和维修。

（5）当剩余活性污泥排入初次沉淀池时，在正常运转情况下，应控制其回流比小于2%。剩余活性污泥不进行单独浓缩，而回流到初次沉淀池与生污泥产生絮凝沉淀，不仅使污泥浓缩性能好，沉淀效率高，而且还省去了浓缩池的基建费和运行管理费。但要注意剩余活性污泥回流比应小于2%，否则，沉淀效果不好。

（6）维护。

1）排泥管路应每月冲洗1次，防止砂、油脂在管内或阀门外积累，冬季应增加冲洗次数。

2）初沉池应每年排空1次，彻底清理检查水下部件的腐蚀、润滑情况，池底是否有积砂或死区，刮板与池底是否密合，排泥斗及排泥管内是否有积砂等。

3）备用初沉池最好采用动态备用，不能投入运行的池子应将污水放空。

（7）做好分析测量与记录。每班应记录水温和pH值，刮泥机及污泥泵运转情况，排泥次数和排泥时间，排浮渣次数、时间或浮渣量。每日应测定并记录进出水

COD、BOD_5、TS、pH 值、SS 的平均值和除 pH 值外的去除率，排泥的含固率，排泥挥发性固体含量等。

三、初沉池运行常见故障分析

（一）污泥上浮

废水在进入初沉池之前停留时间过长发生腐败时导致污泥上浮。此时应加强去除浮渣的撇渣器工作，使它及时和彻底地去除浮渣。

（二）污泥解体而浮至表面

（1）在二沉池回流到初沉池的处理系统中，若二沉池回流污泥中硝酸盐含量较高，进入初沉池后缺氧可使硝酸盐反硝化，还原成氮气附着于污泥中，使之上浮。解决措施是控制后续生化处理系统，降低污泥龄或减少曝气量，减缓硝化反应。

（2）如果是经常性的污泥上浮应调整参数。比如是否停留时间过长，排泥周期过长。

（三）污泥短路流出

（1）堰板溢流负荷超标造成，或堰板不平整造成。解决办法：减少堰板的负荷或调整堰板出水高度一致。

（2）刮泥机故障造成污泥上浮。

（3）辐流式沉淀池池面受大风影响出现偏流。

（四）排泥浓度降低

（1）排泥时间过长导致含固率下降，污泥浓度降低。

（2）刮泥与排泥步调不一致，各单体池排泥不均匀。

（3）积泥斗严重积砂，有效容积减小。

（五）黑色或恶臭污泥

可能的原因是废水腐败或进入初沉池的消化污泥的上清液浓度过高。

解决办法如下：

（1）切断已发生腐败的污水管道。

（2）减少或暂时停止高浓度的牛奶加工、啤酒、制革、造纸等工业废水的进入。

（3）高浓度工业废水进行预曝气。

（4）改进污水管道系统的水力条件，以减少固体物的淤积。

（5）必要时可在污水管线中加氯，以减少或延迟废水的腐败，在管线不长或温度高时尤其有效。

（六）受纳过浓的消化池上清液

（1）改进消化池的运行，以提高效率。

（2）减少受纳上清液的数量直至消化池运行改善。

（3）将上清液导入氧化塘、曝气池或污泥干化床。

（4）上清液预沉淀。

（七）悬浮物去除率低

产生的原因有：①水力负荷过大；②短流；③活性污泥或消化污泥回流量过大；④存在工业废水。

解决办法如下：

（1）设调节池，均衡水量和水质负荷。

（2）加絮凝剂以改善沉淀。

（3）具有多个初沉池的处理系统中，若仅有一个池过负荷，说明因进口处堵塞或溢流堰口不平导致流量分配不均衡所致。

（4）防止短流。工业废水或雨水水温不一产生的密度流、出水堰安置不匀、进水的动能皆可引起短流；为证实短流的存在，可用染料或其他示踪物试验。

（5）正确控制二沉池污泥回流量和消化污泥投加量。

（6）某些工业废水如高碳水化合物和油脂废水难以沉降，应减少它的进入量。

（八）浮渣溢流

产生的原因为：①浮渣去除装置位置不当或去除频率过低；②入流油脂类工业废水太多。

改进措施为：①加快除渣频率；②浮渣收集离出水堰更远，集渣器运行频率更快；③严格控制工业废水的进入（特别是含油脂、高碳水化合物等的工业废水）。

视频3.2.2 ▶
初沉池的运行
与管理

课件3.2.3 ▣
初沉池的运行
与管理

（九）排泥故障

产生的原因：沉淀池结构、管道状况及操作不当等。

1. 沉淀池结构

（1）检查初沉池结构是否合理，如排泥斗倾角是否大于60°，泥斗表面是否平滑，排泥管是否伸到了泥斗底，刮泥板距离池底是否太高，池中是否存在刮泥设施触及不到的死角等。

（2）集渣斗、泥斗及污泥聚积死角排不出浮渣、污泥时应采取水冲，或设置斜板引导污泥向泥斗汇集，必要时进行人工清除。

动画3.3 ◎
中心进水的辐
流式沉淀池

2. 排泥管状况

排泥管堵塞是重力排泥场合下初沉池的常见故障之一。发生排泥管堵塞的原因有管道结构缺陷和操作失误两方面。

（1）结构缺陷。如排泥管直径太小（小于200mm）、管道太长、弯头太多、排泥水头不足等。

（2）操作失误。如排泥间隔时间过长，沉淀池前面的细格栅管理不当使得纱头、布屑等进入池中，造成堵塞。

动画3.4 ◎
周边进水周边
出水的辐流式
沉淀池

堵塞后的排泥管有多种清通方法，如将压缩空气管伸入排泥管中进行空气冲洗，将沉淀池放空后采取水力反冲洗；堵塞特别严重时需要人工下池清掏。当斜板沉淀池中斜板上积泥太多时，可以通过降低水位使得斜板部分露出，然后使用高压水进行冲洗。

【任务实施】

一、实训准备

（1）准备城市污水处理仿真实训软件及其操作手册。

（2）平流沉淀池、竖流沉淀池、斜板（管）沉淀池、辐流沉淀池模拟实训设备。

二、实训内容及步骤

1. 城市污水处理仿真软件实训

根据软件的操作手册，完成以下培训项目：

（1）污水处理工艺中平流沉淀池、竖流沉淀池、斜板（管）沉淀池、辐流沉淀池的启动、停车、排泥排渣等操作。

（2）初沉池运行故障分析及处理，包括进水流量增加、进出水悬浮物含量增加、污泥上浮、排泥设备故障、排泥浓度偏低等。

（3）机械排泥设备自动控制参数设定。要求设定排泥周期、排泥时间、行车速度（或刮泥机线速度）等参数。

2. 污水处理厂模拟设备实训

（1）根据设备使用说明书，完成平流沉淀池、竖流沉淀池、斜板（管）沉淀池、辐流沉淀池管道的连接。

（2）如果有电气控制线路，则按照接线图进行接线，实现 PLC 控制。

（3）沉淀池的启动运行、停车和排泥操作。

三、实训成果及考核评价

（1）城市污水处理仿真软件实训培训及考核成绩，占 60%。

（2）污水处理厂模拟设备实训报告，占 40%。

【思考与练习题】

（1）简述初沉池的类型及其适用范围。

（2）初沉池工艺控制的参数主要有哪些？如何进行控制？

（3）简述辐流沉淀池的排泥方式及其操作要点。

（4）初沉池悬浮物去除率低的可能原因是什么？如何解决这个问题？

（5）初沉池运行过程中经常出现的问题有哪些？试分析并解决这些问题。

子项目三　活性污泥法处理系统运行与管理

污水二级处理系统主要以生物处理技术为主。污水二级处理系统可以大幅度去除污水中呈胶体和溶解状态的有机污染物，BOD_5 去除率可达 85%～95%。

污水生物处理从总体上可分为两大类：一类是微生物在人工为其营造的环境中处理污水，称为人工处理方法，主要包括活性污泥法和生物膜法；另一类是微生物在天然生态环境中处理污水，称为天然生态处理方法。天然生态处理方法主要包括生物稳

视频3.3.1 ▶

活性污泥法的
运行与管理

定塘、土地处理和湿地系统三种方法。

活性污泥法是污水处理厂处理废水的主要工艺，它主要有传统活性污泥工艺、完全混合活性污泥法、阶段曝气工艺、渐减曝气工艺、吸附再生工艺、AB 工艺、AAO 工艺、AO 工艺、氧化沟工艺、SBR 工艺、CASS 工艺、MSBR 工艺等。本部分主要介绍 AAO 工艺、AO 工艺、氧化沟工艺、SBR 工艺、CASS 工艺、MSBR 工艺等常见活性污泥工艺的运行与管理。

任务一　AAO 及 AO 工艺运行与管理

【任务引入】

AAO 及 AO 工艺是污水处理厂常用的生物处理工艺，在前面已有所介绍。其中 AAO 工艺是具有脱氮除磷功能的活性污泥工艺，在大中型污水处理厂中广泛使用，其运行和管理具有代表性。

本任务要求熟悉活性污泥的组成和特点，掌握 AAO（AO）的工艺流程、设计运行参数，能进行 AAO 处理构筑物、二沉池、曝气系统、污泥回流系统的运行与管理，并能解决这两种工艺运行中的常见问题。

【相关知识】

一、AAO（AO）工艺系统的组成

1. AAO 工艺

如图 3-2 所示，AAO 工艺主要由生物反应池（厌氧池、缺氧池、好氧池）、曝气系统、二次沉淀池（简称二沉池）、污泥回流系统和剩余污泥排放系统组成。在 AAO 工艺中，原污水与沉淀池回流的含磷污泥同步进入厌氧反应器（厌氧池），在厌氧池内释放磷，同时部分有机物进行氨化和水解；污水经过厌氧池进入缺氧反应器（缺氧池），在缺氧池内，反硝化细菌利用污水中有机物（碳源），将通过内循环由好氧反应器（好氧池）送来的硝态氮进行反硝化脱氮；混合液从缺氧池进入好氧池，在曝气条件下，去除剩余 BOD，完成硝化和吸收磷等反应；硝化液部分回流至缺氧池，部分流入二沉池进行泥水分离。污泥大部分回流至厌氧池与原污水混合，剩余污泥则进入污泥处理系统进行浓缩、脱水等处理。污泥中含有过量的磷，通过剩余污泥排放，完成磷的去除。

2. 改良型 AAO 工艺

AAO 工艺中，从二沉池回流到厌氧池的回流污泥中含有一定的硝酸盐，提高了厌氧池的 ORP 值，将影响聚磷菌的厌氧释磷反应。为此，可考虑改良型 AAO 工艺，即在厌氧池之前设置预缺氧池，将回流污泥和部分原水引入其中。预缺氧池不曝气，进行慢速搅拌。回流污泥进行厌氧氨氧化作用，脱除其中的硝酸盐，有利于厌氧释磷反应的进行，提高除磷效果。同时，也能部分去除有机污染物。预缺氧池的停留时间一般为 0.5h 左右。

AO 工艺是具有脱氮功能的缺氧-厌氧工艺，也可以是具有除磷功能的厌氧-好氧工艺。其工艺流程如图 3-1 所示。

3. AAO（AO）工艺的池型

生物反应池是 AAO（AO）工艺的核心。根据生物反应池内混合液的流态可将其分为推流式、完全混合式及两种池型的结合型式（如氧化沟式），见表 3-5。实际中应用较多的是推流式和氧化沟式。

表 3-5　　　　　　　　　　　　　　曝气池的池型

序号	池型	特　点	结　构
1	推流式	窄长形曝气池，废水和回流污泥从曝气池一端流入，水平推进，从另一端流出，池子不受大小限制，不易发生短流，有助于生成絮凝好、易沉降的污泥，出水水质好。适用于城市污水处理厂	
2	完全混合式	污水和回流污泥一进入曝气池就立即与池内其他混合液均匀混合，使有机物浓度因稀释而立即降至最低值。池子受池型和曝气手段的限制，池容不能太大，当搅拌混合效果不佳时易产生短流，易出现污泥膨胀。广泛应用于工业废水处理	
3	氧化沟式	污水从一端进入，从另一端流出，污水与活性污泥的混合液在环状曝气渠内循环流动，一般混合液的循环量为进水量的数百倍以上，混合液水质比较均匀，接近于完全混合、延时曝气的活性污泥法；同时具有某些推流式的特征，如曝气装置下游溶解氧沿池长从高到低变动，甚至可能出现缺氧段	

二、AAO（AO）工艺的设计运行参数及其控制

AAO生物脱氮除磷的功能是有机物去除、脱氮、除磷三种功能的综合，因而其工艺参数应同时满足各种功能的要求。特别是除磷和脱氮往往是相互矛盾的，这就要求控制工艺参数在合理的范围内。

AAO工艺的设计运行参数可以分为活性污泥的性能指标、生物反应池的工艺参数、二沉池的工艺参数及综合工艺参数等，其中二沉池的工艺参数将在后面介绍。

1. 活性污泥性能指标

表征活性污泥性能的指标主要有污泥浓度、活性污泥颜色和气味、耗氧速率、污泥沉降比和污泥体积指数等，见表3-6。

表3-6   **活 性 污 泥 性 能 指 标**

性 能 指 标	参 数 值	备 注
污泥浓度 MLSS/(mg/L)	2500～4500（冬季为4000～4500；夏季为2500～3000）	通过调节污泥回流比控制
活性污泥颜色、气味	黄褐色、土腥味	
耗氧速率 SOUR/[mg O_2/(g MLVSS·h)]	8～20（传统活性污泥法）	污泥负荷较高，或SRT较小，SOUR值较大；AAO工艺SOUR较小
污泥沉降比 SV_{30}/%	15～30	
污泥体积指数 SVI	70～150，一般控制在100以内	

2. 工艺参数

AAO工艺的主要设计运行参数见表3-7。

表3-7   **AAO工艺设计运行参数**

项 目	参 数 值	备 注
BOD_5污泥负荷/[kg BOD/(kg MLSS·d)]	0.10～0.20	延时曝气法的污泥负荷较低，可为0.05～0.10
TN负荷/[kg TN/(kg MLSS·d)]	<0.05	
TP负荷/[kg TP/(kg MLSS·d)]	0.003～0.006	
污泥龄 θ_c/d	10～20	水温高时可取10～15，冬季水温低时取15～20；污泥龄主要通过调节剩余污泥排放量和污泥浓度进行控制
水力停留时间/h	7～14，厌氧：缺氧：好氧＝1：1：（3～4）或1：2：6	
污泥回流比 R/%	25～100，一般为50～100	根据MLSS和回流污泥浓度设定R的数值
混合液回流比 R_i/%	≥200	具体取决于进水TKN浓度，以及所要求的脱氮效率。一般认为，300%～500%时脱氮效率最佳

项　　目	参　数　值	备　　注
溶解氧浓度 DO/(mg/L)	好氧段 DO＞2.0；缺氧段 DO≤0.5；厌氧段 DO＜0.2	好氧段溶解氧含量控制在 2～3mg/L
COD/TN	＞8	如不能满足要求，应投加甲醇或葡萄糖等作为补充碳源
反硝化 BOD_5/TKN	＞4（3～5）	
BOD_5/TP	＞20	为了提高 BOD_5/TP 值，则宜投加乙酸等低级脂肪酸
总处理效率 η/%	85～95（BOD_5）；50～75（TP）；55～80（TN）	运行良好可使出水 TP＜2mg/L、TN＜9mg/L；以脱氮为主时，如出水中 TP 超标，则辅以化学除磷方法（可在初沉池前、曝气池或二沉池前投加铁盐、铝盐、石灰等）
pH 值和碱度	污水混合液 pH 值＞7	如果 pH 值＜6.5，应投加石灰，补充碱度
氧化还原电位 ORP 值/mV	厌氧段＜－250；缺氧段控制在－100 左右，好氧段控制在 40 以上	1. 厌氧段 ORP 升高会降低除磷效果，可能是回流污泥中硝态氮含量过高或搅拌强度太大； 2. 缺氧段 ORP 升高，可能是内回流比过大，将好氧段的 DO 带入缺氧段引起或搅拌强度太大

三、活性污泥的培养和驯化

污水处理厂建成以后，要进行单机试车和清水联动试车，如无问题，就应进行活性污泥培养，使处理厂尽早发挥污水处理功能。另外，曝气池泄空检修完毕之后，也有一个活性污泥培养问题。城市污水处理厂的污泥培养问题一般较简单，但当工业废水含量非常高时，会有一些困难，应视具体情况进行专门的污泥驯化。

（一）活性污泥的培养

根据污水水量、水质和污水处理厂（站）的条件，可采用的活性污泥培养方法有以下几种。

1. 接种培养

将曝气池注满污水，然后大量投入其他处理厂的正常污泥，开始满负荷连续培养。该方法能大大缩短污泥培养时间，但受其他处理厂离该厂的距离、运输工具等实际情况的制约。该法一般仅适于小型污水处理厂或污水处理厂扩建时采用。大型处理厂需要的接种量非常大，运输费用高，经济上不合算。在同一处理厂内，当一个系列或一条池子的污泥培养正常以后，可以大量给其他系列接种，从而缩短全厂总的污泥培养时间。

2. 间歇培养

适用于生活污水所占比例较小的城市污水处理厂。将曝气池注满水，然后停止进水，开始曝气，只曝气不进水称为"闷曝"。闷曝 2~3d 后，停止曝气，静沉 1h，然后进入部分新鲜污水，这部分污水约占池容的 1/5 即可。以后循环进行闷曝、静沉和进水三个过程，但每次进水量应比上次有所增加，每次闷曝时间应比上次缩短，即进水次数增加。当污水的温度为 15~20℃ 时，采用该种方法，经过 15d 左右即可使曝气池中的 MLSS 超过 1000mg/L。此时可停止闷曝，连续进水连续曝气，并开始污泥回流。最初的回流比不要太大，可取 25%，随着 MLSS 的升高，逐渐将回流比增至设计值。活性污泥应培养 SV$_{30}$ 达到 15%~20% 为止。

3. 低负荷连续培养

将曝气池注满污水，停止进水，闷曝 1d。然后连续进水连续曝气，进水量控制在设计水量的 1/2 或更低。待污泥絮体出现时，开始回流，取回流比 25%。至 MLSS 超过 1000mg/L 时，开始按设计流量进水，MLSS 至设计值时，开始以设计回流比回流，并开始排放剩余污泥。

4. 满负荷连续培养

将曝气池注满污水，停止进水，闷曝 1d。然后按设计流量连续进水，连续曝气，待污泥絮体形成后，开始回流，MLSS 至设计值时，开始排放剩余污泥。

（二）活性污泥的驯化

对于工业废水或以工业废水为主的城市污水，由于其中缺乏专性菌种和足够的营养，因此在投产时除用一般菌种和所需要营养培养足量的活性污泥外，还应对所培养的活性污泥进行驯化，使其适应所处理的废水。

常用的驯化方法可分为异步驯化法和同步驯化法。

1. 异步驯化法

这种方法是先培养活性污泥然后驯化，即先用生活污水或粪便稀释水将活性污泥培养成熟，然后逐步增加工业废水在混合液中的比例，以逐步驯化污泥。采用粪便污水培养时，先将浓粪便污水过滤后投入曝气池，再用自来水稀释，使得 BOD 浓度控制在 500mg/L。驯化时，工业废水可按设计流量的 10%~20% 加入，达到较好的处理效果后，再继续增加其比重。每次增加的百分比以设计流量的 10%~20% 为宜，并待微生物适应、巩固后再继续增加，直至满负荷为止。

2. 同步驯化法

它是在用生活污水培养活性污泥的开始就投加少量的工业废水，之后逐步提高工业废水在混合液中的比例，逐步使活性污泥适应工业废水的特性。驯化阶段以全部使用工业废水而结束。这种方法需要一定的经验，否则培养过程中出现问题时不易确定是培养的问题还是驯化的问题。

活性污泥培养驯化成功的标志主要有：①培养出的污泥及 MLSS 达到设计标准；②出水水质达到设计要求；③生物处理系统的各项指标达到设计要求；④生物反应池微生物镜检生物相要丰富，有原生动物出现。

（三）活性污泥培养的注意事项

（1）为提高培养速度，缩短培养时间，应在进水中增加营养。小型处理厂可投入足量的粪便，大型处理厂可让污水跨越初沉池，直接进入曝气池。

（2）温度对培养速度影响很大。温度越高，培养越快。因此，污水处理厂一般应避免在冬季培养污泥，但实际中也应视具体情况。如污水处理厂恰在冬季完工，具备培养条件，也可以开始培养，以便尽早发挥环境效益。

（3）污泥培养初期，由于污泥尚未大量形成，产生的污泥也处于离散状态，因而曝气量一定不能太大，一般控制在设计正常曝气池的 1/2 即可。否则，污泥絮体不易形成。

（4）培养过程中应随时观察生物相，并测量 SV、MLSS 等指标，以便根据情况对培养过程作随时调整。

（5）并不是培养至污泥 MLSS 达到设计值，就完成了培养工作，而应该至出水水质达到设计要求，排泥量、回流量、污泥龄等指标全部在要求的范围内。

四、曝气系统的运行与管理

（一）鼓风曝气系统及其控制

1. 鼓风曝气系统的组成

曝气系统的作用是向曝气池供给微生物增长及分解有机污染物所必需的氧气，并起混合搅拌作用，使活性污泥维持悬浮状态并与有机污染物充分接触。曝气系统可分为鼓风曝气系统和机械曝气系统。推流式、氧化沟式 AAO 工艺一般采用鼓风曝气系统；完全混合式则两种均可采用。鼓风曝气系统主要由空气净化系统、鼓风机、管路系统和空气扩散器组成。城市污水处理厂一般采用离心式鼓风机。

2. 鼓风曝气系统的控制

鼓风曝气系统的控制参数是曝气池污泥混合液的溶解氧 DO 值，控制变量是鼓入曝气池内的空气量 Q_a。Q_a 越大，即曝气量越多，混合液的 DO 值也越高。AAO 工艺好氧池的 DO 值一般控制在 2mg/L 以上。

（1）DO 控制在多少，与污泥浓度 MLVSS 及 F/M 有关。一般说，F/M 较小时，MLVSS 较高，DO 值也应适当提高。

（2）一些处理厂控制曝气池出口混合液的 DO 值大于 3mg/L，以防止污泥在二沉池内厌氧上浮。

（3）DO 是通过单纯的扩散进入微生物体内的，DO 从混合液扩散进入污泥絮体，再扩散进入微生物体内，每个过程都需要推动力，因而保持较高的 DO 值对于保证微生物获得充足的氧也是有好处的。

（4）DO 值不宜过高。首先，要保持较高的 DO 值，则需要较多的曝气量，从而使曝气效率降低，浪费能源；而 DO 值过高，会使缺氧池的 DO 值和 ORP 值偏高，影响反硝化作用，此时可适当降低好氧池混合液内回流区域的曝气量。

（5）当维持 DO 值不变时，入流污水的 BOD_5、TN 含量越高，Q_a 越大，反之越小。大型污水处理厂一般都采用计算机控制系统自动调节 Q_a，保持 DO 恒定在某一值。Q_a 的调节可通过改变鼓风机的投运台数、鼓风机转速和进出口阀门开度来实现。

(二) 曝气设备运行维护与管理

1. 微孔扩散器

AAO 工艺采用的曝气设备多种多样，但绝大多数处理厂，尤其新建厂主要采用微孔扩散器，包括橡胶膜片微孔扩散器、管式曝气器、陶瓷微孔扩散器等。

（1）橡胶膜片微孔扩散器。气体通过时孔张开，停气时孔闭合，以防止混合液进入扩散器内部（图 3-13）。因此，这种膜片能防止外堵。另外，当扩散器处于工作状态时，膜片处于振动状态，使生物垢不易沉积。其空气流量为 $1.5 \sim 3 m^3/(个 \cdot h)$，充氧动力效率可达 $4 \sim 6 kg\ O_2/(kW \cdot h)$，氧利用率可达 30% 以上（水深 4m）。

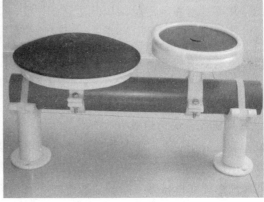

图 3-13　橡胶膜片微孔扩散器

（2）管式曝气器（图 3-14）。管式曝气器包括悬挂链式曝气器、可提升曝气器、管式微孔曝气器等。它主要由膜管、衬管、中心管、堵头及卡箍和垫片构成。曝气膜片采用硅橡胶或三元乙丙橡胶材料，内衬管可选择 UPVC、ABS 等材质，卡箍为 304 不锈钢材质。管式曝气管外径一般为 69mm，长度根据用户需要定，常规长度为 580mm、800mm 和 1000mm。

(a) 管式曝气器布置　　　　　　　　(b) 管式曝气器剖面图

图 3-14　管式曝气器

曝气时，压缩空气由布气支管通过供气管进入导气管导气槽，在曝气膜管与支撑体间形成环形气室，使曝气膜管鼓起，空气通过膜管上可张微孔向水体曝气。停止供气时，膜管弹性收缩抱紧在支撑体上，微孔也随回弹收缩而闭孔，阻止水体倒流进入气槽。

管式曝气器具有氧利用率高（35%～42%）、性能可靠、气孔不堵塞、污水不倒灌、环向受力均匀、寿命长、安装维修方便等特点。其充氧动力效率可达 6.5kg $O_2/(kW \cdot h)$。

（3）陶瓷微孔扩散器。它主要有固定式平板型微孔扩散器、固定式钟罩型微孔扩散器等。寿命一般都在 15 年之上。由于陶瓷扩散器内部结构为空间网状结构，通道大小不均，因而极易堵塞，需定期清洗，这是该类扩散器的一大缺点。目前这种扩散器在国内应用的越来越少，正被上面两种扩散器取代。

2. 微孔扩散器的维护与管理

微孔扩散器在曝气过程中可能会出现堵塞问题，特别是陶瓷扩散器。

（1）微孔扩散器的堵塞。扩散器的堵塞有时被误解为扩散器不出气，曝气池表面看不到气泡。实际上，这种情况一般不可能出现。扩散器堵塞系指一些颗粒物质干扰气体穿过扩散器而造成的氧转移性能的下降。美国提出一个衡量堵塞程度的指标，叫作堵塞系数，用 F 表示。F 系指扩散器运行一年之后实际氧转移效率与运行初始的氧转移效率之比。无堵塞的扩散器的 F 值应为 1.0，堵塞的扩散器的 F 值小于 1.0，但经过有效清洗之后，F 值可恢复到 1.0。若陶瓷扩散器的 $F<0.7$，即运行一年之后扩散器充氧性能指标降为原来的 70%以下，则视为较为严重堵塞；F 值为 0.7～0.9 则为中等程度堵塞；$F>0.9$ 为轻度堵塞。按照堵塞原因，堵塞又可分为内堵和外堵。内堵也称气相堵塞，堵塞物主要来源于过滤空气中遗留的砂尘、鼓风机泄漏的油污、空气干管的锈蚀物、池内空气支管破裂后进入的固体物质。外堵也称液相堵塞，堵塞物质主要来源于污水中悬浮固体在扩散器上沉积，微生物附着在扩散器表面生长，形成生物垢，以及微生物生长过程中包埋的一些无机物质。另外，生物除磷工艺中加铁盐也极易导致扩散器堵塞。大多数堵塞是日积月累形成的，因此应经常观察，根据堵塞程度及时安排清洗计划。观察与判断堵塞的方法有以下几种：

1）定期核算能耗并测量混合液的 DO 值。如果设有 DO 控制系统，在 DO 恒定的条件下，能耗升高，则说明扩散器已堵塞。如果没有 DO 自控系统，在曝气量不变的条件下，DO 降低，说明扩散器已堵塞。

2）定期观测曝气池曝气状况。如果发现局部曝气不均匀、逸出气泡尺寸增大或气泡结群，说明扩散器已经堵塞。

3）在曝气池最易发生扩散器堵塞的位置设置可移动式扩散器，使其工况与正常扩散器完全一致，定期取出检查测试是否堵塞。

4）在现场最易堵塞的扩散器上设压力计，在线测试扩散器本身的压力损失，也称为湿式压力 DWP。如果 DWP 增大，说明扩散器已堵塞。

（2）微孔扩散器的清洗方法。扩散器堵塞以后，应及时安排清洗计划，根据堵塞程度确定清洗方法。清洗方法有三类：第一类是在清洗车间进行清洗，包括回炉火化、磷硅酸盐冲洗、酸洗、洗涤剂冲洗、高压水冲洗等方法；第二类方法是停止运行，但不拆扩散器，在池内清洗，包括酸洗、碱洗、水冲、气冲、氯冲、汽油冲、超声波清洗等方法；第三类方法是不拆扩散器，也不停止运行，在工作状态下清洗，包括向供气管道内注入酸气或酸液、增压冲吹等方法。第一类方法主要用于堵塞严重的扩散器的清洗，工作量较大。第三类方法主要用于解决内堵问题。第二类是最常用的方法。

1）先水冲后酸洗。首先将曝气池停水并泄空，用 415kPa 以上的水压喷射冲洗，然后用 10％～22％ 的盐酸在扩散器上均匀喷洒酸雾，半小时后，再用水冲洗。这种方法能有效解决扩散器的外堵问题，使扩散器充氧性能恢复如初，应用比较多，但工作量都较大。

2）超声波清洗。①首先将曝气池放空，然后注入部分清水，深度至淹没扩散器即可；②向清水中均匀加入洗涤剂，再用 25kHz 的超声波发生器激励，以便充分洗涤污物。

3）解决内堵主要采用空气管内注入酸液或酸气的方法。可采用盐酸，也可采用羧酸类的甲酸或乙酸。该方法能有效去除 $Fe(OH)_3$、$CaCO_3$、$MgCO_3$ 等气相堵塞物，但对灰尘的去除效果不大。解决灰尘堵塞的根本方法是对空气进行有效的过滤。一般要求空气中 $1\mu m$ 以上的颗粒去除 90％ 或 $10\mu m$ 以上去除 95％。

（3）微孔扩散器其他常见故障处理。对于膜片式曝气器可能出现以下问题：

1）膜片撕裂导致曝气池局部有大气泡，此时应更换曝气膜片。

2）膜片两端或连接处冒大泡，可能是由于卡箍松动引起的，应将卡箍上紧，或更换卡箍。

3. 空气管道的维护和管理

空气管道可能会出现管道系统漏气、管道堵塞、管道积水等问题，运行中应特别注意。

（1）管道系统漏气。产生漏气的原因往往是选用材料质量或安装质量差及管路破裂等。解决方法是及时修补或更换管段。

（2）管路堵塞。管路堵塞时，压缩空气压力、风量不足，压降较大。产生的原因一般是管道内的杂质或填料脱落，阀门损坏，管内有水冻结等。应注意及时清除管内杂质，检修阀门，排除管道内积水。

（3）冷凝水的排放。应定期排放空气管线内的积水，否则会增大空气管路的阻力，使能耗升高。此外，空气管内积水，形成湍动，是造成陶瓷曝气头破裂和橡胶曝气头撕裂的主要原因。因此，在运行中应特别注意及时排水。空气管路系统内的积水主要是鼓风机送出的热空气遇冷形成的冷凝水，因此不同季节形成的冷凝水量是不同的。冬季水量较多，应增加排放次数。排除的冷凝水应是清洁的，如发现有油花，应立即检查鼓风机是否漏油；如发现有污浊，应立即检查池内管线是否破裂导致混合液进入管路系统。

4. 潜水推流器

（1）构造。潜水推流器是通过旋转叶轮产生强烈的推进和搅拌作用，有效地增加池内水体的流速和混合，防止沉积。按叶轮速度不同，可以分为高速搅拌机和低速推流器（图 3-15）。高速搅拌机叶轮直径小（通常在 900mm 以下），转速高，可达 300～1450r/min，主要用于混合搅拌，适用于混合、厌氧池搅拌、SBR 池的混合等；低速推流器叶轮直径大，转速低，主要起推流作用，适用于厌氧池搅拌，以及曝气池、氧化沟推流等。低速推流器由水下电动机、减速器、叶轮、支架、卷扬装置和控制系统组成。高速搅拌机还设有导流罩。

（a）高速潜水搅拌机　　　　　　　　　　（b）低速潜水推流器

图 3-15　潜水推流器

（2）运行管理。潜水推流器运行中应注意以下问题：

1）运行中可以根据情况调整潜水推流器的运转台数，保证混合和推流效果，可以每隔一段时间轮换运行。

2）推流器无水工作时间不宜超过 3min。

3）运行中防止下列原因引起振动：叶轮损坏或堵塞，表面空气吸入形成涡流，不均匀的水流或扬程抬高。

4）运行稳定时电流应小于额定电流。防止旋转方向错误、黏度或密度过高、叶轮堵塞或导流罩变形、叶片角度不对引起过高电流。

5）每运行一定时间或每年检修一次，及时更换不合格零部件或易损件。包括密封及油的状况和质量、电气绝缘、磨损件、紧固件、电缆及其入口、提升机构等。

6）每运行一定时间或每两年大修一次。除一般检修内容外，还包括更换轴承、轴密封、O 形环、油、电缆、叶轮等。

（三）离心式鼓风机的运行与管理

目前在污水处理中常用的风机主要是罗茨鼓风机和离心式鼓风机。罗茨鼓风机较适合于小规模污水处理厂（图 3-16），而应用最广的则是离心式鼓风机。

1. 离心式鼓风机结构

离心式鼓风机可分为单级高速鼓风机和多级低速鼓风机（图 3-17）。离心式鼓风机组主要由鼓风机、增速器（仅单级高速鼓风机）、联轴器、机座、润滑油系统、控制系统、仪表系统、驱动设备等组成，其中鼓风机本体由进口导叶、集流器、叶轮、机壳、轴、轴承、密封、出口导叶等组成。

视频3.3.2
AAO法城市污水处理模拟装置好氧池介绍

视频3.3.3
鼓风机的原理及使用

图 3-16 罗茨鼓风机

图 3-17 多级离心式鼓风机

（1）进口导叶。在离心式风机叶轮前的进口附近，有可调节转角的导叶，通过导叶的开度对风机流量进行调节，可以改变风机的运行工况点，以满足用户不同的运行要求，同时导叶调节方式能使气流正预旋进入叶轮，改善了叶轮的内部流动情况，从而较大地提高了风机的整机效率。进口导叶可采用自动调节或手动调节。

（2）集流器。集流器装置在叶轮前，将气流以最小的损失导入风机叶轮进口处。集流器主要有圆筒形、圆锥形、弧形、锥筒形和锥弧形5种类型。其中圆筒形叶轮进口处会形成涡流区，直接从大气进气时效果更差；圆锥形好于圆筒形，但它太短，效果不佳；弧形好于前两种；锥弧形效果最佳，高效风机基本上都采用此种集流器。

（3）叶轮。叶轮通过离心力提高气体压力，气体接受机械能的过程在叶轮中进行。叶轮由叶片、前盘、后盘、轮毂组成。离心风机的叶片型式根据其出口方向和叶轮旋转方向之间的关系可分为后向式、前向式、径向式三种，另外还可分为开式叶轮和闭式叶轮。

（4）机壳。机壳的作用是把从叶轮流出的气流收集起来，将气流的部分动能再转化为压力能，借此提高风机的效率。机壳的形状常为螺旋形。

（5）密封结构。密封结构有三种类型：迷宫式密封、浮环密封和机械密封。浮环密封是运行时注入高压油或水，密封环在旋转的轴上浮动，环与轴之间形成稳定的液膜，阻止高压气体泄漏。机械密封由动环和静环组成的摩擦面，阻止高压气体泄漏；密封性能较好，结构紧凑但摩擦的线速度不能过高，一般转速小于 3000r/min 时采用。

（6）轴和轴承。风机传动部分由轴、轴承、轴承箱组成。转速低于 3000r/min、功率小的鼓风机可以采用滚动轴承。转速高于 3000r/min 或轴功率大于 336kW，应采用强制供油的径向轴承和推力轴承。

（7）润滑油系统。润滑油系统包括主油泵、辅助油泵、油冷却器、滤油器、储油箱等。当系统开机时，采用辅助油泵供油；当机组正常工作时，采用主油泵供油；当油压低于设定值时，由压力变送器送出信号至控制盘，经电控系统启动辅助油泵；当机组故障停机时，辅助油泵也应自动启动保证供油，直到机组稳定停止后再将辅助油泵停止，以确保可靠供油。主油泵和辅助油泵应单独设置安全阀，以防止油泵超压。辅助油泵必须单独驱动并自动控制。储油箱容积至少为主油泵每分钟流量的 3 倍。

（8）控制系统和仪表系统。离心式鼓风机一般设置温度、压力测量仪表，同时设置各种启动连锁保护控制、故障报警（油压、油温、轴温等）、防喘振控制、入口导叶调节控制、油系统控制等控制系统。

2. 鼓风机的启动、运行和停车

（1）启动前准备工作。

1）检查相关仪表（风压、风量、轴承温度、电机温度、电流、电压、转速等）、控制设备、联动装置是否正常。

2）需要用手盘动联轴器，确保风机内部无卡壳、非正常摩擦声等异常情况。

3）确保电动机电源的电压与电相连接符合规定，相关电路连接与安全防护符合规范。

4）检查启动装置位置正确，风机进出口阀门处于关闭状态；周边环境整洁，无杂物等非规范放置行为，确保安全设施符合规范要求。

5）检查冷却系统水，开启轴承箱冷却水阀，观察管路和法兰无泄漏现象；检查油管无锈蚀和滴漏。

6）检查油箱油位是否正常，油温是否正常，若油温低于正常值，应开启加热器。

7）检查电机冷却风扇及风道无尘垢。

（2）启动运行。

1）检查并确认无异常后，打开风机出口阀门。

2）打开风机电源，设定鼓风机频率或风机导叶阀开度。

3）启动鼓风机，鼓风机按照"开油加热、导叶自检→开辅油泵→开放空阀→启动主电机（辅油泵运行 2min 后）→关放空阀、切换辅助油泵（或开启冷却水系统）→正式运行"的步骤启动。

4）风量和风压调节。离心式鼓风机可以通过调整进出口导叶开度、蝶阀开度、鼓风机运转频率、鼓风机的开启台数及更换鼓风机来进行，而罗茨鼓风机则可以调整鼓风机频率、开启台数和旁通阀开度来实现风量和风压的调整。

（3）停车

鼓风机停止运行时，按照下列操作步骤进行：导叶关小、开放空阀→停主电机→启动辅助油泵（5min）→关放空阀→关其他辅助设备→待机。

3. 鼓风机的运行维护

（1）巡视检查。鼓风机运行时，应定期巡视检查，主要包括以下内容：

1）检查压缩机是否有异声、轴承是否有异常振动，严禁离心鼓风机在喘振区运行。

2）检查冷却系统是否正常，包括冷却用水或油的液位、压力和温度。

3）润滑系统是否正常，是否有漏油现象。

4）检查油温、油压、轴承温度、进出口导叶开度、压缩机电流、电压、功率、风量、出口风压及温度等是否正常。

5）检查空气过滤器和油过滤器压差是否正常，定期清洗空气过滤器。

6）注意进气温度对鼓风机运行工况的影响，如风量、运行负荷与功率、喘振的可能性等，及时调整进出口导叶或蝶阀的节流装置，使鼓风机安全稳定运行。

7）鼓风机运行时发生下列情况之一，应立即停车检查和维护：①机组突然发生强烈振动或机壳内有刮磨声；②任一轴承处冒出烟雾；③轴承温度忽然升高超过允许值，采取各种措施仍不能降低。

（2）鼓风机的日常维护。

1）叶轮的维护。在叶轮运转初期及所有定期检查的时候，只要一有机会，都必须检查叶轮是否出现裂纹、磨损、积尘等缺陷。只要有可能，都必须使叶轮保持清洁状态，并定期用钢丝刷刷去上面的积尘和锈皮等，因为随着运行时间的加长，这些灰尘由于不可能均匀地附着在叶轮上，而造成叶轮平衡破坏，以至引起转子振动。叶轮只要进行了修理，就需要对其再作动平衡。如有条件，可以使用便携试动平衡仪在现场进行平衡。在作动平衡之前，必须检查所有紧定螺栓是否上紧。因为叶轮已经在不平衡状态下运行了一段时间，这些螺栓可能已经松动。

2）机壳与进气室的维修保养。定期检查机壳与进气室内部是否有严重的磨损，清除严重的粉尘堆积之外，这些部位可不进行其他特殊的维修。定期检查所有的紧固螺栓是否紧固，对有压紧螺栓部的风机，将底脚上的蝶形弹簧压紧到图纸所规定的安装高度。

3）轴承部的维修保养。经常检查轴承润滑油供油情况，如果箱体出现漏油，可以把端盖的螺栓拧紧一点，这样还不行的话，可能只好换用新的密封填料了。轴承的润滑油正常使用时，半年内至少应更换一次，首次使用时，大约在运行200h后进行，第二次换油时间在1~2个月进行，以后应每周检查润滑油一次，如润滑油没有变质，则换油工作可延长至2~4个月一次，更换时必须使用规定牌号的润滑油（总图上有规定），并将油箱内的旧油彻底放干净且清洗后才能灌入新油。如果要对风机轴承作更换，应注意以下事项：在将新轴承装入前，必须使轴承与轴承箱都十分清洁。

将轴承置于温度约为 70～80℃的油中加热后再装入轴上，不得强行装配，以避免伤轴。

4）风机停止使用时的维修保养。风机停止使用时，当环境温度低于5℃时，应将设备及管路的余水放掉，以避免冻坏设备及管路。风机长期停车存放不用时应将轴承及其他主要的零部件的表面涂上防锈油以免锈蚀。风机转子每隔半月左右，应人工手动搬动转子旋转半圈（180°），搬动前应在轴端作好标记，使原来最上方的点，搬动转子后位于最下方。

4. 离心式鼓风机运行中常见故障分析

离心式鼓风机在运行中可能出现机组振动、轴承温度过高、电机功率过大、性能下降等故障，需要及时解决。

（1）机组振动。

1）叶片有积灰和污垢、叶片磨损、叶轮变形、轴弯曲使转子不平衡。解决措施是作动、静态测试，并清理、更换、修理转子及主轴。

2）联轴器损坏或不同心，此时应进行更换或修理。

3）主轴弯曲、风机轴与电机轴不同心，应进行矫正。

4）密封间隙过小，产生磨损。解决措施是更换和修理。

5）机壳、轴承座与支架，轴承座与轴承盖等联接螺栓松动，或基础或整体支架的刚度不够导致基础下沉、变形。排除方法是进行加固。

6）轴承箱间隙大导致机组振动。此时应进行调整。

7）转子与壳体扫膛。解决措施是解体调整。

8）管道或外部因素导致机组振动。排除方法是加固管道。

（2）机组声音不正常。

1）定子、转子摩擦。应解体检查。

2）吸入杂质。应进行清理。

3）齿轮联轴器齿圈坏。应更换齿圈。

4）进口叶片拉杆坏。应重新固定。

5）轴承损坏。应进行更换。

（3）轴承温度过高。

1）润滑油型号不对、润滑油含有杂质、油量不足、油压过低导致轴承温度高。应更换油脂，加注润滑油。

2）轴承损坏或轴弯曲。应更换轴承、校正主轴。

3）机组振动。见上文所述方法。

4）冷却水过少或中断。检查冷却水系统，恢复正常状态。

（4）性能下降（风量不足）。

1）转速下降导致风量下降。此时应检查电源。

2）叶轮粘有杂质或壳体内积灰过多。应清洗叶轮和壳体。

3）进出口导叶片控制失灵、全部关闭或导叶系统不畅通。排除方法是检查修理并进行清理。

4）进口消声器过滤网堵塞。应解体清理。

5）进出口法兰密封不好或轴封漏。解决措施是更换法兰垫片或更换修理轴封。

6）管道系统泄漏，或有个阀门打开。检查修理管道，关闭阀门。

7）放空阀全开或不全开。此时应关闭放空阀。

（5）电动机电流过大或温升过高。

1）启动时，进口导叶或蝶阀未关严。应完全关闭。

2）进出口导叶被卡住，出口压力降低或进出口导叶调节故障。应检查并修理。

3）电动机输入电压低、电源单相断电或电机连接错误。此时应检查、维修电机线路。

4）风机输送介质的温度过低（即气体密度过大），造成电机超负荷。

5）系统阻力小，而留的富裕量大，造成风机运行在低压力大流量区域。这与选型不合适有关，最好的解决方法是更换风机。

6）齿轮、轴或轴承机械故障。应停机检查并修理。

（6）喘振。可能的原因包括转速太低，出口压力过高，进口堵塞，进口压力损失太大，进口温度过高，入口/出口导叶松弛、调节故障或关闭，叶轮和罩壳的间隙过大，叶轮损坏，放空阀损坏等。应根据具体情况进行处理。

（四）罗茨鼓风机

罗茨鼓风机除适用于小规模污水处理厂外，也用于为旋流沉砂池气提排砂系统和滤池反冲洗系统提供压缩空气。其结构简单，机械效率高，便于维护和保养；在流量要求稳定、阻力变动幅度较大的工作场合，可予自动调节，运行平稳、可靠。

1. 罗茨鼓风机工作原理

罗茨鼓风机是靠一对互相啮合的等直径齿轮，保证两个转子等速反向转动，达到输送气体的目的。齿轮（主动轮）固定在主动轴上，轴的一端伸出壳外由原动机驱动，另一个齿轮（从动轮）装在另一个轴上。当罗茨鼓风机运转时，气体进入由两个转子和机壳围成的空间内，与此同时，先前进入的气体由一个转子和机壳围在空间处。此时空间内的混合气体仅仅被围住，而没有被压缩或膨胀。随着转子的转动，转子顶部到达排气的边缘时，由于压差作用，排气口处的气体将扩散到围住的空间处。随着转子的进一步转动，空间内的混合气体将被送至排气口。转子连续不断的运转更多的气体将被送至排气口。

2. 罗茨鼓风机结构

罗茨鼓风机有卧式和立式两种，常用的是卧式。它主要由转子、齿轮、轴承、密封、机壳、安全阀、止回阀、过滤器、弹性接头、润滑油系统等组成。罗茨鼓风机的转子由叶轮和轴组成，叶轮又可分为直线形和螺旋形，叶轮的叶数一般有两叶、三叶。齿轮也叫"同步齿轮"。同步齿轮既作传动，又有叶轮定位作用。同步齿轮又分为主动轮和从动轮，主动轮一端与联轴器或皮带轮连接。罗茨鼓风机一般选用滚动轴承，滚动轴承具有检修方便、缩小风机的轴向尺寸等优点，而且润滑方便。罗茨鼓风机如图 3-18 所示。

（a）罗茨鼓风机外观图

（b）罗茨鼓风机结构图

图 3-18　罗茨鼓风机

3. 罗茨鼓风机的运行维护

（1）启动前的准备与检查。启动前应做好以下工作：

1）确定电压的波动值在 380V±10% 的范围内；仪表和电器设备处于良好状态。

2）鼓风机与管道各接合面连接螺栓、机座螺栓、联轴器、柱销螺栓均应紧固。

3）齿轮油箱内润滑油按规定牌号加到油标线的中位；轴承用油枪加入适量润滑油。

4）手动盘动联轴器 2～3 圈，检查机内是否异常。

5）检查皮带的张力和皮带轮的偏正。

（2）启动运行。

1）鼓风机严禁带压启动。每台风机启动前应先打开放空阀，然后才能启动风机，待风机运转正常后打开出风阀，方可将放空阀缓慢关闭，逐步调节到额定压力，满载运行。

2）风机启动后，严禁完全关闭出风道，以免造成爆炸事故。

3）罗茨鼓风机风量不能通过阀门调整，应通过旁路调整或调整鼓风机转速。

4）凡水冷的风机应先开冷却水，严禁在无循环冷却水的情况下工作，否则将会造成设备事故。

（3）停机操作。

1）停机前先做好记录，记下电压、电流、风压等数据。

2）逐步打开放空阀，按下停车按钮，关闭出风阀，最后关闭冷却水。

（4）运行维护注意事项。罗茨鼓风机的运行维护与离心式鼓风机类似，应特别注意：①鼓风机升压不可超过铭牌上所规定的压力值；②运转中若安全阀频繁或持续开启，应立即停机，检查系统是否超压，待问题解决后方可再试车。

4. 罗茨鼓风机运行常见故障分析

罗茨鼓风机运行中常遇到的问题与离心式鼓风机既有类似的地方，也有不同之处，见表 3-8。

表 3-8 罗茨鼓风机常见故障及排除方法

故障现象	故障原因	排除方法
风量波动或不足	叶轮与机体因磨损而引起间隙增大	更换或修理磨损零件
	转子各部间隙大于技术要求	按要求调整间隙
	系统有泄漏	检查后排除
电动机过载	进口过滤网堵塞，或其他原因造成阻力增高，形成负压（在出口压力不变的情况下压力增高）	检查后排除
	出口系统压力增加	检查后排除
轴承发热	润滑系统失灵，油不清洁，油黏度过大或过小	检修润滑系统，换油
	轴上油环没有转动或转动慢带不上油	修理或更换
	轴与轴承偏斜，风机轴与电动机轴不同心	找正，使两轴同心
	轴瓦研刮质量不好，接触弧度过小或接触不良	刮研轴瓦
	轴瓦表面有裂纹、擦伤、磨痕、夹渣	修理或重新烧轴瓦
	轴瓦端与止推垫圈间隙过小	调整间隙
	滚动轴承损坏，滚子支架破损	更换轴承
	轴承压盖太紧，轴承内无间隙	调整轴承压盖衬垫
	密封环与轴套不同心	调整或更换
	轴弯曲	调整轴
	密封环内进入硬性杂物	清洗
密封环磨损	机壳变形使密封环一侧磨损	修理或更换
	转子振动过大，其径向振幅之半大于密封径向间隙	检查压力调节阀，修理断电器
	轴承间隙超过规定间隙值	调整间隙，更换轴承
	轴刮研偏斜或中心与设计不符	调整各部间隙或重新换瓦
振动超限	转子平衡精度低	按 G6.3 级要求校正
	转子平衡被破坏（如煤焦油结垢）	检查后排除
	轴承磨损或损坏	更换
	齿轮损坏	修理或更换
	紧固件松动	检查后紧固
机体内有碰撞声	转子之间相互摩擦	解体修理
	两转子径向与外壳摩擦	
	两转子端面与墙板摩擦	

五、二沉池的运行与管理

二次沉淀池的作用是使活性污泥与处理完的污水分离，并使污泥得到一定程度的浓缩，保证出水水质，同时保证回流污泥，维持曝气池内一定的污泥浓度。带有刮吸泥机的辐流式沉淀池比较适合于大、中型污水处理厂；而小型污水处理厂则多采用竖流式沉淀池或多斗式平流式沉淀池。

（一）二沉池的设计运行参数

1. 水力表面负荷

二沉池活性污泥的沉降速度一般为 0.2～0.5mm/s，相应的水力表面负荷 q 值为 0.72～1.8m³/(m²·h)。此值的大小与污水水质和混合液污泥浓度有关。当污水中无机物较多时，可采用较高的 q 值；而当污水中的溶解性有机物较多时，则 q 值较低。MLSS 越大，q 值越低。对于 AAO 工艺，水力表面负荷控制在 0.9～1.2m³/(m²·h)。

2. 水力停留时间

二沉池的水力停留时间一般为 1.5～2.5h。停留时间过长，污泥发生缺氧反硝化作用可能导致污泥上浮；另外，污泥在厌氧条件下还可能释放已经吸收的磷，使出水磷超标。

3. 固体表面负荷

二沉池的固体表面负荷 q_s 是指单位面积单位时间内所能浓缩的混合液悬浮固体，是衡量二沉池浓缩能力的一个指标。污泥浓缩性能好，可以提高固体表面负荷；若污泥浓缩性能差，必须降低 q_s。一般二沉池的固体表面负荷不宜超过 150kg MLSS/(m²·h)。

4. 出水堰溢流负荷

出水堰溢流负荷太大可能导致出流不均匀、短流，影响沉淀效果，还可导致污泥絮体从出水中带出。此参数一般控制在 5～10m³/(m·h)。

5. 二沉池的泥位和污泥层厚度

若泥位太高，增大了出水溢流漂泥的可能性。运行管理中应控制污泥层厚度不超过清水区高度的 1/3。

（二）二沉池的运行管理要点

二沉池的运行与管理内容和初沉池比较类似，但可能出现由于运行不当出现大块污泥上浮、翻泥等问题，应特别注意。二沉池的运行管理要点如下：

（1）二次沉淀池的污泥必须连续排放。曝气池连续运行需要二次沉淀池提供一定量的、活性好的生物污泥。二次沉淀池污泥不连续排放，不仅影响沉淀池本身的处理效果，而且曝气池也因为污泥浓度低、生物活性差、污泥负荷高而降低对有机物的分解。

（2）二次沉淀池刮吸泥机的排泥闸阀，应经常检查和调整，保持吸泥管路畅通，使池内污泥面不得超过设计泥面 0.7m。

（3）二次沉淀池在运行中，操作人员必须经常巡视刮吸泥机是否工作正常，避免因故障污泥得不到及时排放，产生厌氧发酵，使大块污泥上浮。刮吸泥机的行走速度不能过快或过慢，否则都可能导致二沉池污泥上浮和跑泥。

（4）经常调整回流污泥装置，使池内各处排泥均匀。

（5）刮吸泥机集泥槽内的污物应每月清除一次。气提作用发挥好时，可将池内大块杂物通过吸泥管收集在集泥槽内。由于槽内水流为重力流，此类杂物在槽内越积越多，不能随水排除。长时间不清除，给刮吸泥机增加负荷，而且还影响回流污泥的畅通。

（6）应使进出二沉池的污泥保持平衡，若出池污泥大于进池污泥，则抽出的污泥

视频3.3.4 ▶

氨氮标准系列的配制

视频3.3.5 ▶

水样氨氮测定

视频3.3.6 ▶

污水中总氮含量的测定

中水分过多；若出池污泥小于进池污泥，则二沉池会积泥。

（7）应按规定对二沉池常规检测的项目进行及时分析化验。分析项目包括 pH 值、悬浮物 SS、溶解氧、COD、BOD$_5$、氨氮、总氮、硝酸盐、总磷等，除溶解氧 DO 外，每天测定 1 次。

六、污泥回流和剩余污泥排放

（一）污泥回流系统

1. 污泥回流系统的组成

污泥回流系统是为了保证曝气池有足够的微生物浓度。污泥回流系统包括回流污泥泵和回流污泥管或渠道。回流污泥泵的形式有多种，有一般的离心泵、潜水泵，也有螺旋泵。螺旋泵的优点是转速较低，不易打碎活性污泥絮体，但效率较低。回流污泥泵的选择应充分考虑大流量、低扬程的特点，同时转速不能太快，以免破坏絮体。近年来出现的潜水式螺旋泵是一种较好的选择。回流污泥管道或渠道上一般应设置回流量的计量及调节装置，以准确控制及调节污泥回流量。回流泵的机械效率应大于额定值的 75%。如回流泵的机械效率过低，将减少回流量，影响曝气池的出水水质。

2. 污泥回流系统的控制方式

回流系统的控制主要有 5 种：定回流污泥量控制、与进水量成比例控制、定 MLSS 浓度控制、定 F/M 控制以及随机控制。详见项目五"水处理厂（站）的自动控制与在线监控系统"。

污泥回流比和回流量应依据设计参数和实际运行情况进行确定和调节。以下方法可供参考：

（1）按照二沉池的泥位调节回流比。污泥层厚度一般控制在 0.3～0.9m，且不超过清水区高度的 1/3。增大回流量可降低泥位，减少污泥层厚度，反之亦然。应注意回流比的调节幅度每次不要超过 5%。

（2）按照污泥沉降比调节回流比。假设沉降试验基本上与二沉池沉降一致，则由 SV$_{30}$ 可以计算回流比。回流比和沉降比之间存在如下关系：

$$R = \frac{SV_{30}}{100 - SV_{30}} \qquad (3-1)$$

（3）按照回流污泥浓度（RSS，单位为 mg/L）及混合液污泥浓度调节回流比。这是一种比较常见的方法，适用于进水 SS 不高的情况。它们的关系如下：

$$R = \frac{MLSS}{RSS - MLSS} \qquad (3-2)$$

（4）依据污泥沉降曲线调节回流比。回流比的大小直接决定二沉池内的沉降浓缩时间。对于某种污泥，如果调节回流比使污泥在二沉池内的停留时间恰好等于该种污泥通过沉降达到最大浓度所需的时间，则此时回流污泥浓度最高。

3. 污泥回流系统运行管理

（1）根据曝气池的运行方式和工况，相应调整回流量。曝气池按 AO 法运行，其回流比需达 100%～200%，甚至还设内回流。此外，曝气池进水负荷变化，还需调整、控制一定的污泥浓度，所以应据需要决定开启回流泵台数或调整曝气池进泥管路闸阀的开启度。

（2）回流泵房集泥池中的杂物，应及时清除。回流泵房集泥池中的杂物不及时排除，若随回流污泥一起被提升，很可能将回流泵叶片卡住，降低回流量，又磨损叶轮，甚至损坏设备。

（3）当螺旋泵停机后再启动时，必须待螺旋泵泵体中的活性污泥泄空后方可开机。因泵体带着活性污泥启动，逆向旋转，此时使启动负荷增大，易造成泵轴变形，甚至损坏其他联结处和电机。

（4）长期停用的螺旋泵，应每周将泵体的位置旋转 180°，每月至少试车一次。螺旋泵长期停用后，定期试车可检查各部位性能是否完好，发现问题，可及时修理，使之处于完好的备用状态。另外，每周至少变换泵体位置，可避免由于泵体自重产生的泵轴变形。

（二）剩余污泥排放

随着有机污染物质被分解，曝气池每天都净增一部分活性污泥，增殖的活性污泥应以剩余污泥排除。排泥是活性污泥工艺控制中最重要的内容之一。通过排泥量的控制，可以调整污泥龄、改变活性污泥中微生物的种类和增长速度、需氧量和污泥的沉降性能。

剩余污泥排放的主要控制方式如下：

（1）用 MLSS 控制排泥。即维持 MLSS 恒定。它适用于进水水质水量变化不大的情况。

（2）用污泥负荷 F/M 控制排泥。即保持 F/M 恒定。当进水水质波动较大时，宜采用此种方法。排泥量计算式如下：

$$V_m = \frac{MLSS \cdot V_a - BOD_5 \cdot Q/(F/M)}{RSS} \qquad (3-3)$$

式中　V_m——剩余污泥排放量，m^3；

$\quad V_a$——生物反应器有效容积，m^3；

$\quad Q$——进水流量，m^3/d；

F/M——污泥负荷，$kg\ BOD_5/(kg\ MLSS \cdot d)$。

（3）用 SRT 控制排泥。这是一种最可靠准确的方法。对于 AAO 工艺，一般夏季 SRT 较小，可以适当增加排泥量；冬季 SRT 较大，可以适当降低排泥量。污泥龄（SRT）的计算公式如下：

$$SRT = \frac{V_a \cdot MLSS}{Q_w \cdot RSS + Q \cdot SS_e}$$

式中　Q_w——剩余污泥排放量，m^3/d；

$\quad SS_e$——出水 SS 浓度，mg/L。

（4）用 SV_{30} 控制排泥。当 SV_{30} 较高时，可能是污泥浓度增大，也可能是沉降性能恶化，无论是哪种情况，都应该及时排泥，降低 SV_{30}。采用该法时，也应逐渐缓慢进行，一次排泥不能太多。

七、化学除磷工艺运行与管理

目前 AAO 工艺一般以脱氮为主，兼顾除磷。AAO 工艺运转良好时的除磷效率只有 $50\% \sim 60\%$，出水 TP$<$2mg/L。但如果要求出水 TP 不超过 1mg/L（一级 B 标）或 0.5mg/L（一级 A 标），则需要采取化学除磷工艺。它是指向污水中投加化学药剂，与磷酸盐结合生成磷酸盐沉淀，然后在沉淀池中去除。化学除磷系统的总除磷率可达到 $80\% \sim 90\%$，加上 AAO 工艺的除磷效果，可满足出水 TP$\leqslant$1mg/L 甚至 0.5mg/L 的要求。

（一）除磷剂及其投加量

如前所述，常用的除磷剂包括铁盐、铝盐及石灰等。

1. 投加铁盐、铝盐

常用的铁盐除磷剂包括氯化铁、氯化亚铁、硫酸亚铁、聚合硫酸铁等，铝盐则主要有硫酸铝、聚合氯化铝、铝酸钠等。铁盐、铝盐除能与磷酸盐产生沉淀外，还能发挥混凝作用，有助于磷化合物的去除。

除磷剂的投加点一般在初沉池或二沉池之前，有时两处均投加，也可单独投加到三级处理澄清池。

金属盐的投加量取决于进水中各种含磷化合物的浓度及出水排放要求。根据生成 $AlPO_4$ 或 $FePO_4$ 计算，去除 1mol（31g）P 至少需要 1mol（56g）Fe，即至少需要 1.8 倍的 Fe，或者 0.9 倍的 Al，即去除 1g P 至少需要 1.8g 的 Fe 或 0.9g 的 Al。在实际计算中为了有效地除磷，需要考虑投加系数 β，若 $\beta=1.5$，则去除 1gP，需要投加 2.7g Fe 或 1.35g Al。然后可以根据铁盐、铝盐中的 Fe 或 Al 的有效含量确定铁盐、铝盐的用量。

2. 石灰

石灰法除磷实际上是水的软化过程，除磷所需要的石灰投加量取决于废水的碱度，而不是含磷量。药剂投加点为初沉池或二沉池出水。石灰法除磷分为一段法和两段法。一段法 pH 值在 10 以下，可获得出水 TP 1.0mg/L 的处理效果。两段法将 pH 值提高到 $11.0 \sim 11.5$，出水 TP 可低于 1.0mg/L。由于石灰法产泥量较大，其应用受到限制。

石灰混凝沉淀除磷工艺可以分为石灰混凝沉淀、再碳酸化、石灰污泥的处理与石灰再生 3 个阶段。

（二）除磷剂投加工艺流程

如前所述，除磷剂可以投加在初沉池前、曝气池中或出口处。

1. 初沉池前加药

该法不仅能除磷，还具有一定的混凝效果，能促进 BOD 和 SS 的去除。但在该处投药无法去除有机磷和其他形式的磷，只能去除正磷酸盐。此外，药剂用量也大于在曝气池或二沉池前投药。这种方法在 AAO 工艺中应用比较少。

初沉池前投药，需要设置一个专用的快速混合器。对于新建污水处理厂，可专门设计一个混合絮凝区，保证 30min 以上的停留时间；而对现有沉淀池，则可以改造成带絮凝区的沉淀池。

2. 曝气池和二沉池前加药

在曝气池直接加药或在曝气池和二沉池之前同时加药是常用的除磷工艺，通过调整加药点的位置可以获得最佳的混凝和絮凝效果。AAO 工艺可考虑在二沉池之前的配水井或好氧池出水口加药，除磷效果最好。除磷剂的投加方式可以采用加药泵投加或水射器投加，具体方法参考混凝剂的投加。

该工艺的缺点是药剂与曝气池混合液的混合强度较低，达不到最佳的混凝效果。当除磷要求高时，还要对所有的回流液补充加药。另外，采用这种方式加药，必然会导致出水中溶解性固体量增加。

采用铝盐或铁盐除磷时，在二沉池前投加少量的助凝剂，如聚丙烯酰胺等，对去除分散、细小的絮凝物有利，可进一步提高除磷效率。助凝剂用量一般为 0.1～0.5g/L。

3. 多点投药

这是最经济有效的除磷工艺，除磷剂用量少，且操作运行灵活性强。

（三）化学除磷工艺运行管理要点

（1）选择合适的除磷化学药剂、投加量和药剂投加点，应根据工艺要求确定，可采用一点或多点投加方式。

（2）化学药剂的储存与使用，应符合国家现行有关标准的规定。有条件的话，可以使用液体除磷剂（如液体聚合氯化铝、液体聚合硫酸铁等）。

（3）化学药剂投加后，应保证与污水充分混合，并应达到设计规定的反应时间。

（4）如果在生物反应池加药，对生物反应池中混合液的 pH 值和碱度，应每班检测 1 次并及时调整。

（5）对干式投料仓及附属投料设备，应每班检查 1 次，保证药剂不在料仓内板结；对湿式投料罐及附属投料设备的密闭情况，应每班检查 1 次。

（6）定期检查水射器、加药泵的药剂投加管道，保持通畅；如不通畅，应及时疏通。

（7）对药剂储罐的液位计，应每 2h 检查 1 次。

（8）采用水稀释的药液系统（如水射器），应每 2h 检查 1 次供水的压力和流量。

（9）根据出水 TP 及去除率，及时调整除磷剂投加量。

八、生物反应池运行管理的注意事项

（1）经常检查与调整生物反应池配水系统和回流污泥的分配系统，确保进入各系列或各池之间的污水和污泥均匀。

（2）经常观测生物反应池混合液的沉降速度、SV 和 SVI，以判断活性污泥是否发生污泥膨胀。

视频3.3.7 ▶

污水水样的保存、预处理和分析方法

动画3.7 ⊘

BOD 的测定

动画3.8 ⊘

COD 的测定

（3）注意观察生物反应池的泡沫发生状况，判断泡沫异常增多原因，并及时采取处理措施。

（4）及时清除生物反应池边角外漂浮的部分浮渣。

（5）注意曝气池护栏的损坏情况并及时更换或修复。

（6）分析测量与记录。

1）每班应分析测量的指标：混合液 SV、DO。

2）进出水流量 Q、水温、pH 值、曝气量、回流污泥量、排放污泥量，有条件的需要实时在线监测。

3）对于活性污泥性能指标 MLSS、MLVSS、SVI、RSS 和活性污泥生物相等，每日 1 次。

4）进出水水质指标，除在二沉池监测的指标外，还包括出水余氯，进出水细菌总数、大肠菌群数等。

5）计算指标：通过以上的直接测定，计算出 F/M，污泥回流比 R，混合液内回流比 r，污泥龄 SRT，水力停留时间 HRT，二沉池水力表面负荷、固体表面负荷、出水堰溢流负荷、水力停留时间，BOD_5、COD 等污染物的去除率等。

九、AAO（AO）工艺运行中常见的问题与对策

AAO（AO）工艺在运行中经常出现的问题主要有：①活性污泥质量问题，包括生物相异常、污泥膨胀、污泥上浮、污泥解体、污泥腐化；②泥水分离问题；③生物泡沫问题；④水质问题，如出水 COD、BOD_5、SS、TN、TP 超标等。其中活性污泥质量问题会导致出水水质的下降，应特别重视。

（一）生物相异常

广义上的生物相系指活性污泥微生物的种类、数量及其活性状态的变化。实际运行管理中，一般指用普通光学显微镜在 400 倍以下观察的原生动物、后生动物及丝状菌的种类和数量的变化。对于某一特定的处理厂，当活性污泥系统运行正常时，其生物相也基本保持稳定，如果出现变化，则指示活性污泥出现了质量问题，应进一步镜检观察并采取处理措施。

1. 一般生物相

微生物的种类繁多，其分类及命名方法也非常复杂。从实际出发，运行人员一般应熟练掌握活性污泥中最常见及普遍存在的微型指示生物及其变化规律，即一般生物相。在正常的活性污泥中，一般都存在以下几种微型指示生物：变形虫、鞭毛虫、草履虫、钟虫、轮虫、线虫。这些微生物中的某一种或几种是否占优势以及比例的多少，取决于工艺运行状态。

（1）在开始培养活性污泥的初期，活性污泥很少或基本没有，此时镜检会发现存在大量的变形虫。另外，当入流污水量增大对系统造成水力冲击负荷时，入流中工业废水比例增大或污泥处理区的上清液、滤液大量回流对系统造成污染冲击负荷时，变形虫也会大量出现。当变形虫占优势时，对污水很少或基本没有处理效果。

（2）在超高负荷（高 F/M，低 SRT）的活性污泥系统中，鞭毛虫将占优势，出水质量很差。但在活性污泥的培养过程中，鞭毛虫出现并占据优势，则说明活性污泥已经出现，正向良性方向发展。在一般高负荷活性污泥系统中，草履虫将占优势，此时的处理效果也不好。在活性污泥培养过程中，随着污泥的增多，继鞭毛虫之后，草履虫将成为优势种类。

（3）在低负荷延时曝气活性污泥系统中（如氧化沟工艺），轮虫和线虫将占优势，此时出水中可能挟带大量的针状絮体。对于氧化沟等类型的延时曝气工艺来说，轮虫和线虫的大量出现表明活性污泥正常；而对传统活性污泥工艺来说，则指示应及时排泥。

2. 异常生物相

在工艺控制不当或入流水质水量突变时，会造成生物相异常。

在正常运行的传统活性污泥工艺系统中，存在的微型动物绝大部分为钟虫，它是纤毛类原生动物中的一个种类。目前，在活性污泥中已发现近30种钟虫，但最常见的为沟钟虫、小口钟虫、长钟虫、领钟虫和弯钟虫。认真观察钟虫数量及生物特征的变化，可以有效地预测活性污泥的状态及发展趋势。

（1）在 DO 为 $1\sim3$ mg/L 时，钟虫能正常发育。如果 DO 过高或过低，钟虫头部端会突出一个空泡，俗称"头顶气泡"，此时应立即检测 DO 值并予以调整。当 DO 太低时，钟虫将大量死亡，数量锐减。

（2）当进水中含有大量难降解物质或有毒物质时，钟虫体内将积累一些未消化的颗粒，俗称"生物泡"，此时应立即测量 SOUR 值，检查微生物活性是否正常，并检测进水中是否存在有毒物质，并采取必要措施。

（3）若进水的 pH 值发生突变，超过正常范围，可观察到钟虫呈不活跃状态，纤毛停止摆动，此时应立即检测进水的 pH 值，并采取必要措施。

（4）如果钟虫发育正常，但数量锐减，则预示活性污泥将处于膨胀状态，应采取污泥膨胀控制措施。

（5）在正常运行的活性污泥中，还存在一定量的轮虫。其生理特征及数量的变化也具有一定的指示作用。例如，当轮虫缩入甲被内时，则指示进水 pH 值发生突变；当轮虫数量剧增时，则指示污泥老化，结构松散并解体。也有的处理厂发现，轮虫增多，往往是污泥膨胀的预兆。

（6）在活性污泥系统运行时，如果草履虫等游动纤毛虫增多，则预示处理效果恶化。当变形虫、鞭毛虫大量出现时，则指示处理极度恶化，出水水质极差。

应注意，生物相观察只是一种定性方法，缺乏严密性，运行中只能作为理化方法的一种补充手段，而且不可作为主要的工艺监测方式。另外，还应在长期的运行中注意积累资料，总结出本厂的生物相变化规律。

（二）活性污泥膨胀

活性污泥膨胀系指活性污泥由于某种因素的改变，沉降性能恶化（SVI 值异常升高，可达 $150\sim200$），不能在二沉池内进行正常的泥水分离，污泥随出水流失的现象

图 3-19 活性污泥膨胀

（图 3-19）。发生污泥膨胀以后，流失的污泥会使出水 SS 超标，如不立即采取控制措施，污泥继续流失会使曝气池的 MLSS 锐减，不能满足分解污染物的需要，从而最终导致出水 BOD_5 也超标。

AAO 工艺虽然能够在一定程度上抑制丝状菌膨胀，但在特殊条件下也会发生污泥膨胀。

1. 污泥膨胀的原因

活性污泥膨胀分为丝状菌膨胀和非丝状菌膨胀。在生物相观察中，会发现丝状菌膨胀的污泥中，丝状菌丰度在（d）级以上，而非丝状菌膨胀的污泥中，丝状菌丰度在（d）级以下。活性污泥膨胀以丝状菌膨胀为主。

（1）丝状菌膨胀的原因。丝状菌膨胀是当水质、环境因素及运转条件偏高或偏低时，丝状菌由于其表面积较大，抵抗"恶劣"环境的能力比菌胶团细菌强，其数量会超过菌胶团细菌，从而过度繁殖导致丝状菌污泥膨胀。而正常条件下，菌胶团的生长速率大于丝状菌，不会出现丝状菌过度繁殖。"恶劣"环境是指水质、环境因素及运转条件的指标偏高或偏低。

1）进水有机物含量少，曝气池内 F/M 太低，微生物营养不足。

2）进水中碳水化合物较多，氮、磷、铁等营养物质不足。

3）pH 值太低，不利于微生物生长。

4）混合液内溶解氧 DO 太低，不能满足活性污泥生长需要。

5）污泥龄过长。

6）进水水质或水量波动太大，对微生物造成冲击。

7）水温高，丝状菌大量繁殖的适宜温度一般为 25~30℃，因而夏季易发生丝状菌污泥膨胀。

另外，以上所述的丝状菌指球衣菌。当入流污水"腐化"、产生出较多的 H_2S（超过 1~2mg/L）时，还会引起丝状硫磺细菌（丝硫菌）的过量繁殖，导致丝硫菌污泥膨胀。

（2）非丝状菌膨胀的原因。非丝状菌膨胀系由于菌胶团细菌生理活动异常，导致活性污泥沉降性能的恶化。这类污泥膨胀又可分为两种。

一种是由于进水中含有大量的溶解性有机物，使污泥负荷 F/M 太高，而进水中又缺乏足够的氮、磷等营养物质，或者混合液内溶解氧不足。高 F/M 时，细菌会很快把大量的有机物吸入体内，而由于缺乏氮、磷或 DO 不足，又不能在体内进行正常的分解代谢。此时，细菌会向外分泌出过量的多聚糖类物质。这些物质由于分子式中含有很多氢氧基而具有较强的亲水性，使活性污泥的结合水高达 400％（正常污泥结合水为 100％左右），呈黏性的凝胶状，使活性污泥在二沉池内无法进行有效的泥水分离及浓缩。这种污泥膨胀有时称为黏性膨胀。

另一种非丝状菌膨胀是进水中含有较多的毒性物质，导致活性污泥中毒，使细菌不能分泌出足够量的黏性物质，形不成絮体，从而也无法在二沉池内进行泥水分离。这种污泥膨胀称为低黏性膨胀或污泥的离散增长。

2. 污泥膨胀的控制措施

污泥膨胀的控制措施可以分为预防措施、临时控制措施、工艺调控措施和永久性控制措施。当发生污泥膨胀后，应针对引起膨胀的原因采取措施。

（1）预防措施。为了防止污泥膨胀，应加强操作管理，经常检测污水水质、曝气池内溶解氧、污泥沉降比、污泥体积指数和生物相镜检等。如发现不正常现象，就需采取预防措施。一般可调整曝气量，及时排泥，在有可能时采取分段进水（如分别在厌氧池和缺氧池进水），并减轻二沉池的负荷等。

（2）临时控制措施。临时控制措施主要用于控制由于临时原因造成的污泥膨胀，防止污泥流失，导致SS超标。临时控制措施包括污泥助沉法和灭菌法两类。助沉法一般用于非丝状菌污泥膨胀，系指向发生膨胀的污泥中加入助凝剂，加入点可在生物反应池末端，以增大活性污泥的比重，使之在二沉池内易于分离。常用的助凝剂有聚合氯化铁、硫酸铁、硫酸铝和聚丙烯酰胺等有机高分子絮凝剂。有的小处理厂还投加黏土或硅藻土作为助凝剂。助凝剂投加量不可太多，否则易破坏细菌的生物活性，降低处理效果。$FeCl_3$常用的投加量为$5\sim10mg/L$。

灭菌法只适用于丝状菌污泥膨胀。它是指向发生膨胀的污泥中投加化学药剂，杀灭或抑制丝状菌，从而达到控制丝状菌污泥膨胀的目的。常用的灭菌剂有$NaClO$、ClO_2、Cl_2、H_2O_2和漂白粉等种类。由于大部分处理厂都设有出水消毒系统，因而加消毒剂控制丝状菌污泥膨胀成为最普遍的一种方式。灭菌剂投加量一般为干污泥的$0.3\%\sim0.6\%$，投加点氯的浓度一般控制在$35mg/L$以下。

（3）工艺调控措施。工艺运行调节控制措施用于运行控制不当产生的污泥膨胀。

1）由于缺氧、水温高导致的污泥膨胀，可以采取下列措施：①加大曝气量，使DO达到$2mg/L$以上；②降低进水量以减轻负荷；③适当减低MLSS，使需氧量减少。

2）pH值过低时，可以投加石灰调节进水pH值或加强上游工业废水排放的管理。

3）由于氮磷等营养物质的缺乏导致的污泥膨胀，可采取：①加强工业废水的管理，防止生活污水混入工业废水；②投加消化污泥、氮、磷等营养物质。

4）如污泥负荷过高，可适当提高MLSS，以降低污泥负荷；必要时可停止进水，"闷曝"一段时间。

5）由于低负荷导致的污泥膨胀，可以在不降低处理功能的前提下，适当提高F/M。

6）对混合液进行适当的搅拌，也有利于丝状菌污泥膨胀的控制。

7）由于污水"腐化"产生的污泥膨胀，可以通过增加预曝气来解决。

（4）永久性控制措施。永久性控制措施系指对现有处理措施进行改造，或设计新厂时予以充分考虑，使污泥膨胀不发生，以防为主。常用的永久性措施是曝气池前设生物选择器。通过选择器对微生物进行选择性培养，即在系统内只允许菌胶团细菌的增长繁殖，不允许丝状菌大量繁殖。选择器有三种：好氧选择器、缺氧选择器和厌氧选择器。这些所谓的选择器一般只是在曝气池首端划出一格进行搅拌，使污泥与污水充分混合接触，污水在选择器中的水力停留时间一般为 5～30min，常采用 20min 左右。好氧选择器内需对污水进行曝气充氧，使之处于好氧状态，而缺氧选择器和厌氧选择器只搅拌不曝气。

将现有传统活性污泥系统稍加改造成一些变形工艺，也能有效地防止污泥膨胀的发生，如吸附再生工艺，逐点进水工艺等形式。另外，近年来出现的一些新工艺，如 AAO、A-B、SBR 等工艺也能有效地防止污泥膨胀。

在实际运行中，以上三类方法是相辅相成的。当污泥膨胀发生以后，应立即采取加药等临时控制措施，防止出水超标，以免污泥大量流失导致系统的彻底失败。同时，还应认真分析污泥膨胀产生的原因，从根源入手，采取工艺运行调节手段，控制膨胀的发生。对于污泥膨胀发生次数较多、程度较严重的处理厂，应采取永久性措施进行改造。

（三）污泥腐化

污泥腐化是在二沉池中发生的，由于污泥长期滞留而产生厌氧发酵，生成 H_2S、CH_4 等气体，从而使大块污泥上浮的现象（图 3-20）。上浮的污泥腐败变黑，产生恶臭。一般情况下，只有长期积滞在死角的污泥才会腐化上浮。

(a) 污泥腐化　　　　　　　　　　　　(b) 污泥上浮

图 3-20　污泥腐化和污泥上浮

防止污泥腐化上浮的措施主要有：①安装不使污泥外溢的浮渣清除设备，及时清除上浮的污泥；②消除沉淀池的死角区；③加大池底坡度或改进池底刮泥设备不使污泥滞留于池底；④及时排泥、疏通堵塞等。

（四）污泥上浮

这是污泥在二沉池呈块状上浮的现象，但并不是由于腐败造成的（图 3-20）。污泥本身不存在质量问题，其生物活性和沉降性能都很正常。当这些正常的污泥在二沉池内停留时间太长时，当系统的 SRT 较长，发生硝化以后，进入二沉池的混合液中会含有大量的硝酸盐，在二沉池内由于缺乏溶解氧而发生反硝化，产生大量的氮气。

这些氮气附在污泥絮体上，也使之上浮。发生污泥上浮以后，如不及时处理，同样会造成污泥大量流失，导致运行彻底失败。

污泥上浮的主要控制措施如下：

（1）及时排泥，不使污泥在二沉池内停留太长。

（2）在曝气池末端增加供氧，使进入二沉池的混合液内有足够的溶解氧，保持污泥不处于厌氧状态。一般保证生物反应池出口 DO 不低于 $1.5\sim2mg/L$。

（3）降低混合液污泥浓度，降低 SRT 和 DO，控制硝化，以达到控制反硝化的目的。但此方法对于 AAO 工艺并不适用。

（五）污泥解体

二沉池表面有大量微细化絮体，随出水流走，出水 SS 超标，且处理水质浑浊；沉降试验基本形不成成层沉降，无泥水界面。该种现象称为污泥解体。

污泥解体的原因如下：

（1）由于毒物排入导致污泥中毒，有机物含量突然升高或污泥流失，导致 F/M 急剧超高，微生物会受到抑制或伤害，净化功能下降或完全停止，从而使污泥失去活性，产生解体。如果 SOUR 低于 $5mgO_2/(gMLVSS \cdot h)$，则可确认系污泥中毒导致污泥解体，则应设法增开备用池子，缓冲有机负荷冲击，或减少排泥，提高 MLVSS，以降低 F/M。

（2）曝气池内存在大面积厌氧，使污泥发生酸化而解体。此时应检查曝气系统是否损坏，增加供氧。

（3）曝气过度。进水浓度、水量长时间偏低，即有机负荷偏低，但曝气量却维持正常，污泥过度氧化使微生物量减少并失去活性，吸附能力降低，絮凝体缩小致密（一部分成为不易沉淀的羽毛状污泥），发生污泥解体，使处理水浑浊。对策是降低曝气量或减少生物反应池运行数量。

总之，如果是运行方面的问题，应对污水量、进水水质、回流污泥量、曝气量、排泥状态，以及 SV、MLSS、DO、F/M 等多项指标进行检查，加以调整。

（六）生物反应池内活性污泥不增长或减少

生物反应池内活性污泥不增长或减少的原因主要如下：

（1）二沉池出水 SS 过高，污泥流失过多，可能由污泥膨胀或二沉池水力负荷过大引起。

（2）进水有机负荷偏低，微生物营养不足，甚至处于内源代谢阶段，造成活性污泥量减少。此时应减少曝气量或减少生化池运转个数，以减少水力停留时间。

（3）曝气量过大，应调整曝气量。

（4）营养物质不均衡，使得活性污泥凝聚性变差，对策是补充 N、P 等营养物质。

（5）剩余污泥排放量过大，使活性污泥量减少。此时应减少剩余污泥排放量。

（七）泡沫问题

1. 泡沫的分类

泡沫是活性污泥法处理厂中常见的运行现象。泡沫可分为以下几种：化学泡沫、生物泡沫和其他泡沫。

（1）化学泡沫。它是由污水中的洗涤剂及一些工业用表面活性物质在曝气的搅拌和吹脱作用下形成的，一般呈乳白色或彩色。在活性污泥培养初期，化学泡沫较多，这主要是因为初期活性污泥尚未形成，所有产生泡沫的物质在曝气作用下都形成了泡沫。随着活性污泥的增多，大量洗涤剂或表面物质会被微生物吸收分解掉，泡沫也会逐渐消失。正常运行的活性污泥系统中，由于某种原因造成污泥大量流失，导致F/M剧增，也会产生化学泡沫。

化学泡沫处理较容易，可以用水冲消泡，也可以加消泡剂（机油、煤油等，投量为$0.5\sim1.5mg/L$）。

（2）生物泡沫。生物泡沫一般是由称作诺卡氏菌的一类丝状菌形成的，呈茶白色、橙色、褐色，可在曝气池上堆积很高，并进入二沉池随水流走。在曝气作用下，诺卡氏菌的菌丝体能伸出液面，形成泡沫。诺卡氏菌在温度较高（>20℃）、富油脂类物质的环境中易大量繁殖。因此，入流污水中含油及脂类物质较多的处理厂（如大量宾馆饭店污水排入）或初沉池浮渣去除不彻底的处理厂易产生生物泡沫。此外，超低负荷的活性污泥系统（如氧化沟工艺）中更易产生生物泡沫。

（3）其他泡沫。包括棕黄色泡沫、灰黑色泡沫、白色泡沫、褐色泡沫等，它主要是由工艺运行导致的。其产生原因和处理措施见表3-9。

表3-9　　　　　　　　　　AAO工艺运行中常见泡沫现象的处理措施

泡沫类型	产 生 原 因	确 定 方 法	处 理 措 施
棕黄色泡沫	污泥老化	计算F/M和泥龄，结合沉降试验的上清液情况确认	适度加大排泥量，提高污泥负荷，促进活性污泥更新
灰黑色泡沫	活性污泥（部分）处于缺氧状态	检查DO值分布，曝气不足或不均匀，推流器运行情况	检查推流器运行状况，合理调控曝气机运行，增加曝气量
白色泡沫	曝气过度	查看泡沫易碎，检测DO值偏高确认	减少曝气强度和时间
	污泥负荷高	查看泡沫黏稠但不易碎，进水有机物浓度高确认	查明高浓度废水的来源，减小排泥量，增加回流比

2. 生物泡沫的危害

（1）生物泡沫蔓延至走道板上，使操作人员无法正常维护。

（2）生物泡沫在冬天能结冰，清理起来异常困难。夏天生物泡沫会随风飘荡，形成不良气味。

（3）如果采用表曝设备，生物泡沫还能阻止正常的曝气充氧，使混合液DO降低。

（4）生物泡沫进入二沉池，会裹挟污泥增加出水SS浓度。

（5）干扰浓缩池及消化池的运行。

3. 生物泡沫的控制对策

生物泡沫控制的根本措施是从根源入手，以防为主。除了可以采取水力消泡、投加消泡剂外，还可以采取下列措施：

（1）投加杀菌剂或絮凝剂。杀菌剂普遍存在副作用，投量或投加位置不当，会降低生物反应池中活性污泥微生物量。

（2）降低污泥龄，减少污泥在生物反应池的停留时间，抑制生长周期较长的诺卡式菌的生长。但这要综合考虑脱氮除磷作用，保证适当的污泥龄。

（3）回流厌氧消化池的上清液。应慎重采用，以免影响出水水质。

（4）向生物反应池投加填料，使容易产生污泥膨胀和泡沫的微生物固着在载体上生长，既能提高生物量和处理效果，又能减少或控制泡沫的产生。

（5）加强上游油脂类废水的管理，加强初沉池浮渣的清除，强化初沉池和沉砂池的除油功能。

泡沫问题如图 3-21 所示。

图 3-21　泡沫问题

（八）水质异常

AAO（AO）工艺的水质异常现象包括进水水质异常和出水水质异常。当污水处理厂实际水质偏离设计数值时，属异常情况，应分析其原因，并寻找解决对策。

（1）出水 TN 超标，其他指标正常。其原因及解决对策如下：

1）进水异常水质，进水 TN 远远高于设计值，导致出水 TN 超标。应检查源头水并截断污染源。

2）内回流比太小。检查内回流比 r，如果太小，则增大。

3）缺氧段 DO 太高。

a. 检查缺氧段 DO 值，如果 DO＞0.5mg/L，则首先检查内回流比 r 是否太大。如果太大，则适当降低。

b. 检查缺氧段搅拌强度是否太大，形成涡流，产生空气复氧。

c. 检查好氧池 DO 分布情况，如果 DO 比较高，则可适当降低曝气量。

（2）出水 NH_3-N、TN 超标，其他指标正常。其原因及解决对策如下：

1）进水 NH_3-N 异常，导致出水 NH_3-N 异常。

2）好氧段 DO 不足。检查好氧段 DO，是否低于 2mg/L。如果 1.5＜DO＜2.0mg/L，则可能只满足 BOD_5 分解的需要，而不满足硝化的需要，应增大供气量，使 DO 处于 2～3mg/L。

3）污泥浓度低，污泥龄较短。解决对策是适量减小剩余污泥的排放量并增加污泥回流比，保证硝化反应正常进行。

4）存在硝化抑制物质。检查入流中工业废水的成分，加强上游污染源管理。

（3）出水 TN、TP 异常，其他指标正常。其原因及解决对策如下：

1）进水 TN、TP 异常，导致出水水质超标。

2）进水 BOD_5 不足。检查 BOD_5/TKN 是否大于 4，BOD_5/TP 是否大于 20，否

视频3.3.8 ▶

AAO脱氮除磷工艺流程

课件3.3.3 ◎

AAO工艺流程

视频3.3.9 ▶

AAO法城市污水处理模拟装置的操作方法

视频3.3.10 ▶

主要生物处理工艺AAO的自动控制

课件3.3.4 ◎

污水处理厂的水质检测

则应采取增加入流 BOD_5 的措施，如跨越初沉池或外加碳源。

3）内回流比太大，缺氧段 DO 太高。检查缺氧段 DO 值，如果 $DO > 0.5mg/L$，则应采取措施，同第（1）点。

4）外回流比太大，把过量的 $NO_3^- - N$ 带入了厌氧段，影响厌氧释磷，应适当降低外回流比。

5）剩余污泥排放不及时、排泥量不足导致除磷效果降低。此时应及时排泥、增加脱泥量。同时合理调整污泥浓缩池的运行，增加泥饼中磷的去除量。

6）检查除磷剂投加系统的工作状态，若除磷剂投加量不足，相应增加投加量。

7）污泥龄过长，导致污泥老化。此时可增加剩余污泥排放量，减低污泥回流比，促进污泥更新。

（4）出水 BOD_5、COD 异常，其他指标正常。

1）污水量突然增加、有机负荷突然升高或有毒、有害物质浓度突然升高，造成活性污泥浓度的降低。

a. 应检查进水浓度判断有无工业废水、垃圾渗滤液等进入。

b. 适当减少进水流量，以降低污泥负荷，增加污水停留时间。

c. 增加曝气时间和曝气强度，增加污泥回流比，提高 MLSS，以应对冲击负荷。

2）生物反应池管理不善，活性污泥净化功能降低。如污泥负荷过高、DO 含量低、污泥回流比低等。解决措施是加强生物反应池运行管理，及时调整工艺参数。

3）二沉池管理不善使二沉池功能降低。应加强二沉池的管理，定期巡检，发现问题及时整改。

【任务实施】

一、实训准备

（1）准备城市污水处理仿真实训软件及其操作手册。

（2）AAO（AO）工艺城市污水处理实训设备。

二、实训内容及步骤

（1）城市污水处理仿真软件 AAO 工艺实训。根据软件的操作手册，完成以下培训项目：

1）AAO 工艺的开车、停车、日常巡视检查。

2）工艺调节，包括内回流调节、外回流调节、反应池曝气量调节、二沉池运行管理、污泥龄调节等。

3）AAO 工艺运行故障分析及处理，包括污泥膨胀、进水 SS 增加、污泥上浮、生物泡沫，以及出水 TN、$NH_3 - N$、TP、COD 超标等故障的处理。

4）AAO 工艺自动控制参数设定。要求设定 DO、内回流比、外回流比、MLSS、二沉池行车速度（或刮泥机线速度）等参数。

（2）AAO（AO）工艺城市污水处理设备实训。

1）根据设备使用说明书，完成 AAO（AO）工艺设备安装和管道连接，包括厌氧池、缺氧池、好氧池、二沉池，曝气系统（风机及其管道）、污水泵、污泥泵及其管道。

2）如果有电气控制线路，则按照接线图进行接线，实现 PLC 控制。

3）AAO（AO）工艺的启动运行、停车和工艺调节。

a. 用污水处理厂活性污泥或河流、湖泊（池塘）底泥接种培养活性污泥。

b. 准备生活污水（或自配污水），依据操作规程，按照设计参数，依次启动污水泵、搅拌器、曝气系统、外回流系统、内回流、二沉池出水、剩余污泥排放系统等。

c. 分析化验与记录。检测 SV、MLSS、DO、进出水 COD、进出水 SS 等指标，分析 AAO（AO）运行状况和处理效果。

d. 按照操作规程，进行 AAO（AO）的停车。

三、实训成果及考核评价

（1）城市污水处理仿真软件实训培训及考核成绩，占 50%。
（2）污水处理厂模拟设备实训报告，占 50%。

【思考与练习题】

（1）简述 AAO 工艺的组成及其脱氮除磷原理。

（2）AAO（AO）工艺的污泥负荷、污泥龄、外回流比、内回流比、水力停留时间的范围各是多少？

（3）如何调节 AAO（AO）工艺的污泥负荷、污泥龄及 MLSS？

（4）简述低负荷连续培养活性污泥的方法。

（5）AAO 工艺常采用的曝气器有哪些？曝气器使用中应注意哪些问题？

（6）潜水推流器的作用是什么？

（7）简述离心式鼓风机运行中常见故障的处理措施。

（8）二沉池污泥上浮或跑泥的可能原因有哪些？解决对策如何？

（9）污泥膨胀的原因有哪些，如何进行控制？

（10）如何处理 AAO 工艺出水 TN、TP 超标的问题？

任务二　氧化沟工艺运行与管理

【任务引入】

氧化沟是一种完全混合，不设初沉池、具有一定脱氮除磷功能的延时曝气活性污泥工艺，其曝气池呈封闭环状沟渠型，污水和活性污泥的混合液在曝气器和推流器的推动下在其中循环流动，又称环形曝气池。它适用于大、中、小型生活污水处理厂，特别是中小型污水处理厂，同时也能处理某些工业废水。

通过本任务的学习，要求熟悉氧化沟的工艺流程、氧化沟的类型，掌握氧化沟的设计运行参数及曝气设备，能较熟练地进行氧化沟工艺、设备的运行与管理，能初步分析解决氧化沟运行中的常见工艺和设备故障。

【相关知识】

一、氧化沟的工艺流程及特征

1. 工艺流程

氧化沟的基本工艺流程如图 3-4 所示。污水经格栅、沉砂池预处理后直接进入氧化沟，然后经二沉池和接触消毒池排出。也可将氧化沟和二沉池合建，可省去单独的二沉池和污泥回流系统，使处理构筑物的布置更加紧凑。氧化沟前可设置厌氧池，以提高系统的除磷效果。若使氧化沟完成脱氮功能，进水和回流污泥点宜设在缺氧区首端，出水点宜设在曝气器后的好氧区；若主要去除 BOD_5 或 NH_3-N，进水点通常设在靠近曝气器的位置（其上游），出水点在进水点的上游（图 3-4）。

2. 工艺特征

（1）氧化沟在曝气装置的下游溶解氧沿池长逐渐降低，具有明显的溶解氧浓度梯度，甚至可能出现缺氧段。利用氧化沟存在好氧区和缺氧区的特征，通过对系统的合理设计与控制，可以实现硝化反硝化，节省需氧量，取得良好的脱氮效果。

（2）由于氧化沟水力停留时间长、污泥负荷低、污泥龄长，在氧化沟内的悬浮性有机物和溶解性有机物能够得到比较彻底的降解，活性污泥处于内源呼吸阶段，排出的剩余污泥已得到高度稳定，因此，氧化沟不设初沉池，污泥不需要厌氧消化。

（3）能够忍受冲击负荷，处理效果稳定，出水水质好，剩余污泥量少。

二、氧化沟的类型

动画3.9

帕斯维尔氧化沟

氧化沟一般由沟体、曝气设备（表面曝气）、进水分配井、出水溢流堰和导流装置等部分组成。氧化沟的出水一般宜采用可升降式溢流堰，以调节池内水深。氧化沟按其构造和运行特征可以分为多种，比较常见的有帕斯维尔氧化沟（普通型氧化沟）、卡鲁塞尔氧化沟、交替工作式氧化沟、奥贝尔氧化沟和一体化氧化沟。

（一）卡鲁塞尔氧化沟

1. 卡鲁塞尔氧化沟构造

如图 3-22 所示，典型的卡鲁塞尔氧化沟是一多沟串联系统，一般采用立式低速表面曝气器供氧、混合并推动水流前进。每组沟渠安装一个曝气器，均安设在同一端的转弯处。池内循环流动的混合液在靠近曝气器下游为富氧区（DO 含量在 2mg/L左右），而曝气器上游为低氧区，外环为缺氧区，DO 含量在 0.5mg/L 以下，这样在氧化沟内能够形成生物脱氮的环境条件。

2. 立式表面曝气器

立式表面曝气器主要由曝气叶轮、主轴、减速器、叶轮升降装置及电动机组成（图 3-23）。立式表面曝气器常用的曝气叶轮有泵型叶轮、倒伞形叶轮、平板型叶轮、K 型叶轮等，其中卡鲁塞尔氧化沟多采用倒伞形叶轮。曝气叶轮的充氧能力和提升能力与叶轮直径、叶轮旋转速度和叶轮浸没深度等因素有关。叶轮直径一定，叶轮旋转

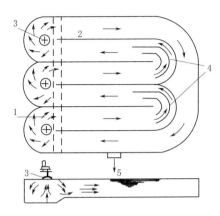

图 3-22　采用立式表面曝气器的卡鲁塞尔氧化沟
1—来自经过预处理的污水；2—氧化沟；3—立式表面曝气器；
4—导向隔墙；5—处理后水去往二沉池

线速度大，充氧能力也强，一般以 2~5m/s 为宜。浸没深度适度可提高充氧量，通常叶轮最大浸没深度为 60mm，最佳浸没深度在 40mm 左右。在实际运行中，叶轮旋转速度和浸没深度都可以随时调整，以满足工艺要求。立式表曝器的氧转移效率为 15%~25%，动力效率一般为 1.8~2.3kg O_2/(kW·h)。

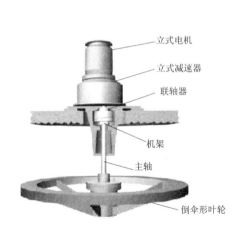
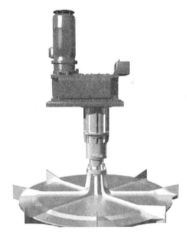

立式电机
立式减速器
联轴器
机架
主轴
倒伞形叶轮

图 3-23　倒伞形表面曝气器

资料3.2
表面曝气机
曝气现状

由于其具有较大的提升作用，氧化沟的设计水深可达 4~5m，一般为 4.5m。系统的供氧量可以通过控制沟内表面曝气器的运行台数及转速进行调节。此外，每座沟中还装有一定数量的推流器用于保证混合液具有一定的流速，以防止污泥在进水有机物含量低的情况下发生沉淀。

（二）交替工作式氧化沟

交替工作式氧化沟是 SBR 工艺与传统氧化沟工艺组合的结果。目前应用比较多的是 VR 型、双沟交替式（D 型、DE 型）和三沟交替式（T 型）。交替工作型氧化沟必须安装自动控制系统，以控制进、出水的方向，溢流堰的启闭以及曝气转刷的启停。

1. VR 型氧化沟、D 型氧化沟

VR 型氧化沟由一个池子组成，以连续进水、连续出水的方式运行。池中部为中心岛。整个沟的工作面积分为两部分，分别交替作为曝气区和沉淀区，每个功能区的一端都设有由水流压力封闭的单向活拍门，利用定时器，自动改变转刷的旋转方向，并通过沟内水流向启闭活拍门，以改变沟中水流方向和各功能区的工作状态。VR 型氧化沟无需污泥回流系统。通常一个完整的运行周期为 8h。

D 型氧化沟类似于 VR 型氧化沟，由容积相同的两池组成，串联运行，交替作为曝气池和沉淀池。此系统处理水质较好，剩余污泥比较稳定，缺点是曝气转刷的利用率比较低。

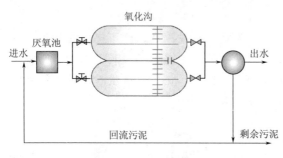

图 3-24 DE 型氧化沟

2. DE 型氧化沟

如图 3-24 所示，DE 型氧化沟是在氧化沟前设置厌氧生物选择器和双沟交替工作。整个系统由两条相互联系的氧化沟与单独设立的沉淀池组成。氧化沟交替进行曝气（去除 BOD、硝化）和推动混合（反硝化），大大提高了设备和构筑物的利用率。

3. T 型氧化沟

（1）构造。T 型氧化沟由相同容积的 A、B、C 三池组成，每池都装有用于曝气和推流的转刷（图 3-25）。两侧的 A 和 C 池交替作为曝气池和沉淀池，中间的 B 池一直为曝气池。原水交替进入 A 池或 C 池，处理水则相应地从作为沉淀池的 C 池或 A 池流出。同样，这种系统不需要污泥回流系统。通过设计合理地运行程序，可以取得很好的脱氮效果。

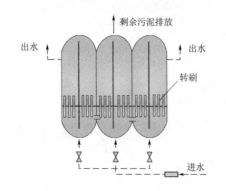

图 3-25 T 型氧化沟

（2）硝化-反硝化运行模式。当需要 T 型氧化沟实现脱氮功能时，可以采用硝化-反硝化模式，如图 3－26 所示。

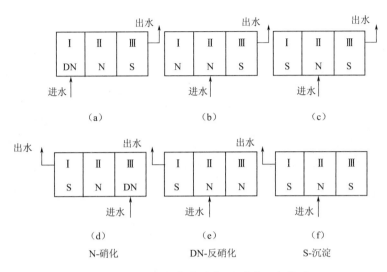

图 3－26　T 型氧化沟硝化-反硝化运行模式

硝化-反硝化模式以 8h 为一个周期，分为 6 个处理阶段，每 3 个阶段为半个周期，每个阶段的时间可以根据运行需要进行调整，其中Ⅰ和Ⅲ沟的进出水时间相同。典型的时间安排为 a 阶段持续 2.5h，b 阶段持续 0.5h，c 阶段持续 1.0h，d、e、f 阶段持续时间分别与 a、b、c 相同。其中的缺氧运行是指氧化沟的双速转刷呈低速运行，仅能维持污泥处于悬浮状态及推动水流混合，几乎没有充氧能力，DO 低于0.5mg/L。微生物利用污水中的碳源和上一个好氧阶段运行时产生的硝酸盐，进行反硝化作用。硝化时，转刷高速运转，DO 维持在 2.0mg/L 左右。由于第一、第四阶段一条边沟可能处于厌氧状态，后续为好氧状态，因此这种模式同时具有一定的除磷效果。

4. 曝气转刷

普通型氧化沟和交替工作式氧化沟的曝气设备一般采用水平轴表面曝气器，包括曝气转刷和曝气转盘。它由电机、调速装置、主轴、转刷（转盘）等组成。主轴上装有放射状的叶片（转刷）或由两个半圆组成的盘片（转盘）。其中曝气转盘在奥贝尔氧化沟中应用较多，此处介绍曝气转刷。

曝气转刷工作时，转轴带动叶片转动，搅动水面形成水花，将大量液滴抛向空中，并使液面剧烈波动，进行充氧曝气，同时起到推流、混合的作用。

曝气转刷主要有 Kessener 转刷、笼形转刷和 Manmmoth 转刷 3 种，其他都是派生型。采用 Kessener 转刷、笼形转刷氧化沟设计水深一般在 1.5m 以下，因此这两种转刷已基本淘汰。

Manmmoth 转刷的叶片通过彼此连接直接紧箍在水平轴上，沿圆周均布成一组，每组叶片之间有间隔，叶片沿轴长成螺旋状分布（图 3－27）。转刷直径主要有 0.7m

和 1.0m 两种，有效长度分为 3000mm、4500mm、6000mm、7500mm、9000mm 五种规格，转速为 70～80r/min，浸没深度为 0.3m。充氧能力可达 8.0kg O_2/(m·h)，动力效率为 1.5～2.5kg O_2/(kW·h)。这种转刷的推动力和充氧能力比较强，氧化沟水深可达 3.0～3.5m。

图 3-27 曝气转刷

通过调整转刷的转速和浸没深度，可以调整转刷的充氧能力，适应工艺条件的要求。

（三）奥贝尔氧化沟

1. 构造及工作过程

奥贝尔氧化沟由三个同心椭圆形沟道组成，污水由外沟道进入沟内，然后依次进入中间沟道和内沟道，最后经中心岛流出，至二次沉淀池，如图 3-28 所示。在各沟道横跨安装有不同数量转盘曝气机，进行供氧兼有较强的推流搅拌作用。

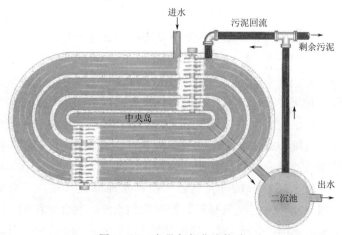

图 3-28 奥贝尔氧化沟构造

外沟道体积占整个氧化沟体积的 50%～55%，溶解氧控制趋于零，高效地完成主要氧化作用。外沟道的供氧量通常为总供氧量的 50% 左右，但 80% 以上的 BOD_5 可以在外沟道中去除。由于外沟道溶解氧平均值很低，绝大部分区域 DO 为零，所以，氧传递作用是在亏氧条件下进行的，大大提高了氧传递效率，达到了节约能耗的目的。一般情况下，可以节省电耗 20％左右。中间沟道容积一般为 25％～30％，溶解氧控制在 1.0mg/L，作为"摆动沟道"，可发挥外沟道或内沟道的强化作用；内沟道的容积约为总容积的 15％～20％，需要较高的溶解氧值（2.0mg/L 左右），以保证有机物和氨氮有较高的去除率。

2. 工艺特征

（1）脱氮效率高。外沟道中形成交替的好氧和大区域的缺氧环境（DO 接近于零），可同时进行硝化和反硝化，即使在不设内回流的条件下也能获得较好的脱氮效果。另外，如果设置内回流，将内沟道混合液回流到外沟道中，脱氮效率可达 95％以上。

（2）除磷效果好。外沟 DO 接近于零，在缺氧条件下，回流污泥可进行充分释磷反应，以便它们在好氧条件下大量吸收污水中的磷。

（3）对于每个沟道内来讲，混合液的流态为完全混合式，对进水水质、水量的变化具有较强的抗冲击负荷能力；对于三个沟道来讲，沟道与沟道之间的流态为推流式，且具有完全不同溶解氧浓度和污泥负荷。奥贝尔氧化沟实际上是多沟道串联的沟型，同时具有推流式和完全混合式两种流态的优点，可以获得较好的出水水质和稳定的处理效果。

（4）进水方式灵活。在暴雨期间，进水可以超越外沟道，直接进入中沟道或内沟道，由外沟道保留大部分活性污泥，有利于系统的恢复。因此奥贝尔氧化沟对合流制或部分合流制污水排放系统比较适用。

3. 曝气转盘

奥贝尔氧化沟常采用的曝气设备为曝气转盘（曝气转碟），它是一种水平轴式表面曝气器（图 3-29）。它是利用转盘转动时，对水体产生切向水跃推动力，推动混合液在沟内循环流动，进行充氧和混合。其表面有符合水力特性的一系列凹孔和三角形突起，使其在与水体接触时将污水打碎成细密水花，具有较高的充氧能力和混合效

图 3-29　曝气转盘

率，因此，奥贝尔氧化沟的水深可达4m。

转盘长度根据氧化沟的沟宽需要确定。转盘安装密度以每米轴长 4 盘左右为宜，不超过 5 盘。转盘直径从 1200～1800mm 不等。曝气转盘标准转速为 45～60r/min，浸水深度为 400～530mm，动力效率大于 2.5kg O_2/(kW·h)，充氧能力不小于 1.4kg O_2/(盘·h)。

运行中，通过改变曝气转盘的旋转方向、安装密度、浸水深度（调整出水堰的高度）、转速和开停数量，可以调整其供氧能力和电耗水平。

（四）一体化氧化沟

一体化氧化沟又称合建式氧化沟，它在氧化沟的一个沟内建沉淀池，在沉淀池两侧设隔板，底部设一导流板。在水面上设集水装置以收集出水，混合液从沉淀池底部流走，部分污泥则从间隙回流至氧化沟。一体化氧化沟将曝气、沉淀、污泥回流功能为一体，基建投资相对较省，但其结构有待进一步完善。

固液分离器是一体化氧化沟的关键设备。目前比较典型的固液分离方式是船式分离器、BMTS沟内分离器、侧沟式固液分离器和中心岛式固液分离器。

1. 船型一体化氧化沟

它将平流式沉淀器设置在氧化沟的一侧，其宽度小于氧化沟宽度，像氧化沟内放置的一条船。将部分混合液引入沉淀槽，沉淀槽内水流方向与氧化沟内混合液的流动方向相反，沉淀槽内的污泥下沉并由底部的泥斗收集回流至氧化沟，澄清水则由尾部溢流堰收集排出，船式分离器构造及实物如图 3-30 所示。

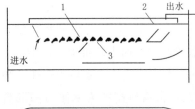

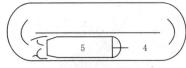

图 3-30　船式分离器构造及实物图

1—污泥斗；2、4—溢流堰；3—回流孔；5—船式分离器

2. BMTS 型一体化氧化沟

它使用渠道内的澄清池，由前挡板、后挡板及底部构件组成。挡板强迫水平流动的水流从底部进入澄清池。为减少澄清池中下层水流的紊动，在底部设置一系列的导流板。沟渠中混合液均匀地通过导流板之间的空隙进入澄清池，处理后的水通过浸没

管或溢流堰排出，分离的污泥返回到氧
化沟中（图 3-31）。它具有经济节能、
构造简单、处理效率高的优点，尤其适
合小型污水处理厂。

3. 侧沟式一体化氧化沟

侧沟式固液分离器是一种外置式固
液分离器，能够避免氧化沟的水力干扰，
固液分离效果比较好。侧沟式一体化氧
化沟如图 3-32 所示。

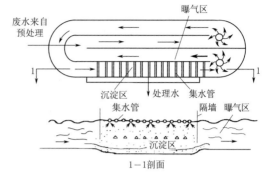

图 3-31 BMTS 型一体化氧化沟

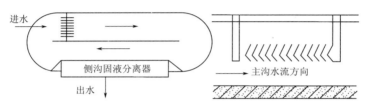

图 3-32 侧沟式一体化氧化沟

此外，对于奥贝尔氧化沟，还有中心岛式、二沉池与外沟相切式一体化氧化沟
（图 3-33）。

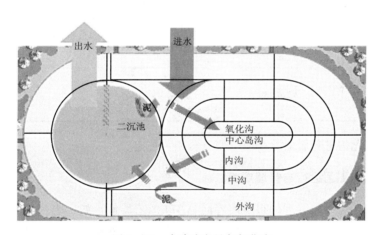

图 3-33 合建式奥贝尔氧化沟

三、氧化沟工艺的设计运行参数

氧化沟工艺的主要设计运行参数见表 3-10。

表 3-10	氧化沟主要设计运行参数		
项　　目	单　　位	参数值	备　　注
污泥浓度 MLSS	mg/L	2500～4500	
污泥负荷 F/M	kg BOD_5/(kg MLSS·d)	0.03～0.15	

项　目	单　位	参数值	备　注
容积负荷	kg BOD$_5$/(m^3·d)	0.2～0.4	
污泥龄 θ_c	d	>15（10～30）	1. 污泥龄较长，有利于硝化反应进行； 2. 通过污泥回流比和剩余污泥排放量调节
污泥产率 Y	kg VSS/kg BOD$_5$	0.3～0.6	由于污泥龄长，污泥产率比较低，并且剩余污泥比较稳定，不用设置污泥消化池
需氧量 O_2	kg O$_2$/kg BOD$_5$	1.5～2.0	
水力停留时间 HRT	h	≥16	可通过调整出水堰高度改变 HRT，满足工艺要求
污泥回流比 R	%	75～150	
BOD$_5$/TKN		>4（3～5）	采用氧化沟脱氮时，应满足此要求；如不满足要求，应投加甲醇等外部碳源
BOD$_5$/TP		>20	采用氧化沟除磷时，应满足此要求；如不满足要求，宜投加乙酸等低级脂肪酸
总处理效率 η	%	>95（BOD$_5$） 85%～90%（TN） 50%～60%（TP）	脱氮除磷效率与氧化沟的类型和运行状态有关；如 TP 不满足排放要求，可采用化学除磷方法
沟内平均流速	m/s	>0.25	
机械混合所需动力	W/m^3 池容	好氧区，≥25 氧化沟，≥15 缺氧、缺氧区，2～8	

当采用氧化沟进行脱氮除磷时，应符合相关规定。

四、氧化沟工艺运行与管理要点

氧化沟工艺运行与管理的很多内容同 AAO 工艺类似，如工艺控制、活性污泥的培养及驯化、二沉池、污泥回流、剩余污泥排放、化学除磷工艺的运行管理，以及运行中常见故障及其处理措施。下面重点介绍曝气设备的运行管理及氧化沟运行中的其他问题。

（一）机械曝气设备的运行管理

1. 溶解氧 DO 的控制

氧化沟工艺普遍采用机械曝气方式，包括立式表面曝气器、曝气转刷、曝气转盘等。这些设备一般可以通过调节转速、设备开启台数及浸没深度的方法调节曝气强度，维持氧化沟中的溶解氧水平。如对于奥贝尔氧化沟，其外沟道溶解氧含量应控制在 0.5mg/L 以内，中沟道溶解氧含量控制在 0.5～1.5mg/L，内沟道溶解氧含量控制在 1.5～2mg/L。同时机械曝气设备的转速也不能太大，这一方面使溶解氧含量过高，影响沟内的反硝化脱氮和除磷效果，也使混合液絮体分散和破碎，难以在二沉池中进行固液分离。目前，大中型污水处理厂自动化程度比较高，机械曝气设备普遍采用变频调速，可以及时有效地控制 DO，保证污水处理效果。

2. 机械曝气设备的运行维护

（1）应严格按照转刷、转盘和立式表曝器的操作规程使用设备，运行中应定期巡视检查曝气设备的运行情况，特别注意电机电流、电机表面温度、传动变速箱发热程度和有无特别的噪声。

（2）保持变速箱及轴承良好的润滑状态。

1）变速箱应每半年检查油质、油位，保证油位到齿轮箱 1/3 体积处；经常观察接头或其他部位是否渗油、漏油；检查齿轮箱齿面有无点蚀等痕迹。

2）应经常检查轴承的油质、油位，检查轴承密封圈的性能。

（3）每两个月检查一次转刷、转盘或叶片，看其是否松动、位移或损坏，紧固件是否牢固。

（二）积泥问题

氧化沟在运行时一般采用机械曝气设备和潜水推流器来推流、混合，并防止污泥沉淀。一般氧化沟中的流速保证在 0.25m/s 以上时，就能达到上述目标。同时应注意以下事项：

（1）如在氧化沟之前设置厌氧池，应保证其充分的混合搅拌，否则大量污泥淤积在底部，发生厌氧反应，导致污泥腐化上浮；同时回流污泥在厌氧区淤积，降低氧化沟内的污泥浓度。为此厌氧区混合搅拌设备的功率密度按装机容量计应不低于 6W/m²。

（2）在运行中应根据工况开启潜水推流器或增加表曝器的转速，增加底部的流速。

（3）可在转刷或转盘下游设置挡板，将水流导向池底，增加流速，同时可以起到推流的效果。

（三）氧化沟工艺运行中的其他问题

氧化沟工艺运行中常见故障与 AAO 工艺类似，主要有污泥膨胀、污泥上浮、污泥解体、泡沫问题、污泥浓度降低及水质异常现象等，解决方法也基本相同。

应注意当处理水量增加时，氧化沟还可以采用提高出水堰的方法，增加污水在氧化沟中的停留时间；处理水量下降时，可以适当降低出水堰，减少水力停留时间，同时可以降低表曝机的浸水深度，减少设备运行负荷。

资料3.3
某污水处理厂氧化沟工艺运行与管理应用案例

【任务实施】

一、实训准备

（1）准备城市污水处理仿真实训软件及其操作手册。

（2）氧化沟工艺城市污水处理实训设备，包括卡鲁塞尔氧化沟和双沟式氧化沟等。

二、实训内容及步骤

（1）城市污水处理仿真软件氧化沟工艺实训。根据软件的操作手册，完成以下培训项目：

1）氧化沟工艺（奥贝尔氧化沟）的开车、停车、日常巡视检查。

2）工艺调节，包括转刷操作、氧化沟曝气量调节、二沉池运行管理、污泥龄调节等。

3）氧化沟工艺运行故障分析及处理，包括污泥膨胀、进水 SS 增加、处理负荷增大、污泥上浮、生物泡沫，以及出水 TN、NH_3-N、TP、COD 超标等故障的处理。

4）氧化沟工艺自动控制参数设定。要求设定各沟的 DO、曝气转刷自控参数设计、回流比、MLSS、二沉池行车速度（或刮泥机线速度）等。

（2）氧化沟工艺城市污水处理设备实训。

1）根据设备使用说明书，完成卡鲁塞尔氧化沟、双沟式氧化沟等的设备安装和管道连接，包括立式表曝机、污水泵、污泥泵及其管道。

2）如果有电气控制线路，则按照接线图进行接线，实现 PLC 控制。

3）氧化沟工艺的启动运行、停车和工艺调节。

a. 用污水处理厂活性污泥或河流、湖泊（池塘）底泥接种培养活性污泥。

b. 准备生活污水（或自配污水），依据操作规程，按照设计参数，依次启动污水泵、搅拌器、曝气系统、外回流系统、二沉池出水和剩余污泥排放系统等。

c. 分析化验与记录。检测 SV、MLSS、DO、进出水 COD 和进出水 SS 等指标，分析氧化沟运行状况和处理效果。

d. 按照操作规程，进行氧化沟的停车。

三、实训成果及考核评价

（1）城市污水处理仿真软件实训培训及考核成绩，占 50%。

（2）污水处理厂模拟设备实训报告，占 50%。

【思考与练习题】

（1）氧化沟工艺的主要类型有哪些？其适用范围如何？

（2）氧化沟工艺如何实现脱氮除磷？

（3）为什么氧化沟不需要设置初沉池和污泥厌氧消化池？

（4）简述卡鲁塞尔氧化沟的构造和主要设备。

（5）简述 DE 型和 T 型氧化沟的构造、主要设备，并阐述其脱氮工作程序。

（6）简述奥贝尔氧化沟的构造、特征和工作过程。

（7）奥贝尔氧化沟常用的曝气设备是什么？如何调节其充氧能力？

（8）机械曝气设备运行与管理的主要内容有哪些？

（9）如何解决氧化沟的积泥问题？

（10）氧化沟出水 COD、TN、TP 超标的可能原因有哪些？如何解决这几个水质异常问题？

任务三　SBR 工艺运行与管理

【任务引入】

SBR 是序批式活性污泥法的简称，又称间歇式活性污泥法，它是一种按间歇曝气方式来运行的活性污泥处理技术。该工艺只有一个 SBR 池，污水进入该池后，按照进水、曝气、沉淀、滗水和闲置 5 个阶段完成处理过程。一个运行周期内，各阶段的运行时间、反应器混合液体积的变化及运行状态等都可以根据具体污水的性质、出水水质及运行功能要求等灵活掌握。SBR 工艺的形式较多，除了普通 SBR 工艺外，还有 ICEAS、CASS（CAST）、UNITANK、DAT－IAT、MSBR 等。

目前，SBR 工艺广泛应用于生活污水、屠宰废水、化工废水、淀粉废水、啤酒废水和其他工业废水的处理中。它处理效率高、成本低、运行管理方便，比较适合于中、小水量的污水处理。

通过本任务的学习，要求熟悉 SBR 的工艺流程、设计运行参数，掌握 SBR 工艺的主要设备，能初步进行 SBR 工艺的启动、运行调控、停车，会操作、维护 SBR 工艺的主要设备，能初步分析、解决 SBR 工艺运行中的常见故障；重点掌握普通 SBR、CASS、MSBR 工艺的运行与管理。

【相关知识】

动画3.11 ⊘
间歇式活性污泥法（SBR）

一、普通 SBR 工艺

首先我们先来认识一下最初的 SBR 工艺——普通 SBR 工艺，也称经典 SBR、传统 SBR 或基本 SBR，是 SBR 工艺的基本形式。

（一）工艺流程

SBR 的工艺流程与氧化沟类似，一般不设初沉池和二沉池，污水经格栅、沉砂池之后直接进入 SBR 反应池，出水经消毒处理后排放。

普通 SBR 工艺的运行周期由进水、反应（曝气）、沉淀、排水排泥（排放）和待机（闲置）等 5 个工序组成，如图 3-34 所示。

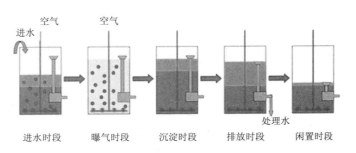

图 3-34　普通 SBR 工序

1. 进水工序

进水之前，反应池内水位最低，只有高浓度的活性污泥混合液，相当于回流污泥。进水阶段主要向反应器注入污水，直至达到最高水位。由于该阶段不排放处理水，反应池能起到调节作用，因此能缓冲水质、水量的变化。

进水阶段，可以通过改变曝气方式，实现其他功能。进水阶段的曝气方式可以分为非限量曝气、半限量曝气和限量曝气。

（1）非限量曝气是指进水时同时曝气，又称预曝气，可使活性污泥再生、恢复活性。

（2）限量曝气在进水阶段进行缓速搅拌，不曝气，实现反硝化和释磷功能。

（3）半限量曝气是在进水进行到中间过程进行曝气，这种方式既可以实现反硝化和释磷，又能使污泥再生、恢复活性。

进水时间应根据实际排水情况和设备条件确定。进水时间越短，工艺效果越好。

2. 反应工序（曝气工序）

进水达到最高水位或预定容积后进入反应阶段。应根据污水处理的目的，采取相应的技术措施。如 BOD 去除、硝化和磷的吸收，采取的措施为曝气，反硝化则为缓速搅拌。反应时间应根据进水水质、处理程度、污泥负荷和污泥浓度等确定。

此外，为保证沉淀工序的效果，在反应工序后期，还需要进行短暂的微量曝气，吹脱附着在污泥上的氮气。

3. 沉淀工序

沉淀工序相当于二沉池，停止曝气、不搅拌，使混合液在静止状态下泥水分离，沉淀效率更高，一般沉淀时间为 1.0～1.5h。沉淀时要保证污泥层在滗水设备以下。

4. 排放工序

排放工序是采用滗水器排放经过沉淀后产生的上清液至最低水位，然后排放剩余污泥。反应池底部沉淀的活性污泥作为下个处理周期的回流污泥使用。排放水量（或进水量）占 SBR 池有效体积的比例称为充水比，此值与处理要求有关。排水时间一般为 1.0～1.5h，与滗水速率和滗水高度有关。

5. 待机工序

待机工序也称闲置工序，是在处理水排放后，反应器处于停滞状态，等待下一工作周期开始的阶段。待机工序的功能是在静置无进水的条件下，使微生物通过内源呼吸作用恢复其活性（吸附能力），并具有一定的反硝化脱氮作用，为下一周期创造良好的初始条件。此阶段的时间取决于所处理的污水种类、处理负荷和所需要达到的处理效果，一般为 0.5～1h，也可以省略此阶段。

（二）技术特征

SBR 工艺具有以下几个典型的特征：

（1）不设初沉池和二沉池，处理构筑物构成简单，设备简单，运行费用较低。

（2）对水质水量的适应性强，运行稳定，处理效果好。

（3）通过对运行方式的调节，可以实现脱氮除磷。

（4）SVI 值较低，污泥易于沉淀，一般情况下不产生污泥膨胀现象。

（三）设计运行参数

普通 SBR 工艺的设计运行参数见表 3-11。

表 3 - 11		普通 SBR 工艺的设计运行参数	
项　目	单　位	参　数　值	备　注
污泥浓度 MLSS	mg/L	3000～5000	
污泥负荷 F/M	kg BOD_5/(kg MLSS·d)	0.10～0.30	根据脱氮除磷的要求确定，参考前文
污泥龄 θ_c	d	10～20	1. 污泥龄较长，有利于硝化反应进行； 2. 通过剩余污泥排放量调节
溶解氧 DO	mg/L	≥2	
充水比 m		0.15～0.3（脱氮除磷） 0.25～0.5（仅除磷）	充水比为进水（排水）体积占反应池有效体积的比例
总处理效率 η	%	>95（BOD_5） 80%～90%（TN） 80%（TP）	

下面介绍某污水处理厂 SBR 工艺的设计运行参数。

设计水量为 5000m³/d，共设 3 个 SBR 反应池，污泥负荷为 0.12kg BOD_5/(kg MLSS·d)，MLSS 为 4000mg/L，污泥龄 20～30d，充水比为 0.3，SVI 值为 90。SBR 每日运行 4 个周期，每个周期为 6h，其中进水时间 2h，曝气（进水 1h 后开始）时间 3h，沉淀时间 1h，排水时间 0.5h，待机时间 0.5h。

（四）主要设备

SBR 工艺的主要设备有搅拌设备、曝气设备、排水装置、自动控制系统等。

搅拌设备是对混合液进行缓速搅拌，以利于污水和活性污泥混合。搅拌设备主要有浆式（浆板、浆叶搅拌器）、涡轮式搅拌器、推进式搅拌器和锚式搅拌器，其中 SBR 常用的搅拌器是潜水推进器（搅拌机），见项目三子项目三"AAO 工艺运行与管理"相关内容。下面重点介绍 SBR 工艺的排水装置。

滗水器是普通 SBR、CASS、ICEAS、MSBR 等工艺的排水装置。它必须符合以下要求：①适应水位的变化，且排水均匀；②只排出上清液；③防止浮渣随出水而流出，恶化出水水质；④排水堰应处于淹没状态。

滗水器主要由浮动式（或固定式）排水堰和连接排水管道组成。目前国内生产的滗水器主要有机械式、虹吸式和浮力式 3 种，机械式滗水器又可分为旋转式和套筒式，其中以旋转式及虹吸式滗水器应用最为广泛。

1. 旋转式（回转式）滗水器

旋转式滗水器通常由浮动堰、浮筒、排水管、电动机、减速执行装置、传动装置（油压缸或卷拉钢绳）、挡渣板和回转装置等组成（图 3-35）。电动机带动减速执行装置，使堰口绕出水总管做旋转运动，排出上清液，液面也随之下降。排水工序完毕后，再由传动装置将浮动堰提出水面。浮筒、挡渣板可以防止浮渣流入滗水器。

图片3.2 ℗

SBR池滗水器

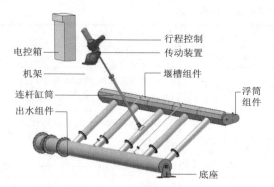

行程控制
传动装置
堰槽组件
浮筒
组件

电控箱
机架
连杆缸筒
出水组件

底座

图 3-35 旋转式滗水器构造

旋转式滗水器对水质、水量有很强的适应性，且技术性能先进、旋转空间小、工作可靠、运转灵活。它的滗水流量为 25～32L/(m·s)，滗水速率为 30mm/min 左右，滗水高度范围为 0～2.5m，最大可达 3m，长度可达 8～12m。此类滗水器适用于大型 SBR 池。

2. 套筒式滗水器

它是将滗水堰与套筒连接，利用电动机牵引钢丝绳或带动活塞缸（丝杠），从而牵引滗水堰上下移动。堰口下的排水管插入橡胶密封的套筒中，可随滗水堰移动，套筒连接出水总管，将池内上清液排出。堰口上也设有拦截浮渣和泡沫的浮箱，采用剪刀式铰链的堰口连接，以适应堰口淹没深度的微小变化。此类滗水器的特点如下：

（1）运行可靠，但对套筒密封要求高。

（2）因其长时间浸置水中，故寿命短，费用高。

（3）负荷较大，为 10～12L/(m·s)，滗水高度为 0.8～1.2m。

（4）造价较高，且应多备易损部件。

套筒式滗水器如图 3-36 所示。

3. 虹吸式滗水器

（1）构造。它实际上是一组淹没出流堰，由 1 个虹吸管（U 型管），通过连接管，与若干个连有多个进水短支管的横管相连接。短管吸口向下，虹吸管一端高于水面，另一端低于反应池的最低水位，高端设自动阀与大气相通，低端接出水管以排出上清液（图 3-37）。通过控制进、排气阀的启闭，采用虹吸管水封封气，来形成滗水器中循环间断的真空和充气空间，达到开关滗水器和防止混合液流入的目的。滗水的最低水面限制在短管吸口以上，以防止浮渣或泡沫进入。

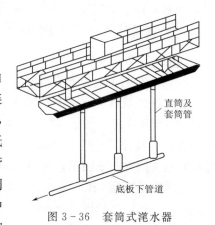

直筒及套筒管

底板下管道

图 3-36 套筒式滗水器

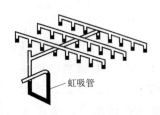

虹吸管

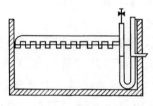

图 3-37 虹吸式滗水器

（2）工作过程。

1）进水阶段开始后，系统内水位逐渐上升，由于静水压的作用，排水短管和 U 型管液面之间形成气封，气封使在正常进水及反应过程中没有处理的污水溢出反应器。

2）当水位通过横管上端时，为防止由于池内静水压过高而使污水溢流出反应器，设置最低滗水液位开关，并在此时将之关闭。

3）反应及沉淀阶段结束后，放出部分被封的空气，滗水阶段开始。

4）当水位降到最低滗水液位时，关闭放气电磁阀，最低滗水液位开关开启，此时出水流进入虹吸状态。

5）当液位降至距排水短管下口 1cm 处时，最低滗水液位开关关闭，排气电磁阀再次被打开。

6）随着空气的进入，虹吸被破坏；虹吸破坏后，存在于横管及排水短管中的水通过短管流回反应器系统内。

（3）设计运行参数。滗水负荷为 1.5～2.0L/（m·s），滗水高度为 0.5～1m。

4. 浮力式滗水器

如图 3-38 所示，浮力式滗水器依靠上方浮箱本身的浮力使堰口随液面上下运动，而不需要外加动力。堰口呈条形堰式、圆盘堰式及管道式。堰口下采用柔性软管或肘式接头来适应堰口的位移变化，将上清液排出池外。浮箱本身也起拦渣作用。为了防止混合液进入管道，在每次滗水结束后，采用电磁阀或自力式阀关闭堰口，或采用气水置换浮箱，将堰口抬出水面。浮力式滗水器的滗水高度不超过 3.0m，滗水负荷为 8～26L/（m·s）。

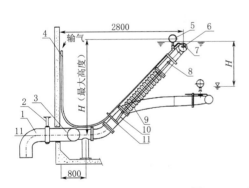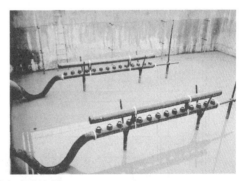

图 3-38　浮力式滗水器

1—出水弯管；2—闸门安装与自定；3—T 形管；4—气管；5—浮筒；6—浮动进水头；
7—闸门；8—导杆；9—波纹管；10—支撑杆；11—限位板

5. 滗水器的运行管理要点

滗水器在运行时可能遇到的故障包括：①滗水时不下行，无法排水，还可能造成其他 SBR 工艺中相连接的池子水位上升，影响曝气；②滗水后期滗水器不上行，在曝气阶段跑泥；③发生滗水器运行不同步的现象。对此，应定期对滗水器进行维护和保养。

（1）经常检查滗水器收水装置的充气放气管路及充放气电磁阀，发现有管路断开、堵塞和电磁阀随坏等问题，应及时清理更换。

（2）定期检查旋转接头，伸缩套筒和变形波纹管的密封状况和运行状况，发现其断裂、不正常变形不能恢复时应予更换，并按使用要求定期更换。

（3）注意观察浮动收水装置的导杆、牵引丝杆或钢丝绳的形态和运动情况，发现有变形、卡阻等现象，应及时维修或予以更换。对于长期不用的滗水器导杆，应注意防止其锈蚀卡死。

（4）做好电动机、减速机的维护。

（五）SBR工艺运行与管理要点

SBR工艺流程比较简单，自动化程度高，运行管理相对简单。

（1）及时和适当调整循环周期数、每个循环周期内各工序的时间安排、反应池内的水深、充水比和曝气时间等，以适应进水水量、水质和水温的变化，使处理过程稳定。

动画3.12
SBR工艺

如进水量增加时，可缩短运行周期，提高充水比；进水有机物浓度增加时，应提高MLSS浓度，加大曝气量，适当提高曝气时间。

（2）定期测定反应池内的MLSS浓度及溶解氧浓度。

（3）定期掌握活性污泥界面的沉降速度，保持稳定的固液分离。

二、ICEAS工艺

（一）ICEAS工艺概况

1. 构造

ICEAS工艺是间歇式循环延时曝气活性污泥法的英文简称，是普通SBR工艺的一种变形工艺。

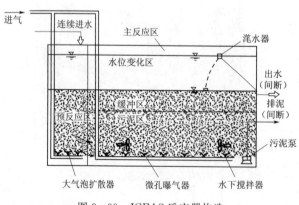

图3-39 ICEAS反应器构造

它在SBR反应器前增加一个预反应区（生物选择器），实现连续进水（沉淀、排水期间仍然进水）和间歇排水（图3-39）。一般采用两个矩形池为一组的ICEAS反应器，单池长宽比为$2:1 \sim 4:1$。

预反应区容积约占反应器池容的$10\% \sim 15\%$。预反应区中，有机负荷高，可以使系统选择出适应废水中有机物降解、絮凝能力更强的菌胶团细菌，并抑制丝状菌生长，控制污泥膨胀。预反应区对进水水质、水量、pH值和毒物的冲击具有很强的缓冲能力，可提高整个系统的处理效率。另外，预反应区一般处于厌氧或缺氧状态，可以进行反硝化和释磷，增强脱氮除磷效果。

主反应区是曝气反应的主体，占反应器池容的 $85\% \sim 90\%$。废水通过渠道或管道连续进入预反应区，进水渠道或管道上不设阀门，可减少操作的复杂程度，然后通过隔墙下端的小孔以层流速度连续进入主反应区，沿主反应区池底扩散，基本不扰动沉淀阶段混合液的固液分离。在主反应区可根据污水性质进行曝气、缺氧搅拌等操作，以去除 BOD、脱氮和除磷。

2. 工作过程

ICEAS 工艺的运行工序由曝气、沉淀和排水组成，运行周期一般为 $4 \sim 6h$，较普通 SBR 为短。当需要系统脱氮除磷时，可适当延长一个循环周期持续的时间，比如由 4h 增加到 4.8h，并且要增加停曝搅拌阶段，以便形成缺氧、厌氧环境。两组池交替运行，进水曝气时间约为整个运行周期的一半，因此设备和容积利用率比较低。

（二）ICEAS 工艺特征

ICEAS 工艺相比普通 SBR 工艺来说，具有以下特征：

（1）连续进水存在扰动，为平流沉淀状态，而非理想沉淀状态。

（2）连续进水非理想推流状态，反应推动力相对普通 SBR 降低。

（3）厌氧区时间较短，对难降解废水的处理效果有限。

（4）处理负荷低，一般为 $0.04 \sim 0.05 \text{kg BOD}_5 / (\text{kg MLSS} \cdot \text{d})$，污泥浓度高。

（5）污泥龄长，剩余污泥少，脱氮除磷效果好。

（6）连续进水，控制简单，易用于大型污水处理厂。

（三）ICEAS 运行管理要点

（1）生物选择器中的污泥应保持悬浮状态。如果采用曝气搅拌，应使生物选择器处于厌氧或缺氧状态。建议增大生物选择器内的污泥浓度，控制曝气量。

（2）系统初期运行时，可适当增加曝气时间，缩短搅拌时间，以利于微生物特别是硝化菌的生长；当硝化作用比较好时，再调整搅拌时间，实现脱氮除磷。

（3）正常运行时，应注意曝气和搅拌时间要保证工艺的需要，可灵活调整。

课件3.3.5
ICEAS 工艺运行与管理

三、CASS（CAST）工艺

（一）构造和工作过程

CASS（cyclic activated sludge system）是循环式活性污泥系统的简称，有时也称 CAST 工艺（因这两种工艺基本相同）。它是在 ICEAS 的基础上开发出来的。与 ICEAS 相比，其预反应区容积较小，是设计更加优化合理的生物选择器；它将主反应区部分活性污泥回流到生物选择器中；在沉淀阶段不进水，保障排水的稳定性。通常 CASS 工艺一般分为三个反应区：生物选择器、兼氧区和主反应区，各区容积之比为 $1:5:30$；有时 CASS 只设生物选择器和主反应区，生物选择器容积约为反应器总容积的 $10\% \sim 15\%$。CASS 工艺的组成如图 3-40 所示。

1. 构造

（1）生物选择器。它设置在 CASS 前段，水力停留时间为 $0.5 \sim 1h$，通常在厌氧

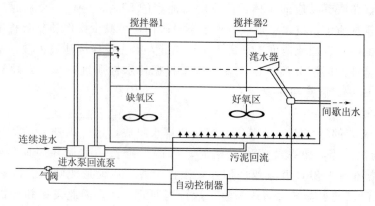

图 3-40 CASS工艺组成

或兼氧条件下运行。在高负荷、高浓度环境下，有利于絮凝性菌胶团细菌的生长，防止污泥膨胀，提高系统稳定性。同时，生物选择器中还可发生比较显著的反硝化作用（回流污泥混合液中通常含有硝态氮）和磷的释放，其所去除的氮可占氮总去除率的20%左右。

（2）兼氧区。兼氧区设置在完全混合反应区之前，在厌氧或兼氧条件下运行，对水质、水量的变化具有缓冲作用，同时还具有促进磷的进一步释放和强化反硝化的作用。兼氧区能促进大分子物质发生水解，对于去除难降解物质，提高COD的去除率有一定的促进作用。同时水解产物可用于后续的生物除磷过程；通过调整兼氧区的好氧、厌氧状态，有利于聚磷菌的生长繁殖，也强化了生物除磷作用。

（3）主反应区。它是去除有机物的主要场所。通过控制曝气强度，使主反应区主体溶液处于好氧状态，而活性污泥结构内部则基本处于缺氧状态，使溶解氧向污泥絮体内的传递受到限制，而硝态氮由污泥内向主体溶液的传递不受限制，从而使主反应区发生有机污染物的降解和同步硝化、反硝化作用。

在主反应区末端设有污泥回流泵，将污泥不断地从主反应区回流到生物选择器中；同时也设有排泥泵，在沉淀阶段将剩余污泥排出系统。剩余污泥的浓度一般在10g/L左右。

2. 工作过程

CASS工艺运行时按进水-曝气、沉淀、排水（排泥）、进水-闲置完成一个周期。每周期的运行时间为4~6h。工作周期为4h时，可采用进水-曝气2h，沉淀1h，排水1h。

（1）进水-曝气阶段。进水的同时进行曝气和污泥回流，进水至池内最高水位为止。

（2）沉淀阶段。停止进水、曝气和污泥回流，也可只停止曝气，继续进水和污泥回流。

（3）排水阶段。不进水、不曝气，可同时排泥，并进行污泥回流，以提高生物选择区污泥浓度，并进行反硝化和磷的释放。

（4）进水-闲置阶段。滗水结束后池内为最低水位，闲置时间视具体情况而定。

（二）设计运行参数

CASS 的主要设计运行参数见表 3-12。

表 3-12 　　　　　　　　　　CASS 设 计 运 行 参 数

项　　　目	单　　　位	参　数　值
污泥浓度 MLSS	mg/L	2000～5000
污泥负荷 F/M	kg BOD$_5$/(kg MLSS·d)	0.05～0.20
污泥龄 θ_c	d	25～30
溶解氧 DO	mg/L	≥2（主反应区） ≤0.5（生物选择区）
SVI	mL/g	100～140
充水比 m		0.3
混合液回流比	%	20～30
最大设计水深	m	5～6
最大上清液滗水速率	mm/min	30

视频3.3.11 ▶
CASS 工艺运行与管理

课件3.3.6 📖
CASS 工艺运行与管理

四、DAT-IAT 工艺

（一）工艺概况

DAT-IAT 是一种连续进水的 SBR 工艺。其主体构筑物由需氧池（DAT）和间歇曝气池（IAT）组成。一般情况下一个 DAT 池连续进水、连续曝气（也可间歇曝气），其出水分别进入三个 IAT池，在此按照曝气、沉淀、滗水排泥和待机（闲置）的工序运行，如图 3-41所示。

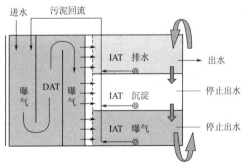

图 3-41　DAT-IAT 工艺组成

污水首先进入 DAT 池，与从 IAT回流的活性污泥混合，通过高强度的连续曝气，强化活性污泥的生物吸附作用，进行初期降解，去除大部分有机物。

在 IAT 池中，由于初步生化、调节、均衡作用，进水水质稳定、负荷低，所以对水质变化的适应性比较强，能够去除难降解有机物。由于 C/N 比较低，可进行硝化作用，加上间歇曝气和搅拌，能形成缺氧—好氧—厌氧—好氧的交替环境，实现脱氮除磷。IAT 池曝气、沉淀、滗水三个阶段循环进行，每个阶段 1h，共 3h。从曝气开始后 5min 至曝气结束前 5min，回流污泥泵工作，进行混合液回流。曝气开始后 13min 至曝气结束前 20min，系统进行排泥。

DAT-IAT 的特点为：①池容利用率可达 66.7%；②运行操作简便；③耐冲击负荷；④可改变工艺以达到不同的处理要求，因此它适用于水质、水量变化大的中小城镇污水和工业废水的处理。

（二）设计运行参数

DAT-IAT 的很多设计运行参数与普通 SBR 类似，可参考本书相关内容。其他设计运行参数如下：

（1）DAT 与 IAT 的需氧量之比为 65∶35。

（2）DAT 池的溶解氧应控制在 1.5～2.5mg/L。

（3）污泥浓度取决于回流比，DAT 的 MLSS 可取 2500～4500mg/L，IAT 的 MLSS 为 3500～5500mg/L。

（4）IAT 向 DAT 的污泥回流比为 100%～450%，一般取 300%～400%。

（5）污泥负荷、泥龄与处理要求有关。

（三）DAT-IAT 工艺运行管理注意事项

DAT-IAT 工艺的运行与管理的内容与 SBR 工艺及其他活性污泥工艺类似。运行时应注意以下事项：

（1）必须合理控制回流比，以及回流泵的延时启动时间与运行时间，以控制 DAT-IAT 池的 MLSS。

（2）DAT 池污泥回流系统的管道出口直径要合理，确保回流污泥成喷射状态；防止出现短流，造成 IAT 池 MLSS 浓度过高，影响出水水质。

（3）水温合适时，IAT 池在沉淀和滗水阶段，底层污泥容易发生局部反硝化，尤其是滗水后期，水位降低，污泥上浮加剧，影响出水水质。因此应加强污泥回流和剩余污泥的排放，控制 IAT 池的 MLSS。

五、UNITANK 工艺

（一）构造和工作过程

UNITANK 废水处理工艺是一体化活性污泥法工艺，是 20 世纪 90 年代初由比利时 SEGHERS 公司开发的一种专利工艺，是普通 SBR 工艺的一种变型和发展。

UNITANK 最通用的形式是采用三个池子的标准系统，这三个池子通过共壁上的开孔水力连接，不需要泵来输送，并且三个池子均可以进水。UNITANK 系统中每个池子都装有表面曝气或鼓风曝气系统，外侧的两池装有溢流堰以及剩余污泥排放装置。这两个池子交替作为曝气池和沉淀池，中间池只作为曝气池。

UNITANK 在恒定水位下，采用连续进水、周期交替的运行方式，基本运行周期包括两个对称的主体运行阶段（HRT=3h），即左侧进水、右侧出水和右侧进水、左侧出水，期间由短暂的两个过渡段相连（HRT=0.5h）（图 3-42）。其工作过程如下：

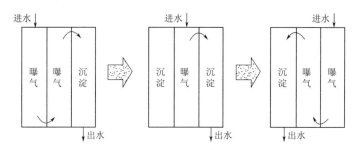

图 3-42　UNITANK 的工作过程

（1）在第一主体运行阶段，废水首先进入左侧池内，因该池在上一个主体运行阶段作为沉淀池运行时积累了大量经过再生、具有较高吸附性能的污泥，因而可以有效降解废水中的有机物。

（2）混合液自左向右通过始终作曝气池使用的中间池，继续曝气，进一步降解有机物，同时在推流的过程中，左侧池内的活性污泥进入中间池，再进入右侧池，使污泥在各池内重新分配。由于边池兼作沉淀池，因此边池污泥浓度远高于中间池。

（3）混合液进入作为沉淀池的右侧池，处理后出水通过溢流堰排出，也可同时排放剩余污泥。

（4）第一主体运行阶段结束后，通过短暂的过渡阶段完成曝气池到沉淀池的转变。在此阶段，废水进入中间池，左侧池进入沉淀状态，右侧池仍处于沉淀出水状态。过渡阶段后即进入第二主体运行阶段。

当废水需要脱氮处理时，可在池内设置搅拌装置，根据监测器的指示停止曝气，改为搅拌，形成交替的缺氧、好氧环境。在一个周期内，通过时间和空间的控制，形成好氧或缺氧的状态；或在边池和中间池同时进水（过渡段除外），可达到回流和脱氮的目的。

（二）设计运行参数

（1）UNITANK 的一个运行周期一般为 8h，即 4h 为半个周期，其中主体阶段 2～3h，过渡段 0.5～2h。以好氧方式运行时，其过渡段时间取低限（0.5～1h）；以脱氮除磷方式运行时，其过渡段取高限（1～2h，其中侧池曝气和进水切换 1～1.5h，沉淀 0.5h）。

（2）为了保证有效的脱氮除磷效果，反应器整体的 HRT 不宜过长，一般应控制在 8～25h。

（3）DO 应控制在 1～2mg/L，不宜超过 2.5mg/L，否则将影响释磷。

（4）MLSS 为 3000～4000mg/L，污泥龄一般为 15～20d，宜采用低限。

此外，一体化活性污泥工艺还有交替式内循环活性污泥工艺（AICS）。

六、MSBR 工艺

MSBR（Modified Sequencing Batch Reactor）又称改良式序列间歇反应器。MSBR 连续进水，不需设置初沉池、二沉池，在恒水位下连续运行。它采用单池多格方式，省去了多池工艺所需要的连接管道、泵和阀门。由流程特点看，MSBR 实际相当于由 A^2/O 工艺与 SBR 工艺串联而成，因而同时具有很好的除磷和脱氮作用。其构造如图 3-43 所示。

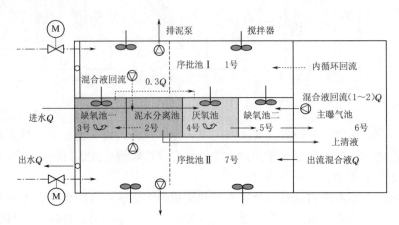

图 3-43 MSBR 工艺流程图

（一）MSBR 系统的组成

每座改进型 MSBR 系统由 7 个单元组成，单元 1 和单元 7 是 SBR 池，单元 2 是污泥浓缩池（泥水分离池），单元 3 是预缺氧池，单元 4 是厌氧池，单元 5 是缺氧池，单元 6 是主曝气好氧池，一个运行周期为 4h。

（1）单元 1 和 7 的功能是相同的，均起着好氧氧化、缺氧反硝化、预沉淀和沉淀作用。

（2）单元 2 是污泥浓缩池，被浓缩的活性污泥进入单元 3，上清液（富含硝酸盐）则进入单元 6（也可以进入单元 5）。

（3）单元 3 是缺氧池，除回流活性污泥中溶解氧在本单元中被消耗外，回流活性污泥中的硝酸盐也被微生物的自身氧化所消耗。

（4）单元 4 是厌氧池，原污水由本单元进入 MSBR 系统，回流的浓缩污泥在本单元中利用原污水中的快速降解有机物完成磷的释放。

（5）单元 5 是缺氧池，污水与由曝气单元 6 回流至此的混合液混合，完成生物脱氮过程。

（6）单元 6 是好氧池，其作用是氧化有机物并对污水进行充分的硝化，让聚磷菌在本单元中过量吸磷。

（二）MSBR 工艺运行

1. 工作过程

进厂污水经预处理工序后直接进入 MSBR 反应池的厌氧池，与预缺氧池的回流污泥混合，富含磷污泥在厌氧池进行释磷反应后进入缺氧池，缺氧池主要用于强化整个系统的反硝化效果，由主曝气池至缺氧池的回流系统提供硝态氮。缺氧池出水进入主曝气池经有机物降解、硝化、磷吸收反应后再进入序批池Ⅰ或序批池Ⅱ。如果序批池Ⅰ作为沉淀池出水，序批池Ⅱ首先进行好氧反应。在好氧反应阶段，序批池的混合液通过回流泵回流到泥水分离池，分离池上清液进入缺氧池，沉淀污泥进入预缺氧池，经内源缺氧反硝化脱氮后提升进入厌氧池与进厂污水混合释磷，依次循环。

MSBR 系统的回流由两部分组成：混合液回流和污泥回流。

混合液回流：回流较简单，在各时段均为从单元 6 至单元 5、再由单元 5 回流至单元 6。

污泥回流又有两条路径：浓缩污泥回流路径和上清液回流路径。

2. 运行模式

MSBR 的运转半周期持续 120min（表 3-13），由 3 个时段组成，各时段的持续时间为：时段 1 持续 40min；时段 2 持续 50min；时段 3 持续 30min。

表 3-13　　　　　　　　　　　MSBR 运行模式

时段	反应状态	反应历时/min	进水单元	流经单元	出水单元
1	缺氧搅拌	40	厌氧池	缺氧池、主曝气池	SBR 池Ⅱ
2	好氧曝气	50	厌氧池	缺氧池、主曝气池	SBR 池Ⅱ
3	静置沉淀	30	厌氧池	缺氧池、主曝气池	SBR 池Ⅱ
4	缺氧搅拌	40	厌氧池	缺氧池、主曝气池	SBR 池Ⅰ
5	好氧曝气	50	厌氧池	缺氧池、主曝气池	SBR 池Ⅰ
6	静置沉淀	30	厌氧池	缺氧池、主曝气池	SBR 池Ⅰ

（三）设计运行参数

MSBR 具有生物脱氮除磷功能，其设计运行参数应根据废水处理对脱氮除磷的要求确定。

（1）污泥龄为 7～20d，一般可控制在 10～15d，以生物脱氮为主时应采用较长的污泥龄。

（2）污泥浓度 MLSS 平均为 2500～5000mg/L。

（3）水力停留时间与进水水质和处理要求有关，一般为 12～14h，也可长达 18h以上；主曝气池的停留时间约为单个 SBR 池的 2 倍。

（4）MSBR 主曝气池的 DO 一般保证入口处 0.5～1mg/L，出口处 2～3mg/L。

（5）混合液回流比和活性污泥回流比为 100%～200%，一般为 130%～150%，浓缩污泥回流量为（0.3～0.5）Q。

（四）MSBR 工艺运行管理注意事项

1. 空气堰的管理

空气堰出水是 MSBR 工艺的一大特色，使 MSBR 反应池始终保持满水位、恒水位运行，反应池的容积利用率高。

（1）工作原理。空气排水堰利用 SBR 池曝气系统的空气源，通过自动控制箱内电动阀的周期性启闭来达到排水与停止排水的目的（图 3-44）。

图 3-44 空气堰

当空气排水堰进气阀关闭时，空气罩内的空气在水压作用下通过排气阀排入大气，罩内水位逐渐上升，当水位升至三角堰板时开始排水。同时，空气罩内空气压力逐渐降低，当罩内压力降低至压力设定值下限时关闭排气阀，连续排水至工艺要求设定的排水时间。此时，打开空气排水堰进气阀，空气开始进入空气罩内，罩内压力逐渐上升；当罩内压力升至压力设定值上限时关闭进气阀，空气排水堰停止排水。此时，空气罩内空气压力始终保持恒定，直至下一周期。

（2）空气堰的管理要点。

1）空气堰需不断进行进气/放气的操作，即使在不出水时段也需不断补气以满足液位控制要求，因此触点开关动作频繁，需要经常检查和维护。

2）在空气堰内的水位是以气压进行控制的，具体是通过三根电极实现的；而电极易因表面的绝缘层腐蚀、破损、被纤维状杂物缠绕等产生误信号，所以需要定期维护。

3）空气堰最大的问题是容易产生虹吸（尤其是在水量大时），造成出水水量不均，池面液位变化以致影响回流量，虹吸结束时造成空气堰罩的振动等，甚至会造成跑泥，影响出水水质。实际运行中需特别注意这种现象，一旦频繁发生，可改变进气方式予以解决。同时也可以改造成可调节电动出水溢流堰。

4）定期检查空气罩及管路密封状况，发现漏气应及时维修，否则影响系统的稳定运行。

图 3-45 可提升式曝气器

2. 曝气管膜的管理

可提升式曝气器（图 3-45）为曝气管膜的维护带来了便利，可将曝气架提升到池面上进行维护而无须将反应池放空。由于曝气管膜表面易长生物膜、被杂物堵塞、破损等可能的原因，都会改变整套曝气器的风压分布，造成出气不均而影响其曝气效率，运行中需定期根据鼓风机风压值、观察池面曝气状态等定期检查维护曝气管膜。

3. 浮渣的管理

由于 MSBR 采用空气堰潜流出水，各单元之间通过底部连通或回流泵回流，所以浮渣一旦进入系统就富集于池面。设计上单元 3、4、5、1 或 7 都设置了浮渣收集管，但没有刮渣装置，仅仅靠水流推动浮渣进集渣管，效果欠佳。因此对于 MSBR 工艺应选用除渣效果好的细格栅，在源头减少浮渣，同时改进池面集渣方式并加强池面的保洁工作。

视频3.3.12　认识 MSBR 工艺

视频3.3.13　MSBR 工艺的运行与管理

课件3.3.7　MSBR 工艺的运行与管理

【任务实施】

一、实训准备

（1）准备城市污水处理仿真实训软件及其操作手册。

（2）SBR 工艺城市污水处理实训设备，包括普通 SBR、CASS 和 UNITANK 等。

二、实训内容及步骤

（1）城市污水处理仿真软件 SBR 工艺实训。根据软件的操作手册，完成以下培训项目：

1）SBR 工艺的开车、停车和日常巡视检查。

2）SBR 工艺调节，包括 SBR 池的手动操作、排水排泥操作、SBR 曝气量调节和液位控制。

3）SBR 工艺运行故障分析及处理，包括曝气系统维护、滗水器故障、进水 SS 增加、处理负荷增大、污泥上浮、生物泡沫，以及出水 TN、$NH_3 - N$、TP、COD 超标等故障的处理。

4）SBR 工艺自动控制参数设定。要求设定 SBR 各工序的持续时间、确定各阶段自动开启的设备、溶解氧 DO 控制等。

（2）SBR 工艺城市污水处理设备实训。

1）根据设备使用说明书，完成 SBR、CASS、MSBR 工艺的设备安装和管道连接，包括污水泵、污泥泵及其管道。

2）如果有电气控制线路，则按照接线图进行接线，实现 PLC 控制。

3）SBR、CASS、MSBR 工艺的启动运行、停车和工艺调节。

a. 用污水处理厂活性污泥或河流、湖泊（池塘）底泥接种培养活性污泥。

b. 准备生活污水（或自配污水），依据操作规程，按照相应的工序完成设备的启动运行；设定自动运行的参数，并自动运行设备。

c. 分析化验与记录。检测 SV、MLSS、DO、进出水 COD 和进出水 SS 等指标，分析 SBR 运行状况和处理效果。

d. 按照操作规程，进行 SBR、CASS 和 MSBR 的停车。

三、实训成果及考核评价

（1）城市污水处理仿真软件实训培训及考核成绩，占 50%。

（2）污水处理厂模拟设备实训报告，占 50%。

【思考与练习题】

（1）试简述普通 SBR 工艺脱氮除磷的工序及其时间安排。

（2）SBR 工艺常用的滗水器是_____和_____。

（3）SBR 工艺运行与管理的注意事项有哪些？

（4）滗水器可能出现的故障有哪些？如何解决这些故障？

（5）试简述 ICEAS 的工作过程。

（6）CASS 工艺运行与管理过程中应注意哪些事项？

（7）DAT-IAT 是如何工作的，它有什么特点？

（8）简述 UNITANK 的工作过程。

（9）MSBR 运行与管理中应注意哪些问题？

子项目四　生物膜法处理系统运行与管理

生物膜法是与活性污泥法并列的另一类污水生物处理方法，又称固定生长法，它分为好氧生物膜法和厌氧生物膜法。它借助附着在载体（填料、滤料）上的生物膜中的微生物（细菌、真菌、原生动物、后生动物等）的作用，在好氧或厌氧条件下，降解流经其表面的污水中的有机物，使污水得到净化，同时生物膜也得以增长。

生物膜法主要有生物滤池、生物转盘、生物接触氧化池、曝气生物滤池和生物流化床等形式。它有如下特征：运行管理方便、能耗低；具有硝化作用；抗冲击负荷能力强；污泥产量少，沉降脱水性能好等。它广泛用于处理生活污水和工业废水。

任务一　生物滤池的运行与管理

【任务引入】

生物滤池主要有普通生物滤池、高负荷生物滤池和塔式生物滤池，目前多采用高负荷生物滤池。它将废水喷洒在碎石、炉渣或人工合成材料等滤料上，由上而下经过滤料层，滤料表面的生物膜将污水净化，并借助自然通风供氧（氧气通过滤料的空隙，传递到流动水层、附着水层、好氧层）。

本任务要求熟悉生物滤池的类型、构造和运行方式，掌握生物滤池的设计运行参数，能进行生物膜的培养驯化，能初步进行生物滤池的运行管理，并能分析解决生物滤池运行中的异常问题。

【相关知识】

一、生物滤池的类型及构造

（一）普通生物滤池

普通生物滤池又称滴滤池，是一种低负荷生物滤池，水力负荷为 $1\sim3\mathrm{m^3/(m^2 \cdot d)}$，BOD 负荷一般为 $0.15\sim0.3\mathrm{kg\ BOD_5/[m^3（滤料）\cdot d]}$，与温度有关。普通生物滤池的 BOD 去除率较高，可达 85%～95%，硝化作用比较完全，且出水中 DO 含量较

图片3.3 ⑨

生物膜净化污水示意图

高，污泥量少而稳定。

普通生物滤池多呈方形或矩形，主要由滤料、池体、布水系统和排水系统组成（图 3-46），目前已不常用，仅在污水量小时使用。

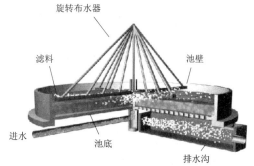

图 3-46　普通生物滤池构造

1. 滤料

滤料是生物滤池的主体。常用的滤料主要有碎石、卵石、炉渣、焦炭等天然块状滤料，陶瓷环滤料，软性塑料填料等，其中以天然块状滤料最为常用。

滤料分为工作层和承托层，总厚度为 1.5～2.0m，其中工作层为 1.3～1.8m，粒径一般为 30～50mm（对于有机物浓度较大的废水，应采用粒径较大的滤料，以防堵塞）；承托层厚 0.2m，粒径为 60～100mm。各层滤料粒径应均匀一致。

2. 池体

池壁在生物滤池中起围挡滤料、承受滤料压力的作用，通常用砖、毛石、混凝土或预制砌块等筑成。有的池壁带有很多孔洞，以便促进滤料内部的通风。池壁高度一般应高出滤料表面 0.5～0.9m。

池底包括支撑渗水结构、底部空间、排水系统、排水口和通风口等。

3. 布水系统

布水系统的作用是向滤料表面均匀布水。若布水不均匀，会造成部分滤料负荷过大，部分负荷偏小。布水系统分固定喷嘴式布水系统和旋转式布水系统两种，比较常用的是固定喷嘴式布水系统。

固定喷嘴式布水系统由投配池、虹吸装置、布水管道和喷嘴四部分组成。借助投配池的虹吸作用，使布水自动间歇进行。喷洒周期一般为 5～15min。布水管道敷设在滤池表面下 0.5～0.8m，喷嘴安装在布水管上，伸出滤料表面 0.15～0.2m，喷嘴的口径一般为 15～25mm。它的优点是运行管理方便，缺点是布水不够均匀，不能连续冲刷生物膜以防止滤池的堵塞，所需的水头也较大，因此正逐渐被旋转式布水器代替。

4. 排水系统

排水系统设在滤池底部，作用是排出处理后的污水、支撑滤料及保证滤池良好的通风条件。它包括渗水系统、集水沟及排水渠。

常用的渗水装置是架在混凝土梁或砖基上的穿孔混凝土板。渗水装置上排水孔的总面积不应小于滤池总面积的 20%。

池底以 1%～2% 的坡度坡向集水沟，集水沟宽 0.15m，间距 2.5～4.0m，并以 0.5%～1.0% 的坡度坡向总排水沟，总排水沟的坡度不应小于 0.5%。为保证通风良好，集水沟及排水渠的高度至少应为 0.3m。

图片3.4 Ⓟ
生物滤池固定式布水系统

动画3.13 Ⓥ
普通生物滤池

图片3.5 Ⓟ
建设中的生物滤池

（二）高负荷生物滤池

高负荷生物滤池的水力负荷达 $10\sim30m^3/(m^2\cdot d)$，水力冲刷作用强，可防止生物膜的堵塞，及时脱落老化的生物膜；BOD 负荷可达 0.8~1.2kg BOD/[m^3（滤料）·d]，但 BOD 去除率只有 $75\%\sim90\%$，且硝化作用不完全，污泥量多而不稳定，出水中 DO 含量低。高负荷生物滤池的构造与普通生物滤池基本相同，但也有不同的地方，主要体现在以下几个方面：

（1）高负荷生物滤池的滤料与普通生物滤池不同。其滤料粒径一般为 $40\sim100mm$，大于普通生物滤池，滤料的空隙率较高，滤料层高一般为 2m。当滤料层高超过 2m 时，应采用人工通风措施。

（2）高负荷生物滤池多采用旋转布水器，因此滤池多呈圆形。它是由固定不动的进水管和可旋转的布水横管组成，布水横管有 2 根或 4 根，横管中心轴距滤池地面 0.15~0.25m，横管绕竖管旋转，旋转的动力可以用电机，也可用水力反冲产生（图 3-47）。可以看出，在横管的同一侧开一系列间距不等的孔口，周边较密，中心较疏，当污水从孔口喷出后，产生反作用力，布水横管按喷水反方向旋转，将污水均匀洒布在池面上。横管与固定进水竖管连接处要封闭良好，并减小转动时的摩擦力，布水器的旋转部分与固定竖管的连接处采用轴承连接。

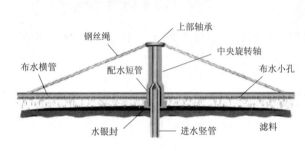

图 3-47 旋转布水器

旋转布水器的优点是布水比较均匀，淋水周期短，水力冲刷作用强；缺点是喷水孔易堵塞，低温时要采取防冻措施。

（3）在运行方面，高负荷生物滤池进水 BOD_5 值限制在 200mg/L 以下，以满足处理要求，否则应采用处理水回流稀释。采用回流的优点是：①增大水力负荷，促进生物膜的脱落，防止堵塞；②污水被稀释，降低了基质浓度；③可向生物滤池连续接种，促进生物膜的生长；④提高进水的溶解氧；⑤由于进水量增加，有可能采用水力旋转布水器；⑥防止滤池滋生蚊蝇。

但采用回流的缺点是：①缩短污水在滤池中的停留时间；②洒水量大，将降低生物膜吸附有机物的速度；③回流水中难降解的物质会产生积累，以及冬天使池中水温降低等。

（三）塔式生物滤池

塔式生物滤池是一种超高负荷生物滤池，水力负荷高达 $80\sim200m^3/(m^2\cdot d)$，BOD 负荷可达 2~3kg BOD_5/[m^3（滤料）·d]。它的构造与一般生物滤池基本相似，主要不同在于采用轻质高孔隙率的塑料滤料和塔体结构，它主要由塔身、滤

料、布水设备、通风装置和排水系统所组成，如
图 3-48 所示。

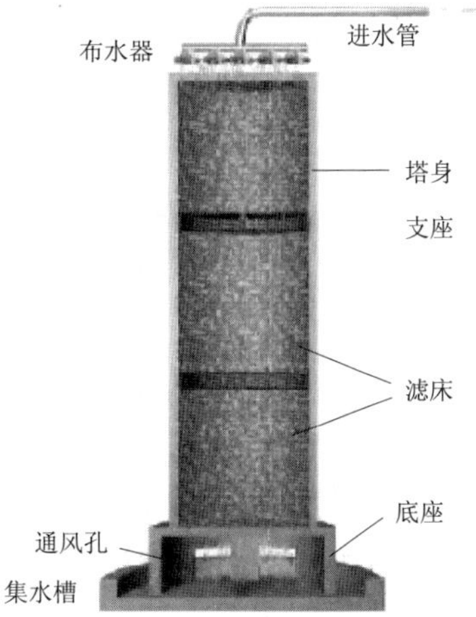

图 3-48　塔式生物滤池结构

1. 塔身

塔身起围挡滤料的作用，可用钢筋混凝土结
构、砖结构、钢结构和钢框架与塑料板面的混合结
构。塔高一般为 8～24m，直径为 0.5～3.5m，直
径与高度之比为 1:6～1:8。塔身分若干层，每
层设有格栅以支撑滤料和生物膜的重量，每层高度
与所采用的滤料有关，一般为 2～4m。另外，塔身
上还开设检修孔，供观察、采样、填装滤料等用。

2. 滤料

塔滤中所采用滤料大多为轻质高孔隙率的塑料
滤料。其形状可做成蜂窝状、波纹状等。目前广泛使用经酚醛树脂固化，内切圆直径
为 19～25mm 的纸质蜂窝滤料和玻璃钢蜂窝滤料，以及弹性丝滤料、陶粒滤料等。

3. 布水装置、通风与排水系统

布水装置与一般的生物滤池相同，也广泛使用旋转布水器，也采用固定式穿孔
管。前者适用于圆形滤池，后者适用于方形滤池。

塔滤一般都采取自然通风，塔底有高度为 0.4～0.6m 的空间，周围留有通风孔。
也可以采用人工机械通风，按气水比 100:1～150:1 的要求选择风机。

塔滤的出水汇集于塔底的集水槽，然后通过渠道送往沉淀池进行生物膜与水的
分离。

塔式生物滤池的特征包括：①占地面积小，运转费用低；②淋水均匀，通风良
好，废水与生物膜接触时间长；③生物膜的生长、脱落和更新快；④容易导致滤池
堵塞，所以进水的 BOD_5 浓度应控制在 500mg/L 以下，否则必须用出水回流稀释；
⑤BOD_5 去除率较低，只有 60%～85%。

二、生物滤池工艺流程

生物滤池系统基本上由初沉池、生物滤池、二沉池组合而成，其组合形式有单级
运行系统和多级运行系统。

单级运行系统主要有单级直流系统和单级回流系统：

(1) 单级直流系统工艺流程为初沉池→生物滤池→二沉池，多用于低负荷生物
滤池。

(2) 单级回流系统，多用于高负荷生物滤池。它包括以下 3 种运行方式。

1) 二沉池出水回流至生物滤池前，用以加强表面负荷，又不加大初沉池的容积，
但二沉池要适当大些（图 3-49）。

2) 生物滤池出水直接回流到生物滤池前，可加大表面负荷，又利用生物接种，

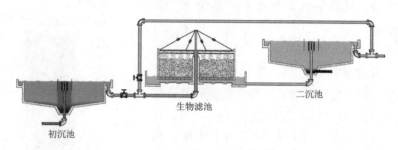

图 3-49 高负荷生物滤池单级回流系统

促进生物膜更新，这个系统的两个沉淀池都比较小。

3）不设二沉池，滤池出水回流到初沉池前，加强初沉池生物絮凝作用，促进沉淀效果。

多级运行系统前两级的处理效率很高，后几级的处理效率很低，所以一般取两级。

三、生物滤池的运行与管理

（一）生物膜的培养驯化

生物滤池正式运行前，有一个生物膜的培养与驯化的挂膜阶段。这一阶段一方面是使微生物生长、繁殖直到滤料表面长满生物膜，微生物的数量满足污水处理的要求；另一方面则是使微生物能逐渐适应所处理的污水水质，即驯化微生物。挂膜的方法有直接挂膜法和间接挂膜法两种。生物接触氧化池、曝气生物滤池、塔式生物滤池可使用直接挂膜法，而普通生物滤池、高负荷生物滤池、生物转盘则需要使用间接挂膜法。

1. 直接挂膜法

在合适的水温、溶解氧等环境条件下，让处理系统连续进水正常运行。对于生活污水、城市污水或混有较大比例生活污水的工业废水可以采用直接挂膜法，一般经过7~10d 就可完成挂膜过程。

2. 间接挂膜法

处理含有毒有害物质的工业污水时，在滤池正常运行前，要有一个让微生物适应新环境、迅速繁殖壮大的阶段，称为"驯化-挂膜"阶段。驯化-挂膜有三种方式：

（1）先用生活污水、城市污水、河水进行运行和挂膜，待生物膜形成后（夏季时约 2~3 周即达成熟），然后逐渐增加工业污水进行驯化。

（2）直接将生活污水与工业废水的混合液投入滤池进行挂膜。当处理工业废水时，通常先投 20％的工业废水量和 80％生活污水量来培养生物膜。当观察到一定的处理效果时，逐渐加大工业废水量和生活污水量的比值，直到全部是工业废水时为止。

（3）从其他工厂污水站或城市污水处理厂取来活性污泥或生物膜碎屑（都取自二次沉淀池），进行驯化、挂膜。可把取来的数量充足的污泥同工业污水、清水和养料按适当比例混合，喷灌生物滤池，出水进入二沉池，再用二次沉淀池的污泥和部分出水同工业污水和养料混合，喷灌生物滤池。在滤床明显出现生物膜迹象后，以二次沉淀池出水水质为参考，在循环中逐步调整工业污水和出水的比例，直到不用出水和回流污泥。这时，驯化-挂膜结束，运行进入正常状态。这种方式不适用于大型生物滤池。

3. 生物膜培养驯化的注意事项

（1）开始挂膜时，进水流量可按设计流量的 20%～40% 启动运转，可减少对生物膜的冲刷作用，之后逐步增加进水流量至设计值。

（2）用于硝化的转盘，挂膜时间要增加 2～3 周，并注意进水 BOD 应低于 30mg/L；当出现大量硝酸盐时，硝化细菌占优势，挂膜工作结束。

（3）冬季水温低时挂膜，时间比温暖季节延长 2～3 倍。

生物膜培养驯化的其他注意事项与活性污泥培养驯化类似。

（二）运行管理要点

生物滤池运转正常后，应保持微生物良好的生长环境，以确保处理水稳定达标排放。

（1）控制生物滤池的水力负荷和有机负荷，即控制进水水质水量，保证微生物必要的营养物质，并保证滤池布水均匀。

（2）防止过多的悬浮物堵塞滤料。

（3）保持滤池良好的通风，维持较高的 DO。提高生物膜系统内的 DO，可减少生物膜系统中的厌氧层的厚度，增大好氧层在生物膜中的比例，提高生物膜内氧化分解有机物的好氧微生物的活性。

（4）布水、排水系统。应定期检查布水系统的喷嘴和排水系统，防止堵塞；冬季停水后，布水管中不可积水，以防管道冻裂；旋转布水器的轴承应定期加油。

（5）定期观察填料上生物膜的生长、脱膜状态，检查填料是否存在老化及损坏的情况。

（6）生物相观察。应经常观察生物膜中的生物相，以了解生物滤池的工作状况。一般当固着型纤毛虫（如钟虫、盖纤虫、等枝虫等）数量较多时，滤池运行状态良好。而当游泳型纤毛虫增多时，则说明滤池超负荷或运行不稳定。

（三）生物滤池运行中的异常问题及对策

生物滤池运行过程中产生的故障很少，但仍然可能出现下列问题。

1. 生物膜严重脱落

在生物膜正常运行阶段，膜大量脱落是不允许的。产生大量脱膜，主要是水质抑制性或有毒性污染物浓度太高、pH 值突变等原因，解决办法是改善水质。

2. 生物膜过厚

生物膜内部厌氧层的异常增厚，可发生硫酸盐还原，污泥发黑发臭，可导致生物膜活性低下，大块脱落，使滤池局部堵塞，造成布水不均，不堵的部位流量及负荷偏高，出水水质下降。

防止生物膜过厚的措施有：①加大回流量，借助水力冲脱过厚的生物膜；②采取两级滤池串联，交替进水；③低频进水，使布水器的转速减慢，从而使生物膜厚度下降。

3. 滤池积水

滤池积水的原因有：①滤料的粒径太小或不够均匀；②由于温度的骤变使滤料破裂以致堵塞孔隙；③初级处理设备运转不正常，导致滤池进水中的悬浮物浓度过高；④生物膜的过度剥落堵塞了滤料间的孔隙；⑤滤料的有机负荷过高。

滤池积水的预防和补救措施有：①把松滤池表面的滤料；②用高压水冲洗滤料表面；③停止运行积水面积上的布水器，让连续的废水流将滤料上的生物膜冲走；④向滤池进水中投配一定量的游离氯（15mg/L），历时数小时，隔周投配。投配时间可在晚间低流量时期，以减小氯的需要量；⑤停转滤池一天或更长一些时间以便使积水滤干；⑥对于有水封墙和可以封住排水渠的滤池，可用污水淹没滤池并持续至少一天的时间；⑦当以上方法均无效时，可以更换滤料，这样做比清洗旧滤料更经济。

4. 滤池蝇问题

滤池蝇是一种小型昆虫，幼虫在滤池的生物膜上滋生，成体蝇在池周围飞翔，可飞越普通的窗纱，进入人体的眼、耳、口鼻等处。

防治滤池蝇的方法有：①生物滤池连续进水不可间断；②按照与减少积水相类似方法减少过量的生物膜；③每周或隔周用污水淹没滤池一天；④彻底冲淋滤池暴露部分的内壁，如尽可能延长布水横管，使废水能洒布于壁上，若池壁保持潮湿，则滤池蝇不能生存；⑤在厂区内消除滤池蝇的避难所；⑥在进水中加氯，使余氯为 0.5～1mg/L，加药周期为 1～2 周，以避免滤池蝇完成生命周期；⑦在滤池壁表面施药杀灭欲进入滤池的成蝇，施药周期约 4～6 周，即可控制池蝇。但在施药前应考虑杀虫剂对受纳水体的影响。

5. 臭味

滤池是好氧的，一般不会有严重的臭味，若有臭皮蛋味，则表明有厌氧条件。

臭味的防治措施有：①维护所有设备（包括沉淀和废水系统）均为好氧状态；②降低污泥和生物膜的积累量；③当流量低时向滤池进水中短期加氯；④出水回流；⑤保持整个污水处理厂的清洁；⑥避免出现堵塞的下水系统；⑦清洗所有滤池通风口；⑧将空气压入滤池的排水系统以加大通风量；⑨避免高负荷冲击，如避免牛奶加工厂、罐头厂高浓度废水的进入，以免引起污泥的积累；⑩在滤池上加盖并对排放气体除臭。

6. 布水管及喷嘴的堵塞问题

布水管及喷嘴的堵塞使废水在滤料表面上分布不均，结果进水面积减少，处理效率降低。严重时大部分喷嘴堵塞，会使布水器内压增高而爆裂。

布水管及喷嘴堵塞的防治措施有：清洗所有孔口，提高初次沉淀池对油脂和悬浮物的去除率，维持滤池适当的水力负荷及按规定对布水器进行涂油润滑等。

7. 滤池表面结冰问题

滤池在冬天不仅处理效率低，有时还可能结冰，使其完全失效。

防止滤池结冰的措施有：①减少出水回流倍数，有时可完全不回流，直至气候暖和为止；②调节喷嘴，使之布水均匀；③在上风向设置挡风屏；④及时清除滤池表面出现的冰块；⑤当采用二级滤池时，可使其并联运行，减少回流量或不回流，直至气候转暖。

8. 蜗牛、苔藓和蟑螂问题

蜗牛、苔藓及蟑螂等生物常见于南方地区，可引起滤池积水或其他问题。蜗牛本身无害，但其繁殖快，可在短期内迅速增多，死亡后，其壳可导致某些设备堵塞。

防治措施：①在进水中加氯；②用最大回流量冲洗滤池。

9. 滤池泥穴问题

在滤池表面形成一个个由污泥堆积成的凹坑，称其为滤池泥穴。泥穴的产生会影响到布水的均匀程度，并因此而影响处理效果。产生原因主要是石块或其他滤料太小或大小不均匀；石块或其他滤料因恶劣气候条件而破碎，引起堵塞；初沉池运行不良，使大量悬浮物进入。

滤池泥穴问题防治方法如下：

（1）在进水中加氯，剂量为游离氯 5mg/L，或隔几周加氯数小时，最好在流量小时进行以减少用氯量，1mg/L 氯即会抑制真菌的生长。

（2）使滤池停止运行 1 天或数天，使膜变干。

（3）使滤池至少淹没 24h（当滤池壁坚固、不漏水，出水道也能堵塞时）。

（4）当上述方法失效时，只能重新铺滤料，用新的滤料往往比用老的滤料经冲干净后再铺更经济。

视频3.4.1
生物膜处理工艺运行与管理

课件3.4.1
生物膜工艺运行与管理

【任务实施】

一、实训准备

准备生物滤池城市污水处理实训设备，如普通生物滤池、高负荷生物滤池和塔式生物滤池等。

二、实训内容及步骤

（1）根据设备使用说明书，完成生物滤池设备安装和管道连接，包括滤料层、旋转布水器、回流系统等。

（2）生物滤池设备的启动运行、停车和工艺调节。

1）用污水处理厂活性污泥或河流、湖泊（池塘）底泥进行生物膜的挂膜。

2）准备生活污水（或自配污水），依据操作规程，按照相应的工序完成设备的启动运行。

3）调整工艺参数，如进水量、回流量等，观察生物滤池的运行情况。

4）分析化验与记录。检测进出水 BOD_5、进出水 SS 等指标，分析生物滤池运行状况和处理效果。

5）按照操作规程，停止生物滤池的运行。

三、实训成果及考核评价

生物滤池模拟设备实训报告。

【思考与练习题】

(1) 简述生物滤池的类型及其适用范围。

(2) 试述高负荷生物滤池的构造及其设计运行参数。

(3) 生物滤池出水回流的作用是什么？回流比如何确定？

(4) 塔式生物滤池的构造有何特点？其常采用的滤料有哪些？

(5) 简述间接挂膜法培养驯化生物膜的过程及挂膜时的注意事项。

(6) 生物滤池运行管理中常见的问题有哪些？如何解决这些问题？

(7) 简述高负荷生物滤池运行中注意事项。

任务二　生物转盘的运行与管理

【任务引入】

生物转盘是一种润壁型旋转式处理设备，生物膜附着在一组转动着的圆盘上。在池内充满废水，并连续流入流出，转盘不断旋转，交替与废水和空气接触，使废水得到净化。生物转盘主要用于处理流量小的工业废水。它的主要优点是动力消耗低、抗冲击负荷能力强、无须污泥回流、污泥产量少且运行管理方便。

本任务要求学习者在熟悉生物转盘的构造、工作过程，熟悉并掌握生物转盘的工艺流程和设计运行参数的基础上，能初步进行生物转盘的运行、工艺调节和维护，并能初步分析解决生物转盘运行中的常见故障。

【相关知识】

一、生物转盘的构造

生物转盘是由盘片、接触反应槽、进出水装置、转轴及驱动装置所组成，如图 3－50

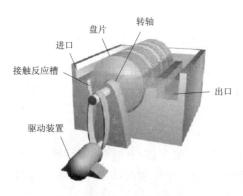

图 3－50　生物转盘的构造

所示。盘片串联成组，其中贯以转轴，转轴的两端安设在半圆形的接触反应槽的支座上。转盘面积的 45％～50％浸没在槽内的污水中，转轴高出水面 10～25cm。

1. 盘片

盘片是生物转盘的主体。转盘的材料要求质轻、高强、耐腐、不易变形和比表面大等。常采用聚氯乙烯塑料、聚苯乙烯塑料及玻璃钢等材料。长期以来，盘片形状多以圆形或正多边形聚氯乙烯塑料平板为主。近年来，为了提高单位体积盘片的

表面积，也有采用聚酯玻璃钢波纹圆板、波纹圆板与平面圆板相组合的盘片或蜂窝转盘。

转盘的直径一般为 2～3m，目前也有增大至 4m 的。盘片的厚度在保证强度的前提下，应尽量小，一般约 2～10mm。盘片之间的净间距一般为 20～30mm（废水浓度高时取上限）。间距太大，转盘的有效表面积减少；间距太小，通风不良，易于堵

塞。多级转盘的前几级转盘间距可取 25～35mm，后几级为 10～20mm。在一套生物转盘装置内盘片多达 100～200 片，它们平行地装在转轴上，需有支撑加固以防止挠曲变形以至互相碰上。

2. 氧化槽

小型转盘的氧化槽可用钢板制作，大型者多采用钢筋混凝土或砖砌。断面最好是半圆形，以防止产生死角，造成局部淤积或水质腐化。盘片与槽壁之间的距离一般为 20～50mm。槽内水面应在转轴以下 15～20mm。氧化槽容积与盘片面积之比称为体积面积比 G，一般建议 $G \geqslant 5L/m^2$。试验表明，当 $G < 5L/m^2$ 时，增大 G 可提高出水水质，$G > 5L/m^2$ 后，出水水质变化不大。废水在氧化槽内的停留时间一般为 0.25～2h。

氧化槽底部设有排泥管和放空管，大型转盘还设有刮泥装置。氧化槽两侧的进出水装置多采用锯齿形溢流堰，以控制槽内水位和出水的均匀性。

3. 转轴

转轴一般采用碳钢，轴长一般应控制在 0.5～6.0m，有时可达 7～8m。轴长不宜太长，否则往往由于同心度加工不良，易于挠曲变形，发生断裂。轴直径应通过强度和刚度计算确定，一般采用 30～50mm，大型转盘的直径可达 80mm。

转盘的转速一般为 0.8～3r/min，线速度以 10～20m/min 为宜。若转速太高，能耗大，转轴易于损坏，使生物膜过早脱落。

4. 驱动装置

生物转盘的驱动装置包括动力设备和减速装置两部分。动力设备分为电力机械传动、空气传动及水力传动等。国内一般采用电动和气动。电动生物转盘以电动机为动力，通过变速装置带动转轴按所希望的转速转动。对于大型转盘，一般一台转盘设一套驱动装置；对于中、小型转盘，可由一套驱动装置带动一组（一般为 3～4 级）转盘转动。气动生物转盘，以压缩空气为动力，推动转盘转动。在转盘的下部设有空气喷头，低压空气以 0.2kg/cm² 左右从喷头释放，流向附着于转盘外缘的空气栅。由于捕捉空气产生一种浮力，随之在转动轴上产生一种转矩，使转盘转动。气动传动兼有充氧作用，动力消耗较省。由于传动受力均匀，转轴寿命长。

图片3.7 P

生物转盘

二、生物转盘的工作过程和运行方式

1. 工作过程

在转盘旋转过程中，当盘面某部分浸没在废水中时，盘上的生物膜便吸附并降解废水中的有机物；当其暴露在空气中时，可吸附空气中的氧，并继续氧化所吸附的有机物。这样，盘片上的生物膜交替与废水和大气相接触，反复循环，使废水中的有机物在好氧微生物（即生物膜）作用下得到净化。盘片上的生物膜不断生长、增厚和不断自行脱落，所以在转盘后应设二沉池。

2. 运行方式

生物转盘的流程要根据污水的水质和处理后水质的要求确定。城市污水常规处理流程为预处理→初沉池→生物转盘→二沉池→出水。

根据转轴和盘片的布置形式，生物转盘可分为单轴单级（图3-50）、单轴多级和多轴多级式（图3-51）。级数的多少主要根据污水性质、水量和出水要求而确定。一般城市污水多采用四级转盘进行处理。应当注意，首级负荷高、供氧不足，应加大盘片面积、增加转速来解决供氧不足的问题。

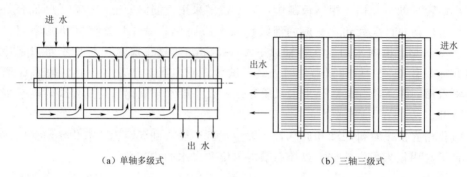

（a）单轴多级式　　　　　　　　　　　　（b）三轴三级式

图3-51　生物转盘的布置形式

当处理高浓度有机废水时，可以采用如下流程：初沉池→一级生物转盘→中间沉淀池→二级生物转盘→二沉池。

三、生物转盘的运行与管理

（一）运行与管理要点

1. 保证稳定的运行

生物转盘的BOD面积负荷一般为 $10 \sim 20 \mathrm{g\ BOD_5/(m^2}$ 盘面·d），其中第一级转盘不宜超过 $40 \sim 50 \mathrm{g\ BOD_5/(m^2}$ 盘面·d）；水力负荷为 $0.05 \sim 0.10 \mathrm{m^3/(m^2}$ 盘面·d）；BOD去除率可达90%以上。应控制好运行参数，保证污染物的去除率。超负荷运行可造成生物膜过厚、厌氧发黑，BOD去除率下降，且脱落的生物膜沉降性能差，不易处理。

通过日常监测，严格控制污水的pH值、温度和营养成分等指标，尽量不要发生剧烈变化。

2. 加强预处理工作

应强化沉砂池、初沉池对砂粒和悬浮物的处理效果，防止它们沉积在氧化槽底部。

3. 溶解氧DO的控制

用来去除BOD的转盘，第一级DO为 $0.5 \sim 1.0 \mathrm{mg/L}$，后几级可增高至 $1 \sim 3 \mathrm{mg/L}$，常为 $2 \sim 3 \mathrm{mg/L}$，最后一级可达 $4 \mathrm{mg/L}$ 以上。应通过适当调整转盘转速来控制各级转盘的DO含量。此外，生物膜的脱落、废水的混合等作用都与转盘转速有关。

4. 生物相观察

生物转盘生物膜的厚度为 $0.5 \sim 2.0 \mathrm{mm}$。生物转盘的第一级生物膜以菌胶团为主，膜最厚。随着有机物浓度的下降，以下数级分别出现丝状菌、原生动物及后生动物，生物的种类不断增多，生物膜厚度逐渐减少。

5. 设备维护

为保证生物转盘的正常运行，应对所有设备定期进行检修。检修内容包括转轴轴承、电动机是否发热，有无异常声音；传动带或链条的松紧程度；减速器、轴承、链条的润滑情况、盘片的变形情况；及时更换损坏的零部件。检修停运时间过长时，应把反应槽中的污水全部放空或用人工营养液循环，保持膜的活性。

（二）运行中异常问题及对策

一般来说，生物转盘是生化处理设备中最为简单的一种，只要设备运行正常，往往会获得令人满意的处理效果。常见的异常现象有如下几种。

1. 生物膜严重脱落

在转盘启动的两周内，盘面上生物膜大量脱落是正常的，当转盘采用其他水质的活性污泥来接种时，脱落现象更为严重。但在正常运行阶段，膜的大量脱落会给运行带来困难。产生这种情况的主要原因可能是由于进水中含有过量毒物或抑制生物生长的物质，如重金属、氯或其他有机毒物。此时应及时查明毒物来源、浓度、排放的频率与时间，立即将氧化槽内的水排空，用其他污水稀释。彻底解决的办法是防止毒物进入；如不能控制毒物进入，应尽量避免负荷达到高峰，或在污染源采取均衡的办法，使毒物负荷控制在允许的范围内。

pH 值突变是造成生物膜严重脱落的另一原因，当进水 pH 值为 6.0～8.5 时，运行正常，膜不会大量脱落。若进水 pH 值急剧变化，pH 值小于 5 或大于 10.5 将导致生物膜大量脱落。此时，应投加化学药剂予以中和，以使进水 pH 值保持在 6.0～8.5 的正常范围内。

2. 产生白色生物膜

当进水发生腐败或含有高浓度的硫化物如硫化氢、硫化钠、硫酸钠等，或负荷过高使氧化槽内混合液缺氧时，生物膜中硫细菌（如贝氏硫细菌或发硫细菌）会大量繁殖，并占优势。有时除上述条件外，进水偏酸性，使膜中丝状真菌大量繁殖。此时，盘面会呈白色，处理效果大大下降。

防止产生白色生物膜的措施有：①对原水进行预曝气；②投加氧化剂（如水、硝酸钠等），以提高污水的氧化还原电位；③对污水进行脱硫预处理；④消除超负荷状况，增加第一级转盘的面积，将一级、二级串联运行改为并联运行以降低第一级转盘的负荷。

3. 固体的累积

沉砂池或初沉池中悬浮固体去除率不佳，会导致悬浮固体在氧化槽内积累并堵塞污水进入的通道。挥发性悬浮固体（主要是脱落的生物膜）在氧化槽内大量积累也会产生腐败、发臭，并影响系统运行。

在氧化槽中积累的固体物数量上升时，应用泵将其抽出，并检验固体的类型，以针对产生累积的原因加以解决。如属原生固体积累则应加强生物转盘预处理系统的运行管理；若系次生固体积累，则应适当增加转盘的转速，增加搅拌强度，使其便于同出水一道排出。

4. 污泥漂浮

从盘片上脱落的生物膜呈大块絮状。一般用二沉池加以去除。二沉池的排泥周期通常采用 4 小时。周期过长会产生污泥腐化；周期过短，则会加重污泥处理系统的负担。当二沉池去除效果不佳或排泥不足或排泥不及时等都会形成污泥漂浮现象。由于生物转盘不需要回流污泥，污泥漂浮现象不会影响转盘生化需氧量（BOD）的去除率，但会严重影响出水水质。因此，应及时检查排泥设备，确定是否需要维修，并根据实际情况适当增加排泥次数，以防止污泥漂浮现象的发生。

5. 处理效率降低

凡存在不利于生物的环境条件，皆会影响处理效果，主要有以下几个方面：

（1）污水温度下降。当污水温度低于 13℃ 时，生物活性减弱，有机物去除率降低。

（2）流量或有机负荷的突变。短时间的超负荷对转盘影响不大，持续超负荷会使 BOD 去除率降低。大多数情况下，当有机负荷冲击小于全日平均值的 2 倍时，出水效果下降不多。在采取措施前，必须先了解存在问题的确切程度，如进水流量、停留时间、有机物去除率等；如属昼夜瞬时冲击，则很容易人工调整排放污水时间或设调节池予以解决；若长时期流量或负荷偏高，则必须从整个布局上加以调整。

（3）pH 值。氧化槽内 pH 值必须保持在 6.5～8.5 范围内，进水 pH 值一般要求调整在 6～9 范围内，通过适当驯化，可以将适应范围略微扩大。但只要超出适应范围，污水处理效率明显下降。

【任务实施】

一、实训准备

准备小型生物转盘实训设备、活性污泥和生活污水等。

二、实训内容及步骤

（1）根据设备使用说明书，完成生物转盘设备安装和管道连接，包括盘片和传动装置。

（2）生物转盘设备的启动运行、停车和工艺调节。

1）用污水处理厂活性污泥或河流、湖泊（池塘）底泥进行生物膜的挂膜。

2）准备生活污水（或自配污水），依据操作规程和设计运行参数，启动生物转盘，调节转盘转速，保证稳定运行。

3）调整进水量、转盘转速等，观察生物转盘的运行情况。

4）分析化验与记录。检测进出水 BOD_5、进出水 SS、DO 等指标，分析生物转盘运行状况和处理效果。

5）模拟生物转盘产生白色生物膜、固体沉积和处理效率下降等故障，要求提出解决方案并实施。

6）按照操作规程，停止生物转盘的运行。

三、实训成果及考核评价

生物转盘模拟设备实训报告。

【思考与练习题】

（1）简述生物转盘的类型及其适用范围。

（2）试述生物转盘的构造及其设计运行参数。

（3）生物转盘的盘片有哪些类型？

（4）简述生物转盘的单轴多级运行方式及其适用范围。

（5）简述生物转盘运行中的注意事项。

（6）如何控制生物转盘氧化槽中的溶解氧含量。

（7）生物转盘处理效率降低的可能原因有哪些？如何解决这些问题？

（8）如何解决生物转盘固体积累的问题？

（9）生物转盘产生白色生物膜的原因有哪些？应采取何种措施处理此异常现象？

任务三　生物接触氧化法的运行与管理

【任务引入】

生物接触氧化法是一种浸没型生物膜法，又称淹没式生物滤池。其在反应器内充填各种填料，全部填料淹没在污水中，经过曝气充氧的污水与长满生物膜的填料相接触，水中的有机物被微生物吸附、氧化分解和转化为新的生物膜，污水得到净化。此外，一部分生物膜脱落后变成活性污泥，在曝气和搅拌的作用下，吸附、分解污水中的有机物，因此它实际上是生物滤池和曝气池的结合。

生物接触氧化法的优点是：容易管理、能耗低、耐冲击负荷、剩余污泥量少、不产生污泥膨胀、能去除难降解物质、出水水质好、具有一定的脱氮除磷功能等，广泛应用于城市污水、工业废水的二级处理，还可用于污水的三级处理和给水工程中微污染水源水的预处理。

本任务要求学习者熟悉生物接触氧化法的工艺流程，掌握生物接触氧化池的构造和设计运行参数，在此基础上，能初步进行生物接触氧化池的运行与管理，并能独立分析解决运行中的异常情况。

【相关知识】

一、生物接触氧化法的工艺流程

对生物接触氧化法的工艺流程，可分为一级处理流程、二级处理流程和多级处理流程等。

1. 一级处理流程

生物接触氧化法的一级处理流程为原水→初沉池→生物接触氧化池→二沉池→出水，如图 3－52 所示。

2. 二级处理流程

二级处理流程（图 3－53）能适应原水水质的变化。在二级处理流程中，两段接触氧化池串联运行，两个氧化反应池中间的沉淀池可以设也可以不设。在一段接触氧

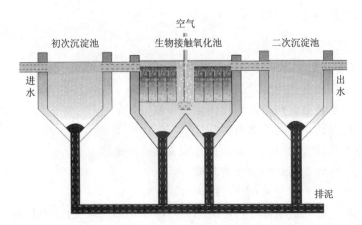

图 3-52 生物接触氧化法一级处理流程

化池内有机污染物与微生物比值较高，即 $F/M>2.2$，微生物处于对数增殖期，BOD 负荷率高，有机物去除较快，同时生物膜增长也较快。在后级接触氧化池内 F/M 一般为 0.5 左右，微生物增殖处于减速增殖期或内源呼吸期，BOD 负荷低，处理水水质提高。

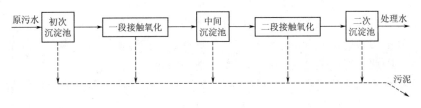

图 3-53 生物接触氧化法二级处理流程

3. 多级处理流程

多级处理流程是连续串联 3 座或多个接触氧化池组成的系统。多级生物接触氧化池，在各池内的有机污染物的浓度差异较大，前级池内的 BOD 浓度高，后级则很低，因此在每个池内的微生物相有很大不同，前级以细菌为主，后级可出现原生动物或后生动物。这对处理效果有利，处理水水质非常稳定。另外，多级接触氧化池具有硝化和生物脱氮功能。

4. 推流法

它是将一座生物接触氧化池内部分格，按推流方式进行。每格微生物与负荷条件相适应，利于微生物专性培养驯化，提高处理效率，比较适用于难降解、处理时间较长的工业废水的处理。

二、生物接触氧化池的构造和形式

（一）构造

生物接触氧化池主要由池体、曝气装置、填料、支架及进出水系统组成，如图

3-54 所示。

1. 池体

池体的平面形状多采用圆形、方形或矩形，其结构由钢筋混凝土浇筑或用钢板焊制而成。池体的高度一般为 4.5～5.0m，其中填料床高度为 3.0～3.5m，底部布气高度为 0.6～0.7m，顶部稳定水层为 0.5～0.6m。

2. 填料

填料是生物接触氧化池的重要组成部分，是产生生物膜的固体介质，它直接影响污水的处理效果。目前，

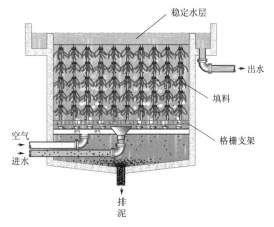

图 3-54 生物接触氧化池的基本构造

生物接触氧化池中常用的填料有硬性填料（蜂窝状填料和波纹板状填料）、软性填料、半软性填料、弹性填料、球状悬浮性填料等。

（1）硬性填料。硬性填料包括蜂窝状填料和波纹板状填料，一般用塑料或玻璃钢制成，如图 3-55 所示。其优点是比表面积较大，空隙率大（98％左右），质轻高强，生物膜易于脱落等，波纹板状填料还具有阻力小、布水、布气性能好、易长膜等优点；缺点是设计或运行不当时，填料易于堵塞。当采用蜂窝状填料时，应分层填装，每层高 1m，并在中间留有 200～300mm 的间隙。蜂窝孔径需根据废水水质、BOD 负荷、充氧条件等进行选择。当 BOD_5 为 100～300mg/L 时，可选用孔径为 32mm 的填料；BOD_5 为 50～100mg/L 时，可选用孔径为 15～20mm 的填料；BOD_5 为 50mg/L 以下时，可选用孔径为 10～15mm 的填料。

（a）蜂窝状填料

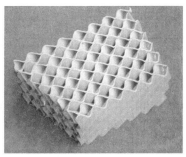

（b）波纹板状填料

图 3-55 硬性填料

（2）半软性填料、软性填料。半软性填料一般采用变性聚乙烯塑料或聚丙烯塑料，如图 3-56（a）所示。软性填料的材质是化学纤维，具有比表面积大、利用率高、易于挂膜、空隙可变不堵塞、适用范围广、造价低、运费少等优点，如图 3-56（b）所示。

（3）弹性填料。弹性填料是在软性填料和半软性填料的基础上发展而成的。它由

弹性丝和中心绳组成，具有比表面积大、空隙率高、充氧性能好、价格低等优点，国内应用较多的弹性立体填料如图3-56（c）所示。

（a）半软性填料　　　　　（b）软性填料　　　　　（c）弹性立体填料

图3-56　半软性、软性和弹性立体填料

此外，生物接触氧化池中常见的填料还有悬浮填料（球状、环状）、纤维网状填料、三维立体网状填料等。

（4）填料的选择。填料的选择应考虑废水种类、处理要求等因素。

1）当处理高浓度废水时，微生物生长快，生物膜较厚，应选择弹性填料等易于生物膜脱落的填料。

2）当处理低浓度废水时，由于生物膜较薄，应选择易于挂膜和比表面积较大的软性纤维填料或组合填料。

3）当需要硝化作用时，由于硝化菌只生长在生物膜的表层，应选择空间分布均匀，且比表面积大的悬浮填料或弹性立体填料。

3. 支架

填料底部的安装支架一般分为格栅支架、悬挂支架和框式支架三种。

蜂窝状填料、立体波纹填料常采用格栅支架。格栅一般用厚度4~6mm的扁钢焊接而成。有时在氧化池上部也设置活动格栅，以保证在使用时填料不上浮。

安装软性填料、半软性填料、弹性立体填料常采用悬挂支架，将填料用绳索或电线固定在氧化池上下两层支架上，以形成填料层，如图3-56（c）所示。此外，对上述几种填料还可以采用全塑可提升框式支架。

4. 曝气系统

在生物接触氧化池中，曝气起到充氧、搅拌、促进生物膜脱落更新的作用。曝气系统由鼓风机、空气管路、阀门及空气扩散装置组成。目前常用的曝气装置有穿孔管、曝气头、微孔曝气器和可变孔曝气软管等。穿孔管的孔眼直径为5mm，孔眼中心距为10cm左右。布气管一般设在填料床下部，也可设在一侧。要求曝气装置布气均匀，并考虑到填料发生堵塞时能适当加大气量及提高冲洗能力。生物接触氧化池的曝气装置也可采用表面曝气供氧。

5. 进出水装置

进水装置一般采用穿孔管进水，孔眼直径为5mm，间距20cm左右，水流出孔流速为 2m/s。布水穿孔管可设在填料床的下部，也可设在填料床的上部，要求布水均匀。另外，为及时排除脱落的生物膜，应在底部设置排泥管道。

（二）形式

根据接触氧化池的进水与布气的形式，接触氧化池可分为分流式和直流式，按照曝气方式则可分为表面曝气式和鼓风曝气式。

1. 分流式

充氧与填料分置于单独的区间，使污水在充氧间与填料间循环流动。特点：供氧状况良好，安静条件有利于微生物的生长繁殖。但水流对生物膜冲刷力小，膜更新慢，易堵塞。在 BOD 负荷高的污水二级处理中一般较少采用。分流式分为中心表面曝气式和单侧鼓风曝气式。

（1）表面曝气式。此种接触氧化池与活性污泥法完全混合曝气池相类似。其池中心为曝气区，池上面安装表面机械曝气设备，污水从池底中心配入，中心曝气区的周围充满填料，称为接触区，处理水自下向上呈上向流，处理水从池顶部出水堰流出，排出池外，如图 3 - 57（a）所示。

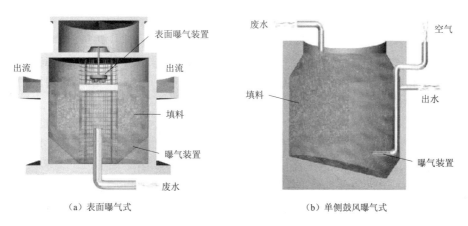

图 3 - 57　分流式生物接触氧化池

（2）单侧鼓风曝气式。如图 3 - 57（b）所示，填料设在池的一侧，另一侧通入空气为曝气区，原水先进入曝气区，经过曝气充氧后，缓缓流经填料区与填料表面的生物膜充分接触，污水反复在填料区和曝气区循环，处理水在曝气区排出池体。

2. 直流式

直流式在我国应用比较多。如图 3 - 54 所示，在直流式池中，处理水和空气均从池底部均匀布入填料床上，填料、污水在填料中产生上向流，填料表面的生物膜直接受水流和气流的冲击、搅拌，能加速生物膜的脱落与更新，使生物膜保持良好的活性，有利于水中有机污染物质的降解，同时上升流可以避免填料堵塞现象。此外，上升的气泡经填料床时被切割为更小的气泡，使得气泡与水的接触面积增加，氧的转移率增高。

动画3.14

生物接触氧化
池的构造和
工作过程

三、生物接触氧化池的运行与管理

生物接触氧化池处理效果稳定，运行管理方便，在运行管理时应做好以下工作。

1. 工艺运行调控

生物接触氧化池运行管理中首先要保证工艺条件的稳定。

（1）进水 BOD_5 浓度不宜过高，应控制在 $100\sim250mg/L$。

（2）对于生活污水或以生活污水为主的城市污水，填料 BOD 容积负荷一般为 $1000\sim1800g\ BOD_5/(m^3\cdot d)$；易降解废水的 BOD 负荷较高，难降解废水的 BOD 负荷较低。

（3）低温下生物活性低，不宜填料挂膜；同时由于低温时污染物去除效果低于常温条件，应降低运行负荷。

（4）污水在生物接触氧化池内的有效接触时间一般为 $1\sim2h$。

（5）生物接触氧化池中的溶解氧含量一般应维持在 $2.5\sim3.5mg/L$，一般工业废水气水比为 $15:1\sim20:1$，城市污水 $3:1\sim5:1$，高浓度有机废水可达 $20:1\sim25:1$。

（6）进水 pH 值应控制在 $6.5\sim9.5$，否则会影响微生物的活性，降低处理效果。

2. 防止生物膜过厚结球

填料表面黏附悬浮物，增厚生物膜层，会妨碍微生物与水中污染物和溶解氧的生化传质作用，降低生物活性，从而降低生物处理效果。此外，填料表面生物膜层的增厚，还会导致出现兼氧区和减少填料比表面积，影响处理效果。出现生物膜增厚时，可考虑采取下述措施。

视频 3.4.2 ▶
认识生物接触氧化池

视频 3.4.3 ▶
生物接触氧化池的运行与管理

课件 3.4.2 🖳
生物接触氧化池的运行与管理

（1）当生物膜增厚时，注意及时适度冲洗，保持生物膜的及时更新和良好的生物活性。可以通过定时调节曝气强度进行冲洗，通常是每 8h 进行一次，每次反冲 $5\sim10s$；也可以采用出水回流的方法加强水力冲洗。

（2）加强初沉池的处理效果，降低入水悬浮物含量，防止填料堵塞。

（3）生物接触氧化池经长时间运行后，有可能出现苔藓虫等水生物依附在填料上的大量爆发生长，影响正常运行，可停池降低水位，用消防水枪冲洗去除。

3. 及时排泥

积泥主要来自脱落的老化生物膜和入水悬浮物，其中密度较大的絮体沉积在池底，会逐渐自身氧化，同时释放代谢产物，提高处理系统的负荷和出水 COD 浓度，影响处理效果。此外，积泥还会堵塞曝气器微孔。在运行中应定期检查是否积泥，悬浮物含量是否过高。发现积泥，应及时设泵排泥或通过加大曝气使池底积泥松动后排泥。

生物接触氧化池运行与管理时，还应注意填料的更换、生物相观察、曝气系统的维护等，可参考本书其他部分。

【任务实施】

一、实训准备

（1）准备生物接触氧化池仿真实训软件及其操作手册。

（2）小型生物接触氧化池设备、各种填料。

二、实训内容及步骤

（1）生物接触氧化池仿真软件实训。根据软件的操作手册，完成以下培训项目：

1）生物接触氧化池的开车、停车、日常巡视检查。

2）生物接触氧化池工艺调节，包括生物接触氧化池的手动操作、排水排泥操作、曝气量调节。

3）生物接触氧化池运行故障分析及处理，包括曝气系统维护、进水 SS 增加、处理负荷增大、生物膜过厚，以及出水 $NH_3 - N$、COD、SS 超标等故障的处理。

（2）生物接触氧化池设备实训

1）根据设备使用说明书，完成生物接触氧化池设备安装和管道连接，包括填料、曝气装置等。

2）生物接触氧化池设备的启动运行、停车和工艺调节。

a. 用污水处理厂活性污泥或河流、湖泊（池塘）底泥进行生物膜的挂膜。

b. 准备生活污水（或自配污水），依据操作规程和设计运行参数，启动生物接触氧化池，调节进水量和曝气量，保证稳定运行。

c. 分析化验与记录。检测进出水 BOD_5、进出水 SS、DO 等指标，分析生物接触氧化池运行状况和处理效果。

d. 按照操作规程，停止生物接触氧化池的运行。

三、实训成果及考核评价

（1）生物接触氧化池仿真实训软件培训及考核成绩，占 50%。

（2）生物接触氧化池设备实训报告，占 50%。

【思考与练习题】

（1）生物接触氧化池常见的填料有哪些？其特点和适用范围如何？

（2）生物接触氧化池的支架主要包括_____、_____和_____。

（3）生物接触氧化池的曝气装置主要有哪些？

（4）简述生物接触氧化池的形式及其特点和适用范围。

（5）如何防止填料上的生物膜过厚？

（6）生物接触氧化池积泥会有什么影响？如何解决这个问题？

任务四　曝气生物滤池的运行与管理

【任务引入】

曝气生物滤池（BAF）是一种新型高负荷淹没式反应器，它是在生物接触氧化法的基础上，借鉴给水快滤池而开发的污水处理工艺，集曝气、高滤速、截留悬浮物（无需设置二沉池）、定期反冲洗等特点于一体，兼有活性污泥法和生物膜法两者的优点，并将生化反应与过滤两种处理过程合并在同一构筑物中完成。根据处理目的的不同，BAF 可分为碳氧化 BAF、硝化 BAF、碳氧化/硝化 BAF 和反硝化 BAF。也可采用适当的组合形式，通过多个 BAF 的串联，完成碳化、硝化、反硝化、除磷等工作。

目前世界上已有数千座该工艺的污水处理厂。曝气生物滤池常用于微污染水源水、城市污水、小区生活污水、生活杂排水和食品加工废水、酿造和造纸等高浓度废水处理，同时也可进行中水处理。

本任务要求学习者熟悉曝气生物滤池的工艺流程，掌握曝气生物滤池的构造和设计运行参数，在此基础上，能初步进行曝气生物滤池的运行与管理，并能独立分析解决运行中的异常情况。

【相关知识】

一、曝气生物滤池工作过程和构造

（一）工作过程

曝气生物滤池过滤时，污水可由上至下（降流式）或由下至上（升流式）流经滤料，通过滤料上生物膜的生物吸附、生物氧化和滤料的过滤作用被净化，净化后的水排出。同时向滤料层曝气以提供生物膜生长所需的氧气。此外，一般滤料表面为好氧环境，内部为缺氧、厌氧环境，使得硝化、反硝化作用同时进行，从而实现脱氮。

滤池工作一段时间后，由于生物膜的生长和滤料的截留作用导致滤层的堵塞，便需要进行滤池反冲洗。

（二）构造

曝气生物滤池按水流方向可以分为升流式（图3-58）和降流式。曝气生物滤池的结构形式与普通快滤池类似，主要是滤料不同，其主体由滤池池体、滤料层、承托层、布水系统、布气系统、反冲洗系统、出水系统、管道和自控系统组成，如图3-58所示。

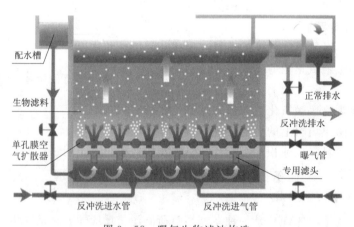

图3-58　曝气生物滤池构造

图片3.8
曝气生物滤池
内部构造

1. 池体

滤池池体的形状有圆形和矩形两种，结构形式有钢制设备或钢筋混凝土结构。一般当处理量较少、池体容积较小并为单池时，多采用圆形钢结构；当处理水量和池容较大，池体数量较多并考虑池体共壁时，宜采用矩形钢筋混凝土结构。

2. 滤料

曝气生物滤池滤料可分为无机类滤料和有机类滤料两大类。常用的无机滤料有陶粒、焦炭、无烟煤、石英砂、活性炭和膨胀硅铝酸盐等。有机高分子滤料有聚苯乙烯、聚氯乙烯和聚丙烯等，多为粒状或短管状。轻质生物陶粒比表面积及孔隙率大、生物量大，因此滤池负荷较大、水头损失较小，价格低廉，是目前国内使用最广泛的滤料。此外，性能与之类似的活性火山岩也有一定的应用。

滤料粒径宜采用 3～5mm，滤料层的高度一般为 1.15～2.15m。

3. 承托层

承托层一般采用鹅卵石，高度一般为 400～600mm。

4. 布水系统、布气系统

曝气生物滤池布水系统与快滤池类似，一般采用滤板和长柄滤头的配水方式，小型 BAF 通常采用穿孔管配水。布气系统包括正常运行时曝气所需的曝气系统和反冲洗供气系统两部分。一般应分别设置曝气系统和反冲洗供气系统，也可共用一套布气系统。曝气装置可采用单孔膜空气扩散器（图 3-59）或穿孔管扩散器。其中单孔膜空气扩散器由进气支管、筒形出气孔、上管夹、下管夹、单孔橡胶膜片、膜孔等组成，材质采用三元乙丙橡胶，通气支管采用全 ABS 工程塑料支管。其特点是：①安装方便，可直接安装在滤料层；②供给的气泡直径小；③气泡分布范围大。曝气器可设在承托层之上 30～50cm 的填料层中，也可设在承托层中。

（a）安装布置示意图　　　　　　　　　　（b）构造图

图 3-59　单孔膜空气扩散器

5. 反冲洗系统

一般采用气水联合反冲洗，通过长柄滤头实现。按气冲→气水联合冲洗→水冲的顺序进行，反冲洗空气强度宜为 10～15L/(m² · s)，反冲洗水强度不应超过 8L/(m² · s)。

6. 出水系统

升流式 BAF 由顶部出水，一般采用周边出水和单侧堰出水，在大、中型污水处理工程中，一般多采用单侧堰出水。降流式 BAF 的出水方式与快滤池相同，通过长柄滤头收水。

动画3.15

曝气生物滤池

二、曝气生物滤池设计运行参数

（1）容积负荷。曝气生物滤池的 BOD_5 容积负荷可达到 $5\sim6kg\ BOD_5/(m^3\cdot d)$，是常规活性污泥法或接触氧化法的 $6\sim12$ 倍，所以它的池容和占地面积只有活性污泥法或接触氧化法的 $1/10$ 左右，大大节省了占地面积和土建费用。硝化容积负荷（以 NH_3-N 计）宜为 $0.3\sim0.8kg\ NH_3-N/(m^3\cdot d)$，反硝化容积负荷（以 NO_3-N 计）宜为 $0.8\sim4.0kg\ NO_3-N/(m^3\cdot d)$。当在单一 BAF 内同时去除有机物和氨氮时，须降低有机负荷，一般为 $1\sim3kg\ BOD_5/(m^3\cdot d)$。

（2）滤池的过滤速度一般为 $1.8\sim3.1m/h$，过滤周期一般为 $1\sim2d$。

（3）出水水质。在 BOD_5 容积负荷为 $6kg\ BOD_5/(m^3\cdot d)$ 时，其出水 SS 和 BOD_5 可保持在 $8mg/L$ 以下，COD 可保持在 $40mg/L$ 以下，远远低于《污水综合排放标准》（GB 8978—1996）的一级标准。

（4）水头损失一般为 $1\sim1.5m$，当高于此范围时就需要进行反冲洗。

（5）气水比一般为 $6:1\sim10:1$，约为生物接触氧化池的 $1/3$，运转费用低。

（6）进水悬浮固体浓度不宜大于 $60mg/L$。

三、曝气生物滤池的运行管理要点

相对其他生物处理工艺来说，曝气生物滤池的日常运行管理相对简单，处理效果也比较稳定。但也应该注意以下问题：

（1）保持稳定运行。虽然曝气生物滤池能忍受冲击负荷，但长期运行不稳定或负荷变动较大，将影响微生物活性。因此，应保证容积负荷的稳定，变动负荷也应缓慢进行。同时严禁滤池处于无水状态。

（2）应保持稳定的供气。经常曝气不足或停止曝气将严重影响微生物活性，降低处理效率。为此，应使出水溶解氧含量保持在 $2\sim4mg/L$。

（3）严格按要求定期进行反冲洗。过滤周期长，滤料中会积留过多污泥，水头损失增加太大，能耗增加；同时生物膜表面老化的生物体得不到更新，发生局部厌氧，出水水质变差。过滤周期太短，冲洗频繁，减少总产水量，增加能耗；且生物膜脱落加快，生物量减少，降低处理能力。

（4）如果运行时水质变化很大，则应根据具体情况对过滤周期进行调整。

1）反冲洗周期随容积负荷的增加而减少。

2）当进水 SS 浓度较高时，滤池容易发生堵塞，反冲洗周期要缩短。

3）水力负荷较大，也就是水量增加时，反冲洗周期可增加。

一般可根据水头损失来进行反冲洗。

（5）曝气生物滤池在运行中由于各种原因会出现一些异常情况，这些问题主要包括：气味；生物膜严重脱落；滤池处理效率降低；滤池截污能力下降，出水悬浮物含量增加；进水水质异常（浓度偏高或偏低）；出水水质异常（浑浊；发黑、发臭）。其原因和解决措施可参考给水滤池和生物膜法的相关内容。

视频3.4.4 ▶
认识曝气生物滤池

视频3.4.5 ▶
曝气生物滤池的运行与管理

课件3.4.3 💻
曝气生物滤池的运行与管理

【任务实施】

一、实训准备

小型曝气生物滤池设备和生物陶粒填料。

二、实训内容及步骤

（1）根据设备使用说明书，完成曝气生物滤池设备安装和管道连接，包括填料、曝气装置等。

（2）曝气生物滤池设备的启动运行、停车和工艺调节。

1）用污水处理厂活性污泥或河流、湖泊（池塘）底泥进行生物膜的挂膜。

2）准备生活污水（或自配污水），依据操作规程和设计运行参数，启动曝气生物滤池，调节进水量和曝气量，保证稳定运行。

3）按操作规程对滤池进行反冲洗操作。

4）分析化验与记录。检测进出水 BOD_5、进出水 SS、DO 等指标，分析曝气生物滤池运行状况和处理效果。

5）按照操作规程，停止曝气生物滤池的运行。

三、实训成果及考核评价

曝气生物滤池设备实训报告。

【思考与练习题】

（1）简述曝气生物滤池的工作过程。

（2）曝气生物滤池一般采用哪些滤料？

（3）简述曝气生物滤池的反冲洗系统的组成及反冲洗流程。

（4）简述曝气生物滤池运行管理的要点。

（5）曝气生物滤池出水悬浮物含量增加的原因可能是什么？如何解决这个问题？

子项目五　厌氧生物处理系统运行与管理

厌氧生物处理是指在无分子态氧条件下，厌氧微生物进行厌氧呼吸，将水中复杂有机物转化为甲烷与二氧化碳，并释放出能量的过程。厌氧生物处理一般包括三个阶段，即水解酸化阶段、产氢产乙酸阶段和产甲烷阶段。厌氧生物处理适用于处理高浓度的有机废水、污水处理厂的污泥，也可以用于处理中、低浓度的有机废水。目前应用的厌氧生物反应器有污泥消化池、厌氧接触工艺、上流式厌氧污泥床（UASB）、厌氧滤池（AF）、厌氧膨胀床反应器（EGSB 反应器、IC 内循环反应器）、厌氧生物转盘、两相厌氧消化工艺和复合厌氧反应器（UBF）等，其中污水处理中最常用的厌氧反应器是 UASB 反应器，其次是厌氧接触法、EGSB 反应器和厌氧滤池。

任务一 厌氧接触法

【任务引入】

厌氧接触法是在普通厌氧消化池的基础上，通过污泥回流来强化污泥和污水处理的厌氧生物处理技术，它在生产中应用较多，比较适合于处理悬浮物、COD 较高的废水，特别是以溶解性有机物为主的有机废水。

通过本任务的学习，要求熟悉厌氧接触法的工艺流程和设计运行参数，掌握消化池的构造和主要设备，在此基础上，能初步进行厌氧接触工艺的运行与管理，并能分析解决厌氧接触法运行中的异常问题。

【相关知识】

一、厌氧接触法的工艺流程

传统的完全混合反应器（CSTR）即普通厌氧消化池，借助消化池内的厌氧活性污泥来净化有机污染物。作为处理对象的生污泥或废水从池体上部或顶部投入池内，经与池中原有的厌氧活性污泥混合和接触后，通过厌氧微生物的吸附、吸收和生物降解作用，使生污泥或废水中的有机污染物转化为沼气。如处理的对象为污泥，经搅拌均匀后从池底排出；如处理对象为废水，经沉淀分层后从液面下排出。CSTR 体积大，负荷低。

厌氧接触法是在厌氧消化池之外加了一个沉淀池来收集污泥，且使其回流到消化池（图 3-60）。其结果是减少了污水在消化池内的停留时间。由于消化液出流中的污泥颗粒上附有许多小气泡，因此在沉淀池前要设置一个脱气器（真空脱气器、热交换器急冷法、絮凝沉淀等）。该系统既能控制污泥不流失、出水水质稳定，又可提高消化池内的污泥浓度，从而提高设备的有机负荷和处理效率，并能耐冲击负荷。

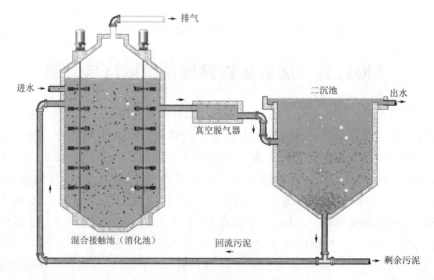

图 3-60 厌氧接触法的工艺流程

二、厌氧消化池的构造

普通厌氧消化池按照池体构型可分为圆筒形和蛋形（卵形），国内建造的厌氧消化池大多数呈圆筒形；按照池顶构型有固定顶盖和浮动顶盖两类，后者的池顶盖随池内沼气压力的高低而上下浮动；按运行方式分类，则有一级消化池和二级消化池。

图片3.9 P
厌氧消化池构造

消化池由集气罩、池盖、池体、下锥体、进料（水）管、排料（水）管、加温设备和搅拌设备等部分组成。

池底安装排料管，池中部或顶部安装加料管，池顶安装集气罩和沼气管，液面附近安装溢流管。普通厌氧消化池池体多为钢筋混凝土结构，池内壁涂一层沥青或环氧树脂防腐。

图片3.10 P
浮动式盖消化池

（一）加温设备

加温设备有池内蒸汽喷射、池内热水盘管加热、料液预热和池外套管式热交换器等。由于池内加热存在使污泥的含水率增加、局部受热过高、在盘管外壁结壳等缺点，目前很少采用。同时，为了保温，池外均设有保温层。常用的保温材料有泡沫混凝土、膨胀珍珠岩、聚苯乙烯泡沫塑料和聚氨酯泡沫塑料等。

（二）搅拌设备

搅拌的目的是使池内污水温度与浓度均匀，分离附着在污泥颗粒上的气体，防止形成浮渣层，均匀池内碱度，从而提高污泥分解速度。当消化池内各处污泥浓度相差不超过 10％时，即认为混合均匀。

消化池的搅拌方法有泵加水射器搅拌、沼气搅拌、联合搅拌和机械搅拌 4 种方式。可连续搅拌，也可间歇搅拌，即在 2～5h 内将全池污泥搅拌一次。

1. 泵加水射器搅拌

污水（污泥）用泵加压后，射入水射器，水射器顶端位于污泥面以下 0.2～0.3m，泵压应大于 0.2MPa，污水（污泥）量与水射器吸入的消化液之比为 1∶3～1∶5。当消化池池径大于 10m 时，应设水射器 2 个或 2 个以上。如果需要，可以把加压后的部分污泥从中位管压入消化池进行补充搅拌。

2. 沼气搅拌

沼气搅拌的优点是没有机械磨损，搅拌比较充分，可促进厌氧分解，缩短消化时间。经空压机压缩后的沼气通过消化池顶盖上面的配气环管，通入每根立管，立管末端在同一标高上，距池底 1～2m，或在池壁与池底连接面上。立管数量根据搅拌气量及立管内的气流速度决定。立管气流速度按 7～15m/s 设计，搅拌气量按每 1000m³ 池容 5～7m³/min 计，空气压缩机的功率按每立方米池容所需功率 5～8W 计。

3. 联合搅拌法

联合搅拌法的特点是把生污泥加温、沼气搅拌联合在一个热交换器装置内完成。经空气压缩机加压后的沼气及经污泥泵加压后的污水（污泥）分别从热交换器的下端射入，并把消化池内的消化液抽吸出来，共同在热交换器中加热混合，然后从消化池的上部污泥面下喷入，完成加温搅拌过程。热交换器通过热量计算决定。如池径大于10m，可设 2 个或 2 个以上热交换器。通常推荐使用联合搅拌法。

4. 机械搅拌

机械搅拌在池内设有叶轮或涡轮进行搅拌，每个下面设一个导流筒，抽出的污泥从筒顶向四周喷出，形成环流，所需的功率为 $0.0065kW/m^3$。当螺旋桨直径超过 1m 时，可考虑设若干个螺旋桨。

（三）沼气收集、贮存设备

由于产气量与用气量的不平衡，所以设贮气柜调节和储存沼气。沼气从集气罩通过沼气管道输送至贮气柜。贮气柜有低压浮盖式与高压球形罐两种。

贮气柜的容积一般按平均日产气量的 $25\%\sim40\%$，即 $6\sim10h$ 的平均产气量计算。低压浮盖式的浮盖重量决定了柜内的气压，柜内气压一般为 $1177\sim1961Pa$ $(120\sim200mmH_2O)$，最高可达 $3432\sim4904Pa$ $(350\sim500mm\ H_2O)$。气压的大小可用盖顶加减铸铁块的数量进行调节。

运行中应注意定期检测产气量、产气率、贮气柜压力，保持稳定运行。

三、厌氧接触法的运行与管理

厌氧接触法运行与管理包括厌氧消化池、真空脱气器、沉淀池和污泥回流。其中厌氧消化池的管理是重点，包括工艺调控，搅拌设备、加温设备、沼气收集与贮存系统的控制和管理等。

（一）日常运行与管理

厌氧接触法的运行管理指标主要有：①反映处理效果的指标，如进出水的 BOD、COD、SS 及去除率；②反应器的主要运行参数，包括有机容积负荷、有机污泥负荷、水力停留时间、剩余污泥产量、产气量、产气率、沼气柜压力、液位等；③反映污泥营养与环境条件的项目，如 pH 值、碱度、温度、C/N 比、氨氮、挥发性脂肪酸（VFA）含量；④污泥特性，包括污泥的颜色、浓度、生物相组成等。运行中应定期监测这些指标，保证反应器的正常运转。

1. 温度控制

温度是影响厌氧生物处理的主要因素。消化过程可以在三种不同的温度范围内进行，即：低温消化 $5\sim15℃$，中温消化 $30\sim35℃$，高温消化 $50\sim55℃$。通常采用的厌氧处理一般选择在中温。一般应将消化液的温度波动控制在 $\pm0.5\sim1.0℃$，为此应严格控制加热量。

2. pH 值、碱度、氨氮、挥发性脂肪酸控制

甲烷细菌适宜的 pH 值范围为 $6.8\sim7.2$，若 pH 值低于 6 或高于 8，正常的消化系统就会遭到破坏。在实际运行中，如 pH 值低，可投加石灰或碳酸钠调节 pH 值。碱度对保持稳定的 pH 值有重要作用，一般要求碱度控制在 2000mg/L 以上；氨氮浓度以 $50\sim200mg/L$ 为宜（不应超过 1000mg/L），挥发性脂肪酸含量一般为 $50\sim500mg/L$。

3. 营养与 C/N 比调控

厌氧生物中的 COD：N：P 控制为（200～300）：5：1 为宜。在碳、氮、磷比例中，碳氮比对厌氧消化的影响更为重要，一般 C/N 比达到（10～20）：1 为宜。

4. 负荷控制

负荷直接影响产气量和处理效率。厌氧接触消化池可采用容积负荷法进行设计计算。一般 COD 容积负荷为 $1～5kgCOD/(m^3 \cdot d)$，COD 去除率为 $70\%～80\%$；BOD 容积负荷为 $0.5～2.5kg\ BOD_5/(m^3 \cdot d)$，BOD 去除率为 $80\%～90\%$；污泥负荷一般不超过 $0.25kgCOD/(kgMLVSS \cdot d)$。

5. 污泥回流比控制

可通过试验确定，在无试验资料下，一般取 2～3，保证池内 MLVSS 为 5～10g/L。

6. 沉淀池管理

可按废水沉淀池常用构造设计，混合液在池内停留时间比一般废水长，可采用 4h，要求水力表面负荷不超过 $1m^3/(m^2 \cdot h)$。

7. 促进消化液固液分离的措施

进入沉淀池的消化液宜设置脱气或投加混凝剂等促进固液分离的措施。

（1）采用真空脱气时，真空器内的真空度约为 500mm 水柱（4.9kPa）。

（2）在沉淀池之前设热交换器，对混合液进行急剧冷却处置，使温度从 35℃下降到 15℃，这样能抑制污泥在沉淀过程中继续产气，有利于混合液的固液分离。

（3）向混合液投加混凝剂，可先投加氢氧化钠，再投氯化铁。

（4）用超滤器代替沉淀池，以提高固液分离效果。

（二）厌氧接触法运行中常见问题及对策

厌氧接触法运行中容易发生的异常现象主要有产气量下降、沉淀池出水水质恶化、气泡异常、搅拌系统故障、加热系统故障、消化系统结垢和腐蚀等。

1. 产气量下降

产气量下降主要是有机物在消化池内的分解不正常，其可能的原因及对策如下：

（1）投加的污泥或废水浓度过低。这使得微生物营养不足，产气量下降。对策是应设法提高投入污泥或废水的浓度。

（2）污泥回流比偏小或剩余污泥排放量过大。这使池内污泥浓度降低，污泥负荷增加，破坏微生物量与营养量的平衡。对策是减少消化污泥的排量。

（3）消化液内温度下降。可能是因为投入污泥或废水量太大、加热设备发生故障或混合搅拌不均匀。解决措施是控制厌氧消化液温度，并减少投泥量和排泥量，直到产气量正常为止。如果仍达不到正常气量，应测定锅炉和热交换器热水进出口温度和污水（污泥）的温度并检查搅拌装置运行是否正常。如发现异常，应及时调节和检修。

（4）消化池容积减少。原因是由于池内浮渣的积累、泥沙的堆积，使消化液容积减少。应检查破浮渣装置的运行情况和沉砂池的除砂效率，及时排除浮渣及砂粒（可用底部的放空管排砂）。如仍达不到预期效果，应排空池子清扫。

（5）沼气漏出。消化池、输气系统的装置和管路泄漏导致沼气漏出。应及时进行检修。

（6）pH值降低。有机负荷过大，水解酸化程度超过甲烷化速度，导致VFA含量增加，pH值开始下降，抑制厌氧菌活性，使产气量减少。此外，酸性废水或含重金属废水排入也会使pH值下降。此时，应向废水内投加碱源，补充碱度，控制住pH值的下降。然后可减少或终止废水（污泥）进入，继续加热，观察池内pH值的变化情况。一般应严格限制酸性废水和有毒废水的排入。

2. 沉淀池出水水质恶化

沉淀池出水水质恶化时表现为BOD和SS浓度增高，会增加废水处理设施的负荷。产生此问题的可能原因包括：

（1）剩余污泥排放不足，导致沉淀池泥位增加，应及时足量排放剩余污泥。

（2）厌氧消化不完全，有机物分解率低。应找出具体原因，采取相应措施。

（3）浮渣混入沉淀池。应排除消化池中的浮渣或加强沉淀池的排渣工作。

（4）沉淀池泥水分离不佳。由于真空脱气器故障、热交换器故障等导致混合液中污泥上附有小气泡，引起污泥上浮。应及时检修真空脱气器和热交换器。

（5）进水悬浮物含量过高，二沉池固体负荷过大，导致出水SS增加。应加强初沉池的管理。

3. 气泡异常

（1）连续地喷出气泡。可能的原因是排泥量太大、污泥回流比不足，池内污泥浓度降低；有机物负荷过高；搅拌不充分；消化温度下降；池中积累大量的浮渣和泥沙等。

（2）不起泡。可暂时减少或终止进水（投泥），进行充分搅拌；调节消化温度；打碎浮渣并将其清除；排除池中堆积的泥沙。

4. 搅拌系统故障

沼气搅拌立管常有被污泥及污物堵塞现象，可以将其他立管关闭，大气量冲洗被堵塞的立管。机械搅拌桨被污物缠绕时，可以定期反转搅拌桨。另外，应定期检查搅拌轴穿顶板处的气密性。

5. 加热系统常见故障

蒸汽加热立管堵塞可用大气量冲吹。当采用池外换热器加热时，常发生换热器的堵塞，可用大水量冲洗或拆开清洗。套管式和管壳式换热器易堵塞，螺旋板式一般不发生堵塞，可在换热器前后设置压力表，观测堵塞程度。如堵塞特别频繁，应加强污水的预处理。

6. 消化池气相压力异常

（1）消化池气相出现负压，空气自真空安全阀进入消化池。可能的原因如下：

1）排泥量大于进泥量，使消化池液位降低，产生真空。溢流排泥一般不会出现该现象。

2）用于沼气搅拌的压缩机的出气管路出现泄漏时，也可导致消化池气相出现真空状态，应及时修复管道泄漏处。

3）抽气量大于产气量。此时应加强抽气量与产气量的调度平衡。

（2）消化池气相压力增大，自压力安全阀逸入大气。可能的原因如下：

1）产气量大于用气量，而剩余的沼气又无畅通的去向。此时应加强运行调度，增大用气量。

2）由于水封管液位太高或不及时排放冷凝水等原因导致沼气管路阻力增大。

3）进泥量大于排泥量，而溢流管又被堵塞，使消化池液位升高。

7. 消化系统结垢

管道内结垢将增大管道阻力，反应器结垢导致处理能力降低、运行效果变差，换热器结垢则降低换热效率。在管路上设置清洗口，经常用高压水清洗管道，可有效防止结垢。当结垢比较严重时，应用酸清洗。

8. 消化池的腐蚀

消化池使用一段时间后，应停止运行，进行全面的防腐防渗检查与处理。根据腐蚀情况，对所有金属部件进行重新防腐处理，对池壁进行防渗处理。同时，应检查池体结构变化，看是否有裂缝，是否为通缝，并进行专门处理。重新投运时应进行满水试验和气密性试验。

9. 消化系统的保温

消化系统内的许多管路和阀门为间隙运行，因而冬季应注意防冻，应定期检查消化池及加热管路系统的保温效果，如果不佳，应更换保温材料。因为如果不能有效保温，冬季加热的耗热量会增至很大。很多处理厂由于保温效果不好，热损失很大，导致需热量超过了加热系统的负荷，不能保证要求的消化温度，最终造成消化效果的大大降低。

课件3.5.1
厌氧生物处理
工艺运行
与管理

【任务实施】

一、实训准备

准备小型厌氧接触法实训设备。

二、实训内容及步骤

（1）根据设备使用说明书，完成厌氧接触法设备安装和管道连接。

（2）厌氧接触法设备的启动运行、停车和工艺调节。

1）准备生活污水（或自配污水），依据操作规程和设计运行参数，启动厌氧接触法工艺，调节进水量和污泥回流量，保证稳定运行。

2）分析化验与记录。检测进出水 BOD_5 和进出水 SS 等指标，分析厌氧接触法运行状况和处理效果。

3）按照操作规程，停止厌氧接触法的运行。

三、实训成果及考核评价

厌氧接触法设备实训报告。

【思考与练习题】

（1）简述厌氧接触法的工艺流程及各部分的作用。

（2）厌氧消化池一般由哪几部分组成？

（3）简述厌氧消化池常见的加温设备及其操作要点。

（4）厌氧消化池搅拌方式有哪些？如何进行操作？

（5）厌氧接触法日常运行与管理的内容有哪些？

（6）如何调节厌氧消化池的温度、pH值、有机负荷和污泥浓度？

（7）真空脱气器的作用是什么？其真空度一般为多少？

（8）厌氧接触法产气量下降和出水水质恶化的可能原因有哪些？如何解决这两个问题？

任务二　上流式厌氧污泥反应床

【任务引入】

上流式厌氧污泥反应床（UASB）是目前应用最为广泛的一种厌氧生物处理装置，它是在厌氧生物滤池的基础上发展起来的。它利用反应器底部的颗粒污泥和悬浮污泥降解有机物，并在反应器上部设置三相分离器实现沼气、水和污泥颗粒的分离。在 UASB 反应器的基础上，又开发了第三代厌氧生物反应器，包括厌氧颗粒污泥膨胀床反应器（EGSB）和厌氧内循环反应器（IC）等，也得到了一定程度的应用。

本任务要求学习者熟悉 UASB、EGSB、IC 反应器的工作过程和构造，熟悉并掌握上述反应器的设计运行参数，能初步进行 UASB 反应器的启动、运行，并初步解决 UASB 反应器运行中的常见故障。

【相关知识】

一、UASB 反应器

（一）工作过程

视频3.5.1
认识 UASB
反应器

视频3.5.2
UASB 反应器
的运行与管理

课件3.5.2
UASB 反应器
的运行与管理

如图 3-61 所示，污水尽可能均匀地引入反应器的底部，污水向上流过包含颗粒污泥或絮凝污泥的污泥床。厌氧反应发生在污水与污泥颗粒的接触过程中。在厌氧状态下产生的沼气（主要是甲烷和一氧化碳）引起了污泥床内部的循环，这对于颗粒污泥的形成和维持有利。形成和保持沉淀性能良好的污泥（可以是絮状污泥或颗粒污泥）是 UASB 系统良好运行的根本点。在污泥层形成的一些气体附着在污泥颗粒上，附着和没有附着的气体向反应器顶部上升，升到表面的颗粒撞击脱气挡板（气体反射板）的底

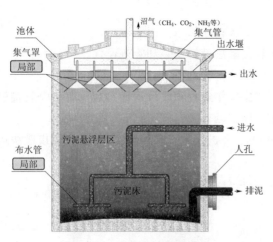

图 3-61　UASB 反应器构造

部，引起附着气泡的污泥絮体脱气。由于气泡释放，污泥颗粒将沉淀到污泥床的表面。附着和没有附着的气体被收集到反应器顶部的集气室。置于集气室单元缝隙之下的挡板作为气体反射器，可防止沼气气泡进入沉淀区，否则将引起沉淀区的扰动。液体中包含一些剩余的固体物和污泥颗粒经过分离器缝隙进入沉淀区，经固液分离后通过反射板进入沉淀区。

由于分离器的斜壁沉淀区的过流面积在接近水面时增加，因此上升流速在接近排放点处降低。由于流速降低，污泥絮体在沉淀区可以絮凝和沉淀。积累在三相分离器上的污泥絮体在一定程度上将克服其在斜壁上受的摩擦力，而滑回反应区，这部分污泥又可与进水有机物发生反应。

（二）构造

UASB 反应器可分为开敞式和封闭式两种。开敞式反应器是顶部不加密封，出水水面敞开，不收集沉淀区液面释放出的沼气，主要适用于处理中低浓度的有机污水。封闭式反应器是顶部加盖密封，它不需要专门的集气室，而在液面与池顶之间形成一个大的集气室，可同时收集反应区和沉淀区的沼气，其主要适用于处理高浓度有机污水或含较多硫酸盐的有机污水。

UASB 反应器断面一般为圆形或矩形，圆形一般为钢结构，矩形一般为钢筋混凝土结构。UASB 反应器处理废水时可以加热也可以不加热，在常温下运行，以降低运行费用，但反应器一般应采取保温措施。

UASB 反应器主要由进水配水系统、反应区、三相分离器、出水系统、气室、浮渣清除系统、排泥系统、加热和保温系统等组成。

1. 进水配水系统

进水配水系统的功能是将废水均匀地分配到整个反应器的底部，并进行水力搅拌，它是反应器高效运行的关键之一。一般采用多点进水方式，包括枝状布水、一管多孔、一管一孔等三种形式。一般每个喷嘴的服务面积在高负荷时采用 $2\sim5m^2/$个，低负荷时可采用 $0.5\sim2m^2/$个。

2. 反应区

反应区包括污泥床区和污泥悬浮区。污泥床区主要集中了大部分高活性的颗粒污泥，是有机物的主要降解场所，污泥浓度通常为 $40\sim80g/L$。污泥悬浮区则是絮状污泥集中的区域，污泥浓度通常为 $10\sim30g/L$，占整个反应器去除率的 $10\%\sim30\%$。

3. 三相分离器

三相分离器是反应器最有特点和最重要的装置，由沉淀区、回流缝和气封组成（图 3-62）。其功能是把沼气、固体（污泥）和液体分开，固体经沉淀后由回流缝回流到反应区，气体分离后进入气室。三相分离器的分离效果将直接影响反应器的处理效果。

4. 出水系统

出水系统常采用出水渠（槽）。一般每个单元三相分离器沉淀区设一条出水渠，而出水渠每隔一定距离设三角出水堰。一般出水渠前设挡板，可防止漂浮物随出水带走。如漂浮物很少，也可不设挡板。

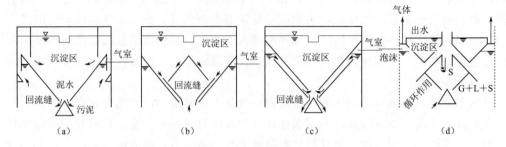

图 3-62　三相分离器的四种基本类型

（G、L、S 分别表示气相、液相、固相）

动画 3.16

升流式厌氧污泥反应床

5. 浮渣清除系统

浮渣清除系统的功能是清除沉淀区液面和气室液面的浮渣。在沉淀区液面产生的浮渣层，可采用撇渣机或刮渣机清除，也可用人工清渣。在气室形成的浮渣，清除较为困难，可用定期进行水循环或沼气反冲等方法减少或去除浮渣。

（三）设计运行参数

（1）UASB 反应器之前应设置粗格栅、细格栅和调节池。

1）调节池应具备均质、均量、调节 pH 值、防止不溶物沉淀的功能。

2）调节池有效停留时间宜为 6～12h。

3）调节池设置机械搅拌方式实现均质，搅拌机的容积功率宜为 4～8W/m^3；也可采用曝气搅拌方式，气水比为 7∶1～10∶1。

（2）负荷直接影响产气量和处理效率。在通常情况下，上流式厌氧污泥床反应器的有机负荷在中温下为 5～15kg COD/(m^3 · d)，与水质和反应温度有关。

（3）UASB 反应器的典型高度为 4～6m，对于生活污水等浓度较低的废水，反应器的高度可取 3～5m；对于 COD 浓度超过 3000mg/L 的废水，反应器高度可采用 5～7m。

（4）一般以溶解性 COD 为主的废水上升流速约为 1～3m/h，而非溶解性 COD 较多的城市废水上升流速一般较低，普遍在 1m/h 以下。

（5）UASB 反应器启动时，一般宜将进水 COD 控制在 4000～5000mg/L，对浓度过高的废水宜进行适当的稀释。也可采用脉冲进水的方式或采取回流的方式来强化反应器底部的搅拌作用。

二、EGSB 反应器

1. EGSB 工作过程和构造

EGSB 反应器是一种上向流的厌氧膨胀床反应器，其颗粒污泥的粒径为 3～4mm，具有较好的沉降速度（60～80m/h），在水流速度（5～10m/h）和气流速度（7m/h）条件下使床体完全流化，改善了废水中有机物与污泥之间的接触，强化了传质效果，从而提高反应器处理效率。其工作原理与 UASB 反应器比较类似，废水与循环的出水混合后从反应器底部进入，然后通过厌氧膨胀颗粒污泥床区，使废水中的有机物与颗粒污泥充分接触，有机物被降解。污泥颗粒、沼气和出水在顶部的三相分离器内分离。部分出水通过强制循环，重新返回反应器内，出水循环比的大小视进水浓度而变，进水浓度高循环比大，反之则小。独有的三相分离器使其具有比 UASB 反应器更高的水力负荷。图 3-63 为 EGSB 反应器的构造。

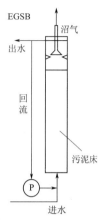

图 3-63　EGSB
反应器构造

EGSB 反应器一般为圆柱状塔形，具有较大高径比，一般可达 3～5。反应器的高度可达 15～20m。

EGSB 反应器通过出水回流，使其具有抗冲击负荷的能力，能在超高有机负荷［可达 30kg COD/(m³·d)］下处理化工、生化和生物工程工业废水。同时，它还适合处理低温（大于 10℃）和低浓度（COD＜1000mg/L）和难处理的有毒废水。EGSB 在低温时的容积负荷可达 UASB 反应器的 3～4 倍。

2. 设计运行参数

（1）进水中悬浮物含量一般不宜超过 500mg/L，否则应设置混凝沉淀或混凝气浮进行处理。当进水悬浮物较高或可生化性较差时宜设置水解池进行预酸化。

（2）容积负荷。在中温条件下（35℃）下的容积负荷见表 3-14。常温情况下反应器的负荷应在表 3-14 基础上降低 40%～60%，高温情况下可在表 3-14 基础上适当提高。

表 3-14　　　　　　　　　　　　　　　EGSB 容积负荷参考值

废水 COD 浓度/(mg/L)	在 35℃采用的负荷/[kg COD/(m³·d)]
≤2000	8～15
2000～6000	15～20
≥6000	18～30

（3）EGSB 反应器的沼气产率一般取 0.35～0.45m³/kg COD，据此确定沼气产量。

（4）污泥产率一般为 0.05～0.10kg MLSS/kg COD。

（5）出水循环回流比为 100%～300%。

三、内循环（IC）反应器

IC 反应器属于 EGSB 的一种。IC 反应器构造如图 3-64 所示。IC 反应器具有很大的高径比，一般可达 4～8，反应器的高度可达 16～25m。它由两个 UASB 反应器的单元相互重叠而成。它的特点是在一个高的反应器内将沼气的分离分为两个阶段。底部一个处于极端的高负荷，上部一个处于低负荷。第一反应室包含颗粒污泥膨胀床。污水从反应器底部进入第一反应室，与该室中的厌氧颗粒污泥均匀混合，在此大部分 COD 被转化为沼气。所产生的沼气被第一反应室的三相分离器收集，收集的沼气产生气提作用，把第一反应室的混合液提升至反应器顶部的气液分离器，被分离出

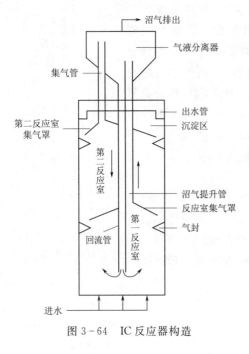

图 3-64 IC 反应器构造

的沼气由气液分离器顶部的沼气排出管排出系统。分离出的泥水混合液沿着回流管回到第一反应室的底部，并与底部的颗粒污泥和进水充分混合，实现反应器混合液的内部循环。内循环使第一反应室具有很高的生物量和很大的上升流速（10～20m/h），使该室内的颗粒污泥完全达到流化状态，提高了反应器处理效果。经过第一反应室处理过的废水自动进入第二反应室继续处理，在此有机物被厌氧颗粒污泥进一步降解，提高出水水质。产生的沼气由第二反应室的三相分离器收集，通过集气管进入气液分离器，其他过程与 UASB 反应器类似。第二反应室的上升流速一般为 2～10m/h。

IC 反应器的容积负荷一般为普通 UASB 反应器的 4 倍以上。处理高浓度有机废水时，进水容积负荷可达 30～40kg COD/（m³·d）；处理低浓度有机废水，如啤酒废水，当 COD 为 2000～3000mg/L 时，容积负荷可达 20～24kg COD/（m³·d），HRT 仅 2～3h，COD 去除率可达 80％左右。

四、UASB 的运行与管理

（一）UASB 的启动运行

UASB 反应器建成以后，如何快速启动达到设计负荷和出水水质指标是很重要的。UASB 启动成功的关键是培养出活性高、沉降性能好的厌氧颗粒污泥，污泥平均浓度应达到 40～50g/L。

厌氧颗粒污泥培养的方法包括接种培养法和逐步培养法两种。

1. 接种培养法

UASB 反应器在启动前必须投加接种污泥。接种污泥的选择，首先考虑选用处理同类废水 UASB 反应器排出的新鲜颗粒污泥。当反应器内颗粒污泥的接种量达 2.0～2.2m 高的污泥床区时，2 周即可达到设计负荷。如没有此条件，应选用产甲烷活性高的污水处理厂消化池的污泥或其他厌氧消化污泥作为接种污泥，接种量以 6～8kg VSS/（m³ 反应器）为宜。也可以好氧污泥作为接种污泥。此外，也可用农村沼气池的沼渣、牛粪等作为接种物。

接种污泥最好采用含固率为 3％～5％的湿污泥。投加接种污泥后，再逐渐加入新鲜入水至设计液面，通入蒸汽加热，升温速度保持 1℃/h，直至达到消化温度。在此过程中应注意使 pH 值维持在 6.5～7.5。温度升至消化温度后，维持该温度 3～5d，污泥即可成熟，再投配新鲜污水正式运行。

EGSB 反应器启动的接种污泥通常采用现有 UASB 反应器的颗粒污泥，接种量以 30g VSS/L 为宜。为减少启动初期反应器细小污泥的流失，可对种泥在接种前进行必要的淘洗，先去除絮状、细小污泥，提高污泥的沉降性能。

2. 逐步培养法

逐步培养法是指向厌氧消化池内逐步投入未经消化的好氧污泥，使好氧污泥逐渐转化为厌氧活性污泥的培养过程。接种量以 8～10kg VSS/（m³ 反应器）为宜。每天加入适当的好氧污泥，待池内污泥量为一定量时，通入蒸汽，以 1℃/h 的速度加热，到温度升高到设计消化温度时，可减少蒸汽通入量，并维持温度不变，以此方法逐日加入一定数量的新鲜污泥，达到设计液面。污泥成熟一般需要 30～40d。

3. UASB 反应器的启动过程

（1）初始启动期。此阶段的任务是进行污泥驯化，使接种污泥逐渐适应废水的性质，具有分解废水中有机物的能力。开始采用间歇进水，污泥负荷率控制在 0.05～0.2kg COD/（kg VSS·d）。当 COD 去除率达 80% 以上，可逐步提高进水容积负荷，每次提高幅度以 0.5kgCOD/（m³·d）为宜，此时可由间歇进水改为连续进水。当容积负荷达到 1.5～2.0kgCOD/（m³·d）时，初始启动完成，时间一般为 2～3 周。

（2）颗粒污泥出现期。本阶段的任务是要使絮体污泥向颗粒污泥转化。应逐步提高容积负荷，使微生物获得足够的养料。此阶段由于容积负荷增加，产气量增加，会出现絮体污泥的流失和颗粒污泥的增长。当反应器容积负荷上升至 3～5kgCOD/（m³·d）时，颗粒污泥出现，时间约 4～6 周。

（3）颗粒污泥培养期。本阶段是要实现反应器内污泥的全部颗粒化和达到设计容积负荷。此阶段的时间较长，约 2～3 个月。应逐步提高容积负荷，条件是 COD 去除率达到 80% 左右。

（二）UASB 日常运行与管理

UASB 反应器运行与管理内容与厌氧接触法类似。应注意以下事项：

（1）保持适当的容积负荷。

（2）采取有效的防腐措施。

（3）及时清除产生的浮渣。

（4）及时排出剩余污泥，排泥时注意多点均匀排出。

（5）均匀进水配水，防止水流短路或表面负荷不均匀，满足水力搅拌的需要。

（6）上升流速应控制在 1～2m/h。过高会使出水悬浮物增加，过低起不到水力搅拌的作用。

（三）UASB 运行中异常现象及对策

UASB 反应器运行中的常见问题与厌氧接触法比较类似，包括产气量下降、出水水质异常、气泡异常、絮状污泥形成并被洗出、颗粒污泥洗出、颗粒污泥破裂分散等。下面重点分析几个问题。

（1）VFA（挥发性有机酸）/ALK（碱度）升高。此时说明系统已出现异常，应立即分析原因。如果 VFA/ALK>0.3，则应立即采取控制措施。

原因及控制对策如下：

1）水力超负荷，停留时间缩短。此时应减少进水量，降低反应床内水流速度。

2）有机物投配超负荷。控制措施是减少进水，加强上游污染源管理。

3）搅拌效果不好。均匀进水，改善搅拌。

4）存在毒物。解决毒物问题的根本措施是加强污染源的管理。

（2）废水的pH值开始下降。当pH值开始下降时，VFA/ALK往往大于0.8。其原因及控制对策如下：

1）该现象出现时，首先应立即向废水内投入碱源，补充碱度，控制住pH值的下降并使之回升。否则，如果pH值降至6.0以下，甲烷菌将全部失去活性，则须放空反应器重新培养消化污泥。

2）应尽快分析产生该现象的原因并采取相应的控制对策，待异常排除之后，可停止加碱。

（3）颗粒污泥洗出。可能的原因及措施如下：

1）气泡聚集于空的颗粒中，在低温、低负荷、低进水COD浓度下易形成大而空的颗粒污泥。对策是增大污泥负荷，采用内部水循环以增大对颗粒的剪切力，使颗粒尺寸减小。

2）颗粒形成分层结构，产酸菌在颗粒污泥外大量覆盖使产甲烷菌聚集在颗粒内。解决措施是应用更稳定的工艺条件，增加废水预酸化的程度。

3）颗粒污泥因废水中含有大量蛋白质和脂肪而有上浮趋势。应采用预酸化、沉淀或化学絮凝的方法去除蛋白质与脂肪。

（4）絮状污泥或表面松散"起毛"的颗粒污泥形成并洗出。

1）主要原因是颗粒表面或以悬浮状态大量生长产酸菌。此时应增加预酸化的程度，加强废水与污泥的混合。

2）产酸菌大量附着于颗粒表面，形成表面"起毛"的颗粒污泥。应增加预酸化程度，并适当降低污泥负荷。

（5）颗粒污泥破裂分散。可能的原因及对策如下：

1）负荷或进液浓度的突然变化。应采用更稳定的工艺。

2）预酸化程度突然增加，使产酸菌处于饥饿状态。对策是应用更稳定的预酸化条件。

3）有毒物质存在于废水中。应对废水进行脱毒预处理，延长循环时间，并稀释进液。

4）水力搅拌过强。应降低进水负荷和上升流速。

5）由于压力过小而形成絮状污泥。此时可采用出水循环增大压力，使絮状污泥洗出。

【任务实施】

一、实训准备

（1）城市污水处理仿真软件及其说明书。

（2）UASB、厌氧消化池实训设备。

二、实训内容及步骤

（1）城市污水处理仿真软件 UASB 工艺实训。根据软件的操作手册，完成以下培训项目：

1）UASB 工艺的开车、停车、日常巡视检查。

2）UASB 工艺日常运行与管理，包括颗粒污泥状态观察、运行参数控制和均匀配水等。

3）UASB 工艺运行故障分析及处理，包括反应器跑泥、进水温度过低、初次启动问题、调整来水 pH 值、进水 COD 过高等故障的处理。

（2）UASB、厌氧消化池模拟设备实训。

1）根据设备使用说明书，完成 UASB、厌氧消化池设备安装和管道连接。

2）用厌氧消化污泥或污水处理厂活性污泥作为接种污泥，进行反应器污泥培养。

3）准备生活污水（或自配污水），依据操作规程和设计运行参数，启动反应器，调节进水量、温度等，保证稳定运行，并定期排放剩余污泥。

4）分析化验与记录。检测进出水 BOD_5、进出水 SS 等指标，分析 UASB、厌氧消化池运行状况和处理效果。

5）按照操作规程，停止反应器的运行。

三、实训成果及考核评价

UASB、厌氧消化池设备实训报告。

【思考与练习题】

（1）简述 UASB 反应器的工作过程。

（2）简述 UASB 反应器的构造。

（3）三相分离器的作用是什么？

（4）简述 EGSB 和 IC 反应器的构造及工作过程。

（5）UASB 反应器启动时如何进行污泥的培养？

（6）UASB 反应器启动过程分为哪几步？

（7）UASB 反应器日常运行管理的注意事项有哪些？

（8）UASB 反应器运行中发现 VFA/ALK 升高，接近于 0.3，其可能的原因有哪些？如何处理此异常现象？

项目四　污泥处理与处置系统运行与管理

【知识目标】

通过本项目的学习，熟悉给水污泥和排水污泥处理技术和工艺流程，掌握污泥浓缩、污泥消化和污泥脱水的运行与管理方法，掌握污泥处理常见设备的操作和维护方法。

【技能目标】

通过本项目的学习，能分析给水污泥和排水污泥处理的工艺流程，能初步进行污泥浓缩、污泥消化和污泥脱水工艺的日常运行与管理，会初步操作污泥处理的常见设备，能基本解决污泥浓缩、污泥消化和污泥脱水工艺运行中的异常问题。

【重点难点】

重点：污泥重力浓缩、污泥厌氧消化、污泥脱水工艺的运行管理方法和设备操作。

难点：污泥厌氧消化、污泥脱水工艺的运行管理和常见故障处理。

给水厂污泥处理对象主要是滤池的冲洗废水和沉淀池的排泥水。其成分一般为原水中的悬浮物质和部分溶解物质，以及在给水处理过程中投加的混凝剂等药剂。

给水污泥处理系统通常包括调节、浓缩、调理、脱水及泥饼处置等工序。其工艺流程如图 4-1 所示。

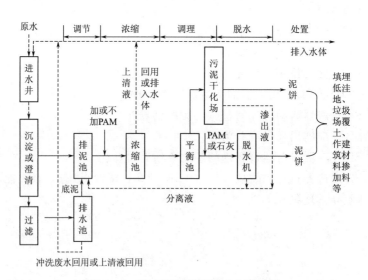

图 4-1　给水厂污泥处理工艺流程图

排水污泥根据污泥的来源可分为以下几类：

（1）初次沉淀污泥。主要来自初次沉淀池，其性质随混入的生产污水性质而异。

处理生活污水的初次沉淀污泥大多是颗粒较细、在低流速中会沉淀的有机悬浮物质。

（2）腐殖污泥和剩余污泥。腐殖污泥来自生物膜法后的二次沉淀池，剩余污泥来自活性污泥法后的二次沉淀池。这两种污泥含有大量微生物及其被吸附的有机物质，因此也是以有机物为主要成分的。

（3）熟污泥或消化污泥。熟污泥或消化污泥是经消化处理后的污泥。初次沉淀池污泥、腐殖污泥和剩余污泥在有条件时常作消化处理。

（4）化学污泥。化学污泥是采用化学方法处理污水过程中产生的污泥，如化学除磷工艺产生的含磷污泥。

污泥的处理方法主要包括浓缩、消化、脱水、干燥、焚烧等，是为了实现污泥的稳定化、无害化和减量化。而其处置方法主要包括填埋、堆肥、土地利用、综合利用（制水泥、制砖、制陶粒）等，主要是实现污泥的利用与资源化。从流程上来看，处理在前，处置在后。排水污泥处理的常见工艺流程如下：

（1）生污泥→湿污泥池→最终处置。

（2）生污泥→浓缩→自然干化→堆肥→最终处置。

（3）生污泥→浓缩→消化→最终处置。

（4）生污泥→浓缩→消化→自然干化→最终处置。

（5）生污泥→浓缩→消化→机械脱水→最终处置。

（6）生污泥→浓缩→前处理（混凝、淘洗、加热、冷冻等）→机械脱水→最终处置。

（7）生污泥→浓缩→前处理→机械脱水→干燥焚烧→最终处置。

本书主要介绍污泥处理方法，污泥处置方法参见其他教材。

子项目一　污泥浓缩工艺运行与管理

污水处理系统产生的污泥，含水率很高，体积很大，输送、处理或处置都不方便。初次沉淀池污泥含水率介于95％～97％之间，剩余活性污泥达99％。污泥中所含水分大致分为4类：颗粒间的空隙水，约占总水分的70％；毛细水，即颗粒间毛细管内的水，约占20％；污泥颗粒吸附水和颗粒内部水，约占10％。污泥中颗粒间的空隙水容易从污泥中分离出来，一般不需调节即可采用浓缩法去除。

污泥浓缩可使污泥初步减容，使其体积减小为原来的几分之一，从而为后续处理或处置带来方便。首先，经浓缩之后，可使污泥管的管径减小，输送泵的容量减小。浓缩之后采用消化工艺时，可减小消化池容积，并降低加热量；浓缩之后直接脱水，可减少脱水机台数，并降低污泥调质所需的絮凝剂投加量。

浓缩的方法主要有重力浓缩、气浮浓缩、离心浓缩、螺压浓缩。国内目前以重力浓缩为主，但气浮浓缩、离心浓缩、螺压浓缩的应用逐渐增加。

任务一　污泥重力浓缩

【任务引入】

重力浓缩法是利用污泥自身的重力将污泥间隙中的水挤出，使污泥的含水率降低的方法。重力浓缩构筑物称为重力浓缩池。

动画4.1

污泥浓缩与
脱水原理

通过本任务的学习，要求熟悉重力浓缩池的类型、构造和工作过程，掌握重力浓缩池的设计运行参数，能初步进行重力浓缩池的运行维护，并解决重力浓缩运行过程中的常见故障。

【相关知识】

一、重力浓缩池的类型和构造

根据运行方式的不同，可分为连续式重力浓缩池和间歇式重力浓缩池两种。前者适用于大、中型污水处理厂，后者适用于小型污水处理厂或工业企业的废水处理厂。

1. 连续式重力浓缩池

图片4.1

连续式污泥浓
缩池示意图

连续式重力浓缩池多采用辐流式，直径一般为 $5\sim20m$。当浓缩池较小时，可采用竖流式浓缩池，一般不设刮泥机。

如图 4-2 所示，污泥由中心管连续进泥，上清液由溢流堰出水，回送初沉池或格栅重新处理，浓缩污泥用刮泥机缓缓刮至池中心的污泥斗并从排泥管排除，刮泥机上装有垂直搅拌栅随着刮泥机转动，周边线速度为 $1\sim2m/min$，每条栅条后面，可形成微小涡流，有助于颗粒之间的絮凝，可使浓缩效果提高 20% 以上。浓缩池底坡采用 $1/100\sim1/12$，一般用 $1/20$。

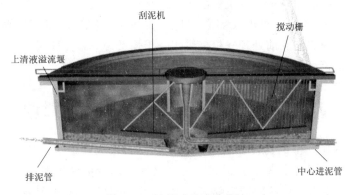

图 4-2　连续式重力浓缩池

2. 间歇式重力浓缩池

间歇式重力浓缩池（图 4-3）多采用竖流式，有带中心筒和不带中心筒两种。它在浓缩池不同深度上设置上清液排除管，运行时应先排除浓缩池中的上清液，腾出池容，再投入待浓缩的污泥。浓缩时间一般采用 $8\sim12h$。

二、重力浓缩池的运行管理

（一）工艺控制

1. 进泥量的控制

对于某一确定的浓缩池和污泥种类

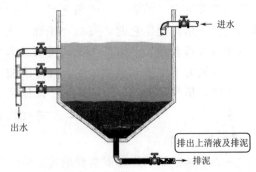

图 4-3　间歇式重力浓缩池

来说，进泥量存在一个最佳控制范围。进泥量太大，超过了浓缩能力时，会导致上清液浓度太高，排泥浓度太低，起不到应有的浓缩效果；进泥量太低时，不但降低处理量，浪费池容，由于水力停留时间过长，发生水解酸化、厌氧分解或反硝化作用，还可导致污泥上浮，从而使浓缩不能顺利进行下去。连续式重力浓缩池的浓缩时间一般为 $10\sim16h$，初沉污泥的浓缩时间为 $6\sim8h$。

浓缩池进泥量可由下式计算：

$$Q_i = q_s A / C_i \qquad\qquad (4-1)$$

式中　Q_i——进泥量，m^3/d；

　　　C_i——进泥浓度，kg/m^3；

　　　A——浓缩池的表面积，m^2；

　　　q_s——固体表面负荷，$kg/(m^2 \cdot d)$。

固体表面负荷的大小与污泥种类、浓缩池构造和温度有关。当温度为 $15\sim20℃$ 时，浓缩效果最佳。初沉污泥的浓缩性能较好，其固体表面负荷一般可控制在 $90\sim150kg/(m^2 \cdot d)$。剩余活性污泥的浓缩性能较差，不宜单独进行重力浓缩；若进行重力浓缩，固体表面负荷一般为 $10\sim30kg/(m^2 \cdot d)$。初沉污泥和活性污泥的混合污泥进行重力浓缩的固体表面负荷取决于两者的比例。如果活性污泥量与初沉污泥量在 $1:2\sim2:1$ 之间，固体表面负荷可取 $25\sim80kg/(m^2 \cdot d)$。

2. 浓缩效果的评价

在浓缩池的运行管理中，应经常对浓缩效果进行评价，并随时予以调节。浓缩效果通常用浓缩比、分离率和固体回收率三个指标进行综合评价。

浓缩比指浓缩池排泥浓度与入流污泥浓度之比，用 f 表示。分离率指浓缩池上清液量占入流污泥量的百分比，用 F 表示。固体回收率指被浓缩到排泥中的固体占入流总固体的百分比，用 η 表示。

以上三个指标相辅相成，可衡量出实际浓缩效果。一般来说浓缩初沉污泥时，f 应大于 2.0，η 应大于 90%；浓缩活性污泥与初沉污泥组成的混合污泥时，f 应大于 2.0，η 应大于 85%。剩余活性污泥含水率为 $99.2\%\sim99.6\%$ 时，浓缩后污泥含水率可为 $97\%\sim98\%$。如果某一指标低于以上数值，应分析原因，检查进泥量是否合适，控制的 q_s 是否合理，浓缩效果是否受到了温度等因素的影响。

3. 搅拌速度和排泥控制

搅拌机的转速要兼顾集泥效果和安装在齿耙上部支架所产生的搅拌效果。

浓缩池有连续和间歇排泥两种运行方式。对于间歇排泥，应保证及时排泥，一般不要把浓缩池作为储泥池使用，虽然在特殊情况下它的确能发挥这样的作用。每次排泥一定不能过量，否则排泥速度会超过浓缩速度，使排泥变稀，并破坏污泥层。重力浓缩池排泥间歇时间可取 $6\sim8h$。

（二）日常运行与管理

（1）经常观察测量污泥浓缩池的进泥量、进泥含固率，排泥量及排泥含固率，上清液 SS 以保证浓缩池按合适的固体负荷和排泥浓度运行。否则应对进泥量和排泥量进行调整。

（2）重力浓缩池刮泥机不得长时间停机和超负荷运行。刮泥机长时间停转，不仅延缓了污泥的浓缩过程，而且使浓缩后的污泥得不到及时排除，导致污泥腐败。另外，环境温度低于0℃时，还可能因长期停机使池内结冰，造成刮泥机不能启动，甚至冻坏池体。如池内有大块异物阻碍刮泥机的运行，并有大批人员同时上机时，易造成刮泥机的超负荷运行，将导致设备的损坏。

（3）由浮渣刮板刮至浮渣槽内的浮渣应及时清除。无浮渣刮板时，可用水冲方法，将浮渣冲至池边，然后清除。

（4）初沉污泥与活性污泥混合浓缩时，应保证两种污泥混合均匀，否则进入浓缩池会由于密度流扰动污泥层，降低浓缩效果。

（5）温度较高，极易产生污泥厌氧上浮。当污水生化处理系统中产生污泥膨胀时，丝状菌会随活性污泥进入浓缩池，使污泥继续处于膨胀状态，致使无法进行浓缩。对于以上情况，可向浓缩池入流污泥中加入 Cl_2、$KMnO_4$、O_3、H_2O_2 等氧化剂，抑制微生物的活动，保证浓缩效果。同时，还应从污水处理系统中寻找膨胀原因，并予以排除。

（6）在浓缩池入流污泥中加入部分二沉池出水，可以防止污泥厌氧上浮，提高浓缩效果，同时还能适当降低恶臭程度。

（7）浓缩池较长时间没排泥时，应先排空清池，严禁直接开启污泥浓缩机。

（8）由于浓缩池容积小，热容量小，在寒冷地区的冬季浓缩池液面会出现结冰现象。此时应先破冰并使之溶化后，再开启污泥浓缩机。

（9）应定期检查上清液溢流堰的平整度，如不平整应予以调节，否则导致池内流态不均匀，产生短路现象，降低浓缩效果。

（10）浓缩池是恶臭很严重的一个处理单元，因而应对池壁、浮渣槽、出水堰等部位定期清刷，尽量使恶臭降低。

（11）应定期（每隔半年）排空彻底检查是否积泥或积沙，并对水下部件予以防腐处理。

（三）运行中常见故障分析及对策

重力浓缩池运行中的常见故障包括污泥上浮和排泥浓度太低等。

1. 污泥上浮

污泥上浮现象是浓缩池液面有小气泡逸出，且浮渣量较多。

产生的原因及解决对策如下：

（1）集泥不及时。可适当提高浓缩机的转速，从而加大污泥收集速度。

（2）排泥不及时。排泥量太小，或排泥历时太短。应加强运行调度，做到及时排泥。

（3）进泥量太小，污泥在池内停留时间太长，导致污泥厌氧上浮。解决措施为：①加 Cl_2、O_3 等氧化剂，抑制微生物活动；②尽量减少投运池数，增加每池的进泥量，缩短停留时间。

（4）由于初沉池排泥不及时，污泥在初沉池中已经腐败。此时应加强初沉池的排泥操作。

2. 排泥浓度太低，浓缩比太小

产生的原因及解决对策：

（1）进泥量太大，使固体表面负荷增大，超过了浓缩池的浓缩能力。应降低入流污泥量。

（2）排泥太快。当排泥量太大或一次性排泥太多时，排泥速率会超过浓缩速率，导致排泥中含有一些未完成浓缩的污泥。应降低排泥速率。

（3）浓缩池内发生短流。能造成短流的原因有很多。

1）溢流堰板不平整使污泥从堰板较低处短流流失，未经过浓缩，此时应对堰板予以调节。

2）进泥口深度不合适，入流挡板或导流筒脱落，也可导致短流，此时可予以改造或修复。

3）温度的突变、入流污泥含固量的突变或冲击式进泥，均可导致短流，应根据不同的原因，予以处理。

【任务实施】

一、实训准备

准备城市污水处理仿真实训软件及其操作手册。

二、实训内容及步骤

实训内容为城市污水处理仿真软件污泥重力浓缩工艺运行管理。根据软件的操作手册，完成以下培训项目：

（1）重力浓缩池及刮泥机的启动、停运和日常巡视检查。

（2）调控浓缩池进泥量和排泥量，保证浓缩效果（浓缩比、固体回收率）。

（3）重力浓缩池运行故障分析及处理，包括污泥上浮和排泥浓度偏低等故障的处理。

三、实训成果及考核评价

城市污水处理仿真软件实训培训及考核成绩，占 100%。

【思考与练习题】

（1）简述连续式重力浓缩池的构造。

（2）如何评价重力浓缩池的浓缩效果？

（3）简述如何控制重力浓缩池进泥量。

（4）重力浓缩池间歇排泥的时间间隔应为多少？

（5）重力浓缩池运行与管理中应注意哪些问题？

（6）浓缩池污泥上浮的可能原因是什么？如何解决这个问题？

（7）如何解决重力浓缩池排泥浓度偏低这个问题？

视频 4.1.1
重力浓缩

课件 4.1.1
污泥重力
浓缩

动画 4.2
重力浓缩池
工艺

任务二 污泥气浮浓缩、离心浓缩和螺压浓缩

【任务引入】

污泥的气浮浓缩是在加压情况下，将空气溶解在澄清水中，在浓缩池中降至常压后，释放出的大量微气泡附着在污泥颗粒的周围，使污泥颗粒比重减小而被强制上浮，达到浓缩的目的。因此，气浮法较适用于污泥颗粒比重接近于1的活性污泥、生物滤池污泥、好氧消化污泥等，可将污泥含水率由99.5%降至94%～96%。针对活性污泥难以沉降的特点，近年来气浮浓缩逐渐取代重力浓缩，成为污泥浓缩的主要手段之一。

离心浓缩是利用污泥中固相和液相的密度不同，在高速旋转的离心机中受到不同的离心力而使两者分离，达到浓缩的目的，主要用于浓缩剩余活性污泥等难脱水污泥或场地狭小的场合。

通过本任务的学习，要求掌握气浮浓缩的工艺流程、气浮池构造和设计运行参数，掌握离心浓缩机、螺压浓缩机的构造，在此基础上能初步进行气浮浓缩、离心浓缩、螺压浓缩的运行管理，并解决工艺运行中的常见故障。

【相关知识】

一、气浮浓缩

（一）气浮浓缩类型和构造

气浮工艺在项目二子项目二的"含藻水给水处理"中已有详细介绍，此处仅介绍气浮浓缩的一些特点。

气浮浓缩同样有部分回流气浮浓缩系统和无回流气浮浓缩系统两种，前者的应用更为广泛。气浮浓缩池可分为矩形和圆形两种。小型气浮装置（处理能力小于100m³/h）多采用矩形气浮浓缩池，大中型气浮装置（处理能力大于100m³/h）多采用辐流式气浮浓缩池（图4-4）。

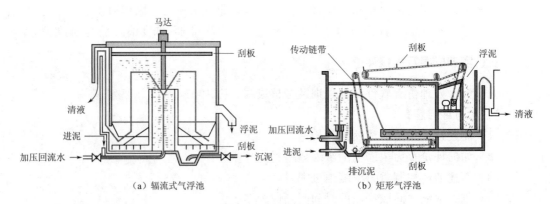

（a）辐流式气浮池　　　　　　　（b）矩形气浮池

图4-4 气浮浓缩池

（二）气浮浓缩的运行与管理

气浮浓缩法运行中，应做好工艺控制工作，保证气浮池正常运转。

1. 进泥量控制

在运行管理中，必须控制进泥量。如果进泥量太大，超过气浮浓缩系统的浓缩能力，则排泥浓度将降低；如果进泥量太小，则造成浓缩能力的浪费。

（1）当浓缩活性污泥时，固体表面负荷 q_s 一般为 $50\sim120kg/(m^2 \cdot d)$，其值与活性污泥的 SVI 值等性质有关。$q_s$ 可由实验确定，也可在运行实践中得出适合本厂污泥的负荷值。

（2）进泥浓度一般不应超过 $5g/L$，即含水率为 99.5%。

（3）进泥量同时应考虑水力负荷。水力负荷太高，使上清液中固体浓度增加。当不投加化学混凝剂时，水力负荷为 $1\sim3.6m^3/(m^2 \cdot h)$，一般采用 $1.8m^3/(m^2 \cdot h)$。

2. 气量的控制

气量控制将直接影响排泥浓度的高低。一般来说，溶入的气量越大，排泥浓度也越高，但能耗也相应增高。气量主要由进泥量、进泥浓度和气固比（A/S）决定。气浮浓缩的气固比，指单位重量的干污泥量在气浮浓缩过程中所需要的空气重量。A/S 值与要求的排泥浓度有关，A/S 越大排泥浓度越高。对于活性污泥，A/S 一般为 $0.01\sim0.04$，一般在 0.02 以上。

3. 加压水量控制

加压水量应控制在合适范围内。水量太少，溶不进气体，不能起到气浮效果；水量太多，不仅能耗升高，也可能影响细气泡的形成。加压水回流比一般为 $1\sim3$。加压水量可由下式计算：

$$Q_w = \frac{Q_i C_i A/S}{C_s(\eta P - 1)} \tag{4-2}$$

式中　Q_w——加压水量，m^3/d；

　　　Q_i——入流污泥量，m^3/d；

　　　C_i——入流污泥的浓度，kg/m^3；

　　　C_s——1 个标准大气压下空气在水中的饱和溶解度，kg/m^3；

　　　P——溶气罐的压力，10^5Pa，一般控制在 $3\sim5atm$；

　　　η——溶气效率，即加压水的饱和度，与压力有关系，在 $3\sim5atm$ 下，η 一般为 $50\%\sim80\%$。

4. 停留时间

对活性污泥，要得到较好的气浮浓缩效果，一般应控制停留时间 $T \geqslant 20min$。

5. 刮泥控制

运行正常的气浮池，液面之上会形成很厚的污泥层。污泥层厚度与刮泥周期有关，刮泥周期越长（即刮泥次数越少），泥层越厚，污泥的含固量也越高。可利用出水堰板调节泥层厚度，泥层厚度为 $0.15\sim0.6m$，一般控制在 $0.15\sim0.3m$，越往上层，含固量越高，平均含固量一般在 4% 以上。一般情况下，泥层厚度增至 $0.4m$ 时，即应开始刮泥。虽然使厚度增高，可继续提高含固量，但高含固量的污泥不易刮除。刮泥机的刮泥速度不宜太快，一般应控制在 $0.5m/min$ 以下。每次刮泥深度不宜太深，可浅层多次刮除。如果总泥层厚度为 $0.4m$，则刮至 $0.2m$ 时即应停止，否则可使泥层底部的污泥，带着水分翻至表面，影响浓缩效果。

6. 排泥控制

气浮浓缩池宜采用连续排泥。当采用间歇排泥时，其间歇时间可为 2～4h。

7. 混凝剂投加

当气浮浓缩池浓缩剩余污泥时，一般可不投加混凝剂。投加混凝剂可增加固体负荷和浮渣浓度。混凝剂（PAM）投加量一般为污泥干重的 2‰～3‰，混凝反应时间一般不小于 5～10min，混凝剂投加点一般在回流与进泥的混合点处。

气浮浓缩运行与管理的其他内容参考项目四子项目一的"污泥重力浓缩"和"含藻水给水处理"部分。

（三）气浮浓缩池运行常见故障分析及对策

1. 气浮污泥的含固量太低

产生的原因及解决对策如下：

（1）刮泥周期太短，刮泥太勤，不能形成良好的污泥层，应降低刮泥频率，延长刮泥周期。

（2）溶气量不足。溶气不足导致气固比降低，因此气浮污泥的浓度也降低，应增大空压机的供气量。

（3）入流污泥超负荷。入流污泥量太大或浓度太高，超过了气浮浓缩能力。应降低进泥量。

（4）入流污泥 SVI 值太高。SVI 值为 100 左右时，气浮效果最好，这一点与重力浓缩是一致的。当 SVI 值大于 200 时，浓缩效果将降低。此时应采取的措施：一是向入流污泥中投入适量混凝剂，暂时保证浓缩效果；二是从污水处理系统中寻找 SVI 值升高的原因，针对原因，予以排除。

2. 分离清液含固量升高

正常运行时，分离液的 SS 应在 500mg/L 之下，当超过 500mg/L 时，即属异常。产生的原因及解决对策如下：

（1）超负荷。入流污泥量太多或含固量太高，超过了系统浓缩能力，应适当降低入流污泥量。

（2）刮泥周期太长。如果长时间不刮泥，使气浮污泥层过厚，也将影响浓缩效果，导致分离液 SS 升高，此时应立即刮泥。

（3）溶气量不足。气固比太低，应增大溶入的气量。

（4）池底积泥，腐败酸化。池底的排泥往往得不到重视。池底积泥时间太长，会影响浓缩效果，直接导致分离液 SS 升高，应加强池底积泥的排除。

二、离心浓缩

离心浓缩的离心力是重力的 500～3000 倍，因而，在很大的重力浓缩池内要经十几小时才能达到的浓缩效果，在很小的离心机内就可以完成，且只需十几分钟。对于不易重力浓缩的活性污泥，离心机可借其强大的离心力，使之浓缩。活性污泥的含固率在 0.5% 左右时，经离心浓缩，可增至 6%。对于富磷污泥用离心浓缩可避免磷的

视频4.1.2 ▶
气浮浓缩

课件4.1.2 PPT
气浮浓缩

图片4.2 P
气浮浓缩工艺流程

二次释放，提高污水处理系统的除磷效果。

用于离心浓缩的离心机有转盘式离心机、篮式离心机和转鼓离心机等，目前普遍采用的是卧式螺旋离心机。离心浓缩机浓缩活性污泥时，一般不需加入混凝剂调质，如果要求浓缩污泥含固率大于 6% 和固体回收率大于 90%，则需投加聚合硫酸铁 PFS 或聚丙烯酰胺 PAM 等絮凝剂，投加量一般为 0.5～1.5g/kg 干污泥。浓缩离心机运行管理的主要内容将在离心脱水部分进行介绍。

三、螺压浓缩

1. 螺压浓缩机构造和工作过程

螺压浓缩机是利用重力和螺旋挤压最终实现污泥浓缩的，可以用于浓缩剩余活性污泥。含固量 0.5% 的活性污泥，用污泥泵送至絮凝反应池前，由流量仪和浓度仪检测后，指令絮凝剂投加装置定量地投入粉状或液状（投加浓度可预先设定）高分子絮凝剂 PAM。通过混合器混合，进入絮凝反应器内，经缓慢反应搅拌匀质后溢入 ROS2 螺压浓缩机。已絮凝的浆液，在压榨转动作用下，被缓慢提升（重力浓缩）、压榨直至浓缩，这是由于当污泥在筛网内运输过程中，压榨螺杆的几何体积也在不断缩小；在运输螺杆的出料端还额外配置一个压榨椎体，并可设置机械的反向静态压榨力量，最终使污泥含固率达到 6%～12%。浓缩污泥卸入集泥斗，进入后续处理装置。过滤液穿流筛网后外排。为防止筛网堵塞，螺旋轴叶片上带有清洗刷，能够实现转动自清洗，同时具有定时自动冲洗设施以冲洗筛网。

螺压浓缩机的处理量从 8～100m³/h 不等，压榨机转速可在 0～12r/min 进行调整，絮凝剂 PAM 投机量一般为 1.5～3kg/t 干污泥。

螺压浓缩机可长期、连续、全封闭运行，比较适合于中、小型污水处理厂，也可用于大型污水处理厂。

2. 螺压浓缩机运行与管理

螺压浓缩机可通过调节以下参数调控污泥浓缩过程：①螺压浓缩机内进料区域内的压力；②螺杆转速和停留时间；③压榨区域内的压榨力量。当螺旋轴的速度调慢时，污泥在浓缩机内停留时间加长，出来的泥饼含水率降低，泥饼的产生量减少；当螺旋轴的速度调快时，污泥在浓缩机内停留时间变短，出来的泥饼含水率升高，泥饼的产生量增加。

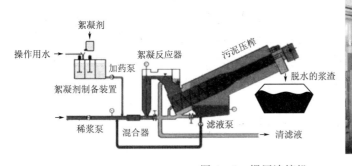

图 4-5 螺压浓缩机

【任务实施】

一、实训准备

准备城市污水处理仿真实训软件及其操作手册。

二、实训内容及步骤

实训内容为城市污水处理仿真软件污泥气浮浓缩工艺运行管理。根据软件的操作手册，完成以下培训项目：

（1）气浮浓缩池、溶气罐、混凝池、刮渣机的启动、停运和日常巡视检查。

（2）调控浓缩池进泥量、排泥量、回流比、溶气罐压力、气固比、混凝剂用量等参数，保证浓缩效果（浓缩比、固体回收率）。

（3）气浮浓缩池运行故障分析及处理，包括固体回收率低（分离清液含固率高）、气浮污泥含固率低、溶气罐压力高等故障的处理。

三、实训成果及考核评价

城市污水处理仿真软件实训培训及考核成绩，占 100%。

【思考与练习题】

（1）大中型气浮装置一般采用哪种气浮池？

（2）气浮浓缩工艺控制的内容有哪些？

（3）如何确定气浮浓缩池的加压溶气气量？

（4）简述气浮浓缩池刮泥和排泥操作的要点。

（5）气浮污泥含固率下降的可能原因有哪些？如何解决这个问题？

（6）如何解决气浮浓缩分离清液含固率升高的问题？

（7）目前最常用的离心浓缩机是哪种？

（8）简述螺压浓缩机污泥浓缩过程。

（9）如何提高螺压浓缩机泥饼含固率？

子项目二 污泥消化工艺运行与管理

污泥消化的目的，就是对污泥进行稳定，以消除污泥中散发的臭味和杀灭污泥中的病原微生物。其方法有厌氧消化、好氧消化、药剂氧化、药剂稳定等。其中厌氧消化和好氧消化是利用微生物的作用将污泥中可生物降解的有机物分解（包括微生物），药剂氧化是利用氧化剂的作用将污泥中的有机物分解，药剂稳定是利用化学药剂的作用抑制微生物对污泥中有机物的分解，杀灭污泥中的病原微生物，使之不散发臭味。在污泥的稳定处理中最常用的是厌氧消化法。

任务一 污泥厌氧消化

【任务引入】

厌氧消化即污泥在无氧的条件下，由兼性菌及专性厌氧细菌将污泥中可生物降解的有机物分解为二氧化碳和甲烷气（或称为污泥气、消化气），使污泥得到稳定。

通过本任务的学习，要求掌握污泥厌氧消化池的构造、工作过程和设计运行参数，能初步进行污泥厌氧消化池的运行管理，并解决其运行中的常见故障。

【相关知识】

一、厌氧消化池构造

厌氧消化池主要有传统消化池、高速消化池和厌氧接触法系统。一般采用具有搅拌、加热的高速消化池或厌氧接触法。

消化池的构造主要包括污泥的投配、排泥及溢流系统，沼气排出、收集与贮气设备，搅拌设备及加温设备等。由于消化池在项目三中已作过比较详细的介绍，此处仅对"污泥投配、排泥与溢流系统"作一些补充。

（1）污泥投配。生污泥需先排入污泥投配池，然后用污泥泵抽送至消化池。污泥投配池一般为矩形，至少设两个，池容根据生污泥量及投配方式确定，通常按 12h 的贮泥量设计。投配池应加盖，设排气管及溢流管。如果采用消化池外加热生污泥的方式，则投配池可兼作污泥加热池。

（2）排泥。消化池的排泥管设在池底，出泥口布置在池底中央或在池底分散数处，排空管可与出泥管合并使用，也可单独设立。排泥管是依靠消化池内的静水压力将熟污泥排至污泥的后续处理装置。

（3）溢流装置。为避免消化池的投配过量、排泥不及时或沼气产量与用气量不平衡等情况发生时，沼气室内的气压增高致使池顶压破。消化池必须设置溢流装置，及时溢流以保持沼气室压力恒定。溢流装置的设置原则是必须绝对避免集气罩与大气相通。溢流装置常用形式有倒虹管式、大气压式及水封式等 3 种。溢流管的管径一般不小于 200mm。

图片4.3 ℗

蛋形厌氧
消化罐

二、厌氧消化工艺

厌氧消化法可分为人工消化法与自然消化法，其中化粪池、双层沉淀池、堆肥等属于自然厌氧消化，消化池属于人工强化的厌氧消化。在人工消化法中，根据池盖构造的不同，又分为定容式（固定盖）消化池与动容式（浮动盖）消化池。按消化温度的不同可分为低温消化（低于 20℃）、中温消化（30～37℃）、高温消化（50～55℃）。按运行方式可分为一级消化、二级消化和两相厌氧消化。

1. 一级消化

一级消化指污泥在单级（单个）消化池内进行搅拌和加热，完成消化过程。

2. 二级消化

二级消化指两个消化池串联运行，生污泥连续或分批投入一级消化池中并进行搅拌和加热，池内污泥保持完全混合。一级消化池的污泥靠重力排入二级消化池，利用污泥余热继续消化，并起到污泥浓缩的作用。此系统中的一级消化池称为高速消化池。

第一级消化池有加温、搅拌设备，并有集气罩收集沼气，消化温度为 33～35℃；第二级消化池没有加温与搅拌设备，消化温度约为 20～26℃，消化气可收集或不收集。

两级消化根据消化过程沼气产生的规律进行设计。第一级消化产生的沼气量约占全部产气量的80%左右。因此，把消化池设计成两级，仅有约20%沼气量没有收集，但是由于第二级消化池无搅拌、加温，减少了能耗。二级消化工艺流程如图4-6所示。

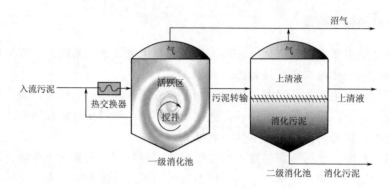

图4-6 二级消化工艺流程

两级消化池的的容积比为一级：二级等于1：1、2：1或3：2，常采用2：1的比值。

3. 两相厌氧消化

把厌氧消化的水解酸化阶段、产氢产乙酸阶段与产甲烷阶段分别在两个消化池中进行，使各自都有最佳菌种群生长繁殖的环境条件。其具有消化速度快、消化容积小、加热与搅拌能耗少、运行管理方便、消化更彻底的特点。两相消化中第一相的污泥投配率可采用100%，即停留时间为1d；第二相消化池投配率为15%～17%，即停留时间为6～6.5d。池型与构造与前述相同。消化池的产气率为0.9～1.1m³/kg。

三、厌氧消化池的工艺控制

(一) 污泥投配与排泥

1. 污泥投配率

污泥投配率是消化池的重要运行参数，投配率过高，消化池内脂肪酸可能积累，导致pH值下降，有机物分解程度减少，产甲烷菌生长受到抑制，污泥消化不完全，产气量下降，但池容小；反之亦然。一般中温消化的污泥投配率为5%～12%，即消化时间为20～8d。要求产气量多，投配率采用下限；如以处理污泥为主采用上限。

也可采用挥发性固体负荷率p。对于生活污水污泥，中温消化和传统消化的挥发性固体负荷率p可采用0.5～1.6kg VSS/(m³ 池容·d)，高速消化的负荷率p可采用1.6～6.5kg VSS/(m³ 池容·d)。

2. 进泥、排泥

排泥量与进泥量完全相等，并在进泥之前先排泥。如果排泥量大于进泥量，消化池工作液位降低，出现真空状态，消化池池顶的真空安全阀破坏，空气进入池内将产生爆炸的危险。如果排泥量小于进泥量，消化池液位上升，污泥自溢流管溢走，此时得不到消化。最佳的进排泥方式为上部进泥底部溢流排泥，使泥位稳定，保证充分消化的污泥被排走。进泥温度太低，应注意热沉淀问题（温度很低的污泥进池遇热，迅速沉降，其原因是冷污泥密度大，热污泥密度小）。

采用中温二级消化时，要排放部分上清液，提高消化池的排泥浓度，减少污泥调质的加药量。上清液一般由上部阀门控制，重力排放。上清液含有大量的污染物质，这些物质回流至污水系统后，必然使其入流污染负荷增加，应认真对待。

（二）毒物控制

工业成分比较高的污水，污泥消化系统常出现中毒现象。毒物控制方法有：控制上游有毒物质的排放，加强污染源管理；消化池中加入 Na_2S，大部分有毒重金属离子能反应生成不溶性沉淀物，失去毒性。

（三）搅拌系统的控制

目前，运行的消化系统绝大多数采用间歇搅拌运行，并注意以下几点：

（1）投泥过程同时搅拌，以便投入的生污泥尽快与池内原消化污泥均匀混合。

（2）蒸汽加热过程应同时搅拌，以便将蒸汽热量尽快散至池内各处，防止局部过热，影响产甲烷菌活性。

（3）沼气循环搅拌可全日工作；采用水力提升器搅拌时，每日搅拌量应为消化池容积的 2 倍，间歇运行，如搅拌 0.5h，间歇 1.5～2h。

（4）底部排泥时，尽量不搅拌，上部排泥，宜同时搅拌。

（5）消化系统试运行或正常运行以后改变搅拌工况，对搅拌混合效果进行测试评价，在池顶设有观测窗的消化池，可以观察搅拌均匀性。测试方法主要有纵横取样法和示踪法。

（四）沼气收集系统的控制

运行中应注意观察产气量、沼气压力和沼气成分的变化。典型的城市污水污泥厌氧消化，正常运行时的产气量一般为 $0.75～1.0 m^3/kgVSS$，会随着进排泥、加热和搅拌系统的变化而变化。

污泥厌氧消化运行与管理的其他注意事项和运行中常见故障处理参见项目三子项目五"厌氧生物处理系统的运行与管理"相关内容。

（五）操作顺序与操作周期

在消化池的日常运行中有五大操作，分别是进泥、排泥、排上清液、搅拌和加热。这些操作不可能同时进行，但其操作顺序会对消化效果产生很大的影响。因此，应结合本厂特点，确定合理的操作顺序。

【任务实施】

参考"厌氧接触法"的实训任务。

【思考与练习题】

（1）目前常用的厌氧消化工艺都有哪些？区别是什么？

课件4.2.1

污泥厌氧消化
运行与管理

（2）厌氧消化工艺污泥投配和排泥的注意事项有哪些？

（3）污泥厌氧消化搅拌系统运行时应注意哪些问题？

任务二 污泥好氧消化

【任务引入】

污泥好氧消化实质上是活性污泥法的继续，微生物在外源底物耗尽后，即进入内源呼吸期，依靠代谢自身物质来维持生命活动所需能量。与厌氧消化相比，好氧消化的优点是：污泥中可生物降解有机物的降解程度高；清液 BOD 浓度低；消化污泥量少，无臭、稳定、易脱水，处置方便；消化污泥的肥分高，易被植物吸收；好氧消化池运行管理方便简单，构筑物基建费用低等。因此，特别适合于中小污水处理厂的污泥处理。

本任务要求掌握污泥好氧消化池的构造、工作过程和设计运行参数，能初步进行污泥好氧消化池的运行管理，并解决其运行中的常见故障。

【相关知识】

一、污泥好氧消化池的构造

好氧消化池如图 4-7 所示。其构造主要包括好氧消化室，进行污泥消化；泥液分离室，使污泥沉淀回流并排除上清液；消化污泥排除管；曝气系统，由压缩空气管和中心导流筒组成，提供氧气并起搅拌作用，可采用除微气泡扩散装置外的鼓风曝气和机械曝气。消化池底坡度不小于 0.25，水深取决于鼓风机的风压，一般为 3～4m。好氧消化法的操作较灵活，可以间歇运行操作，也可连续运行操作。

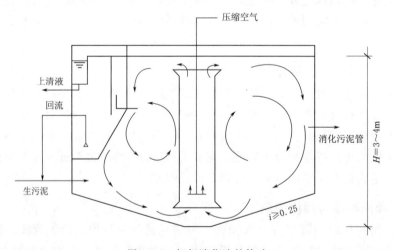

图 4-7　好氧消化池的构造

二、好氧消化工艺类型

污泥好氧消化的主要工艺类型有传统活性污泥好氧消化工艺（CAD）、缺氧/好氧消化工艺（AAD）、自动升温好氧消化工艺（ATAD）。

1. CAD工艺

CAD工艺主要是通过曝气使微生物进入内源呼吸期进行自身氧化，从而使污泥减量。其消化池的构造和设备与传统活性污泥法类似，但污泥停留时间很长，与污泥浓度和污泥来源有关。

一般大中型污水处理厂的好氧消化池采用连续进泥的方式。消化池后设浓缩池，浓缩污泥一部分回流到消化池中，另一部分被排走，上清液进入格栅间进行处理。间歇进泥方式适用于小型污水处理厂，其在运行中需定期进泥和排泥（1次/d）。

CAD工艺的运行费用较高，受气温影响大，而且对病原病的灭活能力较低。

2. AAD工艺

AAD工艺是在CAD工艺的前段加一段缺氧区，利用污泥在该段发生反硝化作用所产生的碱度来补偿CAD工艺硝化反应中所消耗的碱度，所以不必另行投加碱（如石灰等）就可使pH值维持在7左右。另外，在AAD工艺中NO_3^-代替O_2作最终电子受体，使得耗氧量比CAD工艺节省了18%（仅为1.63kg O_2/kg MLVSS）。其工艺流程如图4-8所示。工艺Ⅰ采用间歇进泥，通过间歇曝气产生好氧和缺氧期，并在缺氧期进行搅拌而使污泥处于悬浮状态以促使污泥发生充分的反硝化，类似于SBR工艺。工艺Ⅱ、Ⅲ为连续进泥且需要进行消化液回流，工艺Ⅲ的污泥经浓缩后部分回流至缺氧消化池。

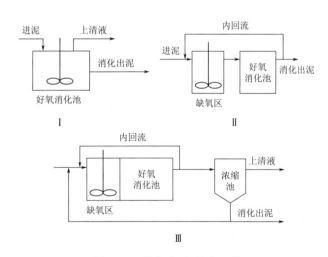

图4-8　缺氧/好氧消化工艺

3. ATAD工艺

ATAD工艺主要是利用活性污泥微生物自身氧化分解产生的热量来提高反应器的温度。其进泥首先要经过浓缩，这样可产生足够的热量。同时反应器要采用封闭式，外壁采取隔热措施。此外，还需采用高效氧转移设备以减少蒸发热损失。

ATAD消化池一般由两个或多个反应器串联而成，反应器内加搅拌装置并设排气孔。其操作比较灵活，可根据进泥负荷采取序批式或半连续流的进泥方式，反应器内的溶解氧浓度一般控制在1.0mg/L左右。消化和升温主要发生在第一个反应器内，其温度为 35～55℃，pH 值≥7.2；第二个反应器温度为 50～65℃，pH 值≈8.0。

ATAD 反应器内温度较高具有以下优势：①抑制硝化作用；②有机物代谢速率较快，去除率高（一般为 45%，甚至可达 70%，$SRT=7d$）；③污泥停留时间短，为 5～6d；④氨氮浓度高，对病原菌灭活效果好。

三、好氧消化池设计运行参数

好氧消化池设计运行参数见表 4-1。

表 4-1 好氧消化池设计运行参数

序 号	设 计 运 行 参 数	数 值
1	污泥停留时间/d	
	活性污泥	10～15
	初沉污泥、初沉污泥与活性污泥混合	15～20
2	有机负荷/［kg MLVSS/(m³·d)］	0.38～2.24，一般为 1 左右
3	空气需氧量（鼓风曝气）/［m³/(m³·min)］	
	活性污泥	0.02～0.04
	初沉污泥、初沉污泥与活性污泥混合	>0.06
4	机械曝气所需功率/［kW/(m³·池)］	0.02～0.04
5	最低溶解氧/(mg/L)	2
6	温度/℃	>15
7	挥发性固体去除率/%	50 左右

污泥好氧消化池的运行管理参考项目三子项目三"活性污泥法处理系统的运行与管理"。

【任务实施】

参考项目三子项目三"活性污泥法处理系统的运行与管理"。

【思考与练习题】

(1) 简述污泥好氧消化池的构造。

(2) 简述污泥好氧消化的工艺类型及其特点。

(3) CAD 工艺运行中常出现的问题有哪些？如何解决？

子项目三 污泥脱水与干化工艺运行与管理

污泥经浓缩、消化后，尚有约 95%～97% 的含水率，体积仍很大。为了综合利用和最终处置，需进一步将污泥减量，进行脱水处理。而脱水则主要是将污泥中的吸附水和毛细水分离出来，这部分水约占污泥中总含水量的 15%～25%。因此，污泥经脱水后，含水率降低到 80%～85% 以下，体积减至浓缩前的 1/10，脱水前的 1/5，大大降低了后续污泥处置的难度。污泥脱水的主要方法有自然干化脱水和机械脱水等。

任务一　污泥机械脱水

【任务引入】

机械脱水利用机械设备进行污泥脱水，因而占地少，与自然干化相比，恶臭影响也较小，但运行维护费用较高。现大多数污水处理厂采用此种方法脱水。机械脱水的种类很多，按脱水原理可分为真空过滤脱水、压滤脱水、离心脱水和螺压脱水四大类。目前应用最广泛的是带式压滤机和离心脱水机。

通过本任务的学习，要求熟悉机械脱水的类型，掌握污泥调理的方法，掌握常见机械脱水设备的构造、工作过程和运行参数，能初步进行机械脱水设备的运行和维护，能解决常用机械脱水设备运行中的常见故障。

【相关知识】

一、机械脱水的类型

1. 真空过滤脱水

真空过滤脱水系将污泥置于多孔性过滤介质上，在介质另一侧造成真空，将污泥中的水分强行"吸入"，使之与污泥分离，从而实现脱水。常用的设备有各种形式的真空转鼓过滤脱水机。此种方法在 20 世纪六七十年代建设的处理厂大多采用，但由于其泥饼含水率较高、噪音大、占地也大，而其改造及性能本身又无较大的改进，20 世纪 80 年代以来，已很少采用。

图片4.4 ℗

转筒真空
过滤机
工作原理

2. 压滤脱水

压滤脱水将污泥置于过滤介质上，在污泥一侧对污泥施加压力，强行使水分通过介质，使之与污泥分离，从而实现脱水，常用的设备有各种形式的带式压滤脱水机和板框压滤机。板框压滤脱水机泥饼含水率最低，因而一直在采用。但这种脱水机为间断运行，效率低，且操作麻烦，维护量很大，所以使用并不普遍，仅在要求出泥含水率很低的情况下使用。目前国内新建的处理厂，大部分都采用带式压滤脱水机，因为该种脱水机具有出泥含水率较低且稳定、能耗少、过滤控制不复杂等特点。

图片4.5 ℗

转筒真空
过滤机

3. 离心脱水

离心脱水系通过水分与污泥颗粒的离心力之差，使之相互分离，从而实现脱水，常用的设备有各种形式的离心脱水机。离心脱水机噪音大、能耗高、处理能力低，因此以前使用较少。但 20 世纪 80 年代中期以来，离心脱水技术有了长足的发展，尤其是有机高分子絮凝剂的普遍应用，使离心脱水机处理能力大大提高，加之全封闭无恶臭的特点，离心脱水机采用的越来越多。

二、机械脱水前的预处理

污泥在机械脱水前，必须进行预处理。预处理的目的在于改善污泥脱水性能，提高机械脱水效果与机械脱水设备的生产能力。初沉污泥、活性污泥、腐殖污泥、消化污泥均由亲水性带负电荷的胶体颗粒组成，有机质含量高且比阻值大，脱水困难。而消化污泥的脱水性能与其搅拌方法有关，若用水力或机械搅拌，污泥受到机械剪切，絮体被破坏，脱水性能恶化；若采用沼气搅拌，脱水性能可改善。

预处理的方法主要有化学调理法、热处理法、冷冻法及淘洗法等，其中以化学调理为主，原因在于化学调理流程简单，操作不复杂，且调理效果很稳定。

(一) 化学调理

化学调理就是在污泥中投加混凝剂、助凝剂一类的化学药剂，使污泥颗粒产生絮凝，比阻降低。

混凝剂主要有无机混凝剂和有机混凝剂 2 类。板框压滤机和转筒真空过滤机多采用无机混凝剂，如三氯化铁、聚合氯化铝等。目前，人工合成有机高分子混凝剂在污泥调质中得到普遍使用，并基本上已取代了无机混凝剂，特别是在带式压滤机和离心脱水机中。常用的高分子混凝剂是聚丙烯酰胺（俗称三号絮凝剂，PAM）。给水污泥调理多采用阴离子聚丙烯酰胺，排水污泥调理常采用阳离子聚丙烯酰胺，其作用机理主要是压缩双电层和吸附架桥。常用的助凝剂有石灰、硅藻土、木屑、粉煤灰、细炉渣等惰性物质。助凝剂的作用是调节污泥的 pH 值（如加石灰），或提供形成较大絮体的骨料，改善污泥颗粒的结构，从而增强混凝剂的混凝作用。混凝剂种类的选择及投加量的多少与许多因素有关，应通过试验确定。

(二) 混凝剂配制与投加

混凝剂的投配方式一般采用湿式投配。当采用离心脱水机时，投药点往往直接设在脱水机上。采用带式压滤机时，投药点一般设在投泥管线上。在脱水机进泥管线上最好多设几个投药点，以便调节灵活。

高分子混凝剂多采用自动配制与投加系统，自动化程度高。

1. 自动配药过程

加药前检查系统，调配罐的液位是否处于最低保护液位。如果系统第一次启动或更新絮凝剂的品种，应根据工艺需要，制定药液浓度，依据配药罐的有效体积及落粉量，确定落药时间，然后将落药时间输入系统，作为运行参数，检查系统水压是否达到要求，把配药系统的模式转换为自动状态。满足上述要求后，配药系统供水电磁阀自动开启，配药罐内的搅拌器开始工作。待配药罐达到最低保护液位后，系统自动落药，干粉的落药时间达到设定后，落药停止，搅拌器继续工作，进水至配药罐最高保护液位，进水电磁阀自动关闭，贮药罐达到最低保护液位，配药罐落药电磁阀自动开启，待配药罐达到最低液位，电磁阀关闭，系统进入下一周期的配药过程。

2. 手动配药过程

系统因某种原因不能实现自动加药，需手动加药，首先将配药系统的控制模式转换为手动状态，同时检查供水系统的水压是否达到要求，开启进水电磁阀，确保配药罐达到一定水位后，启动搅拌器，待配药罐达到最低保护液位，启动落粉系统，用秒表准确记录落粉时间，达到规定的落药时间，关闭落药系统，并观察配药罐液位，当达到配药罐最高保护液位，关闭进水电磁阀；应定时巡检系统，当贮药罐达到最低保护液位后，开启配药罐的药液电磁阀，配药系统进入下一周期的配药。

三、带式压滤机

（一）带式压滤机构造和工作过程

带式压滤机脱水的典型工艺流程为：浓缩污泥（消化污泥）→污泥切割机→螺杆泵→混合器（絮凝反应）→带式压滤机。污泥切割机的作用是防止大块的杂物或污泥进入螺杆泵而引起故障。带式压滤脱水机是由上下两条张紧的滤带夹带着污泥层，从一连串按规律排列的辊压筒中呈 S 形弯曲经过，靠滤带本身的张力形成对污泥层的压榨力和剪切力，把污泥层中的毛细水挤压出来，获得含固量较高的泥饼，从而实现污泥脱水。带式压滤脱水机有很多形式，但一般都分成以下四个工作区（图 4-9）：

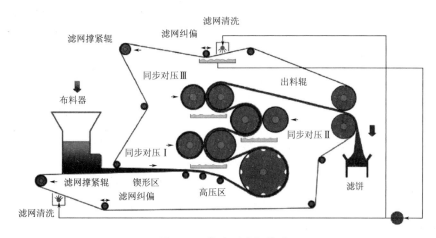

图 4-9　带式压滤机构造

（1）重力脱水区。在该区内，滤带水平行走。进泥经螺杆泵输送到混合器，经污泥调质后，部分毛细水转化成了游离水，这部分水分在该区内借自身重力穿过滤带，从污泥中分离出来。一般来说，重力脱水区可脱去污泥中 50%～70% 的水分，使含固量增加 7%～10%，停留时间在 1min 以内。

（2）楔形脱水区。楔形区是一个三角形的空间，滤带在该区内逐渐靠拢，污泥在两条滤带之间逐步开始受到挤压。在该段内，污泥的含固量进一步提高，并由半固态向固态转变，为进入压力脱水区做准备。

（3）低压脱水区。污泥经楔形区后，被夹在两条滤带之间绕辊压筒作 S 形上下移动。施加到泥层上的压榨力取决于滤带张力和辊压筒直径。在张力一定时，辊压筒直径越大，压榨力越小。污泥经低压区之后，含固量会进一步提高，但低压区的作用主要是使污泥成饼，强度增大，为接受高压做准备。

（4）高压脱水区。经低压区之后的污泥，进入高压区之后，受到的压榨力逐渐增大，其原因是辊压筒的直径越来越小。至高压区的最后一个辊压筒，压榨力增至最大。污泥经高压区之后，含固量进一步提高，一般大于 20%，正常情况下在 25% 左右。

图片4.6 Ⓟ
带式压滤机

物料经过以上各阶段的脱水处理后形成滤饼排出，通过刮泥板刮下，上下滤带分开，经过高压冲洗水清除滤网孔间的微量物料，继续进入下一步脱水循环。

一般带式压滤脱水机由滤带、辊压筒、滤带张紧系统、滤带调偏系统、滤带冲洗系统和滤带驱动系统构成，如图 4-9 所示。

（二）工艺控制

不同种类的污泥要求不同的工作状态，即使同一种污泥，其泥质也有所不同。实际运行中，应根据进泥泥质的变化，随时调整脱水机的工作状态，主要包括带速的调节、滤带张力的调节、压力区泥层厚度及调质效果的控制。

1. 带速的控制

滤带的行进速度控制着污泥在每一工作区的脱水时间，对出泥泥饼的含固量、泥饼厚度及泥饼剥离的难易程度都有影响。带速越低，泥饼含固量越高，泥饼越厚，越易从滤带上剥离；带速越高，泥饼含固量越低，泥饼越薄，越不易剥离。对于初沉污泥和活性污泥组成的混合污泥，带速一般应控制在 2～5m/min。活性污泥进行带式压滤脱水时，带速一般控制在 1m/min 以内。进泥量较高时，取高带速，反之取低带速。不管进泥量多少，带速一般不超过 5m/min。

2. 滤带张力的控制

滤带张力会影响泥饼的含固量，滤带张力越大，泥饼含固量越高。对城市污水混合污泥，一般将张力控制在 0.3～0.7MPa，正常控制在 0.5MPa 左右。张力太大时，会将污泥在高、低压区挤压出滤带，造成跑料或滤带堵塞。一般情况下，上下滤带的张力相等。但适当调整使下滤带的张力略低于上滤带，有时会提高污泥的成饼率。

3. 调质的控制

污泥调质效果，直接影响脱水效果。带式压滤脱水机对调质的依赖性更强。如果加药量不足，调质效果不佳时，污泥重的毛细水不能转化成游离水在重力区被脱去，因而由楔形区进入低压区的污泥仍呈流动性，无法挤压。反之，如果加药量太大，一是增大处理成本，更重要的时污泥黏性增大，极易造成滤带被堵塞。对于城市污水混合污泥，采用阳离子 PAM 时，干污泥投药量一般为 1～10kg/t，具体可由试验确定或在运行中调整。在污泥调质加药时，加入适量的高锰酸钾或三氯化铁，可大大降低恶臭程度。另外，适当加入一些阴离子或非离子 PAM，可明显使泥饼从滤带上易于剥离。

4. 处理能力的确定

带式压滤脱水机的处理能力有两个指标：一个是进泥量 q，另一个是进泥固体负荷 q_s。

在污泥性质和脱水效果一定时，q 和 q_s 也是一定的，如果进泥量太大或固体负荷太高，将降低脱水效果。一般来说，对于混合污泥，q 可达 4～7m³/(m·h)，q_s 可达到 150～250kg/(m·h)。

对于给水污泥，当原水 SS 很低，泥量中混凝剂形成的泥量占 40%～55%SS，且进泥含固率为 2%～3%时，滤布过滤能力约为 100kg/(m·h)；当原水 SS 在 50～100mg/L，泥量中混凝剂形成的泥量约占 20%SS，且进泥含固率不小于 5%时，滤布过滤能力可高达 300～450kg/(m·h)。

不同规格的脱水机，带宽也不同，但一般不超过 3m，否则，污泥不容易摊布均匀。

5. 压力区泥层厚度

压力区泥层厚度也会影响带式压滤机的脱水效果，一般泥层厚度越低，泥饼含固率越高，但处理量越低。脱水滤饼的厚度一般为 6～10mm。

（三）带式压滤机启动运行和停机

1. 启动运行

（1）开机前做好准备工作，主机、辅机是否一切正常。

（2）配制絮凝剂。首先使 PAM 充分溶解后，加水稀释至浓度为 0.1%备用。

（3）启动空气压缩机，使气压为 0.5MPa，张紧滤带。

（4）打开清洗泵及阀门，使清洗装置运行。

（5）启动主机，接通调速开关电源，使主机转速由零开始缓慢调至所需的运行速度。

（6）启动加药泵，同时启动污泥切割机和螺杆泵并调节其流量，启动混凝搅拌电机。

（7）启动无轴螺旋输送器。

（8）调整进泥量和滤带行进速度，使脱水效果达到最佳。

（9）开机后应检查滤带运转是否正常，纠偏机构工作是否正常，各转动部件是否正常，有无异响。

2. 停机

（1）关闭污泥螺杆泵，停止进泥；关闭加药泵，停止加药。

（2）停止混凝搅拌电机。

（3）待污泥全部排尽，滤带空转把滤带清洗干净。

（4）打开混凝罐排空阀放尽剩余污泥，用清洗水洗净混凝罐和机架上的污泥。

（5）关闭清洗水，关闭主机，关闭空压机放松滤带，关闭电源。

（四）带式压滤机日常运行维护

带式压滤机日常运行和管理应注意以下事项：

（1）污泥切割机运行操作。污泥切割机运行时应注意以下问题：

1）初次运行前应检查系统、减速机内的润滑油及刀片的旋转方向，从进料口观测，刀片向中心旋转。

2）启动后，运行机体的振动不大于 1mm 峰值，减速箱及轴承温升不超过 35℃。

3）初次运行后，200h 换减速机润滑油，以后每 100h 检查油质、油量，每 1500h 取样测定一次，每 3000h 更换一次润滑油。

4）每次换油应检查密封是否漏水，检查时打开油罐，放出减速机内油液，并观察是否有水。如果发现漏水应及时更换密封。

（2）注意时常观测滤带的损坏情况，并及时更换新滤带。滤带的使用寿命一般为3000～10000h，如滤带过早损坏，应分析原因。滤带损坏常表现为老化、腐蚀或撕裂。下列情况会造成滤带损坏，应及时排除：滤带的尺寸或材质不合理；辊压筒不整齐；滤带的接缝不合格；纠偏系统不灵敏；张力不均匀；由于冲洗水不均匀，污泥分布不均匀，使滤带受力不均匀。

（3）滤布冲洗。脱水机停止工作后，必须立即冲洗滤带，不能过后冲洗。一般每处理 1000kg 的干污泥约需冲洗水 15～20m³，在冲洗期间，每米滤带的冲洗水量需10m³/h 左右。每天应保证 6h 以上的冲洗时间，冲洗水压力一般应不低于 0.5MPa。另外，还应定期对脱水机周身及内部进行彻底清洗。

（4）按照脱水机的要求，定期进行机械检修维护，包括：①按时加润滑油；②定期检查清洗装置，保持喷水管畅通；③定期保养气缸，清洗红外线探头；④及时更换易损件等。

（5）脱水机易腐蚀部分应定期进行防腐处理。加强室内通风，增加换气次数，也可有效地降低腐蚀程度，如有条件应对恶臭气体封闭收集，并进行处理。

（6）应定期分析滤液的水质，以判断脱水效果是否降低。正常情况下，滤液水质应在以下范围：SS＝200～1000mg/L，BOD_5＝200～800mg/L。如果水质恶化，说明脱水效果降低，应分析原因。

冲洗水的水质一般 SS＝1000～2000mg/L，BOD_5＝100～500mg/L。如果水质太脏，说明冲洗次数和冲洗历时不够；如果水质低于上述范围，则说明冲洗水量过大，冲洗过频。

（7）及时发现脱水机进泥中砂粒对滤带、转鼓或螺旋输送器的影响或破坏情况，损坏严重时应及时更换。

（8）污泥脱水效果受温度的影响，尤其是离心机冬季泥饼含固率一般可比夏季低2%～3%，因此在冬季应加强保温或增加污泥投药量。

（9）做好分析测量与记录。

1）每班应检测进泥的流量及含固率，泥饼的产量及含固率、滤液的 SS、絮凝剂的投加量、冲洗介质或水的使用量、冲洗次数和冲洗历时。

2）每天应检测滤液产量、滤液水质、电耗。

3）应定期测试或计算滤带张力、滤带行进速度、固体回收率、污泥投药量、进泥固体负荷等。

（五）运行中常见故障分析与对策

1. 泥饼含固率下降

泥饼含固率下降的原因及解决对策如下：

（1）带速太大。带速太大则停留时间缩短，使泥饼变薄，导致含固量下降，此时应降低带速。一般应保证泥饼厚度为 5～10mm。

（2）滤带堵塞。滤带堵塞不能将水分滤出，使含固量降低，此时应停止运行，冲洗滤带。

（3）滤带张力太小。此时不能保证足够的压榨力和剪切力，使含固量降低。此时应适当增大张力。

（4）调质效果不好。一般是由于加药量不足。当进泥泥质发生变化、脱水性能下降时，应重新试验，确定出合适的干污泥投药量。有时是由于加药点位置不合理，导致絮凝时间太长或太短；有时是由于配药浓度不合适。以上情况均应进行试验并加以调整。

2．固体回收率下降

固体回收率下降时，分离液浑浊。其原因及解决对策如下：

（1）张力太大，导致受压区跑料，使部分污泥随滤液流失，此时应减小张力。

（2）带速太大，造成受压区跑料，此时应降低带速。

（3）进料流量太大，从滤带两侧跑泥，应减小进泥流量。

（4）带速太慢，从滤带两侧跑泥，应提高带速。

（5）楔形区调整不当，滤带跑泥，应冲洗调整楔形区间隙。

（6）絮凝效果不好，滤带跑泥，措施同固体回收率下降。

3．滤带时常跑偏

滤带时常跑偏原因及解决对策如下：

（1）进泥在滤带上摊布不均匀。应更换平泥装置或调整进泥口。

（2）辊压筒之间相对位置不平衡。应检查调整。

（3）辊压筒局部损坏或过度磨损，应检查更新。

（4）纠偏装置不灵敏。自动调偏机构由位移传感器气阀、调偏辊及位于调偏辊两侧的气囊组成。位移传感器测定滤带所处的位置，并根据测定的结果控制气阀开闭，使调偏辊两侧的气囊一边排气，一边进气，推动调偏辊移到正确位置，实现自动调偏。如出现纠偏装置不灵敏的情况，应检查换向阀开关是否正常，并修复。

4．滤带堵塞严重

滤带堵塞严重的原因及解决对策如下：

（1）滤带张力太大，应适当减小张力。

（2）冲洗不彻底，应增加冲洗时间或冲洗水压力。

（3）进泥中含砂量太大，易堵塞滤布，此时应加强污水预处理系统的运行控制。

（4）加药过量。PAM加药过量，黏度增加，堵塞滤布。另未充分溶解的PAM也易堵塞滤布。

5．滤带打滑

滤带打滑的原因及解决对策如下：

（1）进泥超负荷，降低进泥量。

（2）辊压筒损坏，应及时更换或修复。

（3）滤带张力太小，应增加张力。

6．滤带起拱

滤带起拱使压力脱水区缠绕在辊子表面的两条滤带不重合，外带拱起或下带开口，起拱的位置不确定，只要在运行过程中某处起拱，随着滤饼厚度的变化，它只会增大，不会减小或消失，且不会移至别处；当机器反向运行时，起拱位置会发生变化。滤带起拱的原因是带内部张力分布不均，局部张力不足以克服运行阻力，使得滤带松弛。其处理措施主要如下：

（1）检查起拱处相邻辊子的转动状况，对其轴承进行维护。

（2）检查起拱滤带的张紧装置，排除张紧装置故障，减小张紧导向杆的移动阻力，使得张紧气囊充气时带能张紧，排气时依靠带的弹性回复把气囊压回到张紧前的位置，带张力消除。负载运行时，随着泥饼厚度变大、气囊所处的位置会有所波动。

（3）调整张紧气压，使两条滤带的张力有差别，由于两条带的相互影响，两带张紧力值差别应适度，否则，紧带将把松带压住而影响松带。

四、离心脱水机

离心机脱水的主要优点是自动化程度高、工艺密闭性强、可连续运行、管理方便、运行方式灵活，而且出泥量大、占地面积小、出泥含固率较高、污泥回收率高等，近年来应用广泛。目前普遍采用的是卧式螺旋离心机（卧螺离心机）。

（一）离心脱水机的构造和工作过程

1. 构造

离心脱水机主要由螺旋输送器、锥形转筒、空心转轴和差速器等组成（图 4-10）。螺旋输送器固定在空心转轴上，空心转轴与锥筒由驱动装置传动，同向转动，但两者之间有速差，前者稍慢，后者稍快。

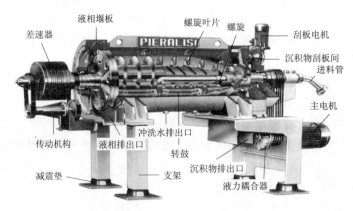

图 4-10 离心脱水机构造

离心脱水机可分为顺流式和逆流式。进泥方向与污泥固体的输送方向一致的称为顺流式离心脱水机，进泥方向与固体输送方向相反的称为逆流式离心脱水机。顺流式离心机适用于亲水胶体污泥的脱水，逆流式适用于稠密的污泥。目前，这两种离心机都采用较多，但顺流式略多于逆流式。国产连续脱水机基本上都为顺流式，如图 4-10 所示。

而按照分离因数 α 则可分为低速离心机（$\alpha=1000\sim1500$）、中速离心机（$\alpha=1500\sim3000$）和高速离心机（$\alpha>3000$），多数水处理厂采用低速离心机，可获得90％的固体回收率。

2. 工作过程

离心脱水机的典型工艺流程与带式压滤机类似，只是一般不设单独的混合器，混凝剂直接投入离心脱水机同污泥混合反应。

污泥从空心轴筒端进入，通过轴上小孔进入锥筒，污泥中的水分和污泥颗粒由于受到高速旋转产生的离心力不同而分离，污泥颗粒聚集在转筒外缘周围，形成固体层，称为固环层；水分由于密度较小，离心力小，因此只能在固环层内侧形成液体层，称为液环层。固环层的污泥在螺旋输送器的缓慢拖动下，被输送到转鼓的锥端，随着泥饼的向前推进不断被离心压密，而不会受到进泥的搅动，并经转鼓周围的出口连续排出。液环层的液体则由堰口连续"溢流"排至转鼓外，形成分离液，然后汇集起来，靠重力排出脱水机外。

（二）离心脱水机的工艺控制

离心脱水机运行中为保证脱水效果，应注意调整工作状态，主要包括分离因数、转速差、液环层厚度、进泥量和调质效果等的控制。

1. 分离因数（转速）的控制

离心机转鼓的转速一般能在较大范围内无级调节，通过调节转速，可以控制离心机分离因数，使之适应不同泥质的要求。转鼓转速越高，分离效果越好。一般来说，污泥颗粒越大，密度越大，需要较低的分离因数，反之则需要较高的分离因数。初沉池和消化污泥一般只需较小的 α 值，即能获得较好的脱水效果。活性污泥要获得较高的脱水效果，则需较大的 α 值。混合污泥要求的 α 值取决于活性污泥所占的比例，活性污泥比例越高，所需的 α 值越大。当进泥泥质不变时，增大 α 值，可提高脱水的固体回收率，提高分离液的清澈度。城市污水混合污泥的 α 值一般为 $800\sim1200$，具体可通过离心模拟试验或直接对离心机进行调试得出，也可参考相近厂的数值。

2. 液环层厚度的控制

液环层厚度可通过溢流挡板予以调节。当进泥量一定时，液环层越厚，污泥在液环层内进行分离的时间越长，会有更多的污泥被分离出来，但干燥区面积小，泥饼含固率降低。同时，液环层变厚，会降低某些小颗粒受扰动而随分离液流失的可能性。离心机液环层的厚度一般为 $5\sim15cm$，具体取决于离心机的规格及进泥泥质。初沉池可相对薄一些，以便保证高固体回收率的前提下，尽量提高泥饼的含固量。活性污泥脱水时，液环层应相对厚一些，否则很难保证一定的固体回收率。原因一是活性污泥颗粒小，需要较长的泥水离心分离时间；二是其污泥颗粒受扰动，极易泛起，随分离液流失。混合污泥脱水时的液环层厚度介于二者之间，具体取决于其中活性污泥所占的比例。

3. 转速差的控制

转速差是指转鼓与螺旋的转速之差，即两者之间的相对速度。如果转速差为 Δn，则螺旋相对于转鼓来说，等于以 Δn 的速度在旋转，液环层中被分离出的污泥就是利用这个速度被输送出脱水机的。转速差增大时，离心机的处理能力增加，泥饼在离心机中的停留时间缩短，污泥脱水的固体回收率和泥饼的含固量都将降低，反之亦然。一般离心机都允许在较大范围内调节转速差，给水污泥一般为 $2\sim20r/min$，城市污水污泥一般为 $2\sim35r/min$，具体取决于进泥泥量和泥质，一般情况下可控制在 $2\sim5r/min$。在进泥量一定时初沉污泥进行脱水，转速差可高一些，活性污泥可低一些，混合污泥介于二者之间。转差降低会使扭矩增加，最好的办法是通过扭矩的设定，实现转速差的自动调整。

4. 调质效果的控制

离心脱水一般采用有机高分子混凝剂。当污泥有机物含量高时，宜用离子度低的阳离子 PAM；反之，选用离子度高的阴离子 PAM。不能采用无机盐类混凝剂，主要原因是离心机为封闭式强制脱水，对进泥量有较严格的要求，如果采用无机类混凝剂，将由于污泥量增加，使离心机的脱水泥量大大降低。当泥质发生变化时，应随时调整干污泥的投药量，保证调质效果。一般来说，当混合污泥中活性污泥比例较大时，应立即增大干污泥的投药量，反之可减少投药量。如果污泥调质效果下降，离心脱水的固体回收率和泥饼含固量也将随之降低。

当为混合生污泥时，PAM 投加量为污泥干重的 $0.3\%\sim0.7\%$，脱水后的污泥含水率可达 $75\%\sim80\%$；当为混合消化污泥时，挥发性固体不超过 60%，PAM 投加量为污泥干重的 $0.25\%\sim0.55\%$，脱水后的污泥含水率可达 $75\%\sim85\%$。

5. 进泥量的控制

污泥投配量越低，污泥停留时间越长，固液分离效果越好，但处理量下降。此外进料流量还受到螺旋排渣能力的限制。最好的办法是在脱水机的额定工况条件下，通过进泥含固率的测定来确定进泥负荷。每一台离心机都有一个最大进泥量，实际进泥量超过该值时，离心机将失去平衡，并受到损坏，因而运行中应严格控制离心机的进泥量。另外，每台离心机都有一个极限最大入流固体量。当由于进泥含固量升高等原因导致入流固体量超过极限值时，将因扭矩过大使离心机超载而停车。

离心脱水机的运行中，应综合调整各工艺参数，获得最佳的脱水效果。

（三）离心脱水机的启动运行和停机

1. 开机前检查

一般情况下离心机可以遥控启动，但如果离心机是由于过载而停车的，在机器启动前应该检查以下几点：离心机的上、下罩壳中是否已无固体沉积物，排料系统是否打开（可能是排泥刀闸阀、无轴螺旋输送器等），转鼓是否可以很容易的用手转动，所有的保护装置是否正确安装且安全可靠。

如果离心机已经放置了几个月以上，主轴承中的油脂有可能已经变硬了，从而导致设备难以全速运转。解决方法是用手慢慢地转动转鼓，同时注入新的油脂。

2. 启动运行

（1）混凝剂配制。将加药机选择开关打到"就地"，按启动按钮，加药机开始配药。待配药箱第三缸药配足后，启动条件准备完毕。

（2）松开"紧急停车"按钮，启动离心机主、副电机，若采用变频驱动，离心机稳定运行到工作频率。

（3）启动无轴螺旋输送器或其他排放固相物料的输送设备。

（4）设备稳定运行后，启动絮凝剂投加泵。

（5）启动污泥切割机和进泥螺杆泵，开始脱水。

（6）调节转速、转速差、进泥量、絮凝剂用量，使达到满意的脱水效果。

（7）开机后应检查主机频率及电流、差动机频率及电流，看是否在额定范围内。

3．停机

（1）关闭进泥泵和进料阀，关闭絮凝剂投加泵。

（2）在离心机停机以前，停止进料并提高差速，尽可能将残存物清出转鼓。

（3）持续低速清洗离心机（300r/min以上）。用水冲洗离心机10～20min直到从大端排出的冲洗水变清。

（4）停止离心机主、副电机，关闭无轴螺旋输送器。

4．设备清洗

停机清洗后，打开转鼓上盖检查上下机壳是否都清洗干净，并检查是否有物料残留在转鼓里。这是通过从转鼓大端端板上的溢流口和转鼓排渣口向里看的。如果离心机在启动时的振动频率比正常的要高，则冲洗时间应延长。如果按上述方法清洗不成功，则转鼓必须拆卸清洗。

此外，离心机还可以采用分步清洗，即先高速清洗、后低速清洗的方法。

（四）离心脱水机的日常运行维护

离心脱水机运行与管理的很多内容与带式压滤机类似，应特别注意以下问题：

（1）离心脱水机运行中经常检查和观测的项目有油箱的油位、轴承的油流量、冷却水及油的温度、设备的震动情况、电流读数等，如有异常，立即停车检查。

（2）离心机进泥中，一般不允许大于0.5cm的浮渣进入，也不允许65目以上的砂粒进入，因此应加强前级预处理系统对砂渣的去除。

（3）定期检查离心脱水机的磨损情况，及时更换磨损部件。

（五）离心脱水机运行中常见故障分析与对策

离心脱水机运行中常见故障及解决对策见表4-2。

表4-2　　　　　　　　　离心脱水机运行中常见故障及解决对策

故障现象	原因分析	解决对策
分离液混浊，固体回收率降低	液环层厚度太薄	增大厚度
	进泥量太大	降低进泥量
	转速差太大	降低转速差
	入流固体超负荷	降低进泥量
	螺旋输送器磨损严重	更换
	转鼓转速太低	增大转速

故障现象	原 因 分 析	解决对策
泥饼含固量降低	转速差太大	减小转速差
	液环层厚度太大	降低其厚度
	转鼓转速太低	增大转速
	进泥量太大	减小进泥量
	调质加药过量	降低干污泥投药量
转轴扭矩太大	进泥量太大	降低进泥量
	入流固体量太大	降低进泥量
	转速差太小	增大转速差
	浮渣或砂进入离心机，造成缠绕或堵塞	停车检修，予以清除
	齿轮箱出故障	及时加油保养
离心机过度震动	润滑系统出故障	检修并排除
	有浮渣进入机内，缠绕在螺旋上，造成转动失衡	停车清理
	机座松动	及时修复
能耗增加，电流增大	如果能耗突然增大，则离心机出泥口被堵塞，主要是转速差太小，导致固体在机内大量积累	可增大转速差，如仍增加，则停车修理并清除
	如果能耗逐渐增加，则说明螺旋输送器被严重磨损	予以更换

五、螺压脱水机

螺压脱水机的构造、工作过程、运行与管理的内容与螺压浓缩机基本相同。含固量大于 3% 的浓缩污泥或消化污泥经螺压脱水机重力浓缩、过滤、压榨后，含固率可达 20%～30%，污泥回收率大于 80%。絮凝剂 PAM 的用量为 1.5～4kg/t 干污泥。

其中常用的 ROS3 螺压脱水机的处理量为 2～20m³/h，转速为 0～6r/min。

六、螺杆泵

螺杆泵分为单螺杆泵、双螺杆泵和三螺杆泵。水处理厂的污泥输送和絮凝剂聚丙烯酰胺（PAM）投加主要使用单螺杆泵（以下简称螺杆泵）。

（一）螺杆泵的工作原理

螺杆泵是一种内啮合回转式水力机械。它是利用相互啮合的螺杆与衬套间容积的变化为流体增加能量，进而实现液体吸排。各啮合螺杆之间以及螺杆与缸套间的间隙很小，在泵内形成多个彼此分隔的容腔。转动时，下部容腔体积增大，吸入液体，然后封闭；封闭容腔沿轴向推移，新的吸入容腔又在吸入端形成；一个接一个的封闭容腔移动，液体就不断被挤出。

（二）螺杆泵构造

螺杆泵主要由转子（螺杆）、定子（轴套）、连轴杆、万向节、轴封、轴承及轴承箱、联轴器、减速机、电机等组成（图 4 - 11）。

（a）外形图

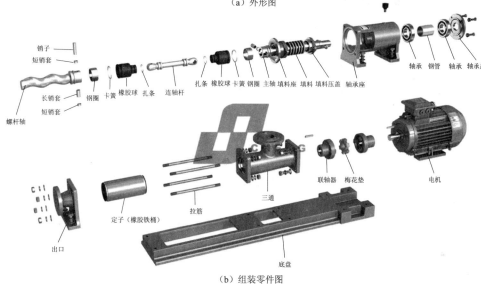

（b）组装零件图

图 4 - 11 螺杆泵构造

1. 转子

转子是一根具有大导程的螺杆。根据所输送介质的不同，转子由高强度合金钢、不锈钢等制成。为了抵抗介质对转子表面的磨损，转子的表面都经过硬化处理，或者镀一层抗腐蚀、高硬度的铬层。转子表面的光洁度非常高，这样才能保证转子在定子中转动自如，并减少对定子橡胶的磨损。转子在其吸入端通过联轴器等方式与连轴杆连接，在其排出端则是自由状态。

2. 定子

定子的外壳一般用钢管制成，两端有法兰与连杆箱及排出管相连接。钢管内是一个具有双头螺线的弹性衬套，用橡胶或者合成橡胶等材料制成。

3. 连轴杆

常用的连轴杆主要有挠性连轴杆和万向连轴节连轴杆。

（1）挠性连轴杆。它使用特殊的高弹性材料制成。它的两端与减速机输出轴和转子之间用法兰做刚性连接，靠连轴杆本身的挠曲性去驱动转子转动并随转子摆动。为了防止介质中的砂粒对挠性轴的磨损和介质对轴的腐蚀，在轴的外部包裹有橡胶及塑料护管。

（2）万向连轴节连轴杆。在与转子的连接处和与减速机输出轴的连接处各安装一个万向连轴节，这样就可以在驱动转子转动的同时适应转子的摆动。为了保护连轴节不受泥砂的磨损，每一个连轴节上都有专用的橡胶护套。这种连轴杆国内生产使用较多。

4. 减速机与轴承座

水处理厂的螺杆泵转子的转速为 $150 \sim 400r/min$，因此必须设置减速装置。减速机采用一级至两级齿轮减速，一些需要调节转速的螺杆泵还在减速机上安装了变速装置。减速机使用重载齿轮油来润滑。

为了防止连轴杆的摆动对减速机的影响，在减速机与连轴杆之间还设置了一个轴承座，用以承受摆动所造成的交变径向力。

螺杆泵的轴封、联轴器与离心泵类似。

（三）螺杆泵的运行维护

1. 螺杆泵开车前的准备工作

（1）螺杆泵清理。螺杆泵在初次启动前，应对集泥池、进泥管线等进行清理。

（2）检查。盘泵 3～5 圈，应转动灵活自如，确保无卡阻及杂音；检查多种管道阀门的开启关闭情况；通过观察油尺检查润滑油量；检查填料的松紧度；检查电机接线及绝缘。

（3）避免转子空转。螺杆泵所输送的介质在泵中还起对转子、定子冷却及润滑作用。在泵初次使用之前应向泵的吸入端注入液体介质或者润滑液，如甘油的水溶液或者稀释的水玻璃、洗涤剂等。

（4）检验泵和电机安装的同轴度。首次运转前，或在大修后应校验其同轴度。

（5）注意螺杆泵的转向，避免反转。

（6）平时启动前应打开进出口阀门并确认管线通畅后方可动作。

2. 螺杆泵的启动和停车

（1）启动。

1）将控制柜旋钮转到自动挡上，调节频率，按启动按钮启动泵。

2）检查泵是否有异常噪声与震动，一旦异常应停泵检查原因。

3）禁止超负荷运行。

（2）螺杆泵流量的调节。可通过以下措施调节螺杆泵流量：①调节螺杆泵转速；②调节旁通管道调压阀，但不允许长时间完全通过调压阀回流运转。

（3）停车。

1）按停止按钮，断开配电柜中空气开关，并做好记录。

2）先断电，后关排出阀，等停转再关吸入阀，以免泵吸空。

3）泵停稳后，盘动皮带轮 2～3 圈。

4）停泵后应根据介质情况对泵内进行清洗，防止启动时损坏转子、定子、轴封等部件干磨。

5）对长期停用和备用泵每天要盘泵一次，每月进行防腐保养一次，防止定子橡胶因长期压迫而发生永久形变。

6）入冬之前将泵中积水放净。

3. 螺杆泵运行维护注意事项

（1）不能关阀工作。螺杆泵不能在阀门关闭时工作，以避免容积泵的压力急剧升高而造成管道破裂及泵的损坏。

（2）运行中检查。

1）使用中随时注意泵的流量、压力等状况。

2）检查各部油封、盘根（机械密封）处的泄漏量符合标准要求。

3）机械密封（盘根密封）滴漏不超过规定标准（盘根密封每分钟 20～30 滴，如果超过这个数就应该紧螺栓，机械密封滴漏小于每小时 50mL）。

4）过滤器前、后及泵进、出口压力是否正常，过滤器前后压差应小于 0.05MPa。超过规定压差应及时清理检查过滤器。

5）泵轴承温度不超过 70℃。电动机机体温度、轴承温度不大于 60℃。机泵轴承处振动不得超过 0.05mm。

6）检查电机电流是否平稳正常，要小于额定值，严禁超负荷运转。

7）检查电气系统及各仪表工作是否正常，三相电流不平衡误差不超过 10%，三相电压误差不超过 5%。

（3）巡视。

1）白天每 2h 巡视一次，夜间每 3～4h 巡视一次，经常开停的螺杆泵应尽量到现场去操作。

2）观察有无松动的地脚螺栓、法兰盘、联轴器等，变速箱油位是否正常，有无漏油现象。

3）注意吸入管上的真空表和出泥管上的压力表的读数。这样可以及时发现泵是否在空转或者前方、后方有无堵塞。

4）听运转时有无异常声响，因为螺杆泵的大多数故障都会发出异常声响。如变速箱、轴承架、联轴节或连轴杆、定子和转子出故障时都有异常声响。

5）用手去摸变速箱、轴承架等处有无异常升温现象。

（4）维护。

1）定期对变速箱、轴承、连轴节进行润滑。

2）定子与转子的更换。定子与转子经过一段时间的磨损会逐渐出现内泄现象，影响螺杆泵的扬程和流量；磨损到一定程度，定子与转子之间就无法形成密封的空腔，泵也就无法进行正常的工作。

更换的方法是：①先将泵两端的阀门关死，然后将定子两端的法兰或者卡箍卸开，旋出定子；②然后用水将定子、转子、连轴杆及吸入室的污泥冲洗干净；③卸下转子后即可观察定子与转子的磨损情况。如发现转子有烧蚀的痕迹，有一道道深沟，定子内部橡胶炭化变硬，则说明在运转中存在无介质空转的情况。如发现定子内部橡胶严重变形，并且炭化严重，则说明可能出现过在未开出口阀门的情况下运转。

更换转子和定子时，应使用洗涤剂等润滑液将接触面润滑。

（四）螺杆泵运行中常见故障处理

螺杆泵运行中常见故障原因及处理方法见表4-3。

表4-3   螺杆泵运行中常见故障原因及处理方法

故障现象	原　　因	处　理　方　法
泵不吸液	1. 吸入管路堵塞或漏气； 2. 吸入高度超过允许吸入真空高度； 3. 电动机反转； 4. 介质黏度过大	1. 检修吸入管； 2. 降低吸入高度； 3. 改变电机转向； 4. 将介质加温
压力表指针波动大	1. 吸入管路漏气； 2. 安全阀没调好或工作压力过大，使安全阀时开时闭	1. 检修吸入管路； 2. 调整安全阀或降低工作压力
流量下降	1. 吸入管路堵塞或漏气； 2. 螺杆与泵套磨损； 3. 安全阀弹簧太松或阀瓣与阀座接触不严； 4. 电动机转速不够； 5. 泵内发生汽蚀	1. 检修吸入管路； 2. 磨损严重时应更换零件； 3. 调整弹簧、研磨阀瓣与阀座； 4. 修理或更换电动机； 5. 降低吸入高度
轴功率急剧增大	1. 排出管路堵塞； 2. 螺杆与泵套严重摩擦； 3. 介质黏度太大	1. 停泵清洗管路； 2. 检修或更换有关零件； 3. 将介质升温
泵振动大	1. 泵与电动机不同心； 2. 螺杆与泵套不同心或间隙大； 3. 泵内有气； 4. 安装高度过大，泵内产生汽蚀	1. 调整同心度； 2. 检修调整； 3. 检修吸入管路，排除漏气部位； 4. 降低安装高度或降低转速
泵发热	1. 泵内严重摩擦； 2. 机械密封回油孔堵塞； 3. 油温过高	1. 检查调整螺杆和泵套； 2. 疏通回油孔； 3. 适当降低油温
机械密封大量漏油	1. 装配位置不对； 2. 密封压盖未压平； 3. 动环或静环密封面碰伤； 4. 动环或静环密封圈损坏	1. 重新按要求安装； 2. 调整密封压盖； 3. 研磨密封面或更换新件

【任务实施】

一、实训准备

准备城市污水处理仿真实训软件及其操作手册，包括带式压滤机和离心脱水机培训项目。

二、实训内容及步骤

实训内容为城市污水处理仿真软件污泥脱水工艺运行管理。根据软件的操作手册，完成以下培训项目：

（1）带式压滤机、离心脱水机的启动、停运和日常巡视检查。

（2）带式压滤机、离心脱水机的日常运行管理。

1）调整进泥量、滤带行进速度（转速）、转速差、絮凝剂用量等，保证脱水效果（泥饼含固率、固体回收率等）。

2）带式压滤机和离心脱水机的停机清洗。

（3）带式压滤机和离心脱水机运行中常见故障分析及处理，包括泥饼含固率下降、上清液浑浊、固体回收率下降、滤带跑偏、滤带堵塞等故障的处理。

三、实训成果及考核评价

城市污水处理仿真软件实训培训及考核成绩，占100％。

【思考与练习题】

（1）简述常见的污泥机械脱水设备的特点和适用范围。

（2）为什么要进行污泥调理？污泥调理的方法有哪些？

（3）简述带式压滤机和离心脱水机的构造和工作过程。

（4）带式压滤机和离心脱水机工艺调控的方法有哪些？

（5）简述带式压滤机和离心脱水机启动、停车的步骤。

（6）带式压滤机和离心脱水机运行中应注意哪些问题？

（7）带式压滤机和离心脱水机运行中的常见故障有哪些？如何解决这些问题？

任务二 污泥干化和干燥

【任务引入】

自然干化是将污泥摊置到由级配砂石铺垫的干化场上，通过蒸发、渗透和清液溢流等方式，实现脱水，污泥含水率可降至75％左右。这种脱水方式适于村镇小型污水处理厂的污泥处理，且气候较干燥、占地不紧张、蒸发率较高、环境卫生条件允许的地区，但其维修管理工作量很大，且产生大范围的恶臭。

污泥干燥是让污泥与热干燥介质（热干气体）接触使污泥中水分蒸发而随干燥介质除去。污泥干燥处理后，含水率可降至20％左右，体积可大大减小，从而便于运输、利用或最终处置。

通过本任务的学习，要求掌握污泥自然干化场的类型、构造和设计运行参数，能初步进行自然干化场的运行管理；掌握污泥干燥的类型、设备构造和运行参数，能初步进行污泥干燥的运行管理。

【相关知识】

一、污泥自然干化

（一）自然干化场的类型和构造

干化场分为自然滤层干化场与人工滤层干化场两种。前者适用于自然土质渗透性能好、地下水位低、渗透下去的废水不会污染地下水的地区。人工滤层干化场的滤层是人工铺设的，又可分为敞开式干化场和有盖式干化场两种。

人工滤层干化场的构造如图 4-12 所示，它由不透水底层、排水系统、滤水层、输泥管、隔墙及围堤等部分组成。有盖式的，设有可移开（晴天）或盖上（雨天）的顶盖，顶盖一般用弓形复合塑料薄膜制成，移置方便。

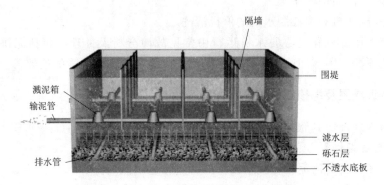

图 4-12 人工滤层干化场结构示意图

滤水层的上层用细矿渣或砂层铺设，厚度 200～300mm，表层成 0.5%～1.0% 的坡度，以利于污泥流动；下层用粗矿渣或砾石，层厚 200～300mm。排水管道系统用 100～150mm 的陶土管或盲沟铺成，管道之间中心距 4～8m，纵坡 0.002～0.003，排水管起点覆土深（至砂层顶面）为 0.6m。不透水底板由 200～400mm 厚的黏土层或 150～300mm 厚三七灰土夯实而成，也可用 100～150mm 厚的素混凝土铺成，底板有 0.01～0.02 的坡度坡向排水管。

隔墙与围堤，把干化场分隔成若干分块，通过切门的操作轮流使用，以提高干化场利用率。围堤高度为 0.5～1.0m，顶宽采用 0.5～0.7m。每块干化场的宽度与铲泥饼的机械和方法有关，一般用 6～10m，区格的长度一般不超过 100m。

在干燥、蒸发量大的地区，可采用由沥青或混凝土铺成的不透水层而无滤水层的干化场，依靠蒸发脱水。这种干化场的优点是泥饼容易铲除。

（二）自然干化场的工艺控制

1. 干化场的面积

干化场的面积取决于面积污泥负荷，即单位干化场面积每年可接纳的污泥量，单位为 m³/(m²·a) 或 m/a，与当地气候和污泥性质有关。对于年平均气温为 10℃、年降雨量为 500mm 的地区，处理初沉污泥、生物滤池后二沉池污泥或混合污泥时，面积污泥负荷为 1.5m/a，处理消化污泥时可为 5.0m/a。另外，还可按固体物负荷确定干化场面积：敞开式干化场为 48.2～122kg/(m²·a)，覆盖式干化场为 58.5～195kg/(m²·a)。一次放入的污泥层厚度一般为 0.3～0.5m。

2. 干化时间

为了使每次排入的污泥有足够的干化时间，并能均匀地分布在干化场上及方便泥饼的铲除，干化场的分块数量最好大致等于干化天数。如干化天数为 8d，则分为

8块，每次排泥用1块。

（三）自然干化场的运行管理

（1）用干化场进行污泥脱水时，污泥应依次投放在干化床上，并根据污泥干化周期晾晒、起运干污泥。污泥自然干化的脱水周期与脱水效果有关，而脱水效果又受污泥性质及干化场上的渗透、蒸发与人工撤出等因素制约。

（2）为了提高污泥的干化效率，经常翻松干燥的污泥，并将撤出的污泥水及时排除，为污泥水分的蒸发和渗透创造良好的条件。

（3）干化的污泥应及时起运，充分发挥干化场单位面积利用率，如在不取出干化污泥的情况下，直接将含水率高的新鲜污泥摊在原有的干污泥上，将降低渗透作用，而且将延长数倍的干化时间，所以运行中应加强干化场的管理。

（4）污泥干化场在雨季应减少使用次数。由于雨季淋湿污泥，不仅破坏了污泥水分的蒸发作用，而且还会使污泥的含水率增高，不利于污泥的自然干化，所以在雨季，有条件的地区（如有脱水机）应尽量减少干化场的使用率。

（5）干化场的滤料应每年补充或更换。污泥自然干化，其中一部分污泥水分利用太阳的热量和风的作用蒸发掉，另一部分污泥水则通过砂层、炉灰层等过滤而去除。当砂层随着污泥的起运损失一部分外，其余的也会因吸附上污泥颗粒而堵塞过滤通道，因而应定期更换和补充滤料，提高干化场的脱水效果。

（6）干化场的围墙与围堤应定期进行加固维修，并清通排水管道，检查、维修输泥管道和闸阀。为了防止污泥的流失，使污泥在隔墙与围堤组成的方场地内有效地脱水，并使场地轮流使用，定期对其进行土建维修工作是保证干化场正常工作的基本条件。除此之外，还应清通排水管道，使过滤后的水分很快泄空，加速脱水过程。

二、污泥干燥

污泥脱水、干化后，含水率还很高，体积很大，为了便于进一步利用与处理，可进行干燥或焚烧处理。污泥干燥与焚烧各有专用设备，也可在同一设备中进行。

加热干燥是通过对污泥进行加热，使得污泥水分蒸发被脱除的方法。加热的方式有直接热风加热和间接加热。根据干燥器形状可分为回转圆筒式、急骤干燥器、带式干燥器、多段圆盘干燥器、喷雾干燥器等。回转圆筒式干燥器在我国应用较多，其主体是用耐火材料制成的旋转滚筒，按照热风与污泥流动方向的不同分为并流、逆流与错流3种类型。

并流干燥器中干燥介质与污泥的流动方向相同。含水率高温度低的污泥与含湿量低温度高的干燥介质在同一端进入干燥器，两者之间的温差大，干燥推动力也大。流至干燥器的另一端时干燥介质的温度降低，含湿量增加，污泥被干燥且温度升高。并流干燥器的沿程推动力不断降低，被介质带走的热能少，热损失较小。

逆流干燥器中干燥介质与污泥的流动方向相反。沿程干燥推动力较均匀，干燥速度也较均匀，干燥程度高。其缺点是由于含水率高温度低的污泥与含湿量高且温度已降低的干燥介质接触，介质所含湿量有可能冷凝而反使污泥含水率提高。此外干燥介质排出时温度较高、热损失较大。

错流干燥器的干燥筒进口端较大、出口端较小，筒内壁固定有抄板，污泥与干燥介质同端进入后，由于筒体在旋转时，抄板把污泥抄起再掉下与干燥介质流向成为垂直相交。错流干燥器可克服并流、逆流的缺点，但构造比较复杂。

三、污泥焚烧

在下列情况可以考虑采用污泥焚烧工艺：①污泥不符合卫生要求，有毒物质含量高，不能作为农副业利用；②卫生要求高，用地紧张的大、中城市；③污泥热值高，可利用燃烧热量发电；④可与城市垃圾混合焚烧并利用燃烧热量发电。

污泥焚烧可分为完全燃烧和湿式燃烧。完全燃烧的设备主要有回转焚烧炉、立式多段焚烧炉及流化床焚烧炉等。污泥干燥和焚烧可参考固体废物处理与处置的相关教材。

图片4.7 ⓟ
逆流回转焚烧炉

【任务实施】

一、实训准备

本次训练的内容为自然干化场的设计。某小城镇污水处理厂，污水处理量为 $3000 m^3/d$，剩余污泥产量为 $40 m^3/d$，初沉污泥产量为 $10 m^3/d$。所处地区年平均降雨量为 600mm，年平均气温为 12℃。

二、实训内容及步骤

设计内容如下：
（1）确定干化场的设计参数，如面积污泥负荷、固体物负荷、干化时间等。
（2）确定自然干化场的类型，设计干化场的详细构造。
（3）干化场面积、分块、尺寸的设计计算。
（4）干化场的运行方案设计。

三、实训成果及考核评价

污泥自然干化场设计书，占 100%。

【思考与练习题】

（1）人工滤层干化场的类型主要有_____和_____。
（2）试述人工滤层污泥干化场的构造。
（3）简述自然干化场工艺控制的内容。
（4）自然干化场运行管理的注意事项有哪些？
（5）污泥干燥的设备有哪些？

项目五　水处理厂(站)的自动控制与在线监控系统

【知识目标】

(1) 熟悉水处理厂（站）常用的检测仪表。

(2) 掌握给水处理的自动控制系统及在线监控系统运行与管理。

(3) 掌握污水处理的自动控制系统及在线监控系统的运行管理。

【技能目标】

(1) 通过本项目的学习，能够熟练进行水处理厂的自动控制。

(2) 能使用并维护水处理厂的在线监控系统及相关检测仪器。

(3) 能实现并改进水处理厂（站）的运行与管理自动化。

【重点难点】

重点：

(1) 水处理厂（站）自动控制系统。

(2) 水处理厂（站）内检测仪器的运行和管理。

难点：

(1) 水处理厂（站）自动控制系统的操作。

(2) 水处理厂（站）在线监控仪器的使用和维护。

子项目一　给水自动控制与在线监控系统

任务一　给水自动控制系统

【任务引入】

随着水厂自动化技术、系统控制设备和机电仪表设备的发展，投药自动化、排泥自动化、滤池自动化、泵站自动化技术等逐步成熟，水厂自动化控制已成为水厂今后发展的方向之一。因此，我们必须熟悉目前水厂自动控制系统的发展，并认真分析水厂各工艺的自动控制技术。

通过本任务的学习，应熟练掌握给水处理过程中各个工艺阶段的自动化控制。

【相关知识】

一、给水自动控制系统概述

给水厂应依据自身场地、工艺流程及设备来选取自动控制系统，并应根据企业的经济效益考虑部分或全部自动化控制。通过自动化控制实现节约能量、降低劳动强度、提高生产效率的目的。

目前给水处理厂的自动控制系统主要有 SCADA 系统、DCS 系统及 PLC＋PC 系统这三种模式。

1. 水厂 SCADA 系统

SCADA 系统即数据采集与监视控制系统，主要用于监控整个城市供水系统的运行情况。SCADA 系统由一个主控站（MTU）和若干个远程终端站（RTU）组成（图 5-1）。供水调度 SCADA 系统主要由微机监测和模拟屏两部分组成。一屏显示一幅画面，各画面间可以非常方便地切换，而且系统采集的各数据信息能在相应的动态画面上实时显示。

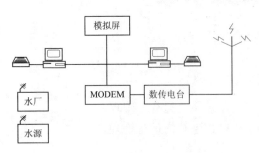

图 5-1 SCADA 系统结构框图

水厂供水调度 SCADA 系统目前可实现的功能有：①数据的实时监测与处理功能；②图形处理功能；③自动报表生成功能；④历史档案数据存储功能；⑤多方式的通信功能；⑥自动超限报警功能；⑦输出打印功能。

SCADA 系统的基本特点：①组网范围大，联网通信功能强，可实现一个城市或较大地区的监测和控制；②系统分为主控机（MTU）和远程终端机（RTU）两部分，RTU 的控制较固定，处理能力较小；③系统实时性较低，对大规模和复杂的控制较为困难；④MTU 或 RTU 通过通信接口进行协议变换后可与其他网络连接，可以组成较大、较复杂的通信网络。

SCADA 系统的应用领域很广泛，尤其适用于在地理环境恶劣、无人值守的环境下进行远程控制，主要用于管网测控。

2. DCS 系统

集散控制系统（DCS）以集中检测为主，分散控制为辅。可对水厂各工况实现实时监控，生产工艺过程自动控制采用就地独立控制的原则。水厂 DCS 系统通常设立三级控制层：就地手动、现场监控和远程监控。一般在水厂 DCS 中设置 PLC 子站、原水取水泵站、加药加氯系统、滤池、配电站、出水泵站等现场控制站。对原水进水的浊度、氨氮、溶解氧、酸碱度、温度等水质参数进行检测，对取水泵站的启停、进出水阀门的调节等进行监测和控制，投药、滤池的反冲洗实现自动控制。

水厂 DCS 系统所采用的结构一般为 IPC（工业级 PC）＋PLC＋SLC（小 PLC）。在网络配置上一般最下层为 SLC 所用的 DH 网，第二层为连接各现场 PLC 监控站 DH＋网或 Control.NET 网，最高层为连接中控室内监控 DCS 工作站及管理 PC 工作站的局域网。图 5-2 为 DCS 系统结构框图。

中控室 DCS 工作站的主要功能和要求是：①对整个水厂 DCS 系统进行组态管理，系统监控；②实时监测、显示、处理、控制各 PLC 子站的状态、通信、数据和信息；③报警处理和报表打印；④动态数据库和历史数据库管理；⑤实现与上级

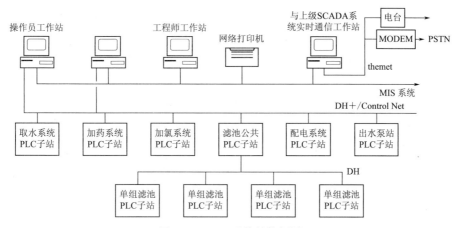

图 5-2 DCS 系统结构框图

SCADA 系统及水厂 MIS 系统的通信和数据交换。

DCS 系统的基本特点：①采用分级分布式控制，系统按不同功能组成分级分布子系统，各子系统执行自己的控制程序，处理现场输入输出信息，减少对系统的信息传输量，使系统应用程序较简单；②在物理上实现了真正的分散控制，使整个系统的危险性分散，系统可靠性较高；③较好的扩展能力，借助网络技术，可以完成纵向和横向通信及向高层的管理机通信；④系统的软硬件资源丰富，可以适应各种特殊要求；⑤响应时间短，实时性较好；⑥应用软件的编程工作量较大，开发周期较长，对开发和维护人员要求较高。

DCS 系统侧重于模拟量多、闭环控制多、连续性生产过程的控制。

3. PLC+PC 系统

可编程控制器（PLC）是以微处理器为核心的高度模块化的机电一体化装置，主要由中央处理器、存储器、输入和输出接口电路及电源四部分组成。PLC+PC 系统的典型结构如图 5-3 所示。

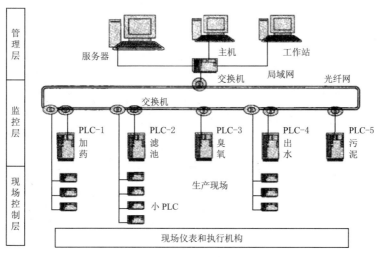

图 5-3 PLC+PC 系统结构框图

PLC 的优点有：①可靠性高，抗干扰能力强。为保证 PLC 能在恶劣的工业环境下可靠工作，在设计和生产过程中采取了一系列提高可靠性的措施；②可实现三电一体化。PLC 将电控（逻辑控制）、电仪（过程控制）、计算机集于一体，可以灵活方便地组合成各种不同规模和要求的控制系统，以适应工业控制的需要；③操作简单、编程方便、维修方便。可编程控制器的梯形图语言更易被电气技术人员所理解和掌握。当系统发生故障时，通过软件或硬件的自诊断，维修人员可以很快找到故障所在的部位，为迅速排除故障并修复节省了时间；④体积小，重量轻，功耗低，价格比 DCS 系统低。

PLC＋PC 系统用于小型且控制点比较集中的控制系统，在国内水厂自动控制中得到最广泛的应用。

二、给水自动控制系统的运行

水厂自动化控制系统应用的根本目的是为了实现水厂水处理流程的自动化控制，自动化系统的控制功能有很多，常规控制功能包括取水、预处理、药剂制备与投加、混凝、沉淀、过滤、深度处理、出水、排泥水处理等。下面以 PLC 系统为例介绍以下几种工序的自动控制。

1. 进水泵房、送水泵房控制站

进水泵房控制站设在进水泵房，监控范围包括进水管道阀门、进水泵房、配电间等构筑物的设备及仪表。水池水位高至某一设定的水位值时，PLC 系统可按软件程序自动增加水泵运行的台数；相反，当水位降至某一设定水位时，PLC 系统自动按软件程序减少水泵运行的台数。也可通过变频泵的调节保证恒水位运行，低水位停泵。送水泵房控制站与之类似。

送水泵房自动控制系统如图 5-4 所示。

视频5.1.1-1 ▶

液位检测仪表
运行与管理

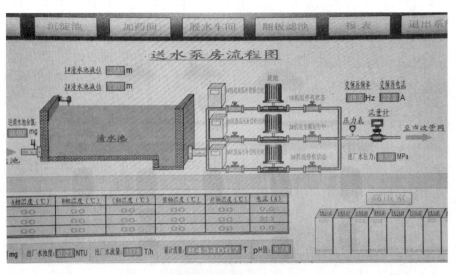

图 5-4 送水泵房自动控制系统

2. 混凝剂投加的自动控制

混凝剂投加量随原水的水质而变化，且与净水构筑物的工作情况有关，其中最主要的影响因素是水量、原水浊度、水温、pH 值、碱度等。

混凝剂自动投加时应确定一个最佳加注率，采用计量泵（配变频调速器）投加，变频器运行频率由流量信号控制，一般采用 2 套计量泵，一用一备，若正在使用的计量泵出现故障，PLC 系统会自动切换（图 5-5）。

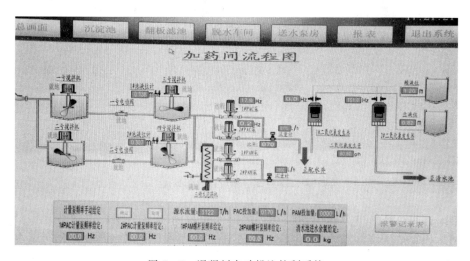

图 5-5　混凝剂自动投注控制系统

投矾系统的矾液取自贮矾池，池中装有液位计，可随时检测矾液高度，同时通过装在贮矾池的搅拌机定时搅拌。贮矾池出矾管线上均装有电动球阀，通过手/自动转换开关进行操作，也可根据贮矾池液位 PLC 系统自动选择，切换工作池。

运行中应该注意以下问题：

1）运行操作人员应观察并记录反应池矾花生长情况，并与以往记录相比较。如发现异常应及时分析原因，并采取相应对策。

2）运行管理人员应加强对入流水质的检验，并定期进行烧杯搅拌试验。

3）定期标定加药计量设施，必要时应予以更换，以保证计量准确。

4）定期检验原水水质，保证投药量适应水质变化和出水要求。

5）定期清洗加药设备，保持清洁卫生。

6）应经常观察混合、反应、排泥或投药设备的运行状况，及时维护，发生故障及时更换保修。

7）交接班时要交代清楚储药池、投药池浓度。

8）经常检查投药管路，防止管道堵塞或断裂。

9）做好分析测量与记录。

3. 沉淀池的自动控制

图 5-6 为某水厂平流沉淀池自动控制系统的示意图。目前，大中型给水处理厂多采用平流式沉淀池，池底沉泥分布不均匀，排泥机必须变速行走。现在的平流池排

泥机多为有级调速运行，利用平流池上设置的几个行程开关来控制运行速度。根据池底沉泥规律，最好能设计成无级调速运行，可节省生产水耗、排泥更彻底。

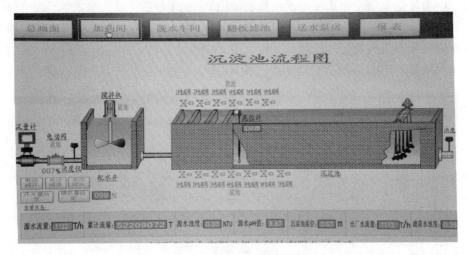

图 5-6 沉淀池自动控制系统

为了测量沉淀池沿池长方向的积泥情况，可以采用超声波泥位计来测量积泥高度，还可以在清洗沉淀池放干水时，在沉淀池底逐点测量记录。排泥车的行走电机可采用变频器控制，通过变频器控制排泥机的行走速度。即在排泥机轮子上安装接近开关，轮子走一圈 PLC 计数一个脉冲，排泥机行走距离的测量通过计算轮的脉冲数来完成。当达到某个设定的脉冲数时，PLC 用事先设定的对应频率来调整排泥机变频器的运行频率。

4. 滤池的恒水位控制及自动反冲洗

滤池的恒水位过滤控制是根据液位仪反应的对应滤格水位的变化，通过调节滤池出水调节阀开启度，使该格滤池内水位恒定，从而保证正常的滤速和过滤效果。滤池的水位调节方法，通过控制滤池出水阀门的开启大小来实现，初滤时，保持阀门较小的开启度，以保证一定的过滤水头，随着过滤时间增加，滤料内的堵塞程度增加，需将出水阀门开大，维持一个总的过滤阻力（即过滤水位）不变，直到最后，出水阀门全部打开，滤池水位上涨到额定水位，即滤层堵塞度达到额定，必须开始反冲洗，进入下一个过滤周期（图 5-7 和图 5-8）。

滤格恒水位过滤由安装在滤池的 PLC 控制器进行控制。依据水池中水位的变化调节清水出水阀的开启度来实现等速的恒水位过滤。系统根据所接收到的水位信号输送到 PLC 控制器，PLC 控制器把液位信号与液位设定值进行比较处理后，送出一定的电流信号控制清水阀开启度，当水位信号高于设定的恒水位时，开大出水阀；当水位信号低于设定的恒水位时，关小出水阀；当水位信号等于恒水位时，保持出水阀开启度不变。滤格水位的控制是一个典型的 PID 闭环控制系统，控制过程是：具有参数可调的 PID 方程根据设定值和过程变量输入之间的误差，经运算后把输出信号传送给输出附加处理程序，再输出给控制阀，对整个过程进行控制。即实际水位比设定水位

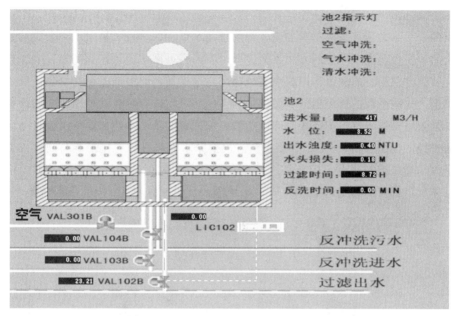

图 5-7　V 型滤池恒水位控制及自动反冲洗控制系统

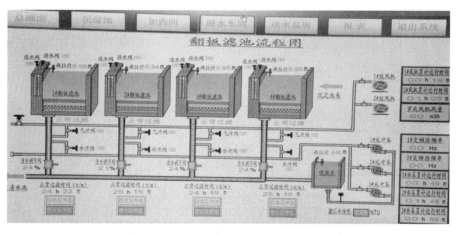

图 5-8　某水厂翻板滤池的自动控制系统

的值大得越多，输出的开度就越大。

　　滤池反冲洗依靠周期及水头损失两个参数来启动，但水头损失启动反冲洗的机会很少，而且由于水头损失压力计经过长期运行产生零漂，如果不及时校准，其数据往往不可靠。当达到反冲洗条件或人为强制反冲时，每组滤池就地控制柜向主站发出反冲洗请求，主 PLC 对需要反冲洗滤组进行排序，采用先进先出的堆栈式管理，在满足反冲洗条件后，调整首先要反冲的滤组的阀门状态，待水位降到一定高度后，启动鼓风机，进行气洗，按约定时间气洗结束后，开启反冲泵进行气水联洗，联洗结束后，关闭鼓风机，再开启一台反冲洗水泵进行水洗，水洗结束后，恢复本组滤池的正常滤水状态，进行下一组反冲洗。所有反冲结束后，进入正常的恒水位滤水工作周期。

5. 消毒工艺的自动控制

目前，大多数水厂采用二次加氯，即前加氯和后加氯。投氯根据水中余氯的数量来控制氯的加注量是比较理想的方法，但这要求有精密可靠的余氯连续测定仪表。自动加氯系统控制方式为：前加氯采用原水流量比例自动投加，即根据流量的变化，按比例控制加氯量，比例系数的设定根据前加氯量的多少而定，该参数在就地加氯控制面板或上位机电脑上由操作人员根据需要改变设定值，保证定期杀藻；后加氯采用流量与余氯信号双因子控制投加（图5-9）。加氯控制器根据原水流量进行比例控制，同时根据投氯后的余氯与加氯控制器设定的余氯进行 PID 控制，达到保证出厂水余氯指标合格的要求。具体加氯机所需的流量信号由 PLC 系统输入，余氯由余氯分析仪在线检测。

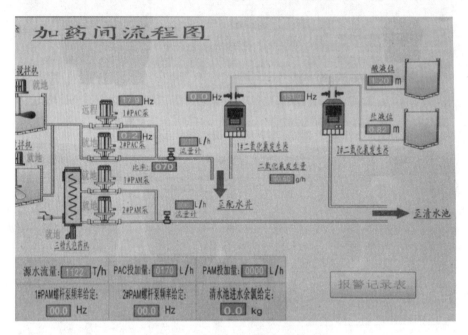

图5-9 二氧化氯自动投加控制系统

污水处理厂消毒工艺的自动控制与在线监控系统（图5-10）与给水处理厂类似，后面不再单独叙述。

自动加氯运行与管理中应该注意以下事项：

（1）实际运行管理过程中，应经常测定入流水的大肠菌群数，并根据消毒后出水的要求确定控制好加氯量。

（2）氯瓶在运输过程中应注意以下几点：应有专业人员专用车辆运输；应轻装轻卸，并严禁堆放；氯瓶不得与氢、氧、乙炔、氨及其他液化气体同车装运。

（3）氯瓶在使用时应注意以下事项：氯瓶开启前，应先检查氯瓶的放置位置是否正确，然后试开氯瓶总阀。氯瓶在使用过程中，应经常用自来水冲淋，以防止瓶壳由于降温而结霜。氯瓶使用完毕后，应保证留有 0.05～0.1MPa 的余压。

（4）做好记录与分析。

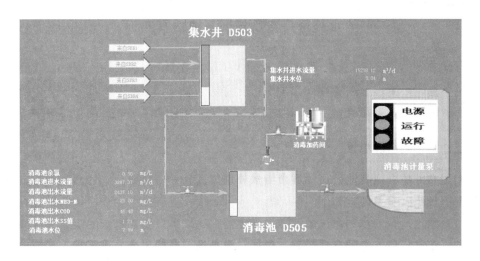

图 5-10　污水处理厂消毒工艺的自动控制与在线监控系统

三、给水自动控制系统管理制度

水厂自动化是一项严密的管理工作，如果没有一套切实可行的在自动化条件下系统正常运行的管理制度，水厂的自动化系统就成为摆设，根本发挥不了其强大的优势。在水厂建设期间负责基建的部门要协助水厂运行管理部门，结合设计水厂在自动化环境下的运行条件，建立以下运行管理制度，使水厂在投产之时，自动化系统便在完善的管理制度下运行。

1. 自动化系统操作规程

给水厂应制定科学的运行管理制度，包括巡视、巡视路线、巡视记录、故障报告、检修报告、设备清洁、交接班等。

2. 维护管理制度

给水厂的维护管理制度应包括定期设备（电缆）清扫、电缆接头检查、回路测定、执行接口测定、仪表标定、易损件更换、风机注油、UPS 电源充放电、设备防潮、软件维护等方面的内容。同时应规定并配备维护用仪表和工具，保证维护工作的正常进行。

3. 检修管理制度

检修管理制度应至少包括设备的日常检修、中修、大修、设备升级、设备报废更新等方面的内容。同样需要规定和装备检修仪表和工具。

4. 水厂就地操作规程

为保证水厂不间断供水，需要建立一套就地操作规程。在水厂自动化设备退出运行时，运行人员仍可在现场对工艺设备进行操作、调试或设备检修后的单体设备控制。

视频 5.1.1-2 ▶
给水自动控制系统

课件 5.1.1
给水自动控制系统

课件 5.1.2
一般检测仪表运行管理

【任务实施】

给水处理厂自动控制系统仿真实训

一、实训准备

（1）城市给水处理仿真软件。

（2）仿真软件操作手册。

二、实训内容及步骤

利用东方仿真或其他公司的城市给水处理仿真软件，完成给水处理各工艺自动控制系统的训练。主要内容如下。

（1）给水厂自动控制系统的认知，学生需描述该水厂自控系统的组成和构造。

（2）给水厂各工艺的自动控制，包括一级泵站、混凝工艺、沉淀池、滤池恒水位过滤及反冲洗、消毒剂制备及投加、清水池、二级泵站等，具体内容包括自动控制参数的设定、设备启停、调节模拟输出量的大小等，可能还包括故障处理。

（3）实训完成后，仿真软件自动评分。

三、实训成果

（1）该给水厂自动控制系统认知报告。

（2）仿真实训操作考核报告。

【思考与练习题】

（1）现在国内采用较多的三种自动控制系统有____系统、____系统、____系统。

（2）滤池的恒水位过滤控制是根据液位仪反映的对应_____的变化，通过调节滤池开启度，达到滤池内水位恒定。

（3）氯瓶是否可以与氢、氧、乙炔等气体同车装运？

（4）如何确定沉淀池的排泥周期？

任务二 给水在线监控系统

【任务引入】

在线监测仪表是水厂生产自动化和信息化的感觉器官，为水厂提供 24 小时连续测量的现场分析仪表。通过学习，掌握给水处理厂常用检测指标、检测方法，以及监测仪表的相关操作和日常维护。

【相关知识】

一、在线监控对象

1. 在线监控指标

在线监控应覆盖水厂全过程处理工艺，在线监控对象也随工艺的不同而不同，主要的监控指标如下：

（1）浑浊度：反映水中悬浮物和胶体物质的含量。

（2）有机物综合指标：包括耗氧量（COD_{Mn}）、生物化学需氧量（BOD_5）、总有机碳（TOC）等。

（3）溶解氧（DO）。

（4）氮和磷：氨氮、硝酸盐和亚硝酸盐、总凯氏氮（TKN）、总磷。

（5）余氯、二氧化氯。

（6）pH 值、碱度、电导率。

（7）给水系统工作参数检测：流量、压力、液位及温度等。

（8）电工仪表检测指标：电流、电压、电阻、接地电阻、功率等。

2. 在线仪表配置

给水厂各生产站对在线仪表的需求是不同的，一般情况下的配置见表 5-1。

表 5-1　　　　　　　　　　给水厂各生产站在线仪表的配置

序号	生产站	配置的仪表
1	水源	1. 水源液位仪、流量仪； 2. 浊度仪、温度仪； 3. 氨氮仪、溶解氧仪、电导率仪、盐度计、色度仪、化学需氧量仪等（根据原水具体情况安装）
2	一级泵站	1. 吸水井液位； 2. 水泵出水压力仪、流量计； 3. 水泵电动机温度计
3	生物预处理工艺	1. 生物接触氧化池：鼓风机流量计、每个曝气池出水氨氮仪或溶解氧仪； 2. 生物滤池：液位仪、压差计、出水浊度仪、溶解氧仪、氨氮仪、空气流量仪
4	加药站	1. 加药：SCD 仪、药液浓度计、药量流量计、液位仪等； 2. 加氯：氯瓶重量指示仪、加氯量、二氧化氯发生器频率、二氧化氯浓度、水射器压力计等； 3. 加氨：氨瓶重量指示仪、加氨量测定仪等
5	沉淀池	进出水液位仪、泥位计、浊度仪等
6	滤池	1. 每格配液位仪或水头损失仪，每组或每格配浊度仪，过滤时间，出水阀门开度等； 2. 冲洗水泵出水管压力计、冲洗水流量计和压力计、风压计和风量计
7	清水池、吸水井	液位仪等
8	出水泵站	1. 压力仪、流量仪、浊度仪、余氯仪、pH 仪、COD 仪、氨氮仪等； 2. 电机温度、电压、电流、功率等
9	污泥处理站	1. 液位仪、泥位计、污泥浓度仪等； 2. 加药脱水机加药装置液位计； 3. 污泥流量计、加药泵流量计等
10	配电站	电压、电流、电能、功率因数仪等
11	管网	根据需要设置管网内控制点的水压、流量、浊度、余氯的测量仪表

根据检查对象的不同，在线仪表可分为过程仪表和水质仪表两类。水厂可根据各自工艺的特殊情况，增加或减少需要配置的在线仪表。

视频5.1.2-1 ▶
给水厂水质检测实验室配置

二、给水在线监控仪表

（一）一般要求

仪表的输出方式有两种：一是二线制输出，输出信号为 4～20mA 的直流电流信号或 0～10V 直流电压信号；二是现场总线输出，这是以微处理器为基础的智能型仪表，如 RS232\RS485 输出接口等，其输出信号符合通用的现场总线标准。不管采用何种输出方式，在线仪表必须达到下列要求：

1）具有长期连续检测、自动运算、线性校正、自动温度补偿、现场数字显示、故障诊断等智能化功能。

2）仪表外观完整、附件齐全，型号、规格及材质均符合设计规定。

3）工作环境温度为 -10～+50℃，相对环境湿度不超过 90%。

4）传感器与变送器之间的连接电缆由生产厂商配套供应。

5）外壳有永久的标记，正确清楚地刻上或模压上该仪表的编号、型号、名称、主要性能等印记。

（二）使用与维护要点

在线监控系统的仪表使用和维护时要严格按照规程进行，基本要求如下：

1. 监测系统分析曲线的标定

在在线监测系统中，监测仪器是系统的核心，是监测结果准确的保证，所以在使用之前，应对各监测仪器的工作曲线进行标定，在使用中需要进行定期校准。

标定方法是：在量程范围内，用监测仪器测量已知浓度的标准物质，然后将标准物质浓度和电信号作为数据对存储下来，通过测量不同浓度的标准物质，可以得到不同的数据对，这些数据对就可以拟合为一条工作曲线。具体操作方法参照监测仪器使用说明书。

2. 仪器仪表的使用与维护注意事项

（1）使用前必须了解工作原理和技术性能。使用时应保持各部件完整，清洁无锈蚀，表盘标尺刻度清晰，保证仪器仪表电气线路元件完好无腐蚀。

（2）贵重精密仪器的电源应安装稳压器。仪表除有特殊要求需单设接地系统外，可装设统一接地线，但严禁与其他强电设备共地和电源零线相接。接地线电阻应小于 4Ω，保证接地可靠。

（3）接通电源前，先将各种程序，如采样时间间隔、采样体积等设定好，仪器在工作过程中不许再变更，以免损坏内电路。

（4）水管端头的过滤器应经常清洗，以免堵塞流路。

（5）被夹紧阀夹紧的胶管，长期受夹，会渐渐失去了弹性或产生龟裂，故应定期检查并加以更换。

（6）对蓄电池要定期检查电压是否过低，电解液有无渗出。

（三）浊度仪

1. 概述

对于浊度的测定由于测定方法的不同会使测定值出现差异，以及存在色度的影响等问题，所以，直到目前为止尚无统一的测定方法。比较流行的连续测定方法有透过光测定法、散射光测定法、透过-散射光比较测定法、表面散射测定法等四种（图 5-11）。

图 5-11 散射光浊度仪

散射光测定法是通过把来自传感器头部的平行光的一束强光引导向下进入浊度仪本体中的试样，光线被试样中的悬浮颗粒散射，与入射光线中心线成 90 度的方向散射的光线被浸没在水中的光电池检测出。

2. 浊度仪的使用与维护

（1）日常维护。

1）建议每周至少清洗一次，视水质情况增加清洗次数。

2）经常检查光电池窗口以确定是否需要清洗。

3）使用棉花或适当加柔和的清洁剂去除绝大多数的沉淀物和污物，不要使用含有磨料的清洗剂。

4）在持续使用后，浊度仪本体内部可能聚积沉淀物。

5）必须定期清洗本体或捕集器。可能需要拆下仪表的气泡捕集器及底板使清洗更容易进行。

6）在每次进行校正之前也必须进行浊度仪排液和清洗。

（2）浊度仪校正。

在任一次重大维护或修理后，以及在正常运行中至少每 3 个月进行复校。在初次使用前和每次校正前，浊度仪本体和气泡捕集器必须彻底清洗和冲洗，或使用配套的校正圆筒。

校正步骤如下：

1）开启各种 StablCal 标准溶液瓶子之前，先轻轻地来回倒置瓶子一分钟，不要用力摇动，避免产生气泡。

2）进入 MAIN MENU（主菜单），按确认键。

3）进入 SENSOR SETUP（传感器启动），选择传感器，按确认键。

4）进入 CALIBRATE（校正），并按确认键。

5）OUTPUT MODE，选择仪表输出方式为 HOLD。

6）向圆筒或仪表本体灌入 20NTU 标准溶液，重新安装首部，按确认键测量结果读数被显示，校正合格，仪表显示 GOOD CAL。

7）用 20NTU 标准校正模块进行校验，并选择干态校验状态。校验成功，退出主菜单。

8）使用完标准溶液后，所有的标准液都要废弃掉。绝对不要把标准液再倒回原来的容器，否则会造成污染。

（四）溶解氧检测

测量溶解氧的方法主要有电极法和光学检测法，其中电极法在给水厂中应用较广。

1. 电极法

溶解氧电极法是利用薄膜将铂阴极、银阳极及电解质与外界隔离开，一般情况下阴极几乎是和这层膜直接接触的（图 5-12）。氧气按照与其分压成正比的比率透过膜扩散，氧分压越大，透过膜的氧就越多。溶解氧不断地透过膜渗入腔体，在阴极上还原而产生电流，此电流大约在"nA"级。由于此电流是和溶解氧浓度直接成比例的，因此可通过测量电流来反映溶解氧的含量。

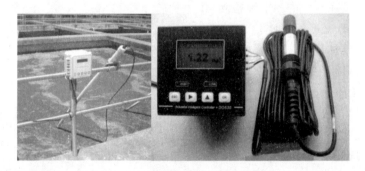

图 5-12　溶解氧电极测定仪

2. 光学检测法

采用光学检测法的溶解氧在线分析仪由控制器和溶解氧测量探头两部分组成。测量探头最前端的传感器罩上盖有一层荧光物质，LED 光源发出的蓝光照射到荧光物质上，荧光物质被激发，并发出红光；用光电池检测从红光发射到荧光物质回到稳态所需要的时间，这个时间只和蓝光的发射时间及氧气的多少有关。探头另有一个 LED 光源，在蓝光发射的同时发射红光，作为蓝光发射时间的参考。传感器周围的氧气越多，荧光物质发射红光的时间就越短。因此，通过测量这个时间，就可以计算出氧的浓度。光学检测法溶解氧在线分析仪工作原理如图 5-13 所示。

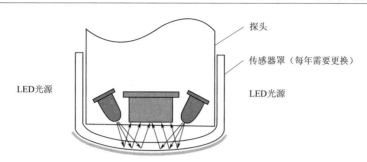

图 5－13　光学检测法溶解氧在线分析仪工作原理

3. 使用及维护

对传感器的清洗要视实际情况而定。给水处理厂水源和生物氧化预处理池清洗周期一般为 2～3 个月一次，甚至更长；污水处理厂中，处在非连续曝气池中的 DO 一般 1 个月左右清洗一次，而连续曝气池中的 DO 清洗频率要更大，也就是说环境条件对溶解氧测量准确程度的影响是很大的。

清洗传感器时把套管从污水中提出来，操作过程中要注意，不要使测量部位磕碰坚硬的物体，以免碰破传感器的薄膜。用潮湿的布或干的海绵对传感器外表进行清洁（尤其是测量膜）。如果隔膜上有油脂积垢，可以用一般餐具用清洗剂清洗。不一定每次清洗都要换探头中的电解液，可视使用情况和有无渗漏而定。

一般出现测量不稳定、膜被损坏和不能标定时，可更换测量膜。溶解氧的标定通常在空气中进行，标定受各种外界环境的影响。标定的操作过程中装置必须持续供电，程序步骤如下。

（1）取出套管，擦拭干净。

（2）建议最少 20min 的温度稳定时间，使传感器适应环境温度，避免探头直接暴露在阳光下。

（3）当变送器上的显示值稳定后，可进行校准标定。

（4）标定的斜率范围是 75％～140％，超范围会显示错误，标定中断。

（5）如果是新换电解液，还要在标定程序前，多增加 1h 的电解液极化时间。

（五）pH 计

pH 值的测定方法主要有指示剂法、氢电极法、氢醌电极法、锑电极法及玻璃电极法等。其中玻璃电极法是目前应用最为广泛的一种方法。在特殊情况下，如水中含氟量比较高时，需要采用锑电极法。以下主要介绍玻璃电极法。

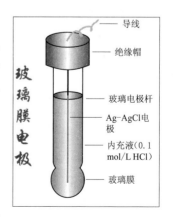

图 5－14　玻璃电极示意图

1. 玻璃电极法

（1）工作原理。如果有一个玻璃薄膜介于两个具有不同 pH 值的溶液之间，那么横跨这个玻璃薄膜就产生一个电势差，而且此电势差与两个溶液的 pH 值之差成正比。玻璃电极就是基于这个原理做成的（图 5－14）。

在测定溶液的 pH 值时，可通过在检测溶液中同时浸入一组玻璃电极和参比电极，并测量这两个电极间的电势差来求得。

（2）检测仪器。测定玻璃电极和参比电极之间的电势差时，唯一的方法是使用指示 pH 值的直流电势差计。由于玻璃电极的内阻很大（一般为几十兆欧到几百兆欧），用普通的毫伏计是无法测量的，必须使用特殊设计的、具有高输入阻抗的检测仪器。

为了方便使用，这类检测仪器除台式的以外还有用于生产过程的表盘式、安全防爆式（石油化工厂测定排水 pH 值时使用）、防滴式等类型。另外还有与电极夹和显示仪表组合成一体的检测仪器。pH 计及安装实例如图 5-15 所示。

图 5-15　pH 计及安装实例

2. pH 计的使用与维护

为了保证测量精度，标定时宜采用与被测溶液 pH 值接近的标准缓冲溶液去校准，如被测溶液呈酸性时，应该用 pH4.01 的溶液去校准，若其酸碱性不明，可先进行粗测后，再按上述方法重新校准一次，玻璃电极使用前宜在蒸馏水中浸泡 24h 以上，以使其稳定；电极的插头切勿受潮和用手触摸，以免降低绝缘性能；插入电极前应用干滤纸擦拭；球泡内不得有气泡，长期使用后若反应迟滞，指示偏低，系电极衰老，予以更换；甘汞电极内应注满饱和氯化钾溶液；溶液的 pH 值随温度变化而变化，在使用没有自动温度补偿的仪器时，应严加注意。缓冲溶液的 pH 值与温度的关系见表 5-2。

表 5-2　　　　　　　　　　　缓冲溶液的 pH 值与温度关系对照表

温度/℃	邻苯二甲酸盐标准溶液	中性磷酸盐标准溶液	硼酸盐标准溶液
5	4.01	6.95	9.39
10	4.00	6.92	9.33
15	4.00	6.90	9.27
20	4.01	6.88	9.22
25	4.01	6.86	9.18

续表

温度/℃	邻苯二甲酸盐标准溶液	中性磷酸盐标准溶液	硼酸盐标准溶液
30	4.01	6.85	9.14
35	4.02	6.84	9.10
40	4.03	6.84	9.07
45	4.04	6.83	9.04

（六）COD_{Mn}在线检测仪

1. 工作原理和构造

COD_{Mn}在线检测仪（图 5-16 和图 5-17），由试样采集器、试样计量器、氧化剂溶液计量器、氧化反应器、反应终点测定装置、数据显示仪、试验溶液排出装置、清洗装置及程序控制装置等各部分组成。其核心是氧化反应器和反应终点测点装置。反应终点的测定是采用电化学分析法及分光光度法的测定装置，主要利用电化学分析法。

测定原理：在程序控制器的控制下，依次将水样、硝酸银溶液（消除氯离子的干扰）、硫酸溶液和 0.005mol/L 的高锰酸钾溶液经自动计量后送入置于 100℃ 恒温水浴中的反应槽内，待反应 30min 后，自动加入 0.0125mol/L 草酸钠溶液，将残留的高锰酸钾还原，过量草酸钠溶液再用 0.005mol/L 高锰酸钾自动滴定，

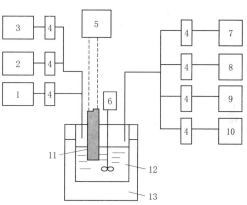

图 5-16　COD_{Mn}测定仪的结构

1—洗涤水；2—稀释水槽；3—试样槽；4—计量器；
5—电气系统；6—搅拌马达；7—草酸钠槽；8—硫酸槽；
9—硝酸银槽；10—高锰酸钾槽；11—电极；
12—反应器；13—加热浴槽

到达滴定终点时，指示电极（铂电极和甘汞电极）发出控制信号，滴定剂停止加入。数据采集与处理系统计算出水样消耗的标准高锰酸钾溶液量，并直接显示或记录高锰酸盐

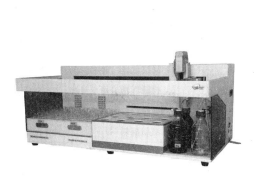

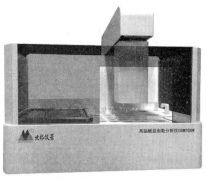

图 5-17　高锰酸盐指数快速测定仪

指数。测定过程一结束，反应液从反应槽自动排除，然后用清洗水自动清洗若干次，将整机恢复至初始状态，再进行下一周期的测定。一般每一测定周期需 1h。

2. 使用及维护

（1）仪器日常维护。COD_{Mn} 在线检测仪需要经常进行进样系统、试剂系统、反应系统、测定系统及记录系统的维护，其主要内容见表 5-3。

表 5-3 　　　　　　　　　　　　　COD_{Mn} 在线检测仪维护内容

系　　统	项　　目	内　　　容
进样系统	进水、排水管道	各管道有无堵塞、漏水、流量是否正常
	试料存储器	内部有无污染、漏水
	稀释水、洗涤水容器	水位是否正常，有否污染
	各计量器	动作是否正常，内部有否污染
试剂系统	试剂存储容器	溶液、浓度是否符合要求
	试剂计量器	动作是否正常，有无污染
	试剂流通管道	是否堵塞、污染、有无气泡
反应系统	反应器	有无破裂，污染
	搅拌器	动作是否正常
	电极	有无污染，损伤；比较电极内盐桥溶液是否充足
	排出装置	动作是否正常
	加热槽	内面有无污垢
	温度控制	是否控制在设定位置
	加热器	供电电压是否正常，加热丝是否断线
测定系统	程序控制器	是否按设定程序工作
	滴定器	滴定动作是否正常，设定电压是否正确
	零点校准	是否稳定，正确
记录系统	记录仪	走纸是否正常，记录墨水是否流畅，机械部分是否润滑

（2）常见故障及排除方法。COD_{Mn} 在线检测仪在运行中可能会遇到以下故障：指示值不稳、指示值负向漂移、指示值正向漂移、零点指示异常等，这些故障的原因及排除方法见表 5-4。

表 5-4 　　　　　　　　　　　　COD_{Mn} 在线检测仪常见故障及排除方法

故障现象	可　能　原　因	排　除　方　法
指示值不稳	空白测定不正常	试剂加入量不准，重新加入；清洗电极，补充比较电极内部溶液
	进样管路、稀释水管路有气泡	排除气泡、清洗管路
指示值负向漂移	空白校准未进行	重新进行空白校准
	草酸钠、高锰酸钾浓度不对	重新配制
	进样、试剂量不对	重新进样和称量试剂，并排除管路污染及气泡
	电极污染	清洗或更换

故障现象	可能原因	排除方法
零点指示异常， 负向漂移	洗涤水供、排异常	检查水流路系统
	进样系统有故障	检查、排除
	氧化温度不对	重新调整加热温度
	零点和刻度校准不能进行	检查草酸钠、高锰酸钾浓度
指示值正向漂移	各管污染	清洗并排除
	稀释水 COD 含量高	更换低含量的并检查各溶液浓度
指示值异常高	同"指示值正向漂移"项	同"指示值正向漂移"项，并将仪器 量程改用高档

（七）氨氮分析仪

1. 分类及工作原理

氨氮分析仪主要包括两类：一类是比色法测量，包括后发展而来的分光光度法；另一类是电极法测量。

下面介绍美国哈希公司生产的 HACH AMTAX inter2 氨氮在线分析仪（图 5-18和图 5-19）。其工作原理是：在催化剂作用下，铵根离子在 pH 值为 12.6 的碱性介质中，与次氯酸根离子和水杨酸盐离子反应，生成靛酚化合物，并呈现绿色。在仪器测量范围内，其颜色改变程度和样品中的铵根离子浓度成正比，因此，通过测量颜色变化的程度，可以计算出样品中铵根离子的浓度。

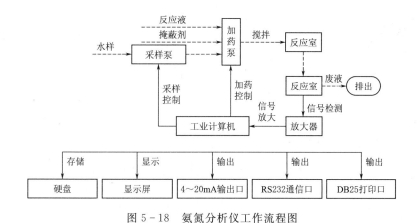

图 5-18　氨氮分析仪工作流程图

2. 使用与维护

下面以环科 HB2000 型在线氨氮分析仪为例，介绍仪器的使用与维护方法。

（1）视当地水样的水质情况，定期清洗采样过滤器及管路，以确保采样过滤器采水顺利、通畅。拆卸过滤器前，在手动方式里按 B 键将过滤器管道中的水样排空。视滤芯的堵塞状况决定清洗或更换滤芯。

（2）视使用情况定期清洗采样溢流杯及采样管。清洗采样管时，先将其插入稀酸

图5-19 HACH AMTAX inter2 氨氮在线分析仪

里，然后在手动方式里按"1"键提取稀酸进行水样管路的清洗，最后用蒸馏水再次清洗水样管路。

（3）视使用情况定期拆卸清洗反应室与比色室。拆卸时戴好防护手套以免被反应液等残液烧伤，一手捏住与反应室连接的过渡黑管，一手将反应室轻轻竖直向上取出。拆卸前先排空各管路。

（4）仪器运行时请关好前后门。

（5）仪器应避免阳光直射，避免强磁场、强烈震荡的环境。

（6）及时补充反应液、掩蔽剂、蒸馏水，并同时在参数设置里修改试剂余量。更换反应液时，小心操作，防止化学烧伤。

（7）仪器的各蠕动泵泵管的有效使用寿命为4个月（6～8次/天），到期需及时更换。更换泵管时应严格遵守泵头使用说明书的操作规则，使用泵钥匙，泵管严禁扭曲。

（8）应根据生产周期确定采样与监测频率。

（9）关机或停止使用之前，在手动方式下用蒸馏水多次清洗反应室、比色室，然后向反应室、比色室中加入适量蒸馏水。

3. 常见故障分析及处理

氨氮在线分析仪的常见故障及处理方法见表5-5。

表5-5　　　　　　　　　　氨氮在线分析仪常见故障及处理方法

故障现象	故障原因	解决方法
仪器上电无显示	交流部分供电故障	1. 查看交流电源插座供电是否正常、插头是否牢靠； 2. 检查仪器的保险丝是否完好（在电源插头接口的下方）
	直流供电部分故障	检查主机柜各电源，220V输入是否正常，输出各直流电压是否正常
仪器在自动运行时，采样泵无法采到水样	采样头露出水面	检查采样头及其固定情况
	上水管路漏气、堵塞	1. 检查管路及各连接头； 2. 检查过滤器使用情况，确定是否需要清洗过滤器； 3. 检查过滤器滤芯是否堵塞，确定是否需要更换滤芯
	采样泵管老化	更换采样泵管

续表

故障现象	故障原因	解决方法
仪器自动运行时，溢流杯下水不畅	下水管路出口被阻，冬天时由于没有保暖措施出口被冻住	1. 检查下水管路，进行疏通； 2. 增加保暖防冻措施
加药系统电机不转	泵管有挤压，致使电机无法带动	拆卸泵头，重新安装泵管，用泵钥匙转动泵头
	电机有问题（拆掉泵头，电机也无法转动）	更换或维修电机
加药系统溶液量不够、无法提升溶液，气泡多	试剂不足	添加各种试剂
	泵管老化	更换泵管
	四氟管破损、堵塞	1. 更换四氟管； 2. 卸下四氟管进行清洗
	过渡接嘴破裂	更换过渡接嘴
	电磁阀无法开启	联系客服
操作控制不正常，无法进入 D 工作方式	系统参数不正确	检查并设定合适的系统参数
放液阀工作不正常，出现漏液	四氟接嘴松动或破损	拧紧接嘴，或者更换
	放液阀有杂质卡塞，关闭不严	1. 首先排出反应室或比色室内的液体。开启放液阀，用吸耳球从下向上吹气疏通放液阀。因有腐蚀性溶液残液，应带上防护手套防止化学烧伤； 2. 联系公司客户服务中心
放液阀排废液不畅，或者无法排废液	下水管路堵塞，或者被冻结	查看下水管路，并进行疏通
	放液阀无法开启	联系公司客户服务中心
运行时，仪器显示反应液不足（或掩蔽剂不足、蒸馏水不足）	试剂瓶中试剂余量不足	补充试剂并且修改参数设置中相应的试剂余量参数
	已经补充试剂但没有修改相应的试剂余量参数	修改参数设置中相应的试剂余量参数
仪器数据偏差大	试剂配制问题	严格按照说明书配制试剂，并且按时补充试剂
	试剂量不足，造成显色反应不正常	1. 检查反应液是否已经用完，补充反应液； 2. 检查 F 系统设置里的 B 项氨氮试剂报警设置各参数是否正确
	比色系统出现异常，基准比色电压不在（16±0.5）V 范围内	1. 检查放大器的输入、输出线是否松动； 2. 检查光源是否发出紫光，光管不发光则联系我公司客户服务中心； 3. 检查比色室是否洁净，如有气泡附着在比色室壁上，则需清洗比色室； 4. 按照测量模块的校准方法操作
	泵管疲软，加药不正常造成数据异常	更换泵管，重新测量加药量
	溢流杯、取样管路被严重污染	1. 根据实际情况，用不同清洗剂清洗溢流杯和管路； 2. 更换上水管路或者取样四氟管

（八）余氯分析仪

1. 工作原理

余氯检测仪就是用于快速检测余氯的仪器，目前主要有电极法和比色法。其中电极法的余氯测定电极比较昂贵，且设备操作步骤繁琐，而比色法则具有操作费用低、运行可靠等优点。下面主要介绍化学比色法。

化学比色法的仪器相当于一台小型的分光光度计，水样经与专门的试剂反应后，通过分光光度方法计算出其余氯/总氯值（图 5-20）。HACH CL17 余氯分析仪是一个微处理的过程分析仪表，用于测量连续的水样中氯含量的仪表（图 5-21）。可以是余氯也可以是总氯，所测的范围为 0~5mg/L。缓冲溶液和指示溶液不同选择用于测定游离氯还是总氯。仪表采用 DPD 比色方法来测量，指示溶液和缓冲溶液导入水样中，根据氯的含量，变成相应的红色，并将测量的值显示在控制面板上。分析仪设计成每间隔 2.5min 就获得分析仪水样，水样引入测量池，测量得出一个空白吸收。水样的空白吸收使得对于浊度和水样的自然颜色进行一个补偿，并提供一个自动的零参考点。这时加入试剂，并逐渐呈现紫红色，随即仪表会对其进行测量并与零参考点进行比较。

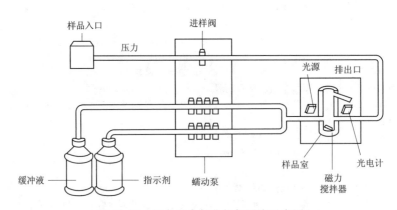

图 5-20　比色法余氯分析仪组成示意图

2. 余氯分析仪的使用与维护

如采用 HACH CL17 余氯分析仪，仪表校准方法如下：

（1）当余氯小于 0.5mg/L 时，需配制：①零余氯水或用原厂配制的硫酸亚铁 4mL 加入到 2L 的样水中；②3~5mg/L 余氯的标准水。将①和②溶液分别通入仪器中稳定 10min，分别输入亮点在 CAL ZERO 和 CAL STD 中。

（2）当余氯大于 0.5mg/L 时，可通过化验室取样分析测出水样的余氯值，再直接在 CALSTD 菜单中输出化验值即可。

注意：因仪表内置默认曲线校正，一般无需零余氯校正；出厂水余氯仪如有偏差，可通过偏移校正进行，滤后水余氯仪不建议校正。

仪表清洗、校正、修理时，必须通知相关班组，必要时需对仪表输出保持。HOLD OUTPUTS（保持输出）——该功能使得报警器锁定，为了维护的需要，记

图 5 - 21　HACH CL17 余氯分析仪

录仪保持在它当前输出状态，激活该功能步骤如下：

1）进入该键，按 ENTER，随后按上箭头键激活持续 60min，报警 LED（发光管）将一直闪烁。

2）为解除该标识，并返回正常运行，按 MENU 键，随后按下箭头键，直至 HOLD OUTPUTS 显示出来。

3）按 ENTER 键。

4）用下箭头键选择 OFF（关闭），并再按 ENTER 键。

3. 常见故障及排除方法

余氯分析仪运行中经常出现的故障及排除方法见表 5 - 6。

表 5 - 6　　　　　　　　　余氯分析仪常见故障及排除方法

症　状	可 能 的 原 因	排　除　方　法
显示器未变亮和泵的马达未运行	无运行动力	检查电源开关位置、保险和电源线连接
显示器未变亮和泵的马达运行	供电出现问题	更换主要的线路板
零读数	工作电压不正常	确认线路电压在规格要求之内
	线路电压选择器开关设置不正确	检查线路电压选择器开关位置
	马达电缆未与线路板连接	检查马达电缆连接
	马达有问题	替换马达
样品从色度计中溢出	未加搅拌棒	将搅拌棒放入色度计
	样品未流入仪器	检查样品调节和其他样品供给线路
	超过一个搅拌棒	取走多余的搅拌棒
低读数	管道阻塞	替换管道

（九）液位仪表

液位测量是水处理过程中最为基本的测量内容。水处理厂中主要应用到的是超声波、电容式、差压、压力变送和液位开关等可用于液体的测量的仪表。下面主要介绍超声波液位计和液位开关。

1. 超声波液位计

超声波液位计（图5-22）是非接触式连续性测量仪表，特别适合于测量腐蚀性强、高黏度、密度不确定等液体的液位。在给水排水工程中，超声波液位计通常用于加药间混凝剂池液位、污泥池液位的测量。传感器内的发送器经电子激励，发出一个超声波脉冲信号，该信号以一定速率到达液体表面，由液体表面反射返回，发出回声，此回声再由同一传感器接收，回声返回的时间反映了液面的高度，这个回声信号由传感器传送给变送器，经变送器转换成一个4～20mA的电信号输出。

图5-22 超声波液位计及其安装示意图

2. 液位开关

液位开关用来测量液位是否达到预定高度（如超高液位或报警液位）并发出相应的开关信号。预定高度通常是安装测量探头的位置。常用的液位开关是浮球式或浮筒式（图5-23），其结构简单，不易损坏，因此维护量很小。

（a）浮球式 　　　　　　　（b）浮筒式

图5-23 液位开关

【任务实施】

一、实训准备

（1）准备在线自动监测仪：pH计、浊度仪、COD测定仪、余氯分析仪。
（2）城市给水处理仿真软件。

二、实训内容和步骤

1. 水质在线监测仪的使用
（1）根据要测定的指标选择正确的监测仪器。
（2）在线监测仪器使用前应校准。
（3）按照操作规程测定给水厂处理水的pH值、浊度、COD_{Mn}和余氯等指标。
（4）若有故障，根据故障现象分析故障原因。
2. 给水处理厂在线监控系统仿真实训
（1）在线监控系统认知，即描述该给水厂在线监控系统的组成和构造。
（2）在线监控系统运行与管理，包括填写巡视记录、水质及设备异常状况的处理等。

三、实训成果

（1）在线监测仪使用记录和报告。
（2）给水厂在线监控系统认知报告。
（3）在线监控系统仿真实训项目考核报告。

【思考与练习题】
（1）贵重精密仪器的接地线电阻应小于_____，并保证接地可靠。
（2）测定pH值时，玻璃电极在使用前宜在蒸馏水中浸泡_____以上，以使其稳定。
（3）测量水中溶解氧的方法主要有_____检测法和_____检测法。
（4）COD自动测定仪指示值不稳，可能原因是哪些？
（5）在线氨氮分析仪使用时应注意哪些问题？

视频5.1.2-2 ▶
给水水质在线
监控系统运行
与管理

课件5.1.3 ⓟⓣ
给水水质在线
监控系统运行
与管理

课件5.1.4 ⓟⓣ
水质检测实验
室管理

任务三　常见的电工检测仪表

【任务引入】

电工检测仪表是显示水处理厂电气设备运行正常与否的主要依据，用于测量电压、电流、电能、电功率等电量和电阻、电感、电容等电路参数，在电气设备安全、经济、合理运行的检测与故障检修中起着重要作用。

通过本任务的学习，需要掌握万用表、钳形电流表、兆欧表、接地电阻测量仪和电桥等常见电工检测仪表的作用、构造、操作方法和注意事项。

【相关知识】

一、万用表

万用表是一种多功能、多量程的便携式电工仪表，一般的万用表可以测量直流电

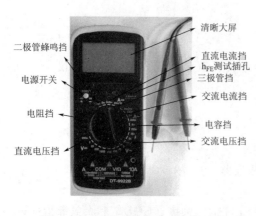

二极管蜂鸣挡

电源开关

电阻挡

直流电压挡

清晰大屏

直流电流挡
h$_{FE}$测试插孔
三极管挡

交流电流挡

电容挡

交流电压挡

图 5-24　DT9922B 型数字式万用表

流、直流电压、交流电压和电阻等，有些万用表还可测量电容、功率、晶体管共射极直流放大系数 h$_{FE}$ 等。万用表有指针式和数字式两种，下面主要介绍最为常用的数字式万用表。

典型的数字式万用表面板结构主要由显示器、电源开关、信号输入端、测量样式开关、量程开关以及 h$_{FE}$ 端子组成，具有准确度高、读数迅速准确、功能齐全及过载能力强等优点。图 5-24 所示为 DT9922B 型数字式万用表。数字式万用表的操作方法见表 5-7。

表 5-7　　　　　　　　　　　　数字式万用表的操作方法

检 测 项 目	操 作 要 点	注 意 事 项
测量直流电压	①打开电源开关，红表笔接"VΩ"端，黑表笔接公共端；②样式开关置于"V-"端；③按被测电压大小选择量程；④连接表笔到试验电路	1. 交流电压挡只能直接测量低频正弦波信号电压。测量高压时要注意避免触电； 2. 测量较高电压或大电流时，不能带电转动转换开关； 3. 测量电阻、电压、电流时，若显示"1"说明量程过小，应加大量程；若数值前有"-"，说明红黑笔接反
测量交流电压	①表笔插孔同上，样式开关置于"V～"端；②在 200V 或 700V 挡中选择一个量程；③连接表笔到试验电路	
测量直流电流	①红表笔接"A"或"10A"端，黑表笔接公共端；②样式开关置于"A-"端；③连接表笔到试验电路；④对于被测电流超过 200mA 时，红色表笔应插入 10A 插座，样式开关必须置于 200mA 挡	
测量电阻	①红表笔接"VΩ"端，黑表笔接公共端；②样式开关置于"Ω"端；③按测量电阻大小选择量程；④连接表笔到试验电路或电阻进行测量	
检查二极管	①样式开关置于"Ω"挡；②量程开关置于二极管挡位处；③将黑色表笔插入公共端，红色表笔插入"VΩ"端；④连接表笔到二极管；⑤颠倒表笔测量两次，如果二极管是好的，则一次显示 1，一次显示零点几的数字；如果二极管是坏的，则两次显示相同的数字	
测量 h$_{FE}$	①红笔插入"VΩ"，黑笔插入公共端；找出三极管的基极 b；②判断三极管的类型 PNP 或 NPN；③样式开关打到 h$_{FE}$ 挡；④推入 DCMA/h$_{FE}$ 开关和 h$_{FE}$ 量程开关；⑤把晶体管的基极、集电极和发射极分别插入晶体管插座的 b、c、e 孔中，进行相应的测量	

二、钳形电流表

（一）钳形电流表及其组成

钳形电流表是一种不需要断开电路就可以直接测量电流的便携式仪表，它主要由电流互感器和电流表组成；测量精度不高，适用于不便拆线或不能切断电路及对测量要求不高的场合。钳形电流表如果采用电磁系测量结构，可以交直流两用；如果采用整流式磁电系测量结构，只能测量交流电流。钳形电流表的结构如图 5 - 25(a) 所示。

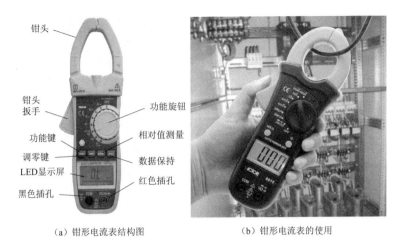

（a）钳形电流表结构图 （b）钳形电流表的使用

图 5 - 25 钳形电流表

(二) 钳形电流表的使用

1. 测量前的准备

(1) 检查仪表的钳口上是否有杂物或油污，待清理干净后再进行测量。

(2) 进行机械调零。

2. 钳形电流表的测量方法

(1) 估计被测电流的大小，将量程调节旋钮调至需要的测量挡。如无法估计被测电流大小，先用最高量程档位测量，然后根据测量情况调至合适的量程。

(2) 握紧钳柄，使钳口张开，放置被测导线。为减少误差，被测导线应置于钳口的中央，如图 5 - 25(b) 所示。

(3) 钳口要紧密接触，如遇有杂音时可检查钳口清洁，或重新开口一次，再闭合。

(4) 测量 5A 以下的小电流时，为提高测量精度，在条件允许的情况下，可将被测导线多绕几圈，再放入钳口测量。此时实际电流应是仪表读数除以放入钳口中的导线圈数。

(5) 测量完毕，将量程选择开关拨到最大量程档位上。

3. 钳形电流表的使用注意事项

(1) 被测电路电压不可超过钳形电流表的额定电压，钳形电流表不能测量高压电气设备。

(2) 钳形电流表不能同时测量电压、电流。不能在测量过程中转动量程调节旋钮。在换挡前，应先将载流导线退出钳口。

三、绝缘电阻表

绝缘电阻表俗称兆欧表，又称摇表，是专门用于测量绝缘电阻的便携式仪表，计量单位是兆欧（MΩ），可分为手摇式和数字式两种，如图 5-26 所示。

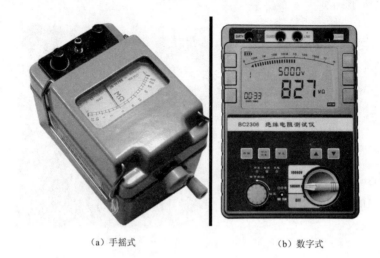

（a）手摇式　　　　　　　　　　　　（b）数字式

图 5-26　绝缘电阻表实物图

（一）绝缘电阻表的组成

绝缘电阻表由手摇高压直流发电机和磁电式仪表组成。通常绝缘电阻表有三个接线柱：线路（L）接线柱、接地（E）接线柱和屏蔽（G）接线柱。

（二）绝缘电阻表的使用

1. 正确选用绝缘电阻表

绝缘电阻表的额定电压应根据被测设备的额定电压来选择。测量额定 500V 以下的设备，选用 500V 或 1000V 的绝缘电阻表；测量额定电压在 500V 以上的设备，选用 1000V 或 2500V 的绝缘电阻表；对于绝缘子、母线、闸刀等要选用 2500V 或 3000V 绝缘电阻表。

2. 使用前的检查

将绝缘电阻表水平且平稳放置，检查指针偏转情况：将 E、L 两端开路，以约 120r/min 的转速摇动手柄，观测指针是否指到 "∞" 处；然后将 E、L 两端短接，缓慢摇动手柄，观测指针是否指到 "0" 处，经检查完好才能使用。

3. 绝缘电阻表的使用方法

（1）绝缘电阻表放置平稳，被测物表面擦拭干净，以保证测量正确。

（2）正确接线。根据不同测量对象，作相应接线。测量线路对地绝缘电阻时，E 端接地，L 端接于被测线路上；测量电机或设备绝缘电阻时，E 端接电机或设备外壳，L 端接被测绕组的一端；测量电机或变压器绕组间绝缘电阻时，先拆除绕组间的连接线，将 E、L 端分别接于被测的两相绕组上；测量电缆绝缘电阻时，E 端接电缆外表皮（铅套）上，L 端接线芯，G 端接芯线最外层绝缘层上。

（3）由慢到快摇动手柄，直到转速达 120r/min 左右，保持手柄的转速均匀、稳定，一般转动 1min，待指针稳定后读数。

（4）测量完毕，待绝缘电阻表停止转动和被测物接地放电后方能拆除连接导线。

4. 绝缘电阻表的使用注意事项

因绝缘电阻表本身工作时产生高压电，为避免人身及设备事故必须重视以下几点：

（1）不能在设备带电的情况下测量其绝缘电阻。测量前被测设备必须切断电源和负载，并进行放电；已用绝缘电阻表测量过的设备如要再次测量，也必须先接地放电。

（2）绝缘电阻表测量时要远离大电流导体和外磁场。

（3）与被测设备的连接导线应选用绝缘电阻表专用测量线或选用绝缘强度高的两根单芯多股软线，两根导线切忌绞在一起，以免影响测量准确度。

（4）测量过程中，如果指针指向"0"位，表示被测设备短路，应立即停止转动手柄。

（5）被测设备中如有半导体器件，应先将其插件板拆去。

（6）测量过程中不得触及设备的测量部分和被测回路，以防触电。

（7）测量电容性设备的绝缘电阻时，测量完毕，应对设备充分放电。

四、接地电阻测试仪

（一）接地电阻测试仪及其类型

接地电阻测试仪是检验测量接地电阻的常用仪表，也是电气安全检查与接地工程竣工验收不可缺少的工具。接地电阻测试仪可分为单钳口式、双钳口式和智能型3 种，也可分为数显式和手摇式（图 5 - 27）。

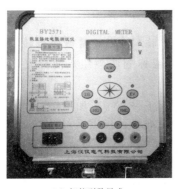
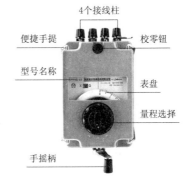

（a）智能型数显式　　　　　　（b）手摇式

图 5 - 27　接地电阻测试仪

（二）接地电阻测试仪的使用

1. 使用前的准备

（1）熟读接地电阻测试仪的使用说明书，全面了解仪器的结构、性能及使用方法。

（2）备齐测量时所必需的工具及仪器附件，将仪器和接地探针擦拭干净。

（3）将接地干线与接地体的连接点或接地干线上所有接地支线的连接点断开，使接地体成为独立体。

2.接地电阻测试仪测量步骤

（1）将两个接地探针沿接地体辐射方向分别插入距接地体20m、40m的地下，插入深度为400mm。

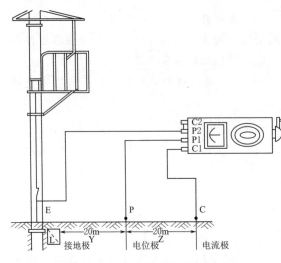

图5-28 接地电阻测试仪的使用

（2）将接地电阻测试仪平放于接地体附近，并进行接线，接线方法如下：①用最短的专用导线将接地体与接地测试仪的接线端"E1"（三端钮的测量仪）或与"C2"短接后的公共端（四端钮的测量仪）相连；②用最长的专用导线将距接地体40m的测量探针（电流探针）与测量仪的接线钮"C1"相连；③用余下的长度居中的专用导线将距接地体20m的测量探针（电位探针）与测量仪的接线端"P1"相连。接地电阻测试仪的使用如图5-28所示。

（3）将测试仪水平放置后，检查检流计的指针是否指向中心线，否则调节"零位调整器"使测量仪指针指向中心线。

（4）将"倍率标度"（或称粗调旋钮）置于最大倍数，并慢慢地转动发电机转柄（指针开始偏移），同时旋动"测量标度盘"（或称细调旋钮）使检流计指针指向中心线。

（5）当检流计的指针接近于平衡时（指针近于中心线）加快摇动转柄，使其转速达到120r/min以上，同时调整"测量标度盘"，使指针指向中心线。

（6）若"测量标度盘"的读数过小（小于1）不易读准确时，说明倍率标度倍数过大。此时应将"倍率标度"置于较小的倍数，重新调整"测量标度盘"使指针指向中心线上并读出准确读数。

（7）计算测量结果，即R＝"倍率标度"读数×"测量标度盘"读数。

五、电桥

（一）电桥构成及分类

电桥可分为直流电桥和交流电桥。直流电桥用来测量直流电阻，交流电桥主要用来测量交流等效电阻、电感和电容等。直流电桥有四个支路，称为四个臂。其中，一个臂连接被测电阻，其余三个臂连接标准电阻，在电桥对角线上，连接指示仪表，另一对角线连接电源。直流电桥可分为直流单臂（惠斯登电桥）和直流双臂电桥（开尔文电桥）。在工程上，要较为准确地测量中值电阻，常用直流单臂电桥，其测量电阻范围为 $10 \sim 10^8 \Omega$，其主要特点是灵敏度和准确度都很高，且使用方便。双电桥可用来测量几欧姆以下的低电阻。

（二）电桥的使用

1. 直流单臂电桥的使用

以 QJ23 直流单臂电桥为例来说明直流单臂电桥的使用方法。图 5-29 所示为 QJ23 型直流单臂电桥。

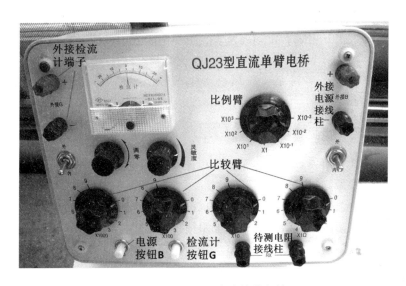

图 5-29　QJ23 型直流单臂电桥

（1）把电桥放平稳，断开电源和检流计按钮，进行机械调零，使检流计指针和零线重合。用万用表电流挡粗测被测电阻值，选取合理的比例臂。使电桥比较臂的 4 个读数盘都利用起来，以得到 4 个有效数值，保证测量精度。

（2）按选取的比例臂，调好比较臂电阻。

（3）将被测电阻 Rx 接入接线柱，先按下电源按钮 B，再按检流计按钮 G，若检流计指针摆向"＋"端，需增大比较臂电阻；若指针摆向"－"端，需减小比较臂电阻。反复调节，直到指针指到零位为止。

（4）读出比较臂的电阻值再乘以倍率，即为被测电阻值。

（5）测量完毕后，先断开 G 按钮，再断开 B 按钮，拆除测量接线。

（6）直流单臂电桥使用的注意事项。

1）正确选择比例臂，使比较臂的第一盘（×1000）上的读数不为 0，才能保证测量的准确度。

2）为减少引线电阻带来的误差，被测电阻与测量端的连接导线要短而粗。还应注意各端钮是否拧紧，以免接触不良引起电桥的不稳定。

3）当电池电压不足时应立即更换，采用外接电源时应注意极性与电压额定值。

4）被测物不能带电。对含有电容的元件应先放电 1min 后再测量。

2. 直流双臂电桥的使用

使用双臂电桥选用较粗导线，并保证电流、电压接头连接正确。标准电阻选择与被测电阻相同数量级的，满足：Rx＜RN＜10Rx。双臂电桥电源最好采用大容量的蓄电池（电压 2～4V），不能随意升高电源电压，以免损坏标准电阻和被测电阻。测量动作要快，测量结束应立即切断电源。

【任务实施】

一、实训准备

（1）准备数字式万用表、钳形电流表、绝缘电阻表、接地电阻测试仪、直流单臂电桥各 1 只。

（2）准备离心泵、潜污泵、鼓风机等电气设备和在线 pH 计、在线 DO 仪等仪表。

二、实训内容和步骤

（1）用数字式万用表测量离心泵交流电路电压、电阻以及在线 pH 计、在线 DO 仪电流、电压，并做好记录。

（2）用钳形电流表测量离心泵或鼓风机电气线路电流，并做好记录。

（3）用绝缘电阻表测量潜污泵绝缘电阻值。

（4）用接地电阻测试仪测量离心泵、潜污泵接地电阻。

（5）测量鼓风机电动机线圈电阻。

三、实训成果

（1）电工检测仪表实训记录。

（2）电工检测仪表实训报告。

【思考与练习题】

（1）简述数字式万用表测量交流电压、直流电流和电阻的步骤。

（2）钳形电流表的作用是什么？钳形电流表测量电流时应注意哪些问题？

（3）绝缘电阻表的三个接线柱分别是：_____、_____和_____。

（4）测量额定 500V 以下的设备，选用何种的绝缘电阻表？

（5）绝缘电阻表使用前应做好哪些检查工作？

（6）简述绝缘电阻表测量绝缘电阻的步骤。

（7）绘制接地电阻测试仪测量示意图，并描述其测量步骤。

（8）在工程上，要较为准确的测量中值电阻，常用_____。

（9）简述直流单臂电桥测量电阻的步骤。

子项目二　排水自动控制与在线监控系统

任务一　排水自动控制系统

【任务引入】

污水处理系统的运行管理，是对日常生产活动进行计划、组织、控制和协调等工作的总称，是指从接纳原污水至净化处理排放"达标"污水的全过程的管理。通过学习，要求掌握污水处理过程中各个构筑物及设备的自动化控制。

【相关知识】

一、排水自动控制系统认知

污水处理厂工艺过程中用到大量的阀门、泵、风机，以及刮、吸泥机等机械设备，它们常常要根据一定的程序、时间和逻辑关系定时开停。另外，污水处理的工艺过程同其他工艺过程类似，也要在一定的温度、压力、浓度、流量、液位等工艺条件下进行。污水处理厂的自动控制系统主要是对污水处理过程进行自动控制和自动调节，使处理后的水质指标达到预期要求。为使各种参数达标，必须对各设备的运行状态、各池的进水量和出水量、进泥量和排泥量、加药量、各段处理时间等进行综合调控。

排水自动控制模式参见给水自动控制模式。

二、排水自动控制系统的运行与管理

（一）格栅的自动控制

格栅一般采用自动定时器进行间歇运转控制；也可在格栅前后设超声波液位差仪表，根据格栅前后水位差进行自动除渣控制（图 5 - 30）。PLC 系统将根据软件程序

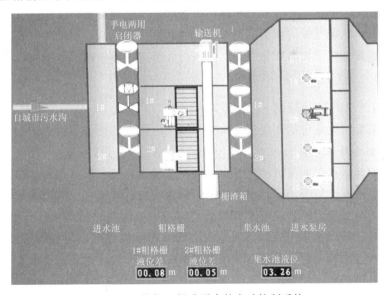

图 5 - 30　格栅、提升泵房的自动控制系统

自动控制栅渣压实机和机械格栅的顺序启停、运行、停车及安全连锁保护。格栅启动后，格栅前后水位差会不断下降，降低到一定水位后，格栅会自动停止运行。其停机顺序与开机顺序相反。

视频5.2.1-1 ▶

预处理的自动控制

（二）水泵的自动控制

在水泵吸水池设超声波液位计或液位传感器，根据水位测量仪测得的水池水位值，控制多台水泵的启停运行（图5-30）。当水池水位高至某一设定的水位值时，PLC系统可按软件程序自动增加水泵运行的台数；当水位降至某一设定水位时，PLC系统自动按软件程序减少水泵运行的台数（表5-8）。同时，系统能够记录各个水泵的运行时间，自动转换水泵，保证各水泵积累的运行时间相等，使其保持最佳的运行状态。当水位降至最低水位时，自动控制全部水泵停止运行。

表5-8   某污水处理厂进水泵自动控制参数表

自 动 控 制 参 数	设 置 数 值	自 动 控 制 参 数	设 置 数 值
第一台水泵启动液位	3.8m	进水泵控制死区	1.0m
第二台水泵启动液位	4.2m	进水泵停泵报警低液位	2.0m
第三台水泵启动液位	4.4m	进水泵开机延时值	30s
第四台水泵启动液位	4.5m	水泵保护重启间隔时间	30s

（三）沉砂池的自动控制

沉砂池自动控制的主要内容是除砂机和砂水分离器的控制。除砂机有链带铲斗式、抽沙泵式、螺旋铲斗式、行车铲斗式、气提排砂式和旋臂起吊式等。除了旋臂起吊式除砂机外，一般都用定时器进行自动控制。除砂机的运行周期与进水流量、污水中砂粒含量有关。图5-31所示为旋流沉砂池的自动控制示意图。

而曝气沉砂池曝气量的调节既有手动控制又有自动控制。自动控制模式下，曝气量一般随进水流量的变化而变化。当然，实际运行中也可根据沉砂中有机物含量的多少进行调节。

（四）初沉池的自动控制

初沉池的机械设备包括刮泥机、排泥泵及去除泡沫的设备等。

1. 刮泥机和除沫设备的控制

刮泥机如何运行主要与沉淀池类型、刮泥机种类有关。辐流式初沉池的刮泥周期长，因而刮泥机连续运行，运行中主要是调节刮泥机行进速度。而平流式沉淀池的链带式刮泥机的刮泥能力较强，不必连续运行，可用定时器进行间歇运行的自动控制。泵吸式和虹吸式排泥也采用间歇定时运行方式。间歇运行可以延长设备的使用寿命，但如果间隔时间太长，刮泥机的启动负荷较大，可能会损坏设备。因此，在自动控制时应当确定合理的运行周期。

常用的除沫设备是管式集沫装置，目前也有浮动式泵除沫。这些除沫设备一般都

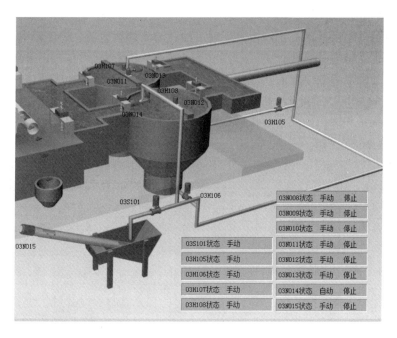

图 5 - 31　旋流沉砂池的自动控制

采用定时间歇自动控制。

2. 排泥泵的控制

排泥泵的控制方式主要有四种，现分别叙述如下：

（1）只靠定时器来控制启闭。

（2）联用定时器与流量计进行控制。用定时器决定泵的启动，用流量计来控制停泵，每日排放定量的污泥。采用此种方法时，排泥泵运转时间过长会使排泥浓度降低，而间歇时间太长则会导致堵塞等故障，因此应合理地选择间歇自动控制的停泵与运行时间。

（3）用定时器控制污泥泵的启动，用污泥浓度测定仪或污泥界面仪的信号来控制停泵（图 5 - 32）。即当排泥浓度或污泥界面高度降低到一定程度时，自动控制系统就发出信号停止泵的运行。

（4）用污泥界面仪控制排泥泵的启动，污泥浓度测定仪控制停泵的自动控制方式。这种自动控制方式更先进，可靠性更好，它既能避免污泥积累过多引起堵塞，又能防止排除的污

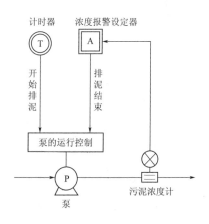

图 5 - 32　排泥泵的自动控制方式

泥浓度过低及含水率高等问题；对于污水量变化较大且难以选择排泥周期的初沉池，可以选用这种控制方式。

（五）曝气池的自动控制

曝气池是采用活性污泥法的污水处理厂的核心处理构筑物，因此曝气池的自动控制对整个处理系统至关重要。

曝气池的控制参数主要有供气量、回流污泥量和剩余污泥排放量（控制污泥龄）等。AAO、CASS 工艺和鼓风机房的自动控制分别如图 5-33～图 5-35 所示。下面主要叙述供气量和回流污泥量的控制方法。

视频5.2.1-2 ▶

主要生物处理工艺 AAO 的自动控制

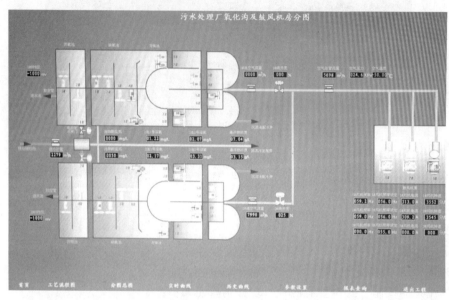

图 5-33　污水处理厂 AAO 生物处理池的自动控制

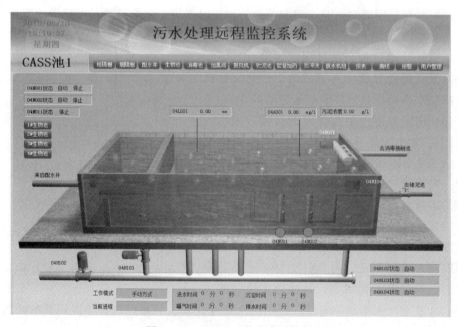

图 5-34　CASS 工艺的自动控制

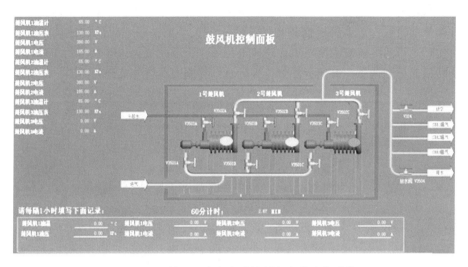

图 5-35　鼓风机房的自动控制与在线监控系统

1. 供气量的控制

曝气池的溶解氧（DO）含量通常控制在 2mg/L 左右。溶解氧含量与进水水质、温度、压力、曝气量等因素有关。污水处理厂主要通过调节供气量来控制溶解氧含量。下面介绍几种常见的控制方案。

（1）定供气量控制。在这种控制方案中，不管进水流量和有机负荷如何变化，都按设定的供气量恒定供气。只有当 DO 浓度与控制范围偏差较大时，才改变供气量。一般白天、夜间设置两个不同的供气量来控制供气量恒定。可以通过调节鼓风机频率、进口阀门和曝气池空气调节阀的方法改变供气量。另外，也可以通过改变鼓风机的运行台数调节供气量。

（2）与进水量成比例控制。这种控制方式是按与进入曝气池污水量成一定比例来调节供气量，即所谓的气水比恒定。如果进水水质和 MLSS 浓度不变，则 DO 浓度的变化也不大。实际上，由于进水水质随时间变化很大，MLSS 浓度也难以保持稳定，因此，应当根据 DO 浓度和出水水质情况及时改变气水比。

（3）定 DO 浓度控制。它是指维持 DO 浓度为定值。通过在曝气池内设在线式溶解氧仪，由 PLC 按照溶解氧仪测定值来完成曝气生物处理系统中各种设备的启停，使 DO 测定值与设定值保持一致。它又可分为单回路定值调节方案和溶解氧、流量串级调节方案。

1）单回路定值调节方案。DO 测定值作为测量信号送入 PLC 控制器，在 PLC 内部同工艺要求的设定值进行比较，比较的结果作为偏差信号，PLC 将此信号进行 PID 运算后输出以控制调节阀的开度、改变鼓风机频率或鼓风机运行台数，从而控制曝气池内的 DO 浓度。

2）溶解氧、流量串级调节方案。以溶解氧作为主调节参数，供气量作为副调节参数；溶解氧主调节器和曝气流量副调节器串接工作，主调节器的输出作为副调节器供气量的给定值，由副调节器根据供气量实测值与给定值的偏差进行工作。

（4）氧化沟曝气量自动控制。为达到最大程度的程序灵活性，依据实际需氧量和负荷条件调节动力输入。系统根据各沟的溶解氧值大小调节曝气机的转速调节总的充氧量。将实际测得的溶解氧浓度与氧化还原电位等作为增减氧化沟曝气量的指标，调整曝气机的转速而控制调节充氧能力。氧化沟的自动控制与线监控系统如图 5-36 所示。

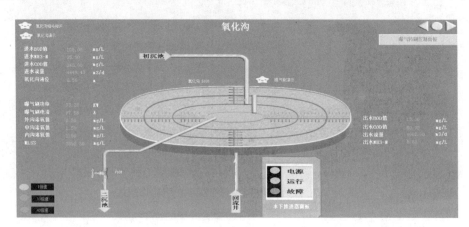

图 5-36 氧化沟的自动控制与在线监控系统

2. 回流污泥量的控制

回流污泥量的控制方式与供气量类似，主要有定回流污泥量控制、与进水量成比例控制、定 MLSS 浓度控制和定 F/M 控制等 4 种。

（1）定回流污泥量控制。它与定供气量一样不考虑进水负荷的变化，污泥回流量保持恒定。通常也是白天与夜间按两个不同的设定值来控制回流污泥量。调节方法与进水泵类似。

（2）与进水量成比例控制。即污泥回流比保持恒定。这是一种常见的控制方法。在回流污泥浓度不变的情况下，MLSS 浓度也能维持不变。然而由于回流污泥浓度会随回流污泥量而变，难以维持 MLSS 浓度不变。同供气量一样，污泥回流比也需要根据出水水质进行适当调整。

（3）定 MLSS 浓度控制。它是指 MLSS 浓度尽量维持在某一最优 MLSS 浓度经验数值的控制。实现定 MLSS 浓度控制有以下几种方法：

1）常用控制方法（前馈控制）。如图 5-37 所示，在回流污

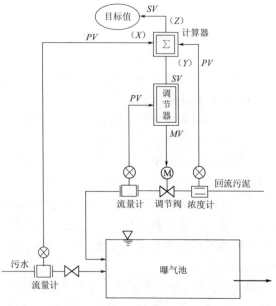

图 5-37 根据回流污泥浓度实现定 MLSS 浓度控制

泥管道上设置一个在线污泥浓度检测仪，根据进水流量、回流污泥浓度和 MLSS 目标值，计算出使 MLSS 浓度等于 MLSS 目标值所需要的回流量，然后按这个量进行控制。因为进水 SS 浓度与回流污泥浓度相比可以忽略不计，可根据式（5-1）来确定回流比，再用进水流量求出回流污泥量。

$$R = \frac{X}{X_r - X} \tag{5-1}$$

式中　R——污泥回流比，%；

X_r——回流污泥浓度，mg/L；

X——MLSS 目标值，mg/L。

2）直接在曝气池中设置在线 MLSS 检测仪，根据 MLSS 目标值与实测值的偏差，直接调节回流污泥量。

3）将设在曝气池中的 MLSS 检测仪输出的 MLSS 实测值与目标值之间的偏差和进水流量信号，输入回流比设定器，然后再由此控制回流污泥量。

（4）定 F/M 控制。它是使 F/M 或污泥负荷保持在适宜范围的控制方法。这种方法需要在线检测污水量、BOD 与 MLSS 浓度。由于 BOD 检测周期很长，不能用于过程控制，因此这种方法的关键在于选择一种能取代 BOD 的指标及其传感器的开发，比如 COD、TOC 或 TOD 等。

某污水处理厂的二沉池、回流及剩余污泥泵房和污泥浓缩脱水机房的自动控制如图 5-38 所示。

视频5.2.1-3
沉淀池及污泥回流系统的自动控制

（六）二沉池的自动控制

二沉池的运行状态与曝气池的运行控制密切相关，污泥负荷、DO 浓度、回流

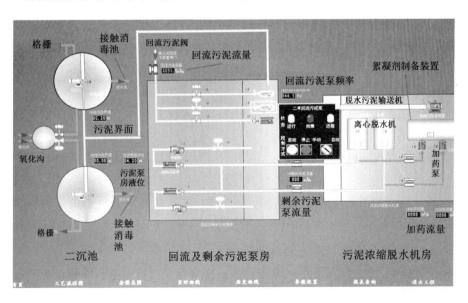

图 5-38　二沉池、回流及剩余污泥泵房、污泥浓缩脱水机房的自动控制

比、MLSS 浓度及进水水质都影响二沉池的泥水分离和污泥沉降性能。二沉池的自动控制（图 5-38）的一般内容与初沉池类似，下面重点介绍剩余污泥排放量的控制方法。

1. 定污泥排放量控制

这种方法适合于设置回流污泥贮存池的定 MLSS 浓度控制。根据计算或运行经验，每日排放一定量的污泥。在操作时每日可连续排放，也可以排放一次或若干次。排放时应使用 MLSS 浓度检测仪和流量计来计量。

2. 间歇定时排泥控制

它是指每隔一定时间排放污泥一次，使曝气池中的 MLSS 至某一设定的最小浓度为止，其中两次排泥的间隔时间为一常数，何时排泥只取决于间隔时间，与排泥前的 MLSS 浓度无关。同时每次排放的污泥量也不相同。

3. 定污泥龄控制

这是一种通过连续控制排泥量维持污泥龄不变的控制方法。稳定状态下，可根据泥龄公式计算出剩余污泥排放量。这种方法能在一定程度上稳定出水水质。而实际上维持稳定状态很困难，因此要实现这一控制，必须将控制排泥量与控制回流污泥量结合起来操作。

4. 随机排泥控制

这是一种较为先进的控制方式。它是一种根据进水水质、水量的变化情况和出水水质要求，通过随机地排放剩余污泥而有目的地控制 MLSS 浓度的非定量、非定时的排泥控制方式。比如，当进水有机负荷较大时，通过少排泥或不排泥以维持较高的 MLSS 浓度；而当进水有机负荷较小时，则多排泥同时减少回流污泥量，以节省运行费用。它可根据进水水质、水量变化、MLSS 浓度和 DO 浓度等变化，实现自动控制。

（七）污泥浓缩自动控制

污泥浓缩池的控制包括进泥量控制和排放浓缩污泥量控制。由于在浓缩池之后较少设置储泥池，因此浓缩池的控制主要指排放浓缩污泥的控制。

1）用定时器控制排泥泵的启动与停止，大型污水处理厂常采用此种方法。

2）用定时器和预置计数器控制每日排出一定量的浓缩污泥，小型污水处理厂一般采用此法。

3）用计时器控制排泥泵的启动，结合污泥浓度计检测污泥浓度降低到某一设定值时停泵。

4）用计时器控制泵的启动，用污泥浓度计、流量计和预置计数器控制每次都排除一定量的固形物时停泵。

（八）污泥脱水预处理设施的自动控制

污泥预处理设施包括药品贮存设备、药品溶解池、投药设备和混凝混合池等。

1. 药品溶解控制

（1）熟石灰溶解控制。将贮存在筒仓或加料斗上的熟石灰用传送带送至溶解池，形成浓度为 15%～20% 的乳状物，溶解方式分为间歇式和连续式。间歇式溶解是用溶解池水位与计时器控制熟石灰的定量加料器和稀释水闸阀，使一定量的熟石灰和稀释水相混合。连续式溶解则是控制熟石灰和稀释水按一定的比率进入溶解池。通过监控系统和现场控制系统的操作屏，可以设定每天允许的运行次数及每次运行时间。

（2）二价铁盐。使浓度约为 38% 的原液自然流入或用泵送入溶液池，按将其稀释成 4 倍所需要的水量，控制稀释水的投加量。可根据溶解池的水位实现自动控制。

（3）高分子混凝剂。如聚丙烯酰胺或聚合氯化铝等。固态颗粒状的溶解控制与熟石灰相同，液态的溶解控制与二价铁盐相同。

2. 投药量控制

投药量控制一般采用与干污泥量成比例的方式。用污泥流量计和浓度计检测的污泥流量和污泥浓度计算干污泥量，据此按一定比例控制投药量。

投药方式可分为间歇式和连续式两种。间歇式投药是根据混合池的液位控制投药泵和投污泥泵的运转时间，使污泥量或固形物量按一定比例控制。连续式投药是根据污泥量或固形物量，通过控制投药的计量泵和调节阀按一定比例投药。注意应当根据脱水泥饼的状态或脱水试验等随时改变投药量设定值。

3. 投加污泥控制

一般在连续式投药控制中，污泥流量最好不变。而当混合池较小时，由于其液位的剧烈变化，可以通过控制投药泵的转速来保持混合池的液位不变。

污水处理絮凝加药自动控制与在线监控系统如图 5-39 所示。

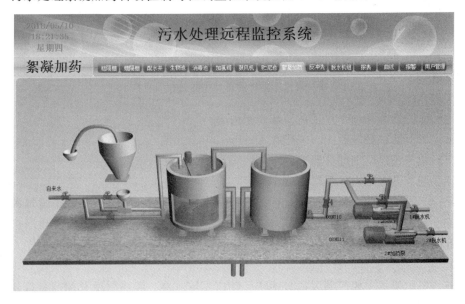

图 5-39　污水处理絮凝加药的自动控制与在线监控系统

（九）脱水机的自动控制

1. 真空过滤机的控制

为了使真空过滤机保持额定的过滤能力，应当控制污泥转筒中保持一定的污泥量。一般通过调节进泥管的闸阀或污泥泵的转速进行控制。当真空过滤机出现滤布变形时，可用气压缸来修复。如果用这种方法也难以修复时，安全开关将动作，脱水机的运转将自动停止。另外，也可通过检测滤饼含水率和厚度，对真空过滤机转筒转速进行反馈控制。比如当泥饼含水率增大、厚度降低时，可适当降低转筒转速；反之亦然。

2. 板框压滤机的控制

板框压滤机需要控制的因素是过滤和压滤时间。当污泥压入板框的压力超过设定值时，安全阀自动关闭停止送泥与过滤。可以根据滤饼的含水率或过滤速度的检测结果，适当修正压滤时间的设定值。此外，还可以通过检测压滤机分离出的滤液量，以控制滤饼含水率在一定范围为目标来控制过滤和压滤时间。

3. 带式压滤机的控制

带式压滤机控制（图 5-40）的主要目标是降低滤饼含水率和滤液含固量。控制方法主要如下：

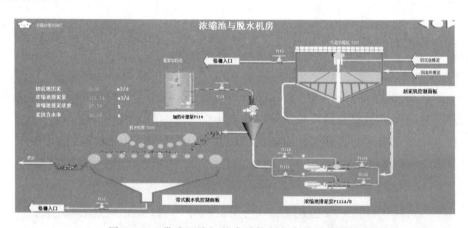

图 5-40　带式压滤机的自动控制与在线监控系统

（1）通过调节气动千斤顶调节滤布张力。

（2）调节滤饼行进速度，一般在 1～5m/min。

（3）调节污泥调理搅拌器速度。

（4）调节进入压力区泥饼厚度。

此外，为了保证机器的正常运行，当冲洗水压小于 0.4MPa，滤带张紧气源的压力小于 0.5MPa 或运行中滤带偏离中心超过 40mm 无法矫正时，都会自动停机并报警。此时，主电机、污泥泵、加药泵都停止转动，但冲洗水泵和空压机泵不停。

4. 离心脱水机的控制

离心脱水机的主要控制因素包括转筒转速、转速差、液环深度及加药量等。自动控制模式下，可根据干污泥含水率、滤液含固率、污泥回收率等调节上述控制因素。

一般干污泥含水率增加时，可通过增大转筒转速、降低转速差、减少液环深度、调整加药量及减小进泥量的方法进行调节。

离心脱水机的自动控制与在线监控系统如图 5-41 所示。

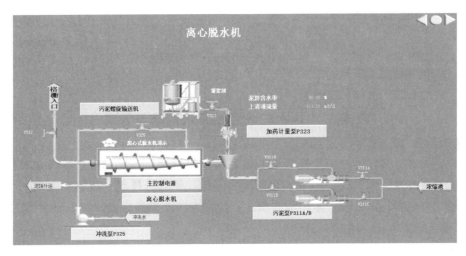

图 5-41　离心脱水机的自动控制与在线监控系统

视频5.2.1-4 ▶
排水自动控制系统

课件5.2.1 🄿
排水自动控制系统

视频5.2.1-5 ▶
氧化沟工艺的自动控制

资料5.1 📖
重庆市某污水处理厂自动控制运行与管理应用案例

【任务实施】

污水处理厂自动控制系统仿真实训

一、实训准备

（1）污水处理仿真软件。

（2）仿真软件操作手册。

二、实训内容及步骤

利用东方仿真、力控科技或其他公司的污水处理仿真软件，完成污水处理厂各工艺自动控制系统的训练。主要内容如下：

（1）污水处理厂自动控制系统的认知，学生需描述该污水处理厂自控系统的组成和构造。

（2）污水处理厂各工艺的自动控制，包括粗格栅及提升泵房、细格栅、沉砂池、初沉池、生物处理池（AAO、氧化沟等工艺）、二沉池、接触消毒池、污泥浓缩池、污泥脱水等，具体包括自动控制参数的设定、设备启停、调节模拟输出量的大小等，可能还包括水质和水量的控制、设备故障处理等。

（3）实训完成后，仿真软件自动评分。

三、实训成果

（1）该污水处理厂自动控制系统认知报告。

（2）仿真实训操作考核报告。

【思考与练习题】

（1）细格栅自动控制一般采用_____控制和_____控制。

（2）曝气池的自动控制需在曝气池内设_____。

（3）初沉池排泥泵的控制方式有哪些？

（4）曝气池如何实现定溶解氧浓度控制？

（5）回流污泥量的自动控制方式有哪些？各有什么特点？

（6）剩余污泥排放量的控制方法有哪些？

（7）离心脱水机如何实现自动控制？

任务二　排水在线监控系统运行与管理

【任务引入】

水处理厂（站）的在线监控是为了更好地掌握检测仪表对相应指标的实时检测，能够更加高效地监测和控制污水处理系统。因此，要进行排水在线监控系统的管理，就必须了解掌握污水处理厂常用检测指标、检测方法及检测仪表的使用与维修。

【相关知识】

一、排水在线监控概述

污水处理工程所用仪表大致可分为两大类：一类属于监测生产过程物理参数的仪表，如检测温度、压力、液位、流量等；另一类属于检测水质的分析仪表，如检测污泥浓度、pH 值、溶解氧含量、COD、BOD、TOC、TN、TP 等。

排水水质水量在线监控系统是一套含水质自动分析仪及水样预处理、数据采集、控制、远程监控于一体的在线全自动监控系统。它结合现代通信技术，并利用现有通信网络，实时地将仪器测量结果、系统运行状况、各台仪器的运行状况、系统日志、系统故障等信息经过子站控制管理系统自动传达到中心站，并可接收中心站所发来的各种指令，实时地对整个系统进行远程设置、远程清洗、远程紧急监控等控制。一般污水处理厂在线监控的对象见表 5-9。

表 5-9　　　　　　　　　　污水处理厂在线监控仪表配置

序　号	生　产　站	监　测　对　象　及　仪　表
1	粗格栅及提升泵站	1. 液位（差）计、流量计、温度计； 2. 浊度仪、pH 计、SS 计； 3. 氨氮仪、BOD 仪、化学需氧量仪、TOC 仪等
2	细格栅	液位差计、浊度仪
3	沉砂池	1. 液位计、污水流量计； 2. 空气流量计、压力计
2	初沉池	液位计、泥位计、SS 计
3	生物处理池	1. 溶解氧仪、氧化还原电位（ORP）、呼吸速率（OUR）； 2. MLSS 仪、MLVSS、SV、SVI； 3. 液位计、流量计、空气流量计、风压计
4	二沉池	液位计、泥位计、流量计、回流污泥浓度测定仪

续表

序　号	生　产　站	监　测　对　象　及　仪　表
5	接触消毒池及出水	1. 液位计、流量计； 2. 余氯仪、pH 计、浊度仪； 3. COD 仪、氨氮测定仪、硝酸盐测定仪、总氮测定仪、总磷测定仪等
6	污泥处理站	1. 液位仪、泥位计、污泥浓度仪等； 2. 加药脱水机加药装置液位计； 3. 污泥流量计、加药泵流量计等
7	鼓风机房	1. 风量计、风压计、温度计； 2. 电流、电压、功率等
8	配电站	电压、电流、电能、功率因数仪等

资料5.2
某污水处理厂
自行监测方案
应用案例

二、排水在线监控仪表

下面介绍一下污水处理厂中常用的在线监控仪表，其中溶解氧测定仪、COD 自动检测仪、pH 计、余氯分析仪、氨氮分析仪已在给水在线监控系统部分介绍过，此处不再述及。

（一）氧化还原电位仪

氧化还原电位是监测与控制污水处理工艺的厌氧和缺氧状态的重要参数。由于测量的电位包括有机形式（油、染料和微生物）的各有关反应的总和，所以除了根据从过程本身得到的数据来预计外，不能假定真实过程都按预计的情况进行。

氧化还原电位仪是在被检测溶液中放入铂等贵重金属电极和参比电极，测定两电极间的直流电势差，即可测得溶液的氧化还原电势。检测仪器大体上与 pH 计相同。

（二）呼吸速率测定仪

呼吸速率测量方法按照生物反应器是否密封，可以分为密闭式和开放式。按照被测污泥是否连续流动，可以分为连续式和间歇式。

呼吸速率能直接反映污水处理厂微生物的生物活性、污泥与底物的共同作用，以及生化反应实际消耗的氧量，对污水处理厂的运行控制是一个很重要的参数。

国外对呼吸速率测量仪器的研究较早，应用也比较广泛，主要有：RA－1000 呼吸速率测量仪、RODTOX 呼吸速率测量仪、MSL 呼吸速率测量仪、Arthur Bench 呼吸速率测量仪、Strathkelvin 呼吸速率测量仪、MAGTRAK 呼吸速率测量仪等等。

（三）污泥浓度检测仪表

污泥浓度的检测方式有光学式、超声波式和放射线式等。

1. 光学式检测仪

MLSS 浓度的范围一般为 1500～4000mg/L，属低浓度污泥，常用光学式检测仪 MLSS 仪来检测。

光学式检测仪主要有透射光式、散射光式和透光散射光式三种，如图 5－42 和图 5－43 所示。各种 MLSS 检测仪的原理和注意事项见表 5－10。当被检测的混合液颜色变化影响透光率变化时，宜使用受其影响较小的透光散射式检测仪。

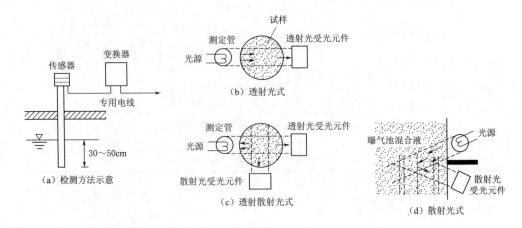

图 5-42 光学式 MLSS 检测仪

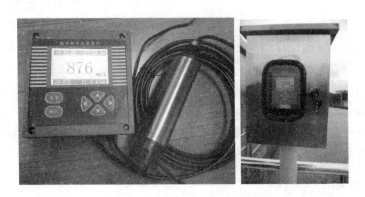

图 5-43 MLSS 检测仪实物图

表 5-10 MLSS 检测仪的类型、检测原理和注意事项

类 型	检 测 原 理	注 意 事 项
透射光	照射在试样上的光被 SS 吸收并散射，到达受光器的投射量发生衰减。根据受光器得到的透光量与 SS 浓度的相关关系检测 MLSS 浓度	1. 试样中的气泡对检测精度产生影响，因此应当按测定管内气泡无法存在的方向来设置； 2. 检视窗口需要定期清洗，或者使用自动清洗装置； 3. 检测仪的传感部分常放置在水面以下 30～50cm 处，以避免强光的干扰
散射光式	从光源发射到试样的光因 SS 存在而发生散射，受光器接受到的散射光量与 SS 浓度具有相关关系，据此检测 MLSS 浓度	
透射散射光式	受光器得到的透光量和接收的散射光量两者与 SS 浓度具有相关关系	

使用时，需要对 MLSS 检测仪进行校正，以提高检测精度。校正时，将 MLSS 的人工分析值和 MLSS 检测仪的测定值进行比较，并作成表示相关关系的曲线图，用来校正检测仪。具体操作时，可以人工分析某一被检测试样后，依次稀释该试样，然

后用 MLSS 检测仪测定。

2. 超声波式检测仪

污泥浓度较高时常采用超声波式检测仪。如图 5-44 所示，将一对超声波发射器与接收器分别安装在测定管两侧，超声波在传播过程中被污泥中的固形物吸收和分散而发生衰减，衰减量与污泥浓度成正比，因此可以通过测定超声波的衰减量来检测污泥浓度。同样，试样中的气泡会引起检测误差。它的显著优点是受污染的影响较小。

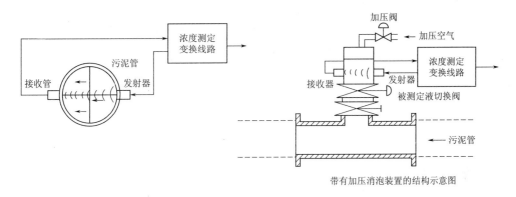

带有加压消泡装置的结构示意图

图 5-44　超声波式污泥浓度检测仪

超声波式污泥浓度检测仪在使用过程中要注意以下问题：

（1）试样中的气泡将增大超声波的衰减量而引起检测误差。当气泡较多时，应当采用带有加压消泡装置的检测器，消泡后再检测。此外，污泥腐败或搅拌后空气卷入污泥将使消泡困难，应注意这种情况。

（2）当有加压消泡装置时，应定期检查加压机构和空气压缩机，排出空气罐中的水。

（3）以下情况应用正常的污泥检测结果校正：①由于季节变化而引起污泥颗粒形状的变化；②污泥混合。

（四）污泥界面仪

污泥界面在线监测仪（图 5-45）是污水处理工程中为污泥界面的连续监测而设计的一种在线分析仪。测量污泥界面，可以优化排泥控制，减少水的回流，防止泥位过高随水排放以致出水恶化，避免污泥脱氮或分解，提高处理效率。常用的检测仪如下：

1. HACH 的 OptiQuant SLM 污泥界面在线检测仪

OptiQuant SLM 污泥界面在线检测仪的工作原理如图 5-46 所示，它是为污水处理工程中污泥界面的连续检测而设计的在线分析仪。仪器采用超声波测量原理，可以连续不断地测量沉淀池中污泥界面的变化情况。测量结果可以以图形或数字的形式显示。

图 5 - 45　污泥界面在线检测仪

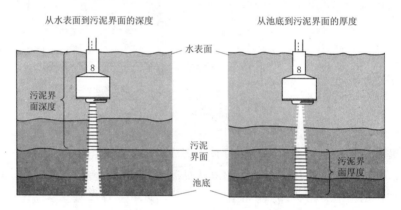

图 5 - 46　OptiQuant SLM 污泥界面在线检测仪工作原理图

2. 德国 Dr. Staiger Mohilo 公司 7210MTS 型污泥浓度/界面仪

7210MTS 型污泥界面仪是用于测量污泥深度和悬浮固体浓度的理想仪器。该仪器采用了完全一体化的系统，即主机、步进电机、控制器、传感器、提升器及7510SAM - T - S 沉入固体浓度传感器一体化，可同时测量污泥界面和固体浓度。采用专利的光吸收测量技术，来自两个光电接收器的信号被分别转换成对数值并对比分析，避免了光学元件的老化和污泥带来的影响。

（五）BOD 在线检测仪

GB 法测定 BOD 是按照标准稀释法调配试样，使 5 日后的溶解氧耗量限定在40%～70%，然后取出该稀释试样并求得 BOD 的方法。而 BOD 自动测定法是用电解供氧、曝气的方法。

检压式库仑计：用液体压力计测定耗氧量，由恒定电流电解法供给；根据此时电解所耗的氧量，即可求得 BOD。图 5 - 47 为检压式库仑计的 BOD 法测定原理。表 5 - 11 为 BOD 自动测定法和 GB 法的比较。

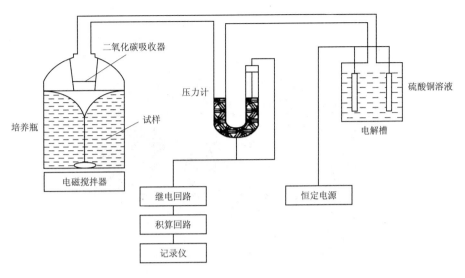

图 5-47 检压式库仑计的 BOD 法测定原理

表 5-11   GB 法和 BOD 自动测定法的比较

方法		试样配制方法	氧的供给方法	二氧化碳的吸收	氧消耗检测法	微生物培养瓶中溶液状态	数据表示
GB 法		标准稀释法	稀释水中的溶解氧	无	化学分析法	静止	由培养前后的测定值计算
BOD 自动测定法	检压法	直接法	利用恒定电流电解产生的氧	利用吸收剂	用压力及检测的恒定电流电量法	搅拌	由自记耗氧曲线直接表示 BOD
	电法	稀释法	稀释水中的溶解氧	无	隔膜氧电极法	搅拌	自记耗氧曲线
		直接法	曝气增氧	曝气收集	隔膜氧电极法	间歇搅拌	由自记耗氧曲线直接表示 BOD
		稀释法直接法	利用恒定电流电解产生的氧	有	电极法检测溶解氧的恒定电流电量法	搅拌	由自记耗氧曲线直接表示 BOD

BOD 自动测定仪如图 5-48 所示。

（六）TOC 测定仪

1. TOC 测定仪概述

总有机碳（TOC）为水中有机物所含碳的总量。TOC 的测定方法一般有两种：一种是测定出水样中总碳（TC）和无机碳（IC）后进行差减（TOC＝TC-IC）的方法；另一种是采用前处理方法除去水样中的 IC 后测定 TC，即为 TOC 的直接测定法。前一种方法适用于测定 IC 比 TOC 低的水样；后一种方法适用于测定 IC 含量高的水样，但这两种方法将会有挥发性有机物的损失。图 5-49 所示为 TOC 在线检测仪。

图 5-48 BOD 测定仪

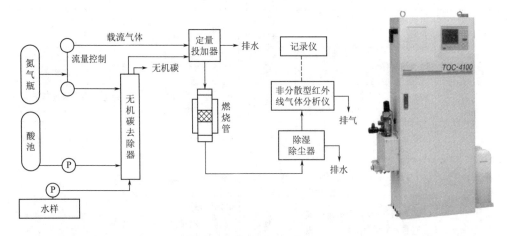

图 5-49 TOC 在线检测仪

2. TOC 测定仪使用与维护

TOC 在线检测仪使用时的注意事项如下：

（1）校准仪器时，宜先作 TC 测定，后作 IC 测定。样品须摇匀。

（2）进行微量分析时，摇动样品会使空气中 CO_2 溶解进去，故应小心，记录曲线的拖尾现象就是由此所致。在处理数据时，要减去 TC、IC 的空白值。

（3）进样量的多少，按仪器规定执行。一般进样量越大，曲线的峰越高，但过高的进样量会导致燃烧率低下。同时，样品中如有悬浮物质，一定要滤去。

（4）分析含盐过多的样品时，应加脱盐装置，这时，可适当降低高温炉温度，如调温至 700℃ 左右。

TOC 测定仪日常维护的主要内容见表 5-12。

表 5 - 12 TOC 测定仪日常维护

名　称	项　目	内　容
载气系统	压力、漏气、流量、过滤器	检查压力是否符合规定； 各连接管是否漏气，用肥皂液涂于连接处观察； 检查流量计； 检查过滤器的滤材是否干净
TC 燃烧系统	温度调节器； 燃烧管	温度调到规定值处，能否进行自动控温； 是否漏气
IC 反应系统	温度调节器 反应管 反应管内充填物	温度调到规定值，能否进行自动控温； 是否漏气； 是否变质
除湿除尘系统	脱水器 水封器 过滤器	动作是否正常； 水位是否到标线； 滤材是否干净
测量系统	红外线气体分析器	动作是否正常，池窗是否污染
总动作	分析精度	通入零点标准液及满刻度标准液进行标定、检查
指示及记录	记录仪	走纸是否正常，记录墨水是否流畅，传动系统是否润滑

　　TOC 测定仪使用中经常遇到的故障及排除方法见表 5 - 13。

表 5 - 13 TOC 测定仪常见故障及排除方法

序　号	故　障　现　象	可　能　原　因	排　除　方　法
1	载气达不到规定流量	抽气泵发生故障	修理泵
		燃烧管破裂	更换
		水封器水位过低	补充水
2	温度指示表无指示	加热丝断	更换
		测温热电偶断	更换
3	记录仪基线无法调整	载气净化剂失效	更换
		载气流量不稳	按序号 1 检查处理
		红外线分析器故障	由专业人员修理
4	重现性差	试样性能不合要求	检查试样 pH 值、SS 值
		载气流量、压力不稳	按序号 1 检查处理
		进样量不准	重新进样
		外界电源电压波动	安装稳压器
5	指示值不稳	同"重现性差"项	同"重现性差"项

三、排水在线监控仪表的维护与管理

　　污水处理厂的自动控制和在线监控仪表设备的种类繁多，校准、调整方法各异，因此对于每种具体的仪表，应按照各自的操作、维护手册来进行。这里仅介绍在线监控仪表的通用维护与管理方法。

（一）档案资料管理

一台仪表的资料、档案是否齐全，对于日常维护、故障判断有重要作用。档案资料包括以下内容：

（1）仪表位号。

（2）仪表型号。

（3）安装位置。

（4）测量范围。

（5）投入运行日期。

（6）检验、标定记录（标定日期、方法、精度校验记录）。

（7）维修记录（维修日期、故障现象及处理方法、更换部件记录）。

（8）日常维护记录（零点检查、量程调整、检查、外观核查、泄漏检查、清洗）。

（9）原始资料（应包括设计和安装等资料、厂家提供的产品合格证、出厂检验记录、设计参数、孔板计算书、使用和维护说明书）。

（二）日常维护、保养及检修

对于每台具体的仪表，应按照生产厂家提供的维修与维护说明书、手册来进行。一般来说，日常维护工作分为四个部分，即每日巡视检查、清洗与清扫、校验与标定、检修与部件更换。

1. 巡视检查

仪表应定期进行巡视检查，一般每日1次。巡视检查的内容主要有：

（1）查看仪表指示、记录是否正常，现场一次仪表（变送器）指示和控制室显示仪表、调节仪表指示值是否一致，调节器输出指示和调节阀阀门是否一致。若怀疑某台仪表指示异常时，可用便携式仪表测量与其对照，或根据实际工艺情况判断。

（2）检查仪表电源，确定电源电压是否正常。

（3）检查仪表保温、伴热情况。观察保温材料是否脱落，是否被雨水打湿使保温材料作用丧失；检查保温箱保温情况；检查电伴热装置电源电压和蒸汽管线伴热装置的蒸汽压力、温度和流量等。

（4）检查仪表完整情况、本体和连接件损坏和腐蚀情况；检查仪表和工艺接口有无泄漏。一般用肥皂水检查气动仪表接口有无泄漏。

（5）定期或不定期排放仪表系统冷凝水。

2. 清洗与清扫

溶解氧检测仪、污泥浓度计、pH计、差压变送器、压力变送器、浮球液位计等仪表由于测量介质含有粉尘、油垢、微小颗粒和污物等在导压管、测量膜上沉积（或在取压阀内沉积），直接或间接影响测量。因此应定期排污清洗，并定期进行吹洗。清扫的主要工作是对仪表本体部分进行的清扫、擦除尘土、清扫仪表保温箱内的杂物。

（1）排污清洗。排污清洗周期可由仪表维护人员根据实践自行确定。排污清洗时应注意以下问题：

1）排污清洗前必须和工艺人员联系，取得工艺人员认可才能进行。

2）流量或压力调节系统排污前，应先将自动切换为手动，保证调节阀开度大小不变。

3）对于差压变送器，排污前先将三阀组正负取样阀关死。

4）排污阀下放置容器，慢慢打开正负导压管排污阀，使物料和污物进入容器，防止物料直接排入地沟，否则会造成环境污染和浪费。

5）如果排污阀门开关几次后出现无法完全关闭的情况，应紧急加装盲板，以免排污阀处泄漏，影响测量精确性。

6）开启三阀组正负取压阀，拧松差压变送器本体上排污（排气）螺丝进行排污，排污完成拧紧螺丝。

7）观察现场指示仪表，直至输出正常，若是调节系统，将手动切换成自动。

（2）吹洗。吹洗是利用吹气或冲液使被测介质与仪表部件或测量管线不直接接触，以保护测量仪表并实施测量的一种方法。吹气是通过测量管线向测量对象连续定量地吹入气体。冲液是通过测量管线向测量对象连续地冲入液体。

对于腐蚀性、黏稠性、结晶性、熔融性、沉淀性介质进行测量，并采用隔离方式难以满足要求时，才采用吹洗。吹洗的注意事项主要有：

1）吹洗气体或液体必须是被测工艺对象所允许的流动介质，不与被测工艺介质发生化学反应，清洁、不含固体颗粒，通过节流减压后不发生相变，无腐蚀性，流动性好。

2）吹洗液体供应源充足可靠，不受工艺操作影响。

3）吹洗流体的压力应高于工艺过程在测量点可能达到的最高压力，保证吹洗流体按设计要求的流量连续稳定地吹洗。

4）可以采用限流孔板或可调阻力的转子流量计测量和控制吹洗液体或气体的流量。

5）吹洗流体入口点应尽可能靠近仪表取样部件或测量点，以便使吹洗流体在测量管线中产生的压力降保持在最小值。

3．校验与标定

测量仪表应定期对零点、量程进行检查、校验和标定。调整时，所使用的标准仪表的精度应高于被测仪表2～3个等级。校验与标定周期应根据仪表使用说明书进行，对于温度、压力、液位、流量等仪表一般每6个月做1次零点检查，1年做1次量程检查。校验调整后应填写校验记录并存档。

4．检修与部件更换

仪器仪表出现故障时首先应进行故障分析，找到故障原因，确定故障部位，然后再制定维修方案或更换部件；避免盲目调整或更换部件造成故障扩大，甚至使整台仪表报废。

（三）仪表设备的防护

污水处理过程具有易沉淀堵塞、高温、易腐蚀和易燃易爆等特点，自动化仪表设备在这样的环境条件下运行，就必须采取以下相应措施，做好防护。

1. 防尘与防堵塞

把仪表和设备加上防护罩或密封箱，解决仪表和设备外部的防尘问题。对于被测介质中的仪器仪表，防止杂质与污泥附着、淤积是比较困难的，除加强清洗外，可以采取下列方法：①加粗采样管；②加设专用清洗装置；③加装吹气或液气（固）分离装置或杂物清理装置；④加装保护屏。

2. 防腐蚀

除选择耐腐蚀的材料外，还可采用涂装保护屏和应用保护管（测温度时）的方法。

3. 防热及防冻

高温会降低一些仪表设备零部件的机械强度，并会使弹性元件发生变形。污水处理厂的蒸汽管道、鼓风机出口管以及室外仪表都涉及防热问题，可采取加设隔热罩或加长取样（或引压）管路的方法。

装有怕冻的液体介质的仪表在寒冷地区使用时须采用保温和伴热措施，常用电加热伴热和蒸汽管线伴热两种方式。

4. 防（震）振

自动化仪表和设备的振动分为内部振动和外部振动。外部振动比较普遍，主要是动力机械的振动，可采取加设橡皮减震器、弹簧减震器、缓冲器（或节流器）的方法。

5. 防爆

污水处理厂厌氧消化池沼气具有易燃性和易爆性，其中的仪表和设备应采取适当的防爆措施，具体如下：①选择防爆型仪表设备；②选择防爆型电气设备；③选用合适的通风方法和设备。

6. 抗干扰

水处理厂自动控制系统的干扰主要来自于空间电磁场干扰、电源上叠加的瞬态脉冲、接地网络中的地电流共阻抗耦合、漏电流、接触电阻、雷电等。对于电磁干扰可以采用电磁屏蔽的方法抗干扰。此外，还应减少电源干扰和漏电流干扰。

【任务实施】

一、实训准备

（1）准备在线自动监测仪：pH计、浊度仪、COD测定仪、MLSS浓度计、余氯分析仪、污泥界面在线检测仪、BOD测定仪、TOC测定仪等。

（2）污水处理仿真软件（东方仿真、力控科技或其他）。

二、实训内容和步骤

1. 水质在线监测仪的使用

（1）对要测定的指标选择正确的监测仪器。

（2）在线监测仪器使用前应校准。

视频5.2.2 ▶
排水水质在线监控系统运行与管理

课件5.2.2
排水水质监控系统运行与管理

课件5.2.3
水质检测实验室仪器配置

动画5.1
急流采样器

动画5.2
溶解氧采水器

（3）按照操作规程测定污水处理厂进水或出水的 pH 值、浊度、COD、MLSS、余氯等指标，并进行数据记录。

（4）若有故障，根据故障现象分析故障原因并处理。

2. 污水处理厂在线监控系统仿真实训

（1）在线监控系统认知，描述该污水处理厂在线监控系统的组成和构造。

（2）在线监控系统运行与管理，包括填写巡视记录、水质及设备异常状况的处理等。

三、实训成果

（1）在线监测仪使用记录和监测报告。

（2）污水处理厂在线监控系统认知报告。

（3）在线监控系统仿真实训项目考核报告。

【思考与练习题】

（1）水中的残渣，一般分为总残渣、可滤残渣和不可滤残渣 3 种，其中不可滤残渣也可以称为＿＿＿＿＿＿。

（2）呼吸速率测量方法按照生物反应器是否密封，可以分为＿＿＿＿＿和开放式。按照被测污泥是否连续流动，可以分为＿＿＿＿＿和＿＿＿＿＿。

（3）常见的 MLSS 检测仪有哪些？MLSS 检测检测仪使用时的注意事项有哪些？

（4）污泥浓度检测仪使用中如何消除气泡对检测结果的影响？

（5）污泥界面仪的主要作用是什么？

（6）BOD 检测仪表使用和维护时的注意事项有哪些？

（7）TOC 测试仪重现性差的原因有哪些？如何解决这个问题？

（8）在线检测仪表日常维护的主要内容有哪些？如何做好这些工作？

参 考 文 献

[1] 胡昊. 给排水工程运行与管理 [M]. 北京：中国水利水电出版社，2010.

[2] 高廷耀，顾国维，周琪. 水污染控制工程（下册） [M]. 4 版. 北京：高等教育出版社，2015.

[3] 高廷耀，顾国维，周琪. 水污染控制工程（上册） [M]. 4 版. 北京：高等教育出版社，2014.

[4] 李静，苏少林. 水处理运行与管理 [M]. 成都：西南交通大学出版社，2017.

[5] 张自杰. 排水工程 [M]. 4 版. 北京：中国建筑工业出版社，2000.

[6] 奚旦立. 环境监测 [M]. 4 版. 北京：高等教育出版社，2010.

[7] 上海市政工程设计研究院. 给排水设计手册：第 3 册 城市给水 [M]. 3 版. 北京：中国建筑工业出版社，2017.

[8] 北京市市政工程设计研究总院. 给排水设计手册：第 5 册 城市排水 [M]. 3 版. 建筑工业出版社，2017.

[9] 上海市政工程设计研究院. 给排水设计手册：第 9 册 专用机械 [M]. 3 版. 北京：中国建筑工业出版社，2012.

[10] 黄敬文，邢颖. 给水排水管道工程 [M]. 郑州：黄河水利出版社，2013.

[11] 严煦世，刘随庆. 给水排水管网系统 [M]. 北京：中国建筑工业出版社，2014.

[12] 严煦世，范瑾初. 给水工程 [M]. 4 版. 北京：中国建筑工业出版社，1999.

[13] 李胜海. 城市污水处理工程建设与运行 [M]. 合肥：安徽科学技术出版社，2001.

[14] 马立艳. 给水排水管网系统 [M]. 北京：化学工业出版社，2011.

[15] 张奎. 给水排水管道工程技术 [M]. 北京：中国建筑工业出版社，2005.

[16] 杨开明，周书葵. 给水排水管网 [M]. 北京：化学工业出版社，2013.

[17] 谌永红，龚野. 给水排水工程 [M]. 北京：中国环境科学出版社，2008.

[18] 潘涛，李安峰，杜兵. 废水污染控制技术手册 [M]. 北京：化学工业出版社，2013.

[19] 潘涛，田刚. 废水处理工程技术手册 [M]. 北京：化学工业出版社，2010.

[20] 张忠祥，钱易. 废水生物处理新技术 [M]. 北京：清华大学出版社，2004.

[21] 任南琪，赵庆良. 水污染控制原理与技术 [M]. 北京：清华大学出版社，2007.

[22] 肖利萍，于洋. 城市水工程运行与管理 [M]. 北京：机械工业出版社，2009.

[23] 肖利萍，褚玉芬，于洋. 常见水处理工艺及运行控制 [M]. 沈阳：辽宁大学出版社，2008.

[24] 王怀宇. 污水处理厂（站）运行管理 [M]. 北京：中国劳动社会保障出版社，2009.

[25] 邓荣森. 氧化沟污水处理理论与技术 [M]. 2 版. 北京：化学工业出版社，2011.

[26] 陈卫，张金松. 城市水系统运营与管理 [M]. 北京：中国建筑工业出版社，2010.

[27] 李亚峰，晋文学. 城市污水处理厂运行管理 [M]. 北京：化学工业出版社，2010.

[28] 金必慧，黄南平. 城镇污水处理厂运行管理 [M]. 北京：中国建筑工业出版社，2011.

[29] 沈晓南. 污水处理厂运行和管理问答 [M]. 北京：化学工业出版社，2012.

[30] 孙世兵. 小城镇污水处理厂设计与运行管理指南 [M]. 天津：天津大学出版社，2014.

[31] 王惠丰，王怀宇. 污水处理厂的运行与管理 [M]. 北京：科学出版社，2010.

[32] 伊学农. 污水处理厂运行与设备维护管理 [M]. 北京：化学工业出版社，2011.

[33] 朱亮，张文妍. 水处理工程运行与管理 [M]. 北京：化学工业出版社，2004.

［34］ 张宝军．水污染控制技术［M］．北京：中国环境出版社，2007．

［35］ 林荣忱．污废水处理设施运行管理［M］．北京：北京出版社，2006．

［36］ 聂永锋．固体废物处理工程技术手册［M］．北京：化学工业出版社，2013．

［37］ 李战朋．水厂生产废水高效处理技术研究与工程示范［D］．西安：西安建筑科技大学，2009．

［38］ 曹秀芹，陈爱宁，甘一萍．污泥厌氧消化技术的研究与进展［J］．环境工程，2008，26卷增刊：215-219．

［39］ 谷晋川，蒋文举，雍毅，等．城市污水厂污泥处理与资源化［M］．北京：化学工业出版社，2008．

［40］ 王丽花，查晓强，邵钦．白龙港污水处理厂污泥厌氧消化系统设计和调试情况分析［C］．中国城镇污泥处理处置技术与应用高级研讨会，2012．

［41］ 蒋克彬，彭松，陈秀珍，等．水处理工程常用设备与工艺［M］．北京：中国石化出版社，2010．

［42］ 崔福义，彭永臻，南军，等．给排水工程仪表与控制［M］．北京：中国建筑工业出版社，2017．

［43］ 环境保护部科技标准司．水污染连续自动检测系统运行管理［M］．北京：化学工业出版社：2008．

［44］ 中华人民共和国住房和城乡建设部．CJJ 60—2011 城镇污水处理厂运行、维护及安全技术规程［S］．北京：中国建筑工业出版社，2011．

［45］ 中华人民共和国住房和城乡建设部．CJJ 58—2009 城镇供水厂运行、维护及安全技术规程［S］．北京：中国建筑工业出版社，2009．